Autodesk Inventor 2018
特訓教材進階篇
(附範例及動態影音教學光碟)

黃穎豐、陳明鈺　編著

全華圖書股份有限公司

序

　　近年來 Autodesk Inventor 軟體在業界及學術界皆相當受到好評,且普及率亦相當高,Inventor 可謂是一套相當完整的 3D 產品開發軟體,整合了零件設計、產品組立、工程圖製作、擬真彩現、板金、動態機構模擬、應力分析、資料庫管理等功能於一體、由於模組眾多,且學習不易。筆者有鑑於此,乃憑多年來利用此軟體進行教學/研究之心行撰寫了 Inventor 系列書籍的基礎篇及進階篇。藉以提供給各大專院校、職業學校及業界應用此軟體之工程師的一個學習管道。

　　本書為 Inventor 2018 的進階實務書籍,書中以淺顯易懂但鉅細靡遺的方式說明如何以 Inventor 2018 來建構動態機構模擬、應力分析及曲面製作、擬真彩現、板金等的功能。

　　本書提供作者精心編製之動態影音教學系統光碟,該系統中示範第 6 章之範例操作,使讀者能有多樣化的練習,培養實務設計的能力,經由瀏覽影片的方式,來達到最快的學習效果,並藉由書籍與動態影音教學光碟相互配合使用,可讓讀者們不需經過老師教導,快速進入 Autodesk Inventor 這套功能強大的軟體,讓您真正達到事半功倍的學習效果。

　　本書編撰內容雖再三校對力求完善,惟疏漏之處在所難免,尚祈先進不吝賜教惠予指正與批評,俟再版時加以修正。

編者　謹識於臺北

E-mail：fong8719j2@gmail.com

商標聲明

1. Autodesk Inventor 為 Autodesk 公司之註冊商標。

2. Windows 為 Microsoft 公司之註冊商標。

3. Windows 95/98/NT/2000/ME/XP/Vista/7 為 Microsoft 公司之註冊商標。

隨書光碟使用說明

本書附贈 DVD 光碟一片，內含文件如下：

1. 全書範例檔案。

2. 動態影音教學系統。

3. 動態影音教學系統畫面如下所示。

光碟內容使用說明：

1. 全書範例檔案

   全書範例檔案為練習本書各章節範例時所使用之檔案，所有檔案皆放置於光碟中的 Ch1 至 Ch6 資料夾中，**「建議讀者先將所有檔案複製到您的電腦中」**，再從電腦來開啟練習檔，以利練習能順利進行。

2. 動態影音教學系統

   ① 本書作者以逐步示範全書所有實例，操作示範過程皆有動態畫面及聲音，因此，建議您的電腦必需有喇叭及音效卡，當您將光碟置入光碟機後即會自動開啟影音教學，若無法自動執行則需自行於光碟機中雙擊「autorun.exe」兩下，即可開啟影音教學系統。

   ② 若無法播放時，請先安裝解碼器「codec.exe」，您可至搜尋引擎輸入「codec 或解碼器」字樣搜尋，即可找到相關的免費解碼程式可使用。

   ③ 建議螢幕解析度調整為 1920x1080，播放動態影音教學時可得到最清礎的視覺效果。

   ④ 本動態影音教學檔案範例可在 Windows 95/98/NT/2000/ME/XP/Vista 任一作業系統環境下播放使用。

編輯
部序

Autodesk Inventor2018 特訓教材進階篇

「系統編輯」是我們的編輯方針，我們所提供給您的，絕不只是一本書，而是關於這門學問的所有知識，它們由淺入深，循序漸進。

在未來工程設計將以 3D 實體模型為潮流，設計製圖領域裡，已漸漸導入 3D 模型的建構，因此學習 3D 實體模型建構將是進入工業界必備的課程之一。透過本書複雜的 3D 建構程序，逐一拆解成各個步驟程序，易於了解與歸納，其中包含基本指令、草圖繪製、繪圖環境設定，詳述基本功能之應用及方法，更囊括了實務繪製上常見的螺紋、孔、薄殼、斷面混成…等，也詳述了工程圖與組合圖的建製與設定。供讀者在繪製的過程裡培養靈活的構想與作法，同時兼顧了堅實的核心觀念與實務操作。本書適用於大學、科大、技術學院機械工程系「電腦輔助繪圖」、「電腦輔助設計」課程及對此軟體有興趣者。

同時，為了使您能有系統且循序漸進研習相關方面的叢書，我們以流程圖方式，列出各有關圖書的閱讀順序，以減少您研習此門學問的摸索時間，並能對這門學問有完整的知識。若您在這方面有任何問題，歡迎來函連繫，我們將竭誠為您服務。

相關叢書介紹

書號：05968027
書名：電腦輔助機械製圖 AutoCAD －
　　　適用 AutoCAD 2000~2012 版
　　　(附範例光碟)
編著：謝文欽、蕭國崇、江家宏
16K/584 頁/500 元

書號：19329007
書名：TQC＋AutoCAD 2016 特訓教材
　　　－基礎篇(附範例光碟)
編著：吳永進、林美櫻、電腦技能基
　　　金會
20K/992 頁/650 元

書號：04781007
書名：電腦輔助繪圖實習 AutoCAD
　　　2018 教學講義(附範例光碟)
編著：許中原
菊 8K/320 頁/基價 9.8

書號：06055007
書名：AutoCAD Mechanical 學習指引
　　　(附試用版光碟)
編著：郭健偉
16K/512 頁/500 元

書號：06359007
書名：電腦輔助繪圖 AutoCAD 2018
　　　(附範例光碟)
編著：王雪娥、陳進煌
16K/528 頁/550 元

書號：06214007
書名：循序學習 AutoCAD 2012
　　　(附範例、動態教學光碟)
編著：康鳳梅、許榮添、詹世良
16K/488 頁/620 元

書號：19308017
書名：TQC＋AutoCAD 2012 特訓教材
　　　－基礎篇(附範例光碟)
編著：吳永進、林美櫻、電腦技能基
　　　金會
20K/960 頁/650 元

書號：19323007
書名：TQC＋AutoCAD 2015 特訓教材
　　　－基礎篇(附範例光碟)
編著：吳永進、林美櫻
20K/976 頁/650 元

◎上列書價若有變動，請以
最新定價為準。

目 錄

01 Inventor 常用設計技巧

02 曲面

03 板金

04 Inventor Studio

05 應力分析

目 錄

06 動力學模擬

07 3D 列印

Inventor
常用設計技巧

本章大綱

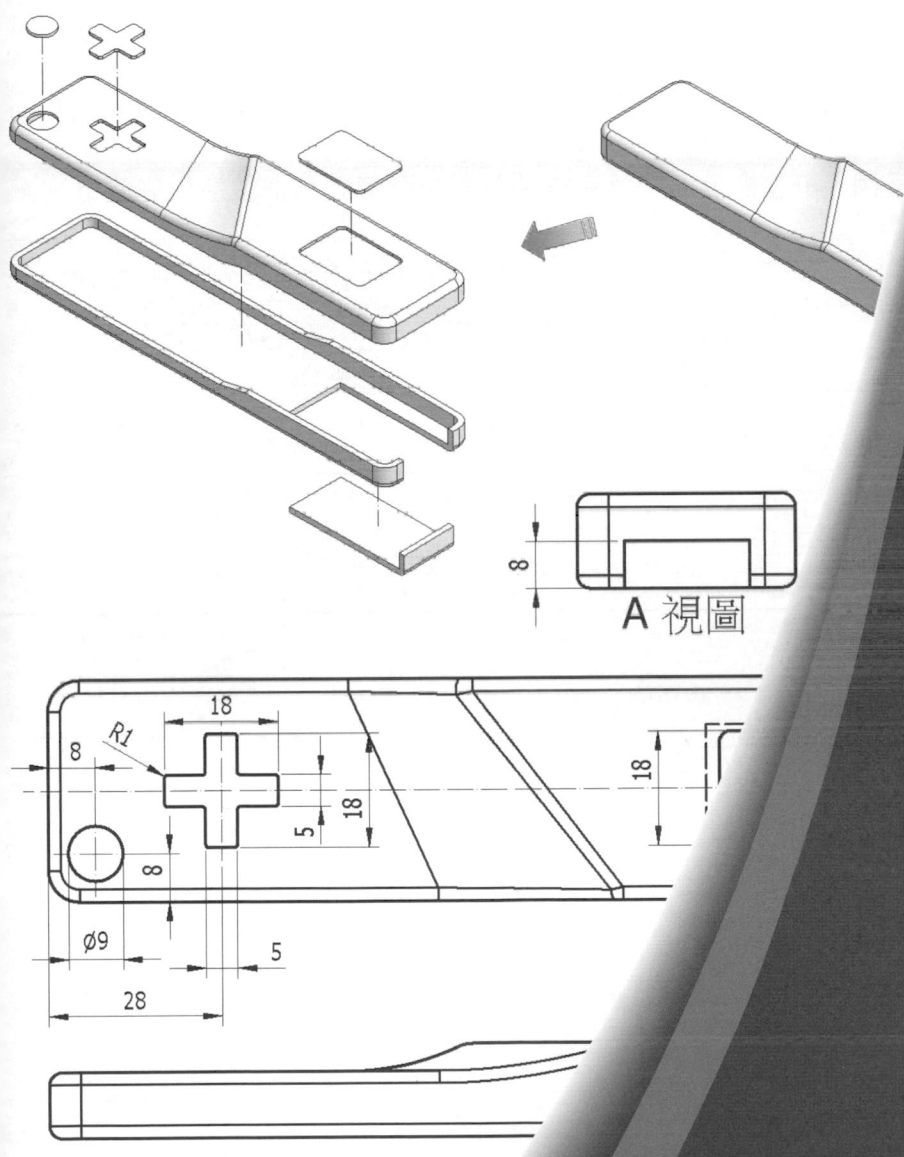

A 視圖

1-1 由上而下的設計技巧

前言

對大多數的產品而言，會先進行整體的外觀設計，再分割成各個零件進行細部設計，最後再將其組合成組合件，以達到設計者預期的功能。因此，在零件設計及組合件組合的過程中，為使產品的設計流程能夠達到系統化，並使零件的設計變更能夠精簡化，本章節將帶領使用者，以由上而下的設計概念，進行零件設計及組裝，讓使用者真正體會 3D 設計軟體應用於產品設計的便利性。

→ 應用實例一

本範例是以遙控器外殼為例，筆者提供遙控器完整之整體造形實體，依該造形完成下列建構過程：

進行各零件之分割 → 將分割完成之零件 → 機構模擬或動畫
（尺寸如工程圖所示） 　　進行組立 　　　　製作

檔案路徑
Ch1\由上而下的設計技巧\遙
控器\分割零件\遙控器.ipt。

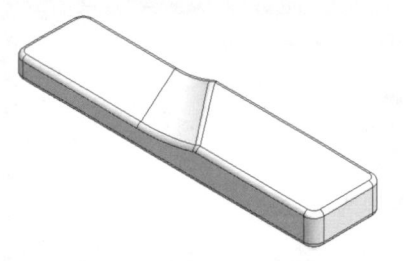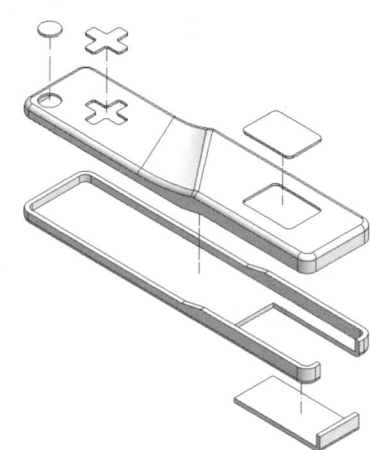

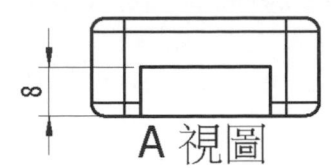

A 視圖

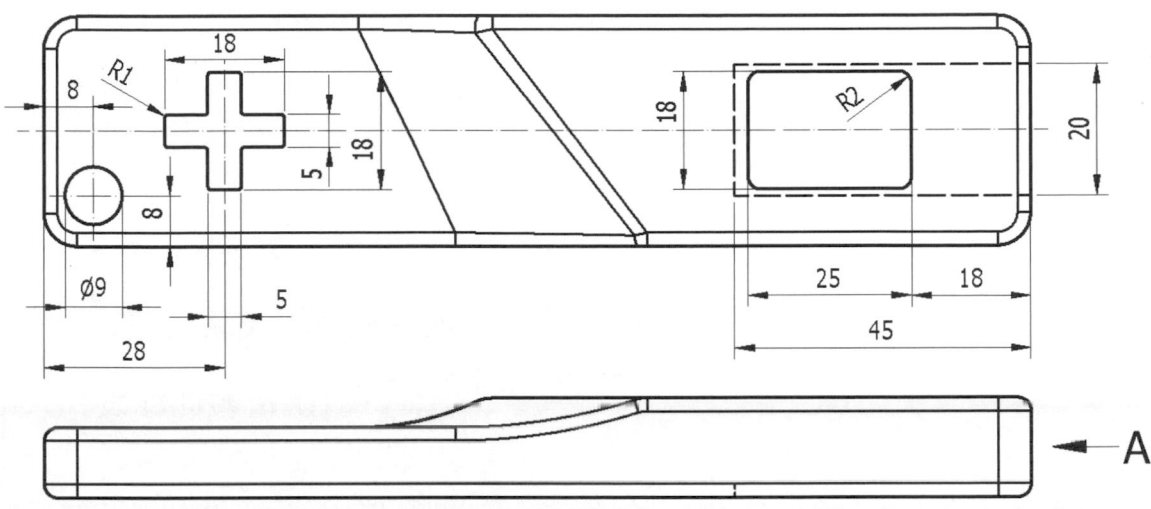

階段一、進行各零件之分割(建構零件)

(操作步驟)

STEP 1

① 單擊 開啟 📂。

② Ch1\由上而下的設計技巧\遙控器\分割
零件\遙控器.ipt，如圖所示。

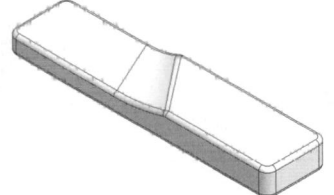

STEP 2

① 單擊 開始繪製 2D 草圖 📐。

② 單擊 零件左側面。

③ 單擊 左視圖。

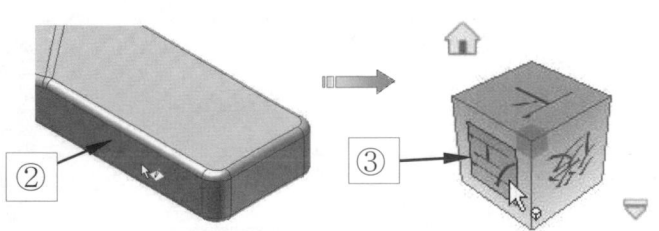

STEP ③

①單擊 投影幾何圖形 。
②單擊 左側邊線。
③單擊 右側邊線。
④按 Esc 鍵。

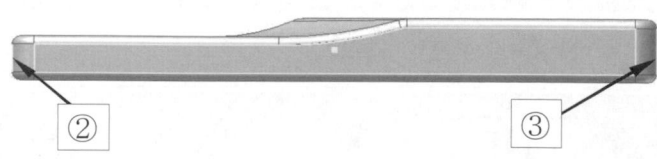

STEP ④

①單擊 線 ，由邊線的中間點繪
製如圖所示之線段。

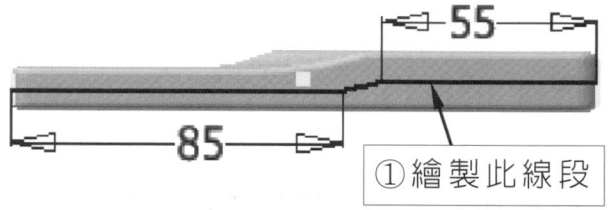

①繪製此線段

STEP ⑤

①單擊 ✔完成草圖。
②按 F6 鍵。
③完成如右圖所示之草圖。

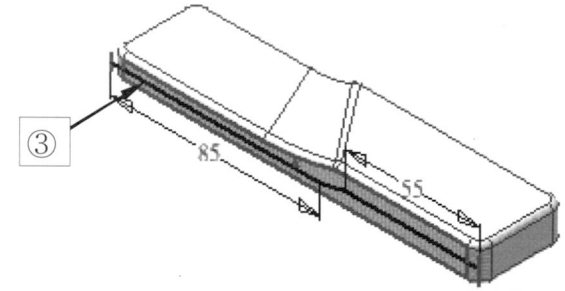

STEP ⑥

①單擊 擠出 。
②單擊 曲面 。
③單擊 草圖線段。
④單擊 方向 2 。
⑤單擊 確定 。

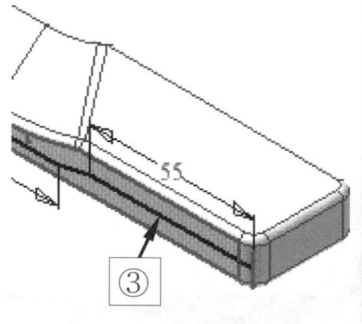

STEP 7

① 單擊　雕塑 ⬭。
② 單擊　曲面。
③ 單擊　移除 🔲。
④ 單擊　[確定]。

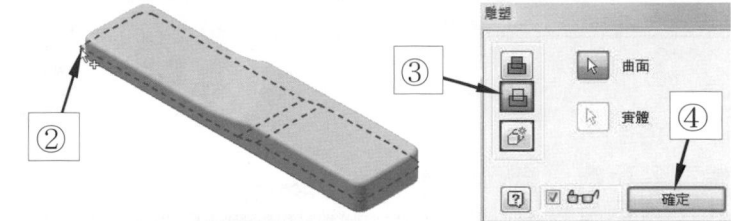

STEP 8

① 單擊　檔案。
② 單擊　另存。
③ 設定儲存路徑。
④ 輸入檔案名稱為「上蓋」。
⑤ 單擊　[儲存]。

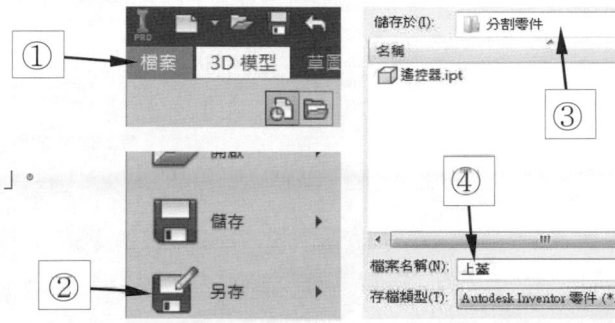

STEP 9

① 於雕塑 1 上單擊滑鼠右鍵。
② 單擊　編輯特徵。

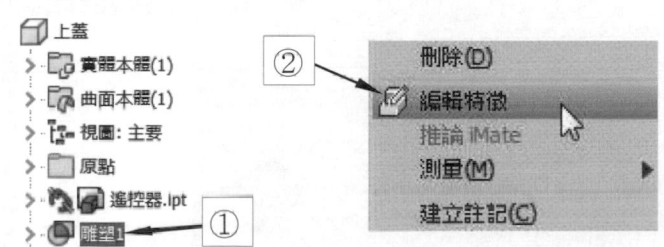

STEP 10

① 單擊　上方箭頭，使移除區域為上方 (游標移至箭頭處即會出現箭頭)。
② 單擊　[確定]。

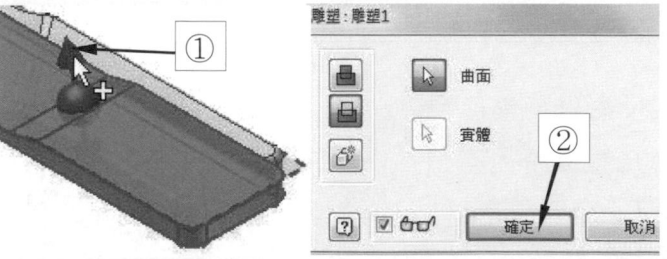

STEP ⑪

① 單擊 檔案。
② 單擊 另存。
③ 設定儲存路徑。
④ 輸入檔案名稱為「底座」。
⑤ 單擊 儲存 。

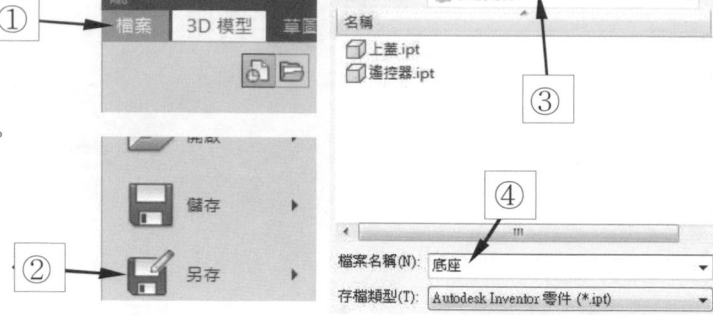

STEP ⑫

① 單擊 薄殼 。
② 連續單擊 A、B、C 三個平面。
③ 輸入數值 1。
④ 單擊 確定 。

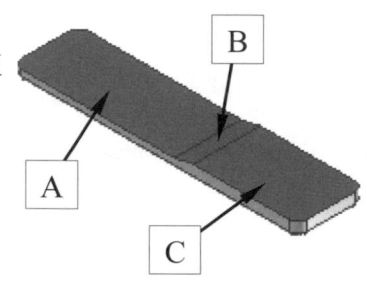

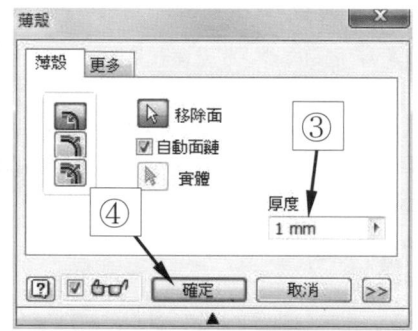

STEP ⑬

① 單擊 開始繪製 2D 草圖 。
② 單擊 零件內部平面。
③ 單擊 向左旋轉箭頭。

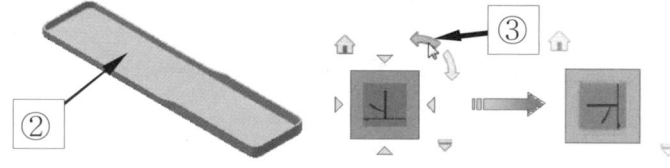

STEP ⑭

① 單擊 投影幾何圖形 。
② 單擊 右側邊線。
③ 單擊 YZ 平面。
④ 按 Esc 鍵。

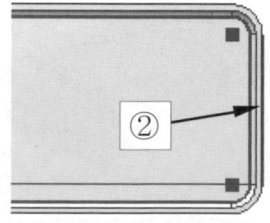

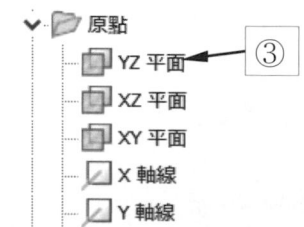

STEP ⑮

① 按 「F7」鍵。

② 單擊 兩點矩形 ，繪製
如圖所示之矩形，並標註尺
寸。

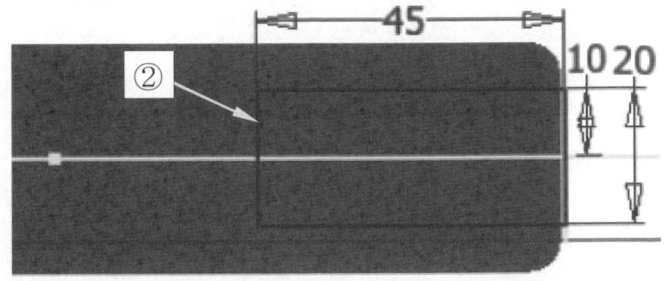

STEP ⑯

① 單擊 完成草圖。

② 完成如圖所示之草圖。

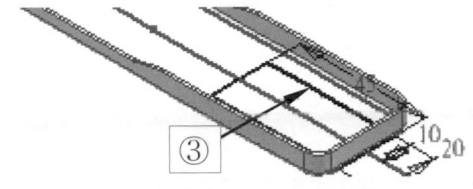

STEP ⑰

① 單擊 擠出 。

② 單擊 曲面 。

③ 輸入 20。

④ 單擊 對稱 。

⑤ 單擊 確定 。

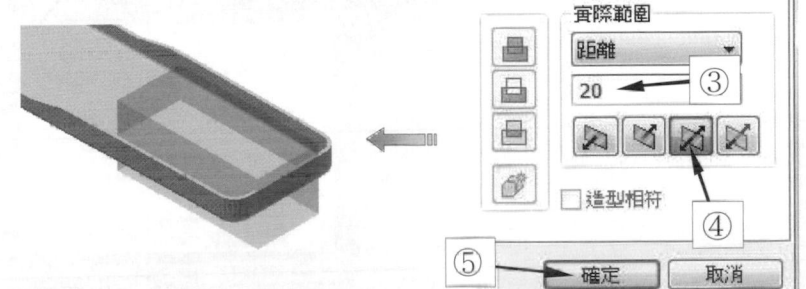

STEP ⑱

① 單擊 雕塑 。

② 單擊 曲面。

③ 單擊 移除 。

④ 單擊 箭頭，使移除區
域為內側。

⑤ 單擊 確定 。

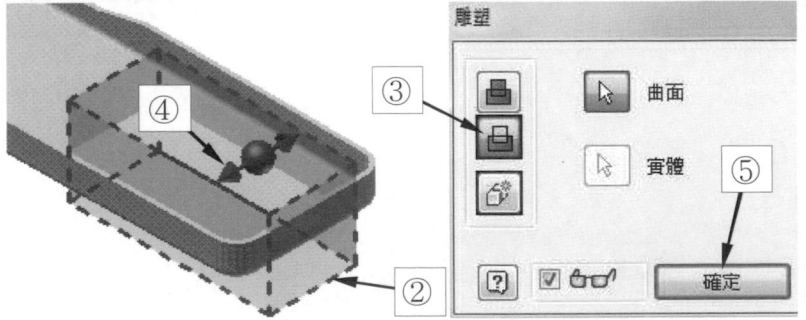

STEP ⑲

①單擊 儲存■。
②完成底座，如圖所示。

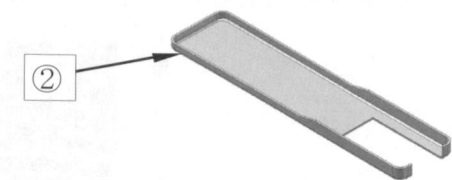

STEP ⑳

①於雕塑 2 上單擊滑鼠右鍵。
②單擊 編輯特徵。

STEP ㉑

①單擊 箭頭，使移除區域
為外側。
②單擊　確定　。

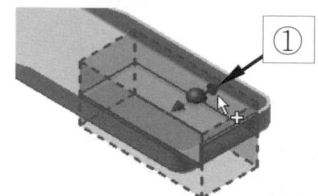
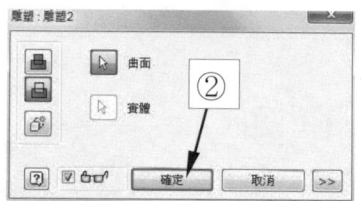

STEP ㉒

①單擊 檔案。
②單擊 另存。
③設定儲存路徑。
④輸入檔案名稱為「電池盒蓋」。
⑤單擊　儲存　。

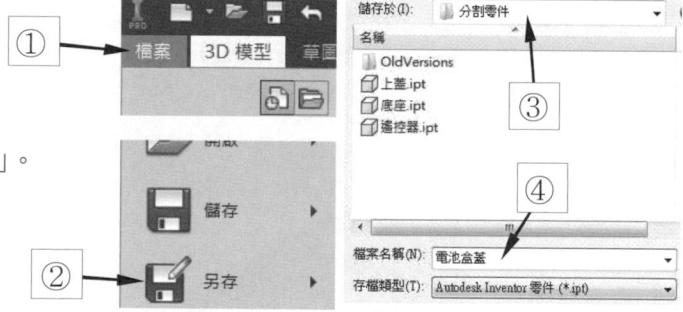

STEP ㉓

①單擊 開啟　　。
②開啟 上蓋，如圖所示。

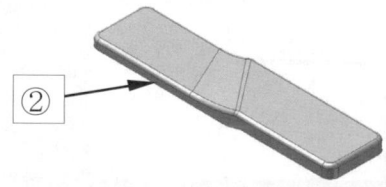

STEP 24

① 單擊 ViewCube 正下方的檢視
　 角。

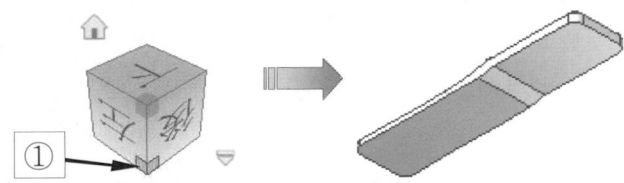

STEP 25

① 單擊 薄殼 **□**。
② 單擊 A、B、C 三個平面。
③ 輸入數值 1。
④ 單擊 　確定　。

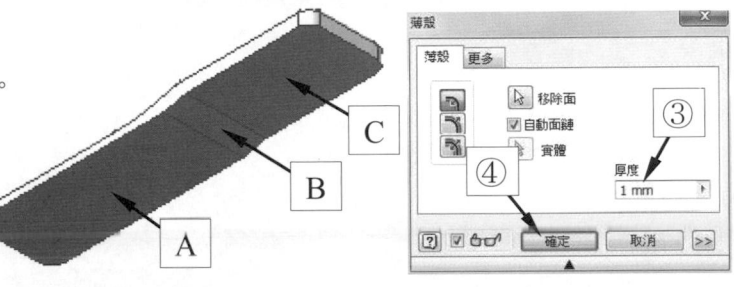

STEP 26

① 按 F6 鍵。
② 單擊 儲存 **💾**。

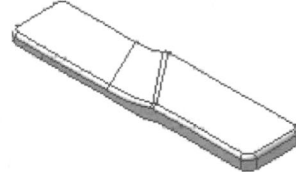

STEP 27

① 單擊 開始繪製 2D 草圖 **📐**。
② 單擊 零件頂面。
③ 單擊 向左旋轉箭頭。

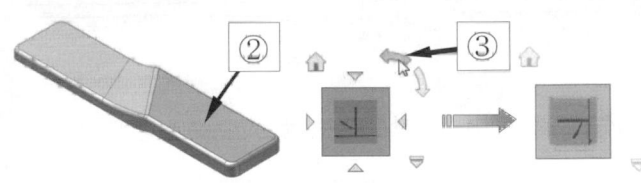

STEP 28

① 單擊 投影幾何圖形 **📦**。
② 單擊 右側邊線。
③ 單擊 YZ 平面。
④ 按 Esc 鍵。

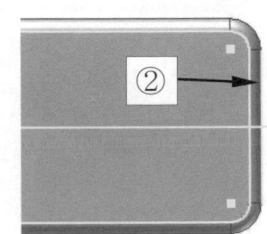

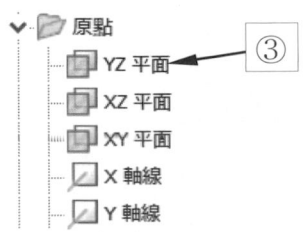

STEP 29

①單擊 兩點矩形 □，繪製
　如圖所示之矩形，並標註
　尺寸。
②單擊 圓角 ◺，建立四個
　圓角。

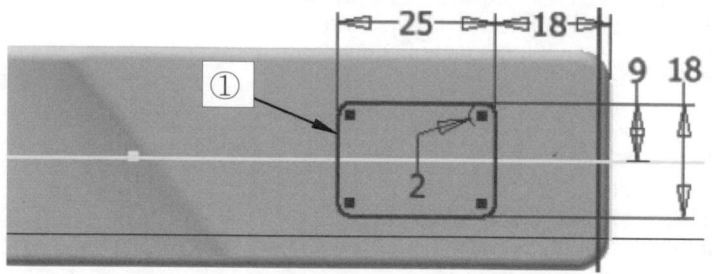

STEP 30

①單擊 ✔完成草圖。
②按 F6 鍵。
③完成如圖所示之草圖。

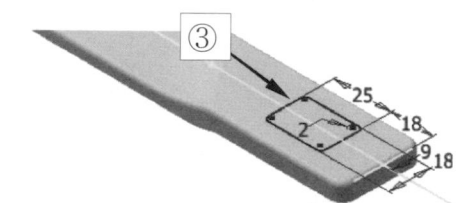

STEP 31

①單擊 擠出 ⬜。
②單擊 曲面 ⬜。
③輸入 12。
④單擊 方向 2 ◩。
⑤單擊 ⬜確定⬜。

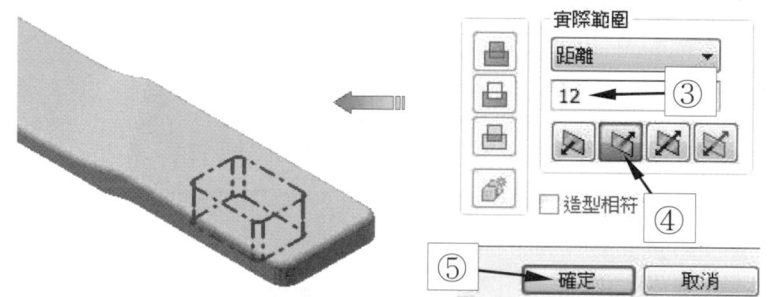

STEP 32

①單擊 雕塑 ◔。
②單擊 曲面。
③單擊 移除 ⬜。
④單擊 內側箭頭。
⑤單擊 ⬜確定⬜。

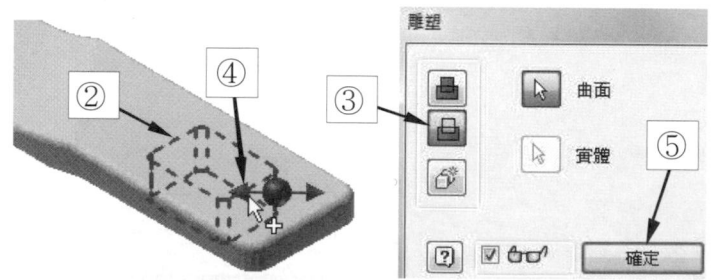

STEP 33

①單擊　儲存█。
②完成上蓋，如圖所示。

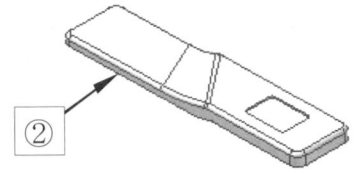

STEP 34

①於雕塑 2 上單擊滑鼠右鍵。
②單擊　編輯特徵。

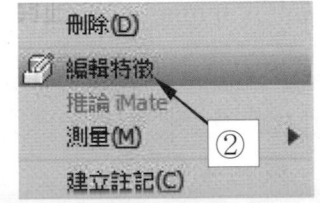

STEP 35

①單擊　右側箭頭，使移除
　　區域為外側。
②單擊　█ 確定 █。

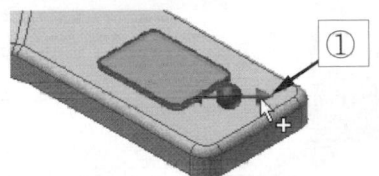

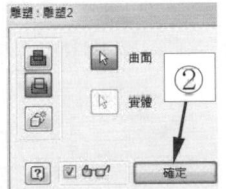

STEP 36

①單擊　█。
②單擊　展開箭頭。
③單擊　將複本儲存成。

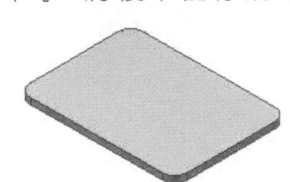

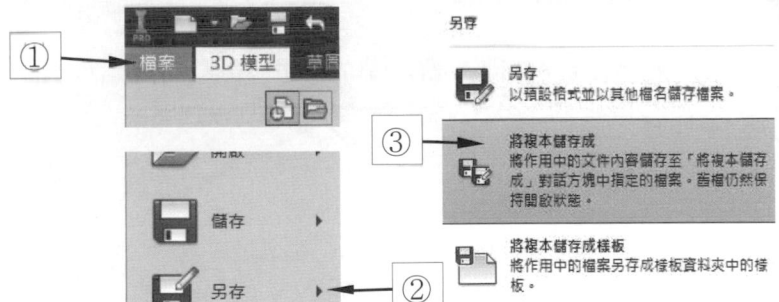

另存

🖫 另存
以預設格式並以其他檔名儲存檔案。

③ 將複本儲存成
將作用中的文件內容儲存至「將複本儲存
成」對話方塊中指定的檔案。舊檔仍然保
持開啟狀態。

將複本儲存成樣板
將作用中的檔案另存成樣板資料夾中的樣
板。

④ 設定儲存路徑。

⑤ 輸入檔案名稱為「控制
　 盒蓋」。

⑥ 單擊 ［ 儲存 ］。

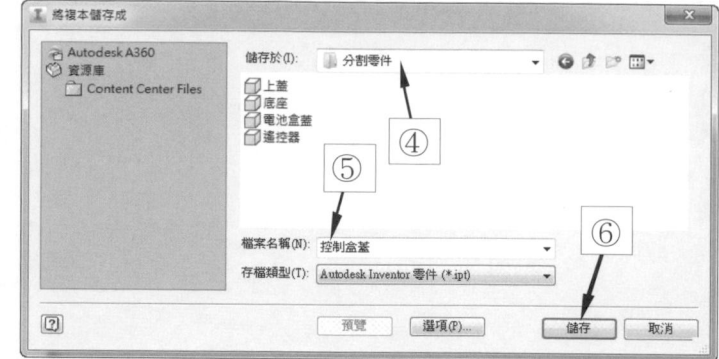

STEP 37

① 於雕塑 2 上單擊滑鼠
　 右鍵。

② 單擊　編輯特徵。

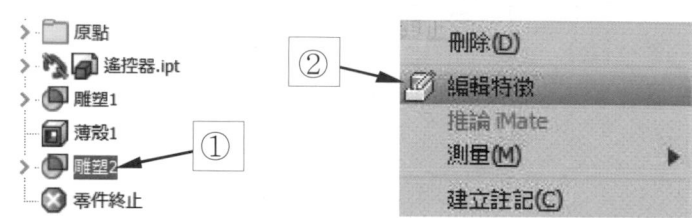

STEP 38

① 單擊箭頭，使移除區
　 域為內側。

② 單擊 ［ 確定 ］。

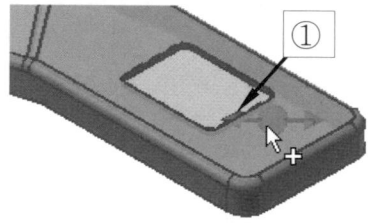

STEP 39

① 單擊　開始繪製 2D 草圖 。

② 單擊　零件頂面。

③ 單擊　向左旋轉箭頭。

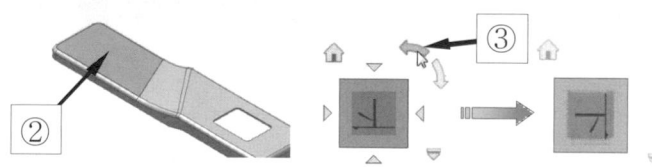

STEP 40

① 單擊　投影幾何圖形 。

② 單擊　左側邊線。

③ 單擊　YZ 平面。

④ 按 Esc 鍵。

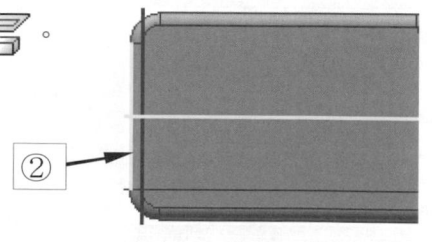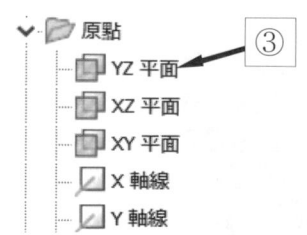

STEP ㊶

①以線 ╱ 、圓角 ◠ 、相等
　 ═ 、重合 ⌊＿ ，等指令建
　立如圖所示之圖形，並標
　註尺寸。

②單擊 中心點圓 ⊘ ，繪製
　如圖所示之圖形。

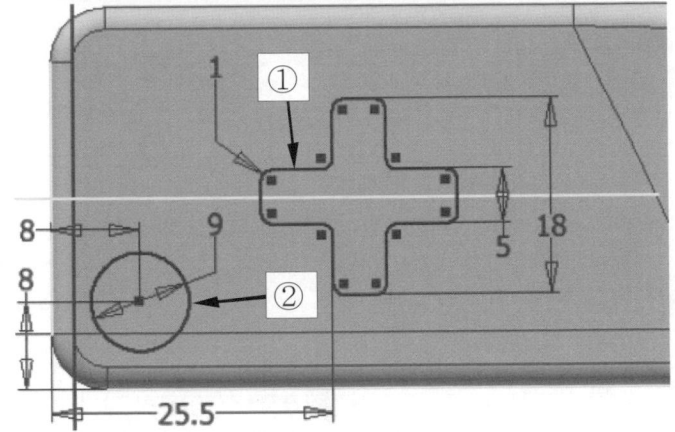

STEP ㊷

①單擊 ✔完成草圖。

②完成如圖所示之草圖。

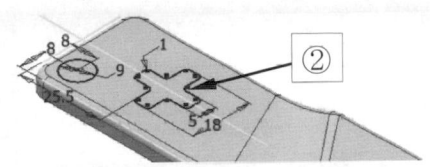

STEP ㊸

①單擊 擠出 ▥ 。

②單擊 曲面 ▣ 。

③單擊 十字草圖。

④輸入 12 。

⑤單擊 方向 2 ◹ 。

⑥單擊 ▇確定▇ 。

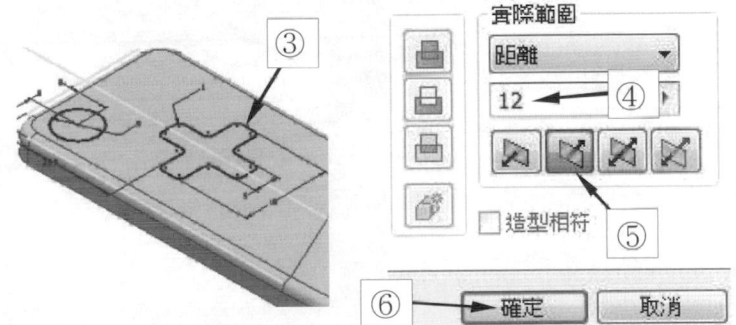

STEP ㊹

①單擊 雕塑 ◕ 。

②單擊 曲面。

③單擊 移除 ▤ 。

④單擊 ▇確定▇ 。

確定為移除內側區域

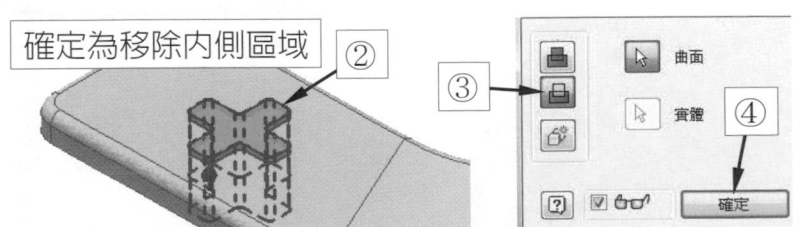

STEP 45

①展開 雕塑 3。
②展開 擠出表面 3 前。

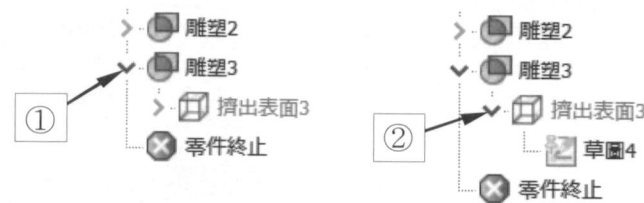

STEP 46

①於草圖 4 上單擊滑鼠右
　鍵。
②單擊 共用草圖。

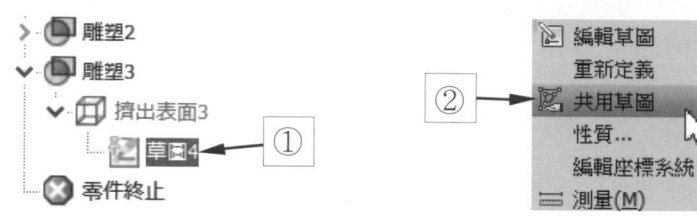

STEP 47

①單擊 擠出 。
②單擊 曲面 。
③單擊 圓形草圖。
④輸入 12。
⑤單擊 方向 2 。
⑥單擊 確定 。

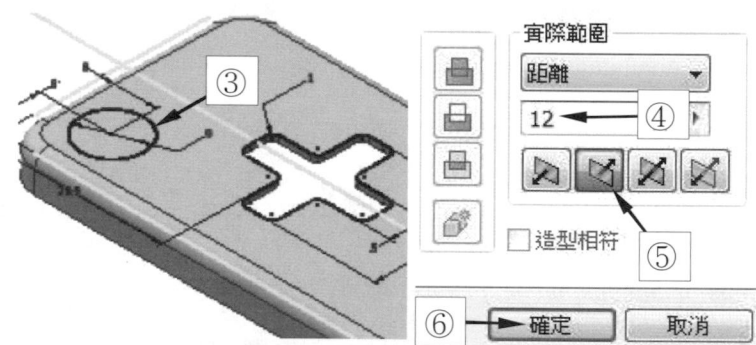

STEP 48

①於草圖 4 上單擊滑鼠右鍵。
②單擊 可見性，將共用草圖之可見
　性取消。

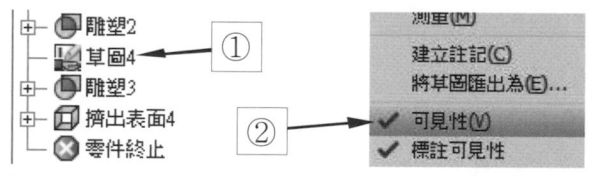

STEP ㊾

① 單擊　雕塑　。
② 單擊　曲面。
③ 單擊　移除　。
④ 單擊　確定　。

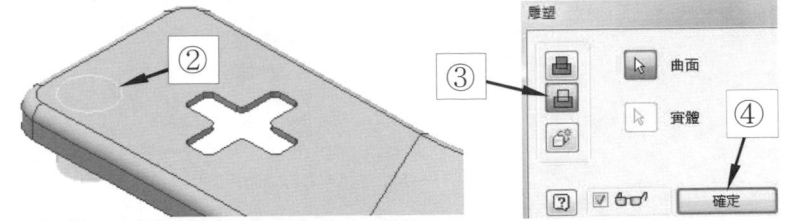

STEP ㊿

① 單擊　儲存　。
② 完成上蓋，如圖所示。

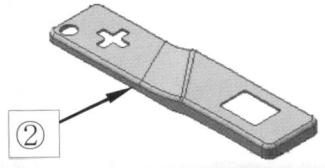

STEP 51

① 以滑鼠左鍵壓住「零件終止」符
　號，並往上拖曳至雕塑 4 前放開
　滑鼠左鍵。
② 完成拖曳，如圖所示。

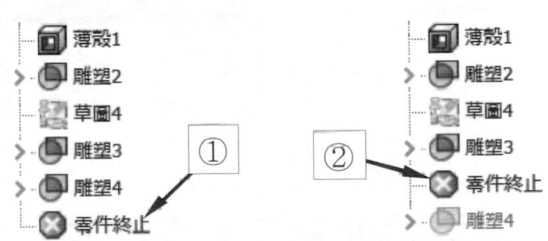

STEP 52

① 於雕塑 3 上單擊滑鼠
　右鍵。
② 單擊　編輯特徵。

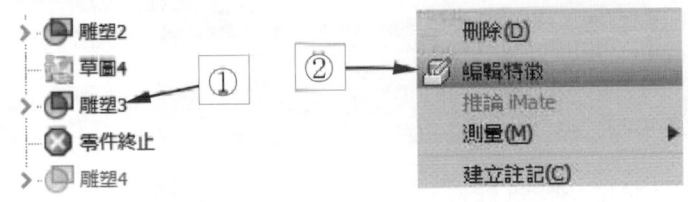

STEP 53

① 單擊　外側箭頭，使移除
　區域為外側。
② 單擊　確定　。

STEP 54

① 單擊 檔案。

② 單擊 展開箭頭。

③ 單擊 將複本儲存成。

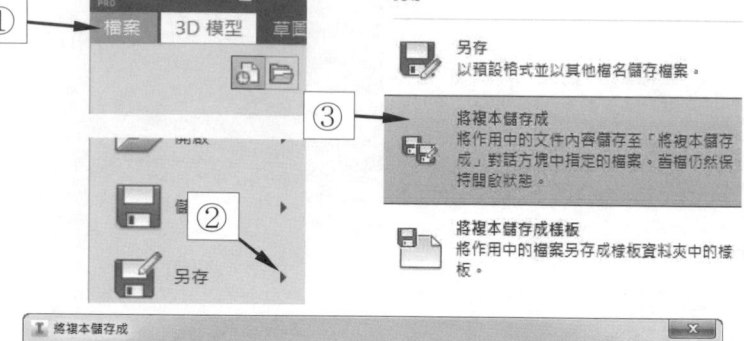

④ 設定儲存路徑。

⑤ 輸入檔案名稱為「十字
   控制盒蓋」。

⑥ 單擊 儲存 。

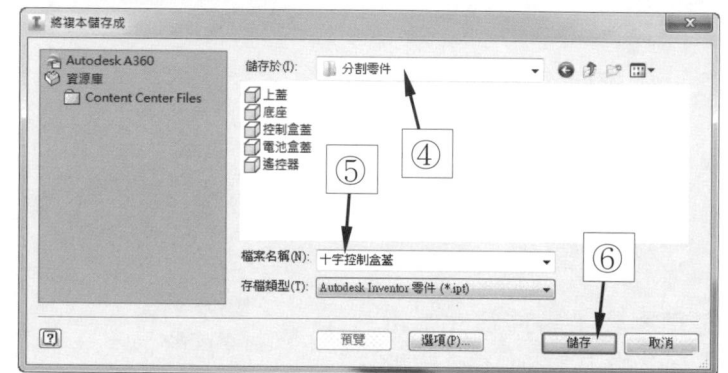

STEP 55

① 於雕塑 3 上單擊滑鼠右鍵。

② 單擊 編輯特徵。

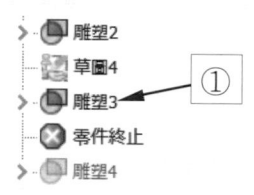
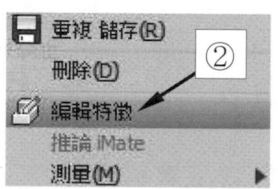

STEP 56

① 單擊 內側箭頭，使移除
   區域為內側。

② 單擊 確定 。

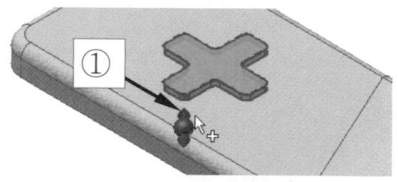
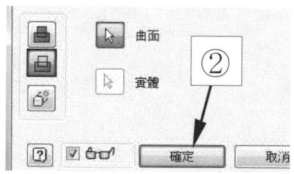

STEP 57

①以滑鼠左鍵壓住「零件終止」
　符號，並往下拖曳至最下方放
　開滑鼠左鍵。
②完成拖曳，如圖所示。

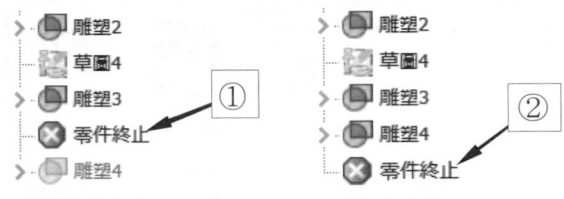

STEP 58

①單擊　儲存■。
②完成上蓋，如圖所示。

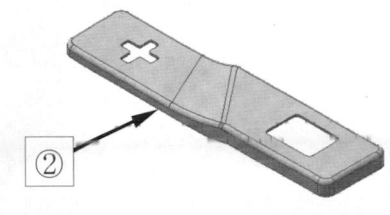

STEP 59

①於雕塑 4 上單擊滑鼠右鍵。
②單擊　編輯特徵。

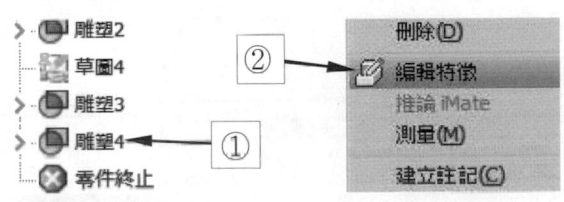

STEP 60

①單擊　右側箭頭，使移除
　區域為外側。
②單擊　　確定　　。

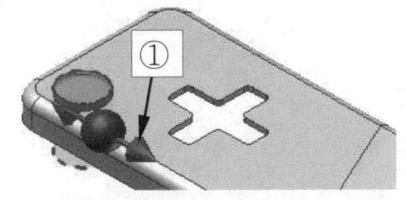
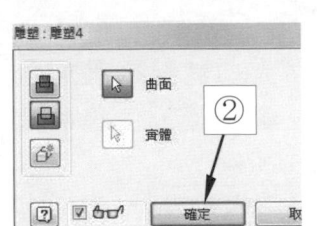

STEP 61

①單擊 檔案。
②單擊 展開箭頭。
③單擊 將複本儲存成。

④設定儲存路徑。
⑤輸入檔案名稱為「電源
　鍵蓋」。
⑥單擊 　儲存　。

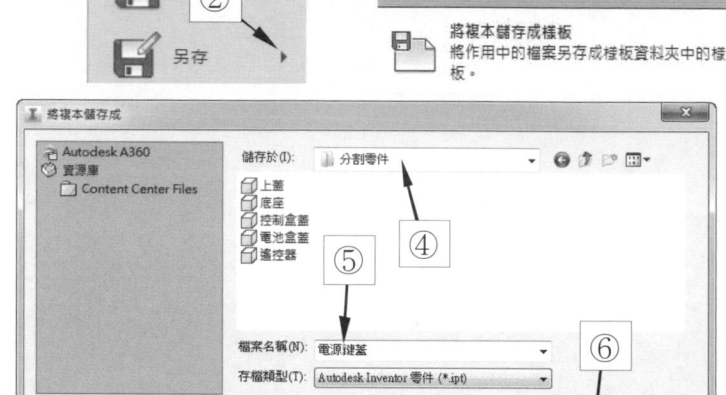

STEP 62

①於雕塑 4 上單擊滑鼠右鍵。
②單擊 編輯特徵。

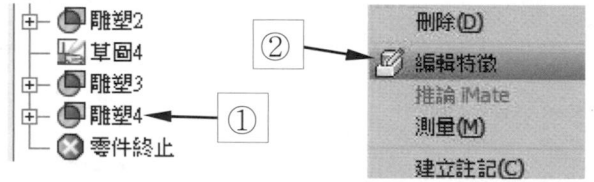

STEP 63

①將零件大約轉至底面，並
　單擊左側箭頭，使移除區
　域為內側。
②單擊 　確定　。
③按 F6 鍵。

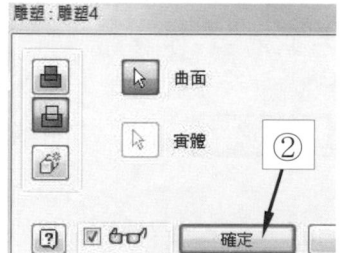

STEP 64

①單擊　儲存🖪。

②完成上蓋，如圖所示。

③關閉所有開啓的檔案，以便建立組合件。

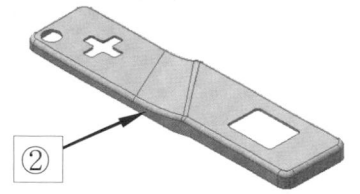

階段二、進行各零件之組立

操作步驟

STEP 1

①單擊　箭頭。

②單擊　組合，開啓新的
　組合件檔案。

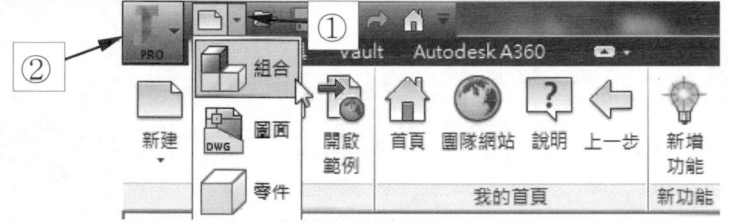

STEP 2

①單擊　放置元件🖳，可至「建立
　組合」資料夾開啓檔案。

②單擊　底座。

③單擊　開啓(0)。

④於繪圖區單擊滑鼠左鍵。

⑤按「Esc」鍵。

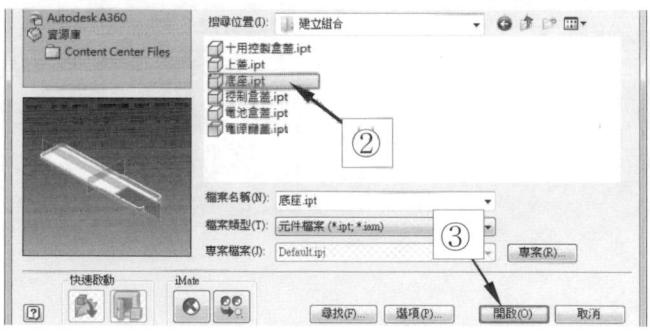

STEP ③

①單擊 自由環轉 🔄 及
  ViewCube。
②將視角調整成如圖所示
  之視角。

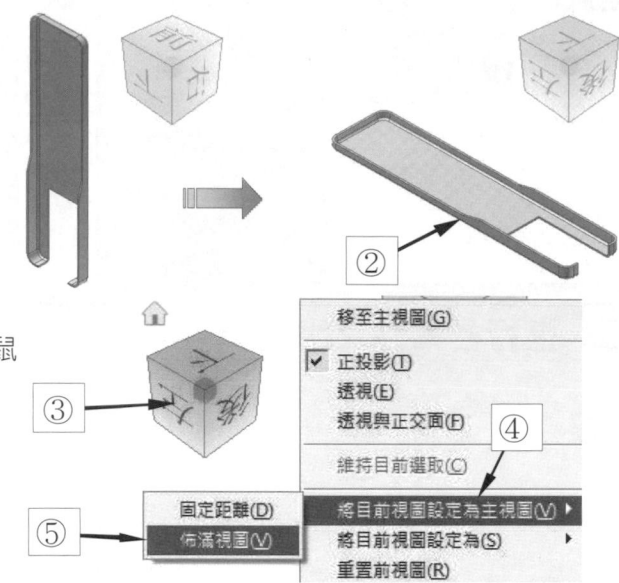

③游標移動至 ViewCube 上，點按滑鼠
  右鍵。
④單擊 將目前視圖設定為主視圖。
⑤單擊 佈滿視圖。
⑥按 F6 鍵。

STEP ④

①單擊 中符號。
②單擊 中符號。
③按住 Shift 鍵複選
  YZ、XZ、XY 平面。
  放開 Shift 鍵後點按
  滑鼠右鍵。
④單擊可見性。
⑤將 3 個工作平面之可
  見性皆開啓。

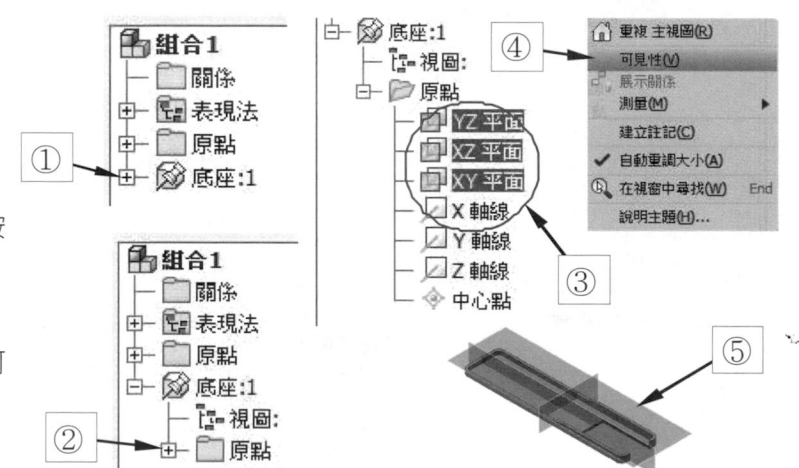

STEP ⑤

①單擊 放置元件 📥。
②單擊 電池盒蓋。
③單擊 開啟(O)。
④於繪圖區單擊滑鼠左鍵。
⑤按「Esc」鍵。

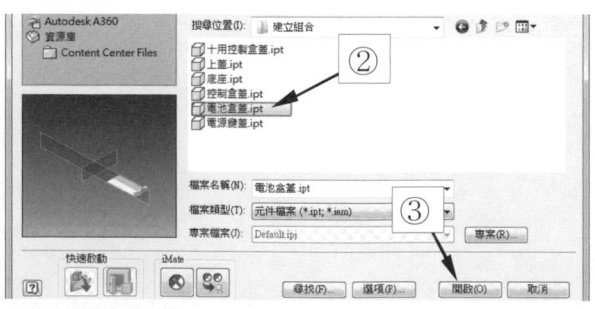

STEP ⑥

①將電池盒蓋之工作平面可見性
　皆開啟，如圖所示。

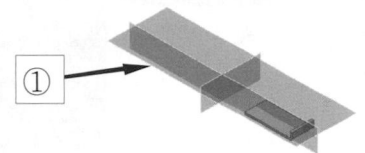

STEP ⑦

①單擊　約束 ▟。
②單擊　工作平面。
③單擊　工作平面。
④單擊　▱。
⑤單擊　套用。

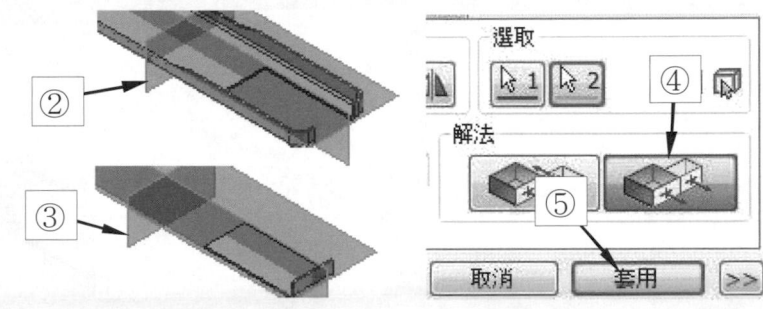

STEP ⑧

①單擊　工作平面。
②單擊　工作平面。
③單擊　確定。

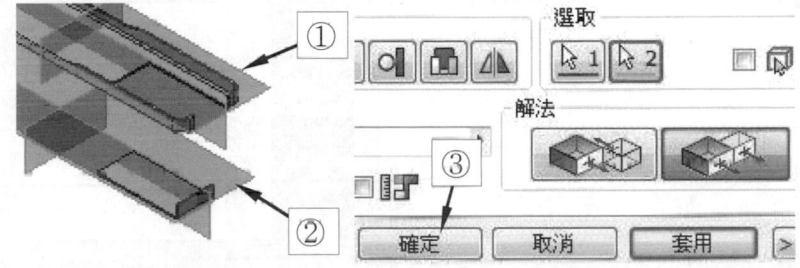

STEP ⑨

①以滑鼠左鍵壓住電池盒蓋，並往外
　拖曳電池盒蓋，使與底座分開，如
　圖所示。

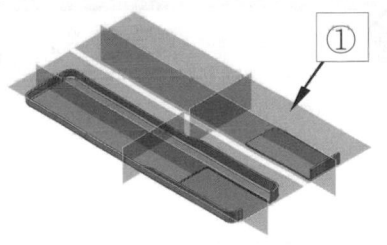

STEP ⑩

① 單擊　約束 。

② 單擊　工作平面。

③ 單擊　工作平面。

④ 單擊　

⑤ 單擊　確定。

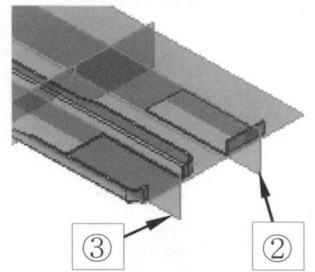

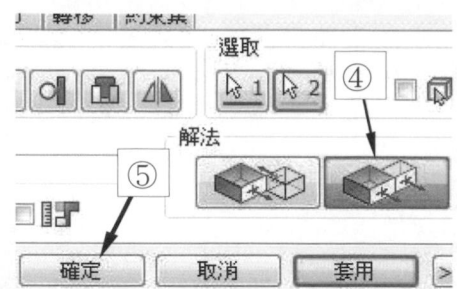

STEP ⑪

① 關閉電池盒蓋工作平面之可見性，完成如圖所示。

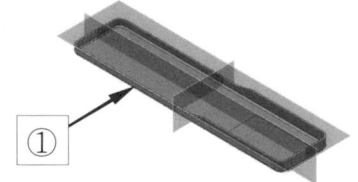

STEP ⑫

① 單擊　放置元件。

② 單擊　上蓋。

③ 單擊　開啟(0)。

④ 於繪圖區單擊滑鼠左鍵。

⑤ 按「Esc」鍵。

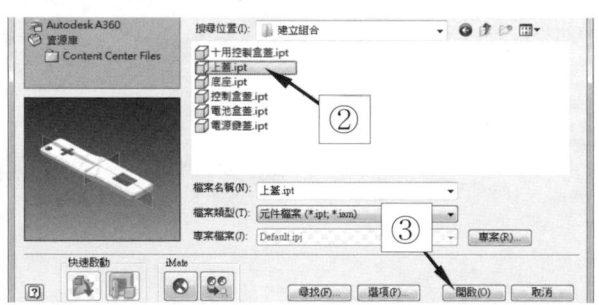

STEP ⑬

① 開啟上蓋工作平面之可見性，完成如圖所示。

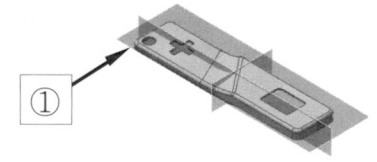

STEP 14

① 單擊　約束 ▟。
② 單擊　工作平面。
③ 單擊　工作平面。
④ 單擊　▨。
⑤ 單擊　套用。

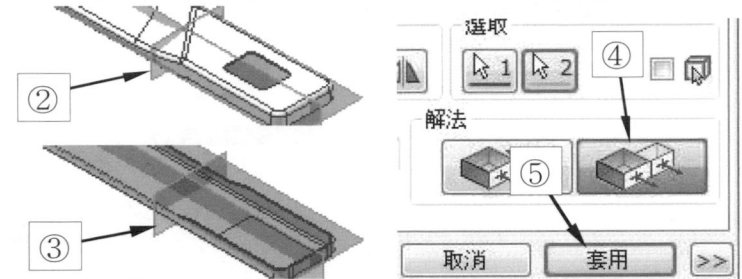

STEP 15

① 單擊　工作平面。
② 單擊　工作平面。
③ 單擊　確定。

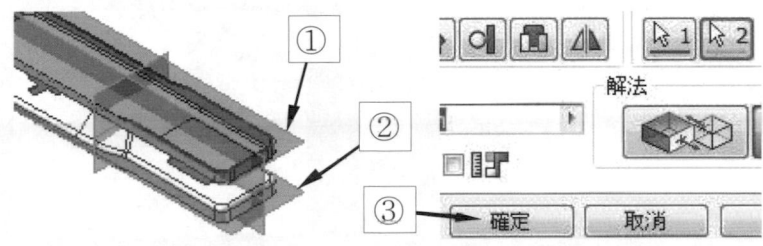

STEP 16

① 以滑鼠左鍵壓住上蓋，並往外拖
　曳上蓋，使與底座分開，如圖所
　示。

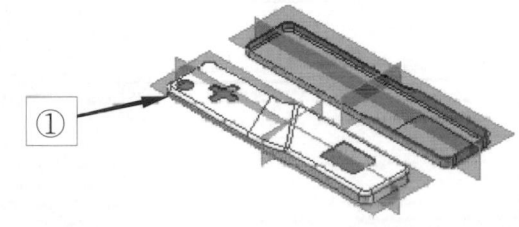

STEP 17

① 單擊　約束 ▟。
② 單擊　工作平面。
③ 單擊　工作平面。
④ 單擊　▨。
⑤ 單擊　確定。

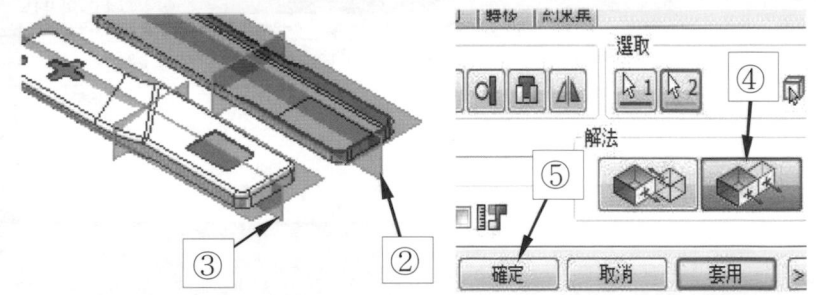

STEP 18

①關閉上蓋工作平面之可見性，
　完成如圖所示。

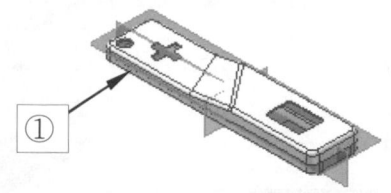

STEP 19

①單擊　放置元件 📥。

②單擊　控制盒蓋。

③單擊　[開啟(O)]。

④於繪圖區單擊滑鼠左鍵。

⑤按「Esc」鍵。

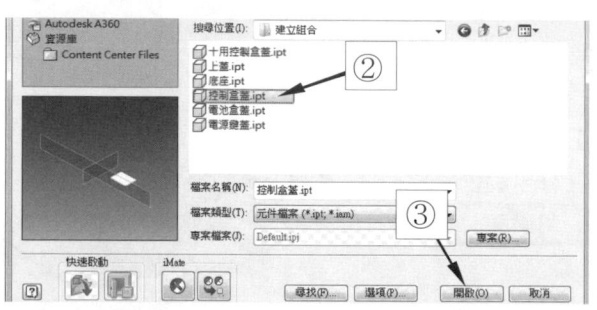

STEP 20

①開啟控制盒蓋工作平面之可見
　性，完成如圖所示。

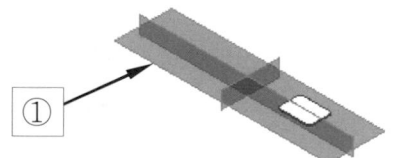

STEP 21

①單擊　約束 🔲。

②單擊　工作平面。

③單擊　工作平面。

④單擊　🔲。

⑤單擊　[套用]。

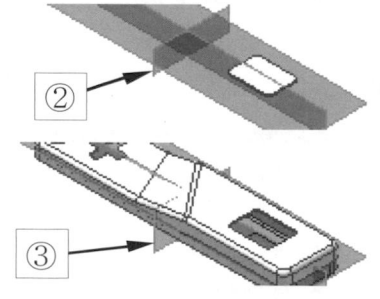

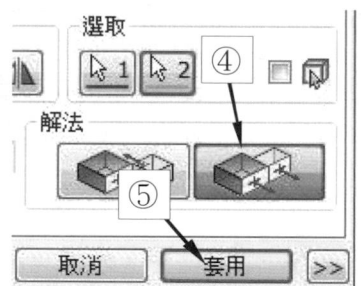

STEP ㉒

①單擊 工作平面。
②單擊 工作平面。
③單擊 ［ 確定 ］。

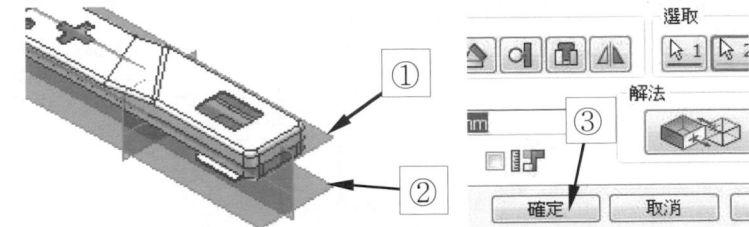

STEP ㉓

①以滑鼠左鍵壓住控制盒蓋,並往外
　拖曳控制盒蓋,使與上蓋分開,如
　圖所示。

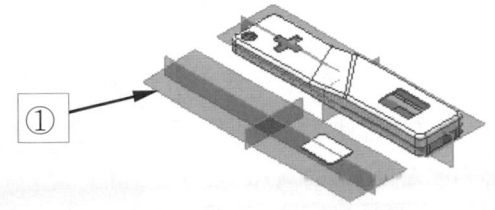

STEP ㉔

①單擊 約束 。
②單擊 工作平面。
③單擊 工作平面。
④單擊 。
⑤單擊 ［ 確定 ］。

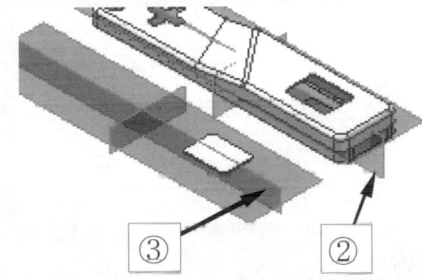

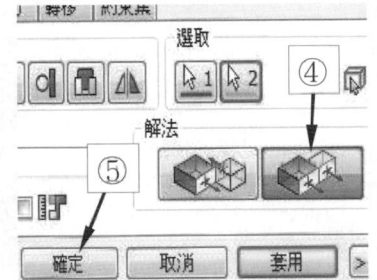

STEP ㉕

①關閉控制盒蓋工作平面之可見
　性,完成如圖所示。

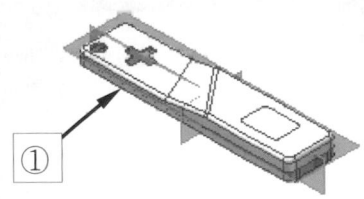

STEP 26

①單擊 放置元件 。

②單擊 十字控制盒蓋。

③單擊 開啟(O) 。

④於繪圖區單擊滑鼠左鍵。

⑤按「Esc」鍵。

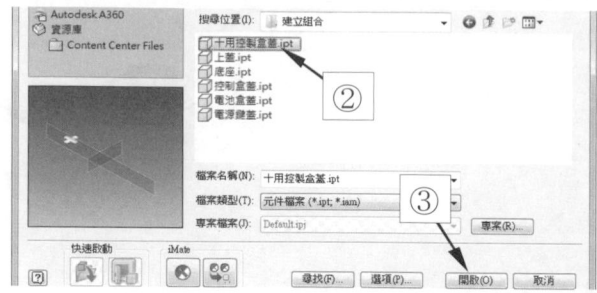

STEP 27

①開啟十字控制盒蓋工作平面之可見性，完成如圖所示。

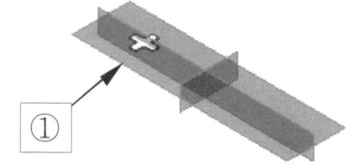

STEP 28

①單擊 約束 。

②單擊 工作平面。

③單擊 工作平面。

④單擊 。

⑤單擊 套用 。

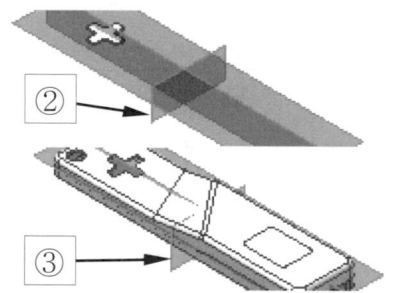
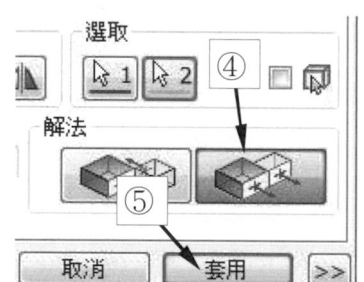

STEP 29

①單擊 工作平面。

②單擊 工作平面。

③單擊 。

④單擊 確定 。

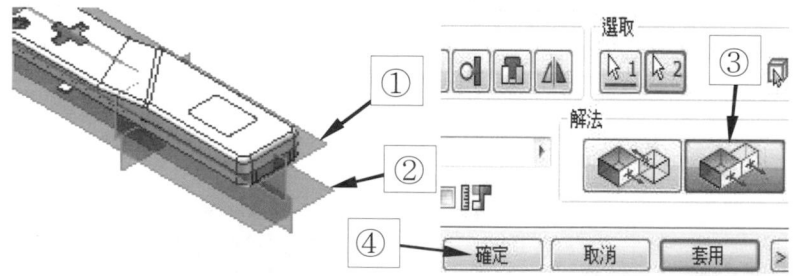

STEP 30

①以滑鼠左鍵壓住十字控制盒蓋，並往外拖曳十字控制盒蓋，使與上蓋分開，如圖所示。

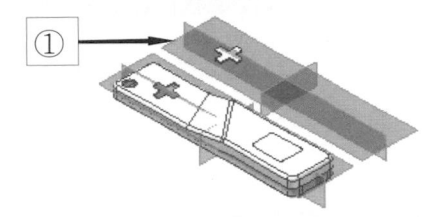

STEP 31

①單擊　約束 ．
②單擊　工作平面。
③單擊　工作平面。
④單擊 ．
⑤單擊　確定 ．

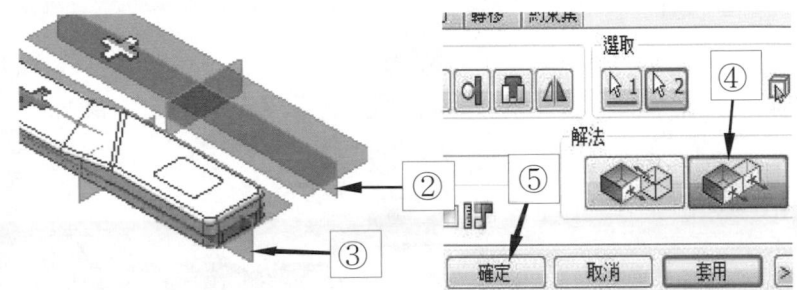

STEP 32

①關閉十字控制盒蓋工作平面之可見性，完成如圖所示。

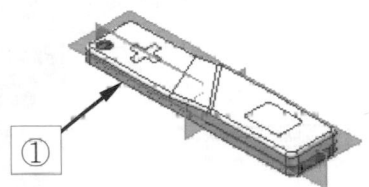

STEP 33

①單擊　放置元件 ．
②單擊　電源鍵蓋。
③單擊　開啟(O) ．
④於繪圖區單擊滑鼠左鍵。
⑤按「Esc」鍵。

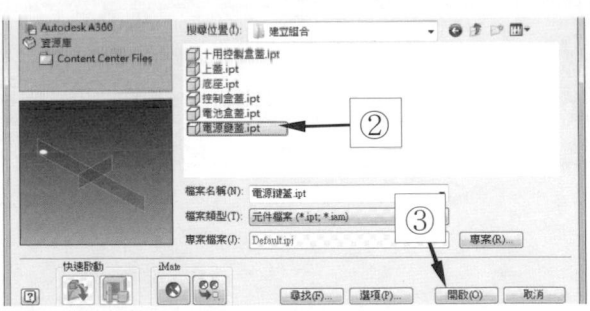

STEP 34

①開啟電源鍵蓋工作平面之可見性，
　完成如圖所示。

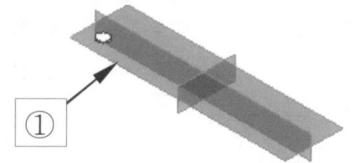

STEP 35

①單擊　約束 ▢◻。
②單擊　工作平面。
③單擊　工作平面。
④單擊　▢。
⑤單擊　套用　。

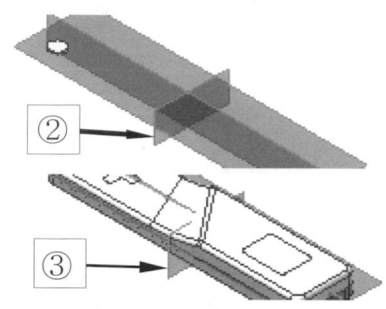

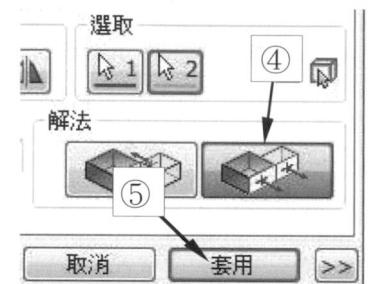

STEP 36

①單擊　工作平面。
②單擊　工作平面。
③單擊　確定　。

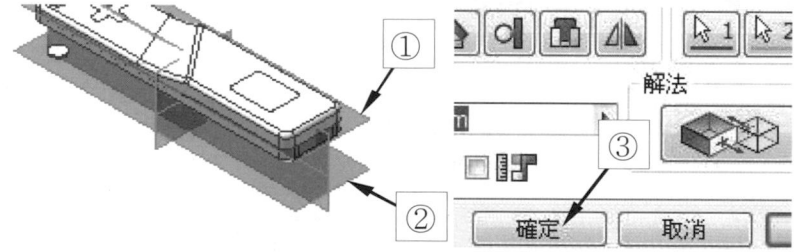

STEP 37

①以滑鼠左鍵壓住電源鍵蓋，並往外拖
　曳電源鍵蓋，使與上蓋分開，如圖所
　示。

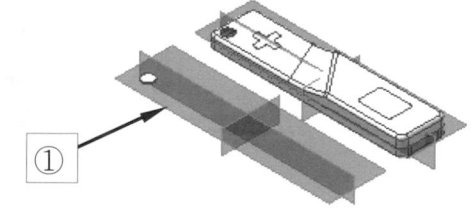

①單擊　約束 。
②單擊　工作平面。
③單擊　工作平面。
④單擊　。
⑤單擊　確定。

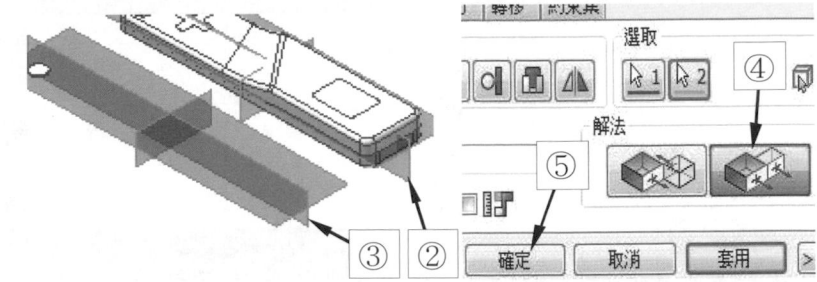

①關閉所有零件工作平面之可見
　性，完成如圖所示。
②儲存。

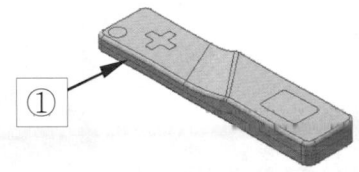

階段三、機構模擬或動畫製作

　　在此階段中將說明如何進行動畫製作，然而在 Inventor 系統中所提供的動畫製作亦有多種方式，如 Studio、動力學模擬、簡報、驅動等，皆可進行動畫製作或機構模擬，本範例將以簡報來說明動畫製作之過程。

操作步驟

STEP 1

①單擊　箭頭。
②單擊　簡報，以開啟新的簡報
　檔案。

STEP ②

① 單擊 建立視圖 。

② 單擊 路徑 ，開啟 Ch1\由上而下
的設計技巧\遙控器\簡報製作\遙控
器組合.iam。

③ 單擊 開啟(O) 。

④ 單擊 確定 。

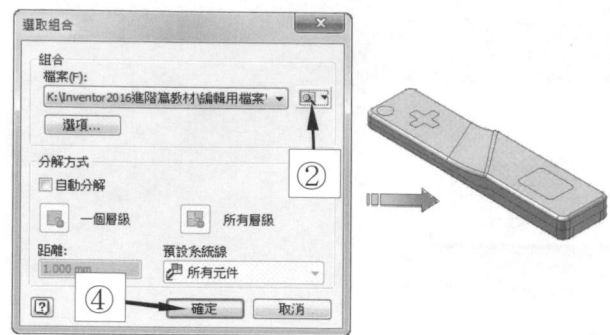

STEP ③

① 按 F6 鍵。

② 單擊 自由環轉 及
ViewCube，將視角調整
成如圖所示之視角。

③ 游標移動至 ViewCube 上，點按滑鼠
右鍵。

④ 單擊 將目前視圖設定為主視圖。

⑤ 單擊 佈滿視圖。

⑥ 按 F6 鍵。

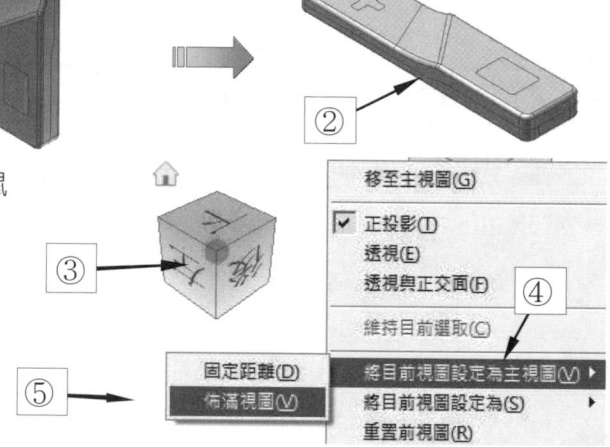

STEP ④

① 單擊 轉折元件 。

② 單擊 上蓋頂面。

③ 再連續單擊 A、B、C 件，以選取四
個零件。

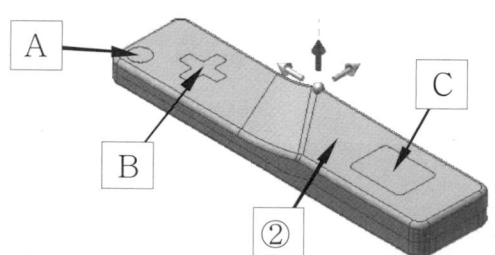

STEP ⑤

① 按住箭頭並往上拖曳
　至適當距離後放開滑
　鼠左鍵。
② 輸入 45，並按 Enter
　鍵。
③ 單擊 套定 **+** 。

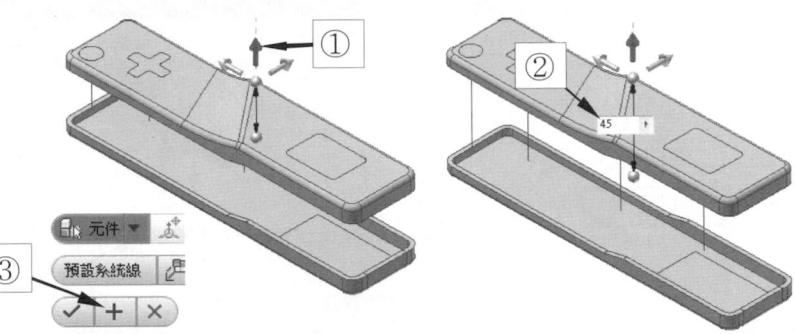

STEP ⑥

① 單擊 控制盒蓋頂面，再點選
　A、B。
② 按住箭頭並往上拖曳至適當距
　離後放開滑鼠左鍵。
③ 輸入 35，並按 Enter 鍵。
④ 單擊 套用 **+** 。

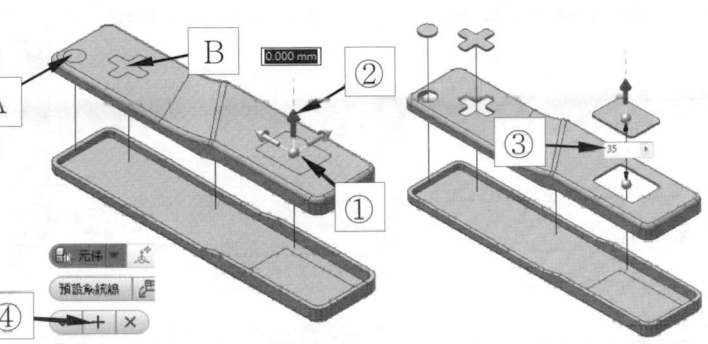

STEP ⑦

① 單擊 電池盒蓋頂面。
② 按住箭頭並往下拖曳至適當距
　離後放開滑鼠左鍵。
③ 輸入 -35，並按 Enter 鍵。
④ 單擊 確定 ✓ 。

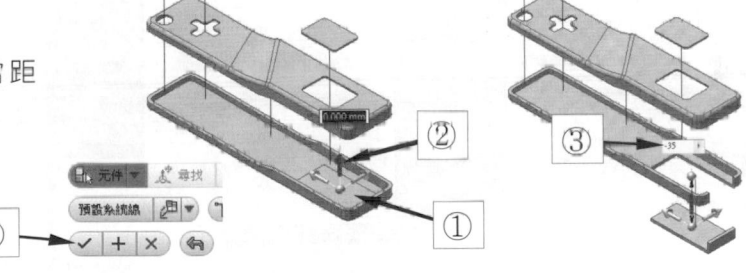

STEP ⑧

① 單擊 動畫 🎥 。
② 單擊 記錄 ◉ 。

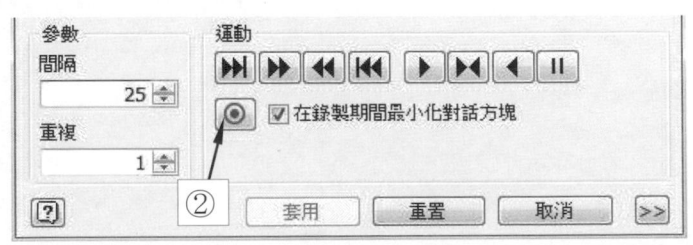

STEP ⑨

① 設定儲存路徑。
② 輸入檔案名稱。
③ 設定存檔類型。
④ 單擊　存檔(S)　。
⑤ 單擊　確定　。

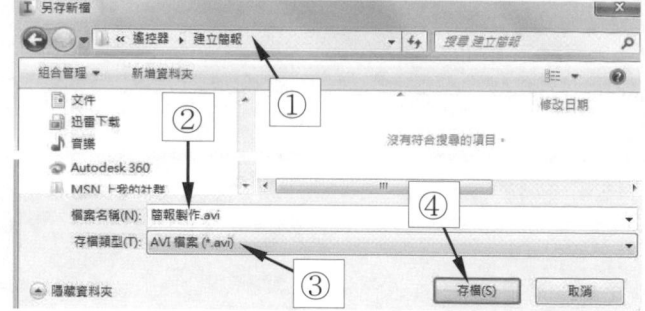

STEP ⑩

① 單擊　播放向前 ▶ 。
② 進行動畫播放與錄製。
③ 單擊　取消 ，動畫播
　　放及錄製完成。

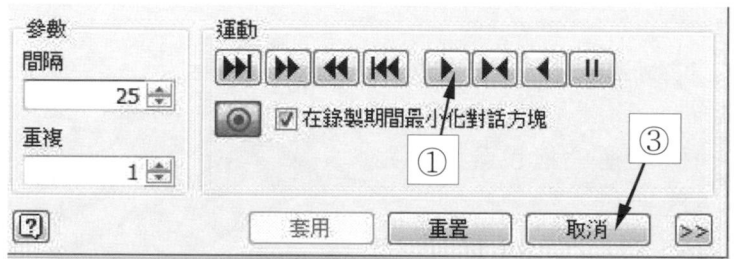

STEP ⑪

① 單擊　儲存 💾 。
② 設定儲存路徑。
③ 輸入檔案名稱。
④ 單擊　儲存　。

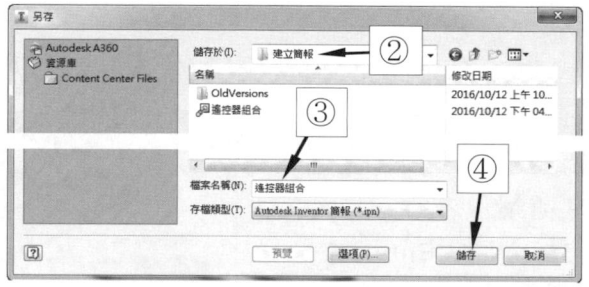

精選練習範例

例題一

→ 相關資訊

1.Ch1\由上而下的設計技巧\無線電話\分割零件\無線電話.ipt。
2.完成如圖所示零件之分割。
3.薄殼厚度 1mm。
4.完成簡報製作及動畫錄製。
5.參考尺度如工程圖面所示。

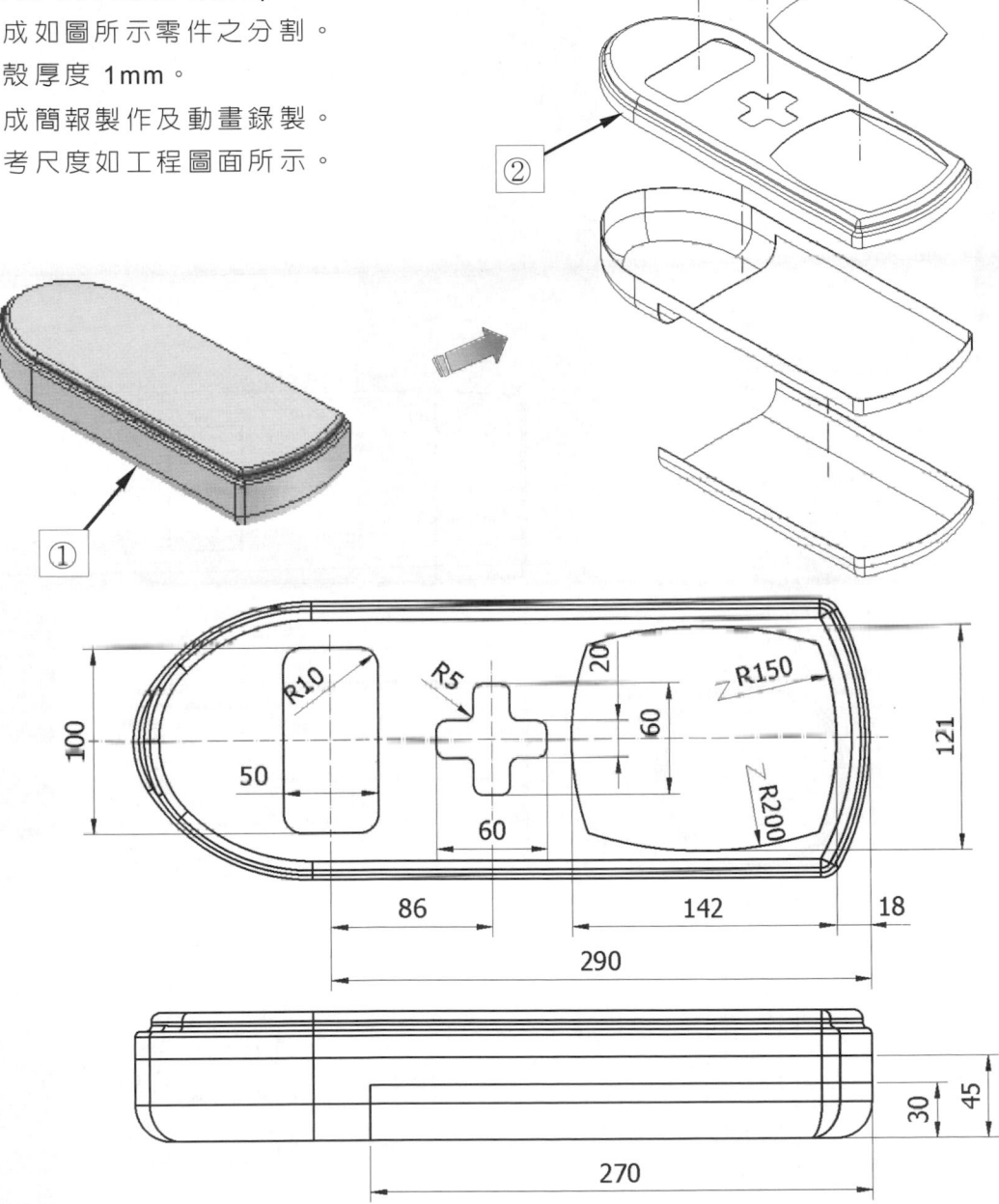

例題二

→ 相關資訊

1. Ch1\由上而下的設計技巧\吹風機
   \分割零件\吹風機.ipt。
2. 完成如圖所示零件之分割。
3. 薄殼厚度 1mm。
4. 完成簡報製作及動畫錄製。
5. 參考尺度如工程圖面所示。

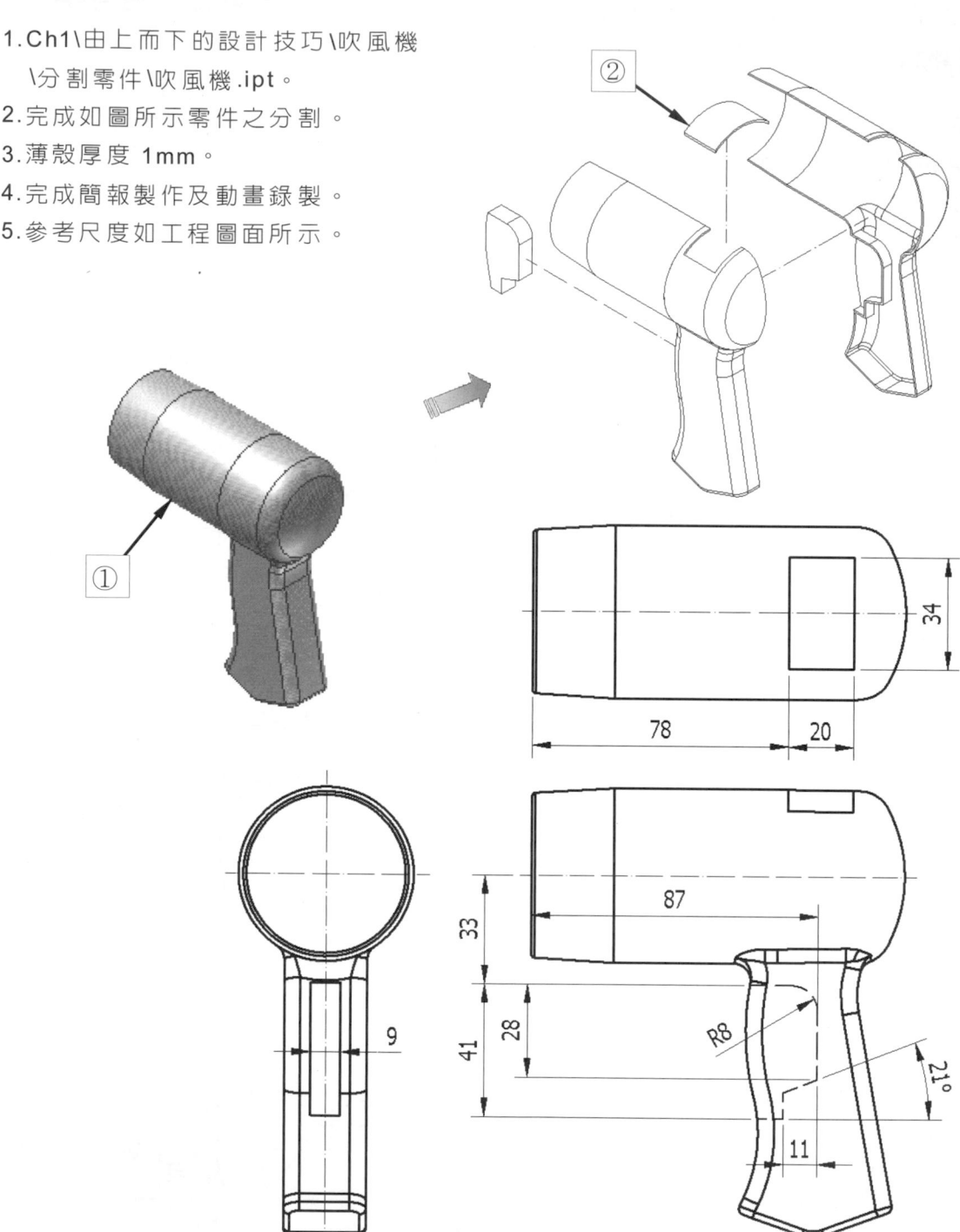

1-2　驅動

前　言

　　驅動功能，提供使用者以建立局部機構模擬運動的方式來進行機構模擬，以適時檢核組立狀態，並了解機構運動是否合理，有無干涉情形等。

→ 應用實例一

　　本範例以搖擺機構來進行驅動模擬，其建構過程是先將筆者提供的各次組立件進行組立後，再進行驅動模擬。

1. 組合檔案 Ch1\驅動\應用實例一\本體組 .iam、齒輪組.iam、搖臂.ipt。
2. 進行驅動模擬。
3. 參考解答在 Ch1\驅動\應用實例一\應用實例一.html。

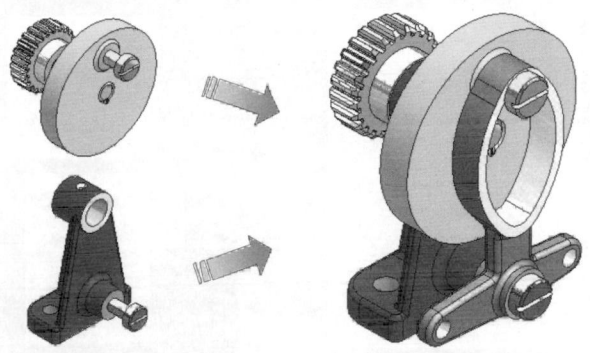

操作步驟

STEP ①

①於首頁單擊 組合。

STEP ②

①單擊 放置元件。

②開啓 Ch1\驅動\應用實例一\本體組.iam。

③於繪圖區單擊滑鼠左鍵。

④按 Esc 鍵。

⑤變更主視圖方位，並設定為「不動」，如圖所示。

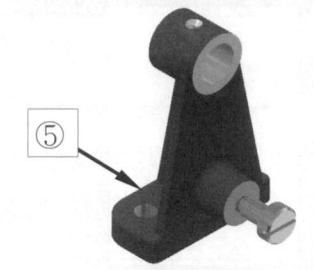

STEP ③

①單擊 放置元件。

②開啓 Ch1\驅動\應用實例一\齒輪組.iam。

③於繪圖區單擊滑鼠左鍵。

④按 Esc 鍵。

STEP ④

①單擊 約束。

②單擊 本體平面。

③按住 F4 並以滑鼠左鍵旋轉視角後，單擊飛輪側平面。

④單擊 確定。

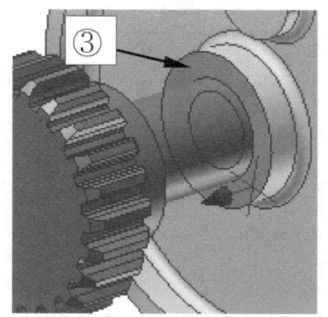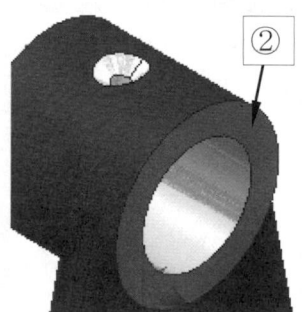

STEP ⑤

①壓住齒輪組，並將齒輪組拖曳至外側，使與本體組分開。

②按 F6 鍵，如圖所示。

STEP ⑥

①單擊　約束

①單擊　約束 ▱。

②單擊　內孔面。

③單擊　圓柱面。

④單擊　｜確定｜。

⑤按 F6 鍵。

STEP ⑦

①展開齒輪組再展開原點。

②在 YZ 平面上單擊滑鼠右鍵。

③開啟可見性及自動重調大小。

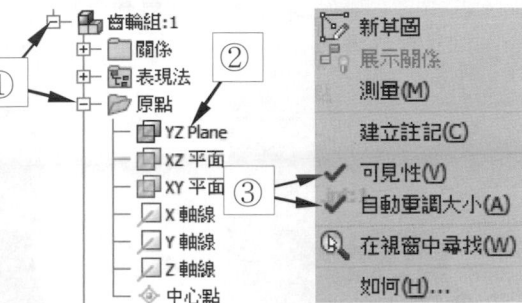

STEP ⑧

①單擊　約束 ▱。

②單擊　角度 ◭。

③單擊　YZ 平面。

④單擊　左側平面。

⑤單擊　無向角 。

⑥單擊　｜確定｜。

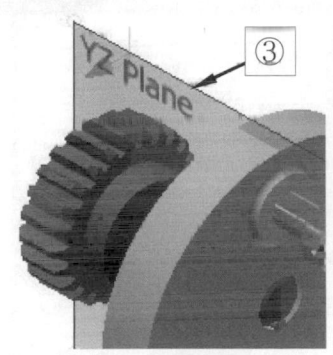

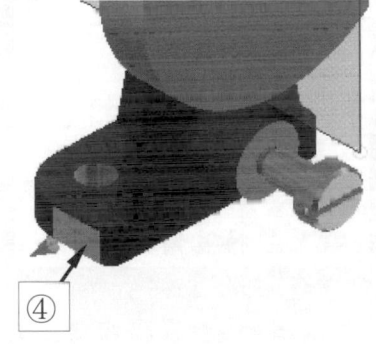

STEP ⑨

①單擊　放置元件 。

②開啟 Ch1\驅動\應用實例一\搖臂.ipt。

③於繪圖區單擊滑鼠左鍵。

④按 Esc 鍵。

STEP ⑩

①單擊 約束 ┌┚ 。

②單擊 連桿側平面。

③單擊 本體側平面。

④單擊 ┃ 確定 ┃ 。

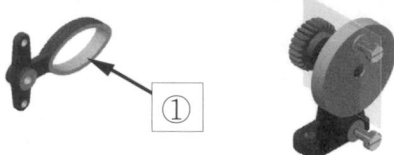

STEP ⑪

①壓住搖臂，並將搖臂拖曳至外側，
使與本體組分開。

②按 F6 鍵，如圖所示。

STEP ⑫

①單擊 約束 ┌┚ 。

②單擊 內孔面。

③單擊 圓柱面。

④單擊 ┃ 確定 ┃ 。

⑤按 F6 鍵。

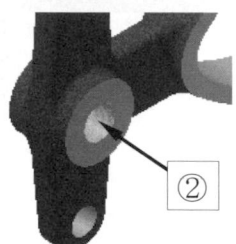

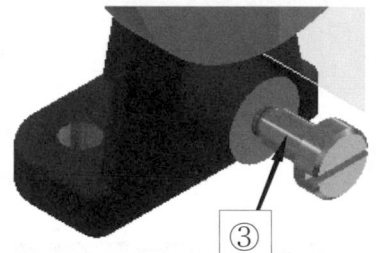

STEP ⑬

①取消齒輪組 YZ 平面之可見性。

②壓住搖臂，並將搖臂拖曳至如圖所示
的大約位置。

③單擊 自由環轉 ,將視角旋轉至如
圖所示之位置。

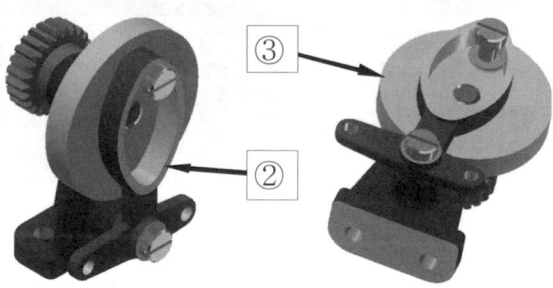

STEP ⑭

① 單擊　約束 ⬚ 。
② 單擊　轉移標籤。
③ 單擊　圓柱面。
④ 單擊　搖臂內側面。
⑤ 單擊　[確定]。
⑥ 按 F6 鍵。

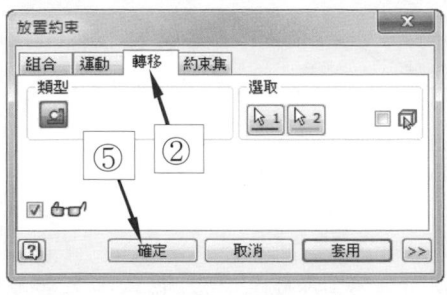

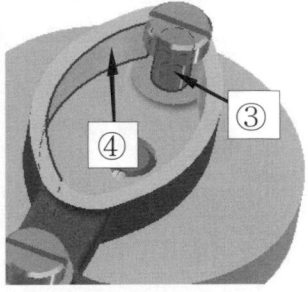

STEP ⑮

① 單擊　齒輪組前的 ⊞ 符
　號，以展開齒輪組。
② 於角度上單擊滑鼠右鍵。
③ 單擊　驅動。

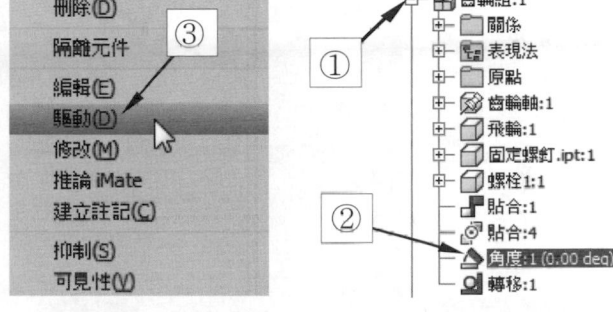

STEP ⑯

① 設定為 360。
② 單擊　雙箭頭 >>，以展
　開下一頁。

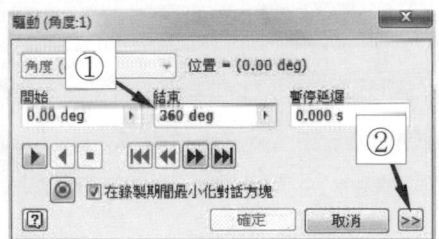

STEP ⑰

①設定數值為 2。
②單擊 播放向前 ▶。
③待播放結束後再單擊 最小值 ◄◄。

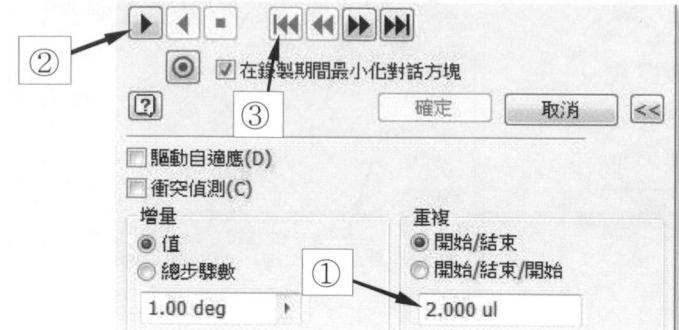

STEP ⑱

①設定數值為 8。
②設定數值為 5。
③單擊 播放向前 ▶。

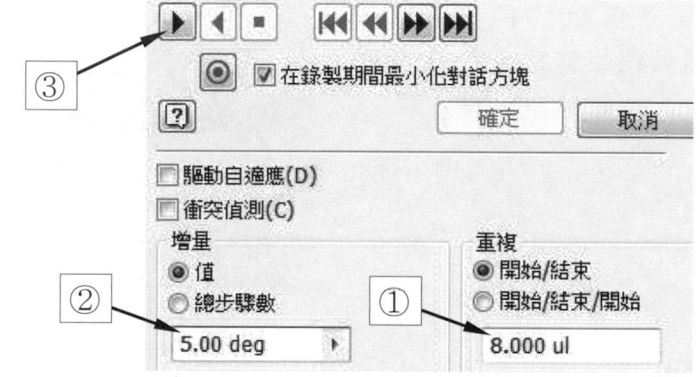

STEP ⑲

①設定數值為 2。
②設定數值為 10。
③單擊 向前 ▶。
④設定數值為 1，延遲 1 秒。
⑤勾選衝突偵測選項，檢查機構運動期間，各零件是否相互干涉。
⑥單擊 反轉。
⑦單擊 確定 。

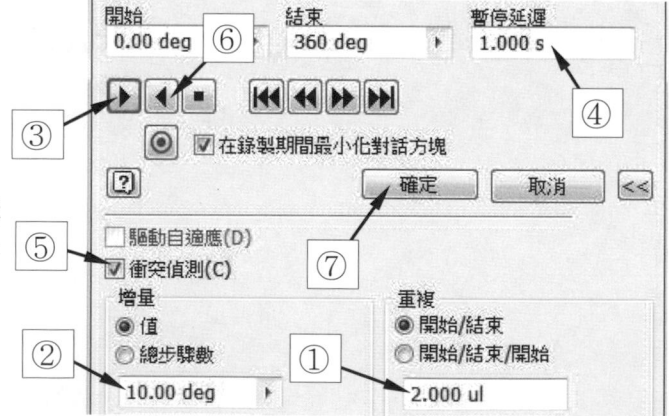

精選練習範例

例題一

→ 相關資訊

1. 組合檔案　Ch1\驅動\精選練習範例
　一\本體組.iam、齒輪組.iam、搖
　臂.ipt。
2. 進行驅動模擬。
3. 參考解答在　Ch1\驅動\精選練習範
　例一\精選練習範例一\精選練習範
　例一.html。

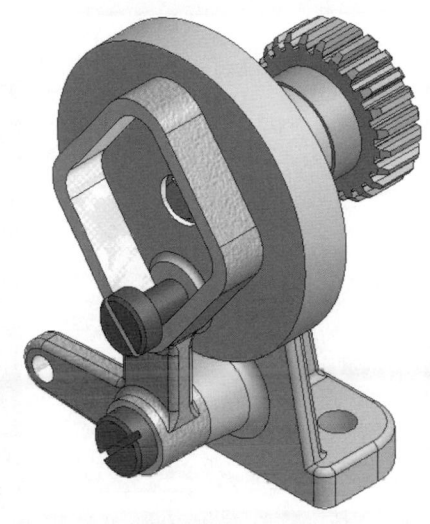

例題二

→ 相關資訊

1. 組合檔案　Ch1\驅動\精選練習範例
　二\本體組.iam、齒輪組.iam、搖
　臂.Ipt。
2. 進行驅動模擬。
3. 參考解答在　Ch1\驅動\精選練習範
　例二\精選練習範例二\精選練習範
　例二.html。

曲面

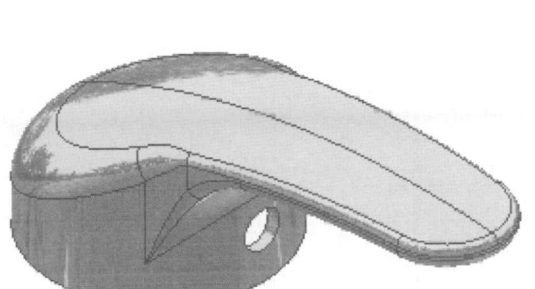

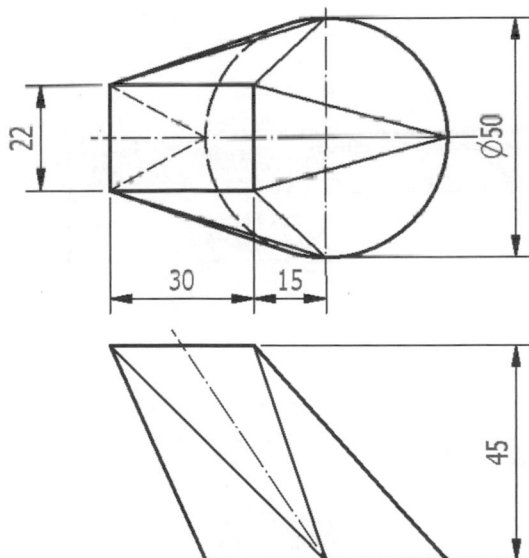

2-1　增厚/偏移

前　言

使用「增厚/偏移」指令可在零件或縫合的表面中加入或移除厚度，亦可從零件或曲面建立偏移的曲面。

指令位置

3D 模型　→　增厚/偏移

增厚/偏移使用例

1. 以曲面偏移複製出曲面及增厚特徵

曲面	偏移複製出曲面
曲面	偏移複製出增厚特徵

2. 以實體特徵偏移複製出曲面及增厚特徵

實體特徵	偏移複製出曲面
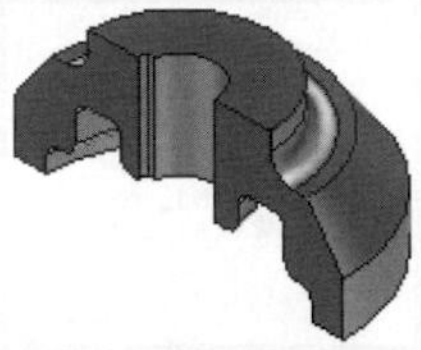 	
實體特徵 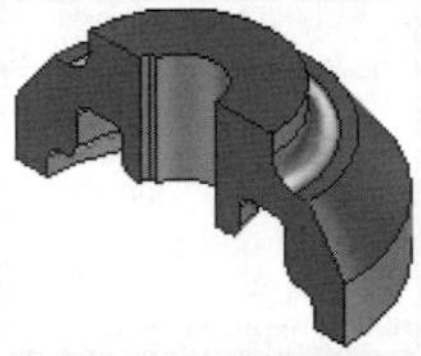	偏移複製出增厚特徵 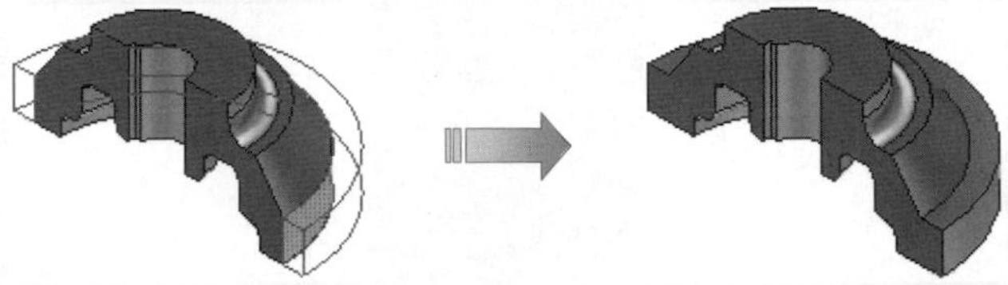

→ 應用實例一

操作步驟

STEP ①

① 單 擊 開 啓 📂 開 啓 練 習 檔 案 → Ch2\增 厚 偏
移\應 用 實 例 一.ipt，如 圖 所 示。

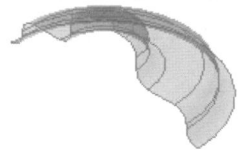

STEP ②

①單擊 增厚/偏移 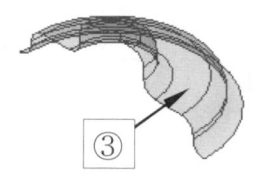。

②單擊 縫合表面選項。

③單擊 曲面特徵。

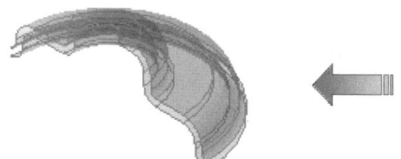

STEP ③

①設定偏移數值為「3」。

②單擊 切換偏移方向。

③單擊 輸出為曲面。

④單擊 確定。

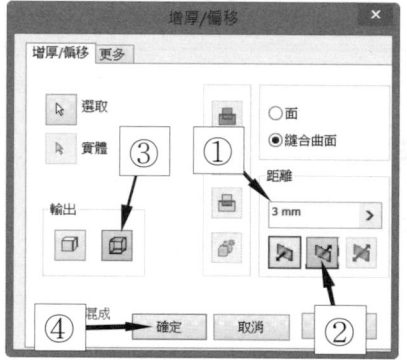

STEP ④

①單擊 退回 ，以回到之前的單一

曲面，如圖所示。

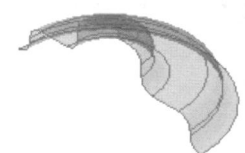

STEP ⑤

① 單擊 增厚/偏移 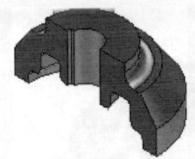。

② 單擊 縫合表面選項。

③ 單擊 曲面特徵。

④ 設定偏移數值為「3」。

⑤ 單擊 切換材料方向。

⑥ 單擊 ▇確定▇。

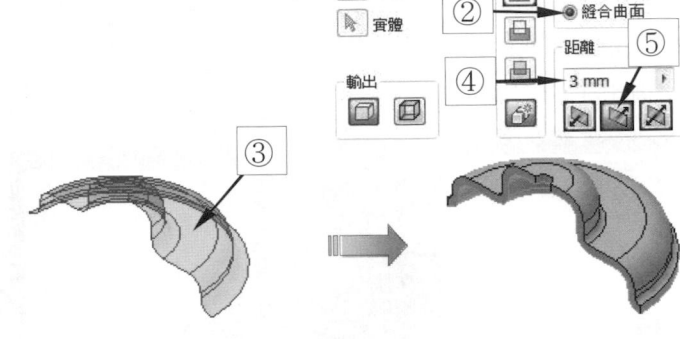

→ 應用實例二

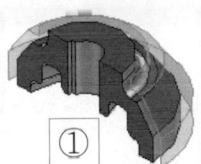

操作步驟

STEP ①

① 單擊 開啟 📂 開啓練習檔案 → Ch2\增厚偏移
　　\應用實例二.ipt，如圖所示。

STEP ②

① 單擊 增厚/偏移 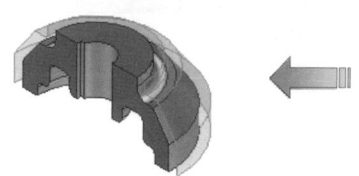。

② 單擊 A,B,C,D,E 表面。

③ 單擊 曲面特徵。

④ 設定偏移數值為「8」。

⑤ 單擊 確定 。

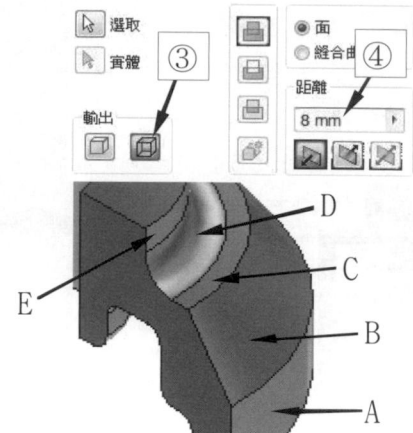

STEP ③

① 單擊 退回 ，退回到之前只有實體特徵

狀態，如圖所示。

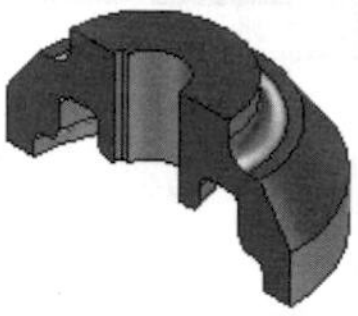

STEP ④

① 單擊 增厚/偏移 。

② 單擊 特徵表面。

③ 設定偏移數值為「10」。

④ 單擊 確定 。

⑤ 完成如圖所示。

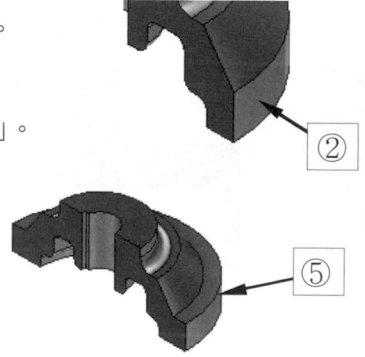

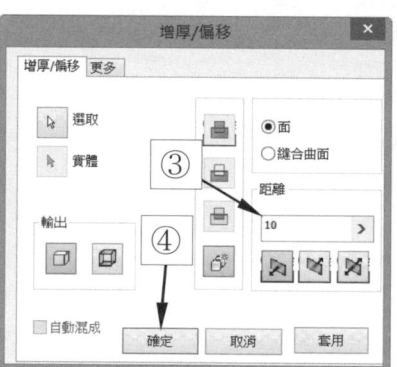

請分別開啟 Ch2\增厚偏移\精選練習範例 1、2、3，進行練習。

1. 請以增厚/偏移指令依下列指定處完成增厚特徵，增厚距離為 6mm。

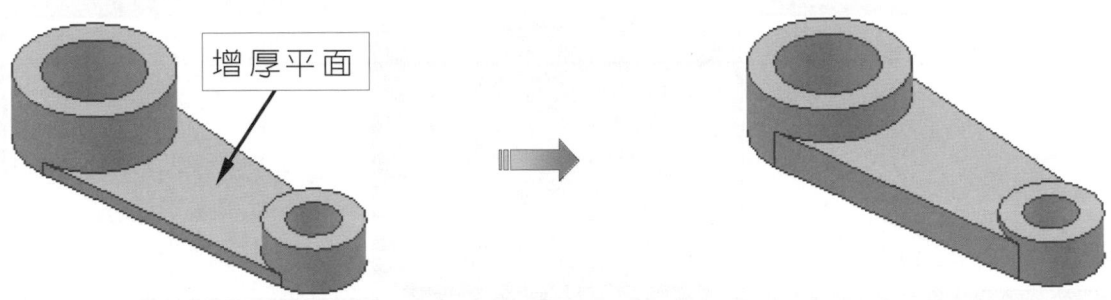

增厚平面

2. 請以增厚/偏移指令依下列指定處完成增厚及切割特徵，增厚之距離為 20mm，切割之距離為 30mm。

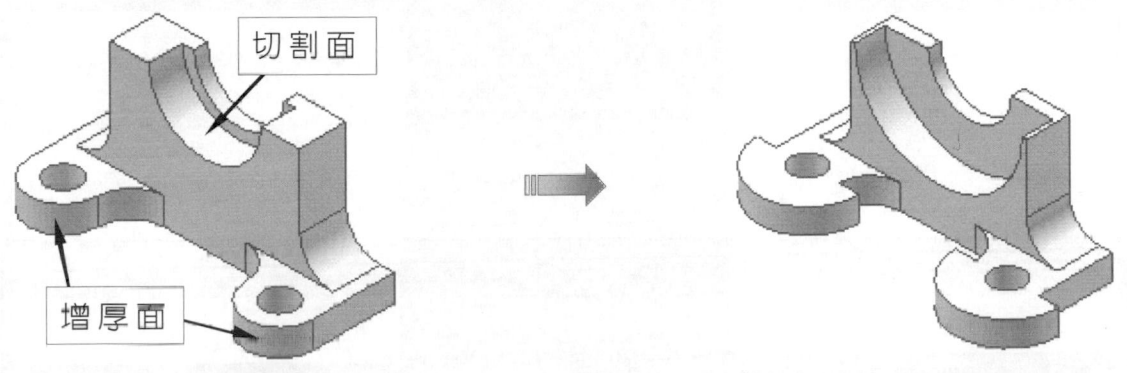

切割面

增厚面

3. 請以增厚/偏移指令依下列指定處完成增厚及切割特徵。

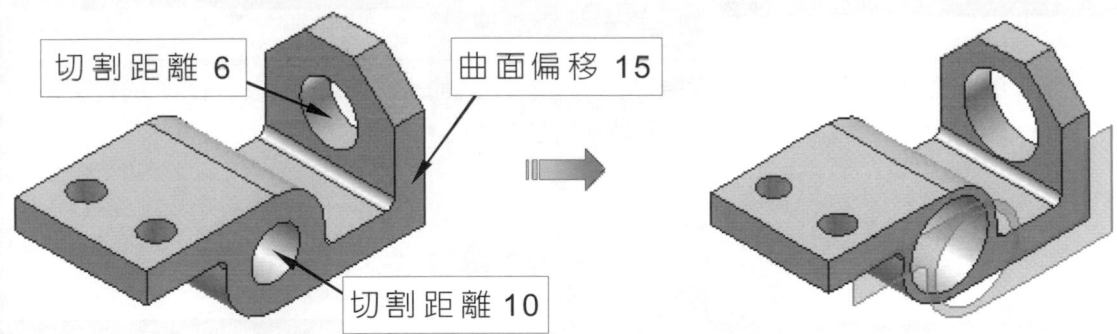

切割距離 6

曲面偏移 15

切割距離 10

2-2 取代面

前 言

點選一個新面來取代一個或數個零件表面。既有面延伸後必需能與新面完全相交，方可執行取代面。

指令位置

3D 模型 → 取代面

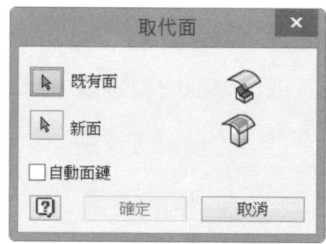

選項說明

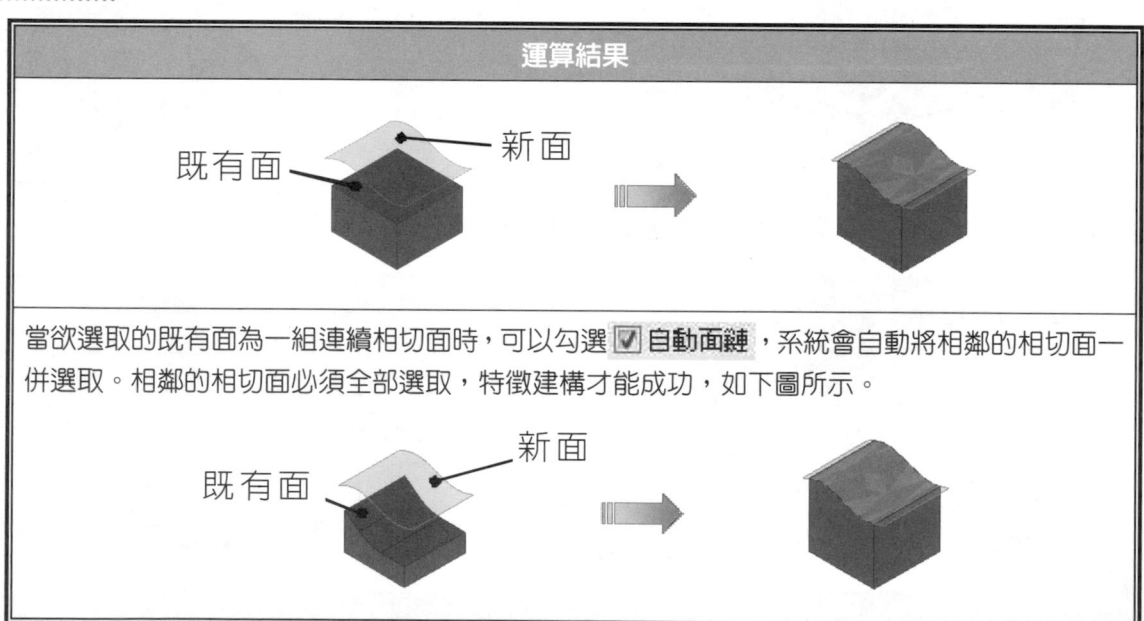

運算結果
既有面　新面　→　(圖示)
當欲選取的既有面為一組連續相切面時，可以勾選 ☑ 自動面鏈，系統會自動將相鄰的相切面一併選取。相鄰的相切面必須全部選取，特徵建構才能成功，如下圖所示。
既有面　新面　→　(圖示)

→ 應用實例一

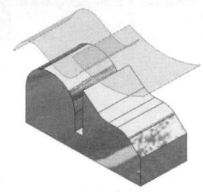  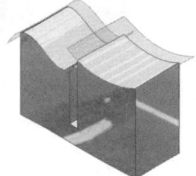

操作步驟

STEP ①

① 單擊 開啟 📂 開啟練習檔案 → Ch2\取代面\

應用實例一.ipt，如圖所示。

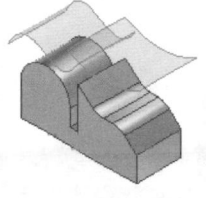

STEP ②

① 單擊 取代面 📑。
② 單擊 欲被取代的平面。
③ 單擊 新面。
④ 單擊 欲取代的曲面。
⑤ 單擊 確定 。

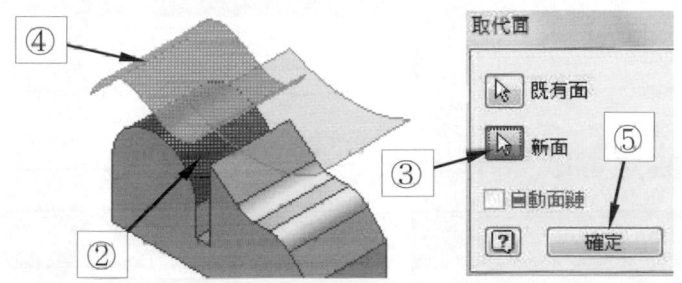

STEP ③

① 單擊 取代面 📑。
② 勾選 自動面鏈。
③ 單擊 欲被取代的平面。
④ 單擊 新面指令。
⑤ 單擊 欲取代的曲面。
⑥ 單擊 確定 。

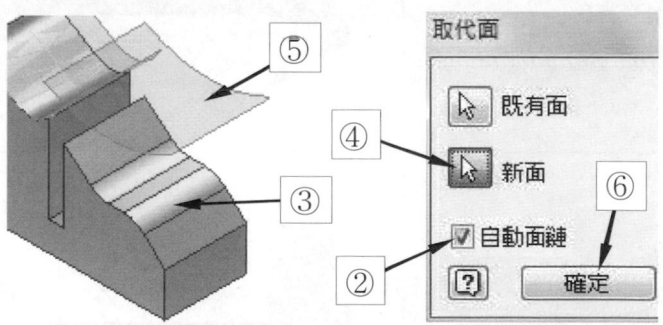

2-3 雕塑

前 言

利用邊界、自由曲面幾何圖形，在實體模型特徵或曲面中加入材料或移除材料，曲面無需修剪即可共用共同邊。

指令位置

1. 工具列：🖱雕塑

雕塑側面之選取

曲面與實體	運算結果

啓用/停用特徵預覽

啓用特徵預覽	運算結果
 ⬚ 曲面 ⬚ 實體 ？　☑ 👓　　確定	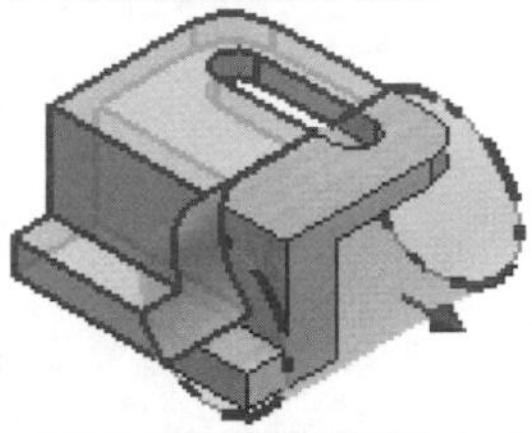

停用特徵預覽	運算結果
 ⬚ 曲面 ⬚ 實體 ？　☐ 👓　　確定	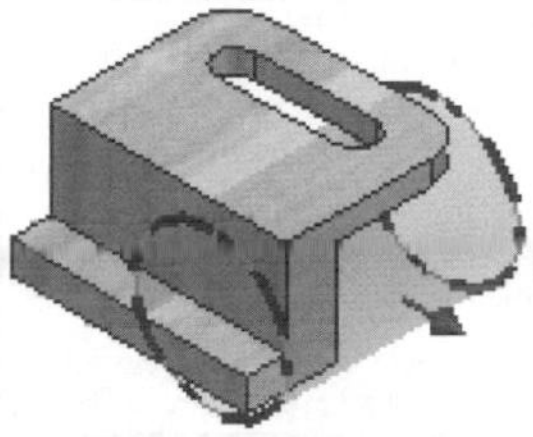

➜ 應用實例一

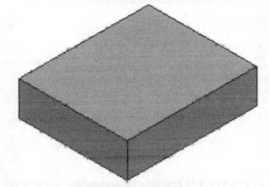 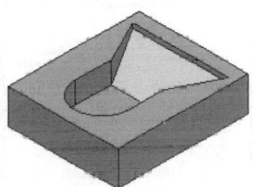

操作步驟

STEP 1

① 單擊　新建 ▢ 。

② 雙擊 ◻ 。 
　　Standard.ipt

③ 開啓工作平面之可見性，以使繪圖區出
　　現工作平面，如圖所示。

④ 按 F6 鍵。

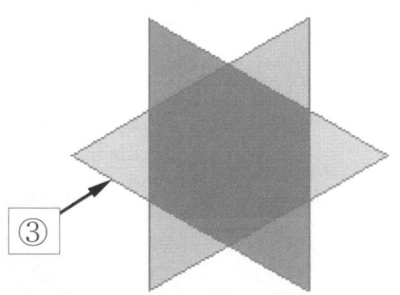

③

STEP ②

①單擊 開始繪製 2D 草圖 。

②按 F6 鍵。

③單擊 XY 平面。

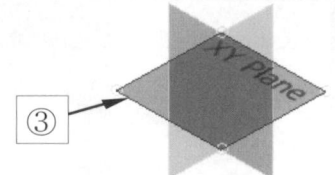

STEP ③

①單擊 投影幾何圖形 。

②單擊 XZ 平面。

③單擊 YZ 平面。

④按 Esc 鍵。

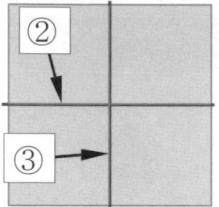

STEP ④

①繪製如圖所示之矩形。

②單擊 ✔完成草圖。

③按 F6 鍵。

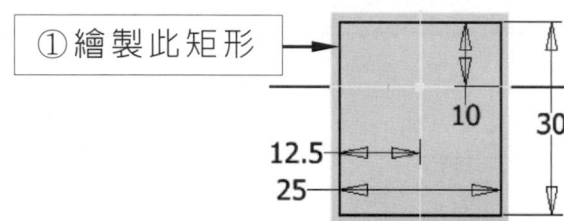

①繪製此矩形

10

30

12.5

25

STEP ⑤

①單擊 擠出 。

②輸入數值 8。

③單擊 確定 。

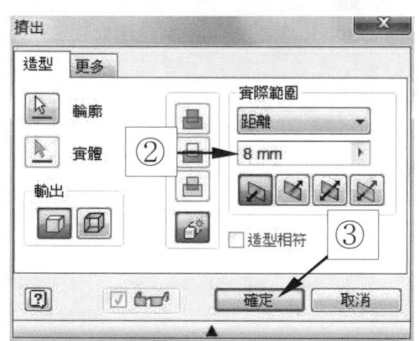

STEP 6

①單擊　開始繪製 2D 草圖 ⬚。
②單擊　矩形特徵頂面。

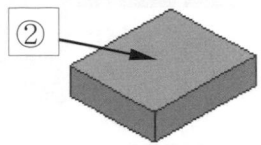

STEP 7

①單擊　投影幾何圖形 🗇。
②單擊　YZ 平面。
③按 Esc 鍵。

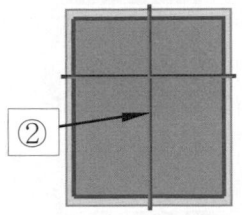

STEP 8

①繪製如圖所示之幾何圖形。
②單擊　✔ 完成草圖。

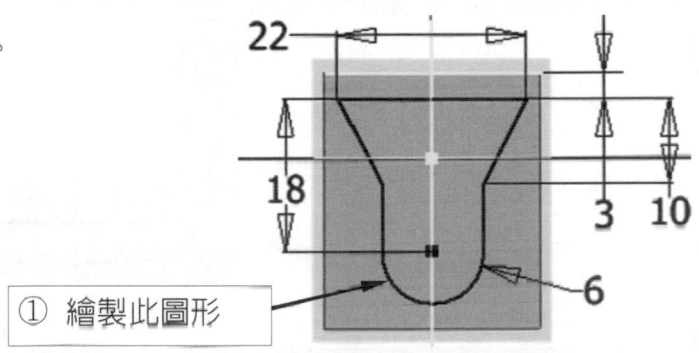

① 繪製此圖形

STEP 9

①單擊　擠出 📦。
②單擊　輸出為曲面。
③在範圍選項內選取「到下一個」。
④單擊　[確定]。

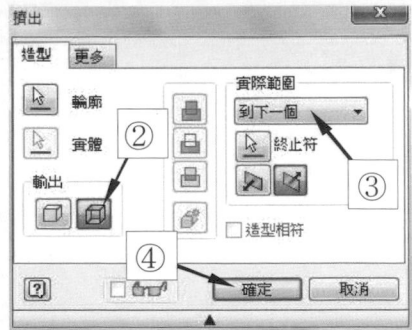

STEP ⑩

①單擊 開始繪製 2D 草圖 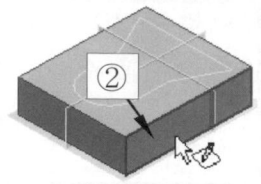。

②單擊 矩形特徵右側面。

STEP ⑪

①單擊 線架構顯示 。

②單擊 投影幾何圖形 。

③單擊 欲投影之線段。

④單擊 欲投影之線段。

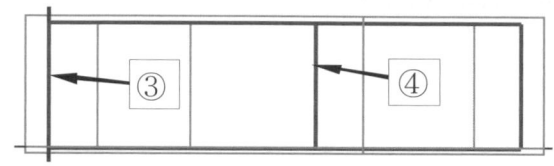

STEP ⑫

①繪製如圖所示之幾何圖形。

②單擊 ✔完成草圖。

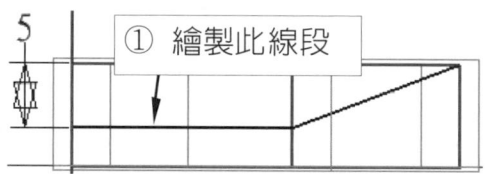

① 繪製此線段

STEP ⑬

①單擊 擠出 。

②單擊 輸出為曲面。

③單擊 幾何圖形。

④在範圍選項內選取「全部」。

⑤單擊 確定 。

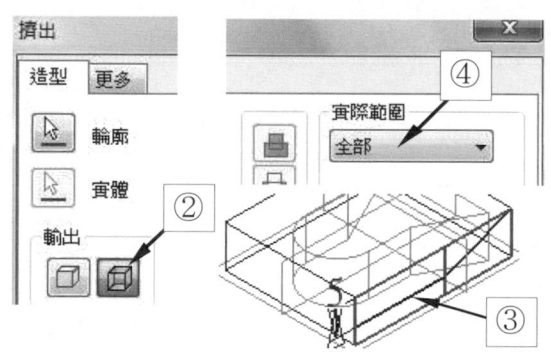

STEP 14

① 單擊　雕塑 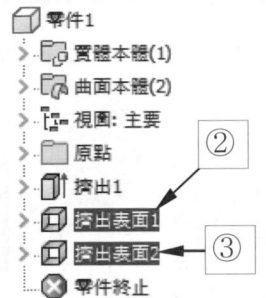。

② 單擊　擠出表面 1。

③ 單擊　擠出表面 2。

④ 單擊　移除。

⑤ 單擊　[確定]。

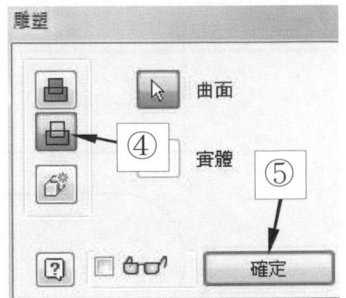

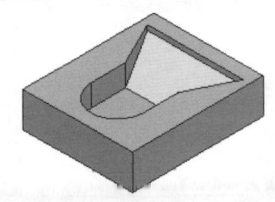

完成如圖所示，以雕塑指令建立移除特徵。

精選練習範例

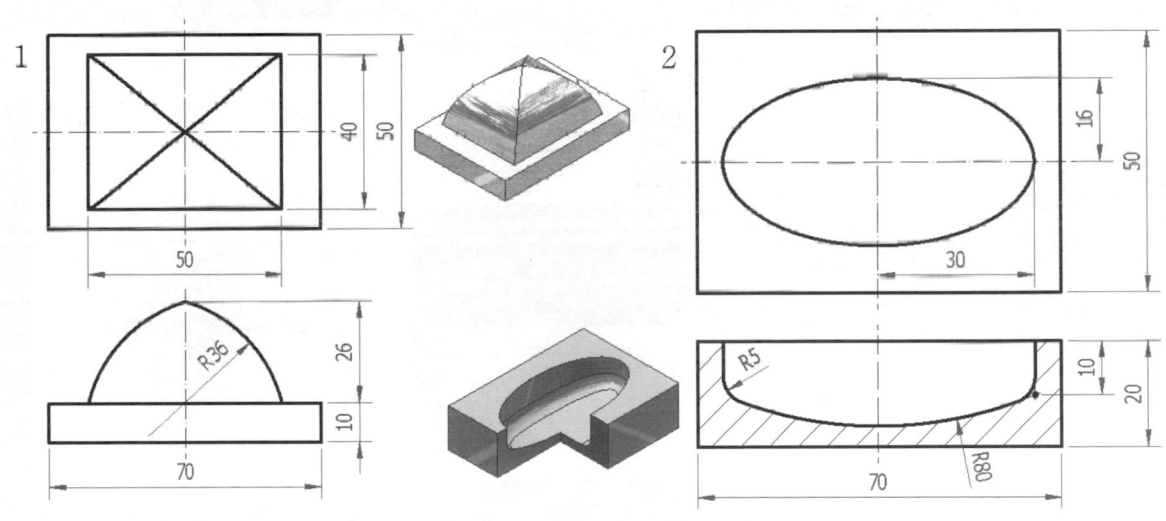

→ 應用實例二

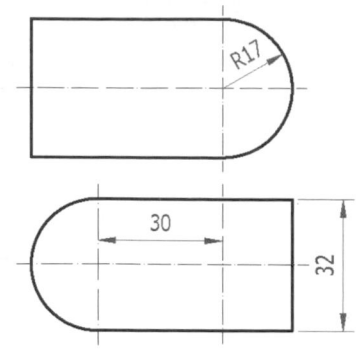
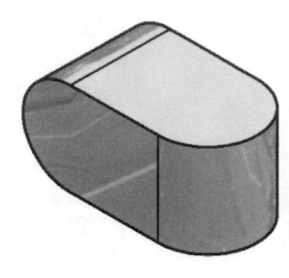

操作步驟

STEP 1

① 單擊 新建 □ 。

② 雙擊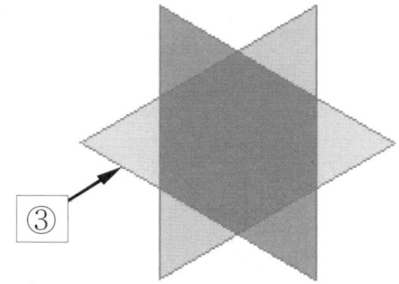
Standard.ipt

③ 開啟工作平面之可見性，以使繪圖區出
現工作平面，如圖所示。

④ 按 F6 鍵。

③

STEP 2

① 單擊 開始繪製 2D 草圖 ⬚ 。

② 按 F6 鍵。

③ 單擊 XY 平面。

③

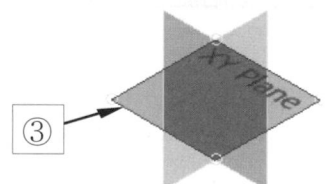

STEP 3

① 單擊 投影幾何圖形 ⬚ 。

② 單擊 XZ 平面。

③ 單擊 YZ 平面。

④ 按 Esc 鍵。

②

③

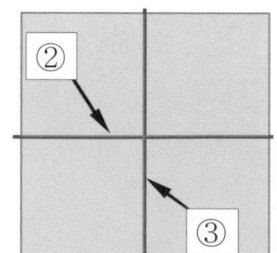

STEP ④

① 繪製如圖所示之圖形。
② 單擊 ✔ 完成草圖。
③ 按 F6 鍵。

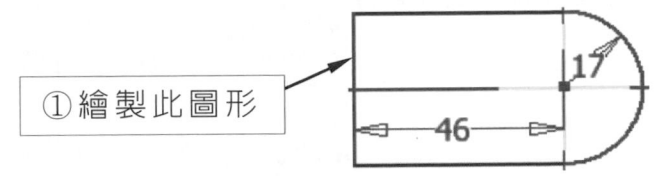

① 繪製此圖形

STEP ⑤

① 單擊　擠出 📦↑。
② 單擊　輸出為曲面。
③ 輸入數值 32。
④ 單擊　幾何圖形。
⑤ 單擊　確定 。

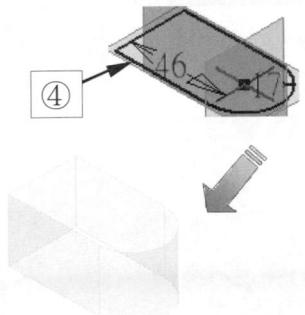

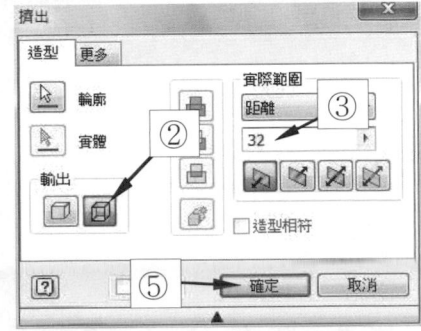

STEP ⑥

① 單擊　開始繪製 2D 草圖 📐。
② 單擊　XZ 平面。
③ 單擊　投影幾何圖形 📄。
④ 單擊　A,B,C,D 線段。
⑤ 按 Esc 鍵。

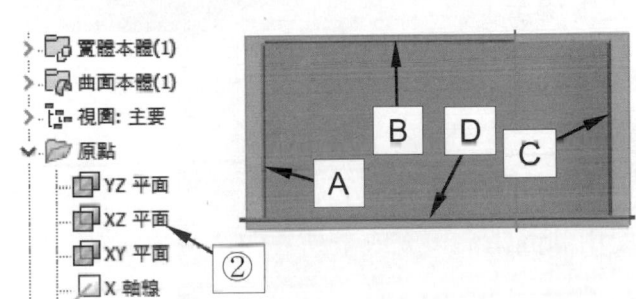

STEP ⑦

① 繪製如圖所示之幾何圖形，
　 因圓與其它三邊相切，因此
　 可不標尺寸。
② 單擊 ✔ 完成草圖。
③ 按 F6 鍵。

① 繪製此圖形

STEP ⑧

①單擊 擠出 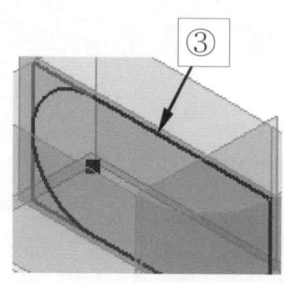。

②單擊 輸出為曲面。

③單擊 幾何圖形。

④輸入數值 34。

⑤單擊 擠出為對稱。

⑥單擊 　確定　。

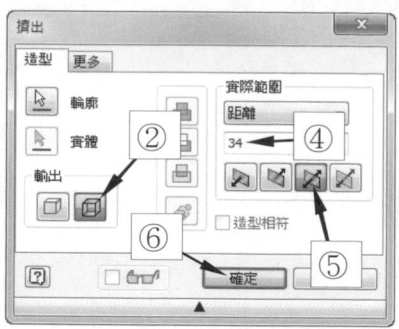

STEP ⑨

①單擊 雕塑 ⬤。

②單擊 擠出表面 1。

③單擊 擠出表面 2。

④單擊 　確定　。

⑤完成如圖所示。

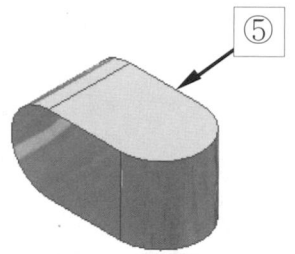

> 實體本體(1)
> 曲面本體(2)
> 視圖: 主要
> 原點
> 擠出1
> 擠出表面1
> 擠出表面2
> 零件終止

精選練習範例

請使用曲面指令，完成下列各題之特徵建構。

1

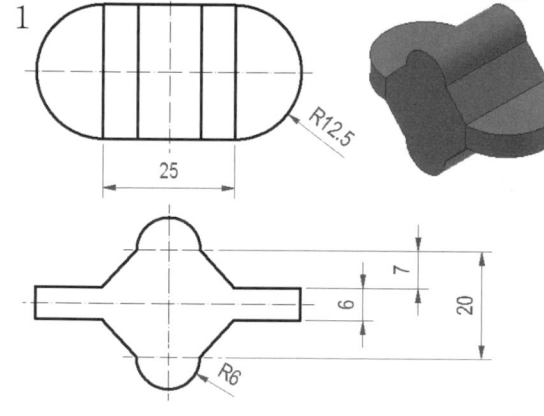

2

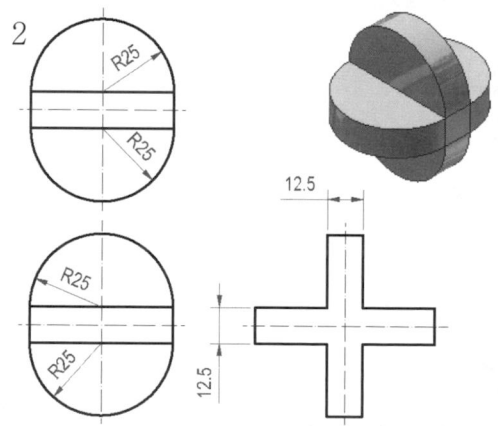

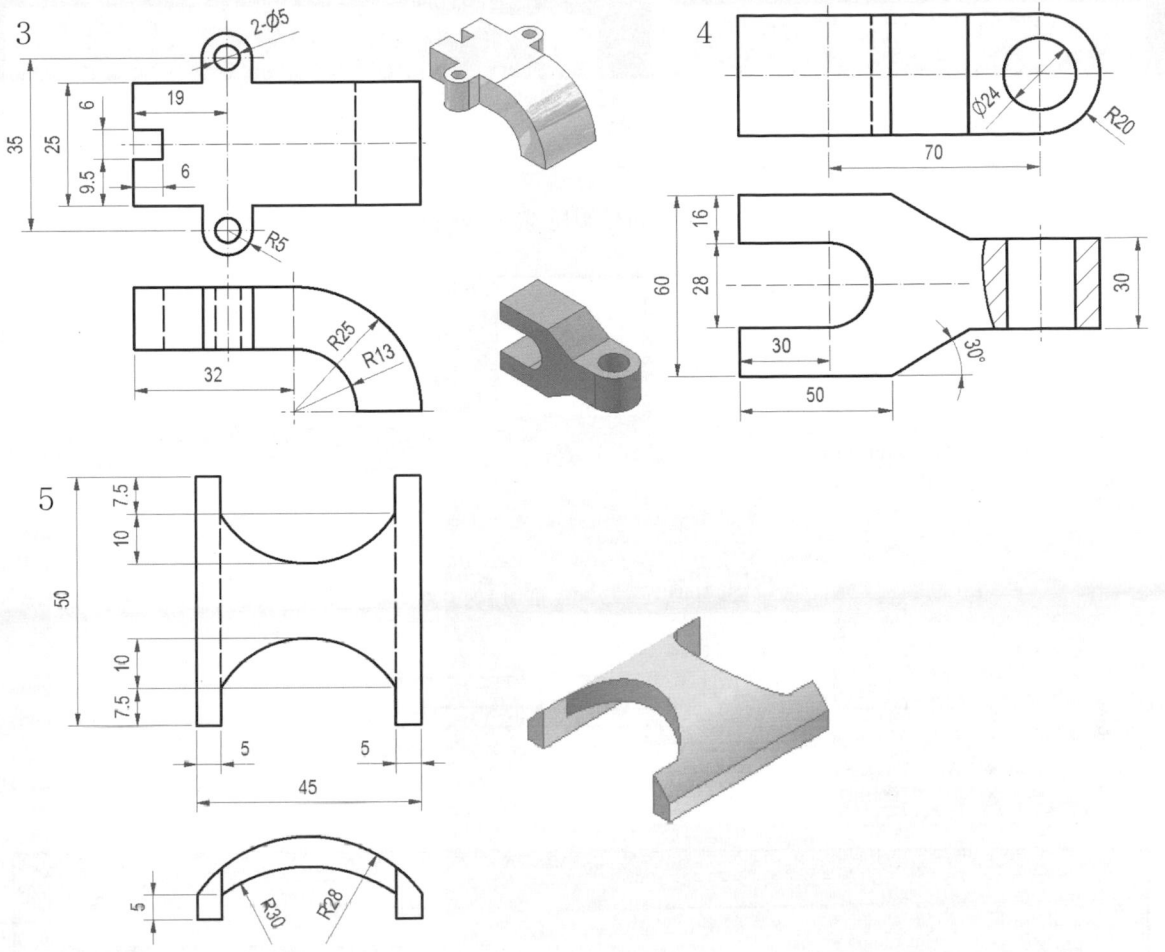

2-4 刪除面

前 言

刪除實體特徵的面，當實體特徵的某一面被刪除後，系統將自動將此特徵轉換為曲面。

指令位置

3D 模型 → 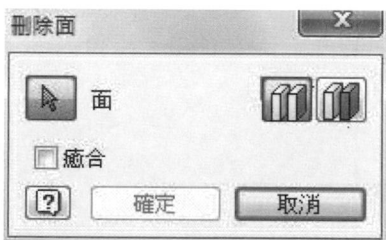 刪除面

刪除面癒合選項之選取

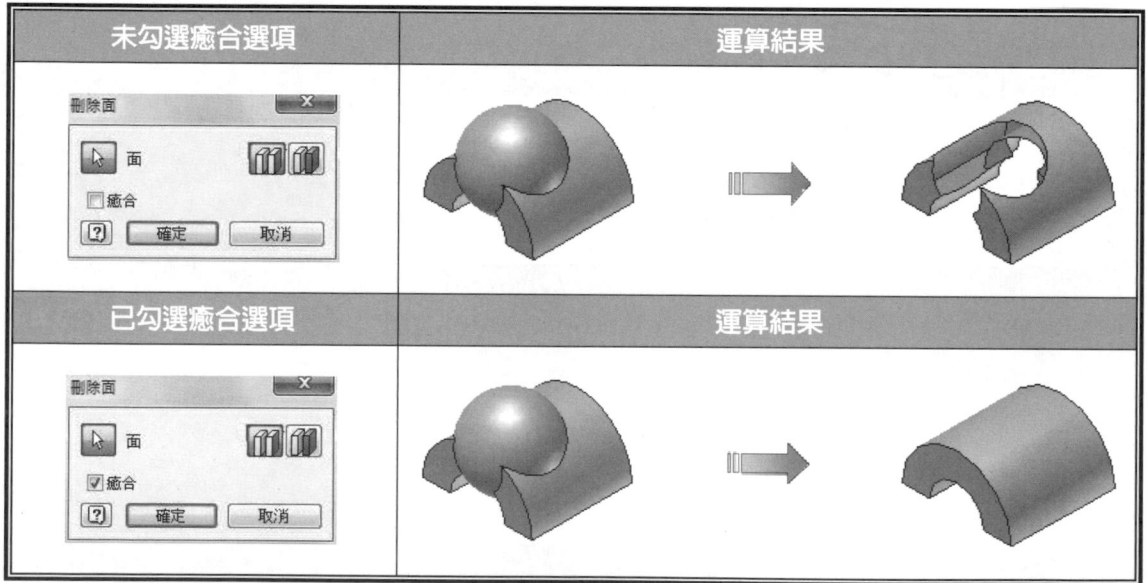

未勾選癒合選項	運算結果
已勾選癒合選項	運算結果

→ 應用實例一

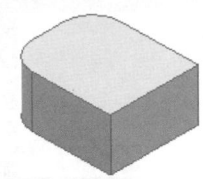 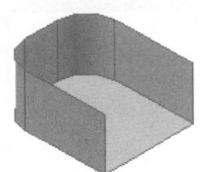

操作步驟

STEP ①

① 單擊 開啟 📂 開啟練習檔案 → Ch2\刪除面\刪
除面_應用實例一.ipt，如圖所示。

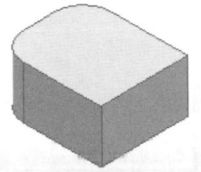

STEP ②

① 單擊 刪除面 📦.。
② 單擊 特徵頂面。
③ 單擊 特徵右側面。
④ 單擊 ⬚ 確定 ⬚。

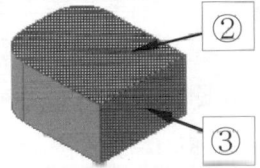

→ 應用實例二

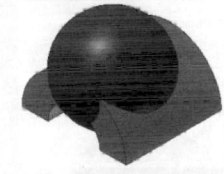  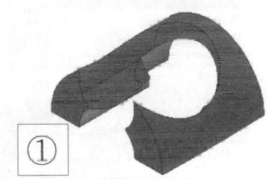 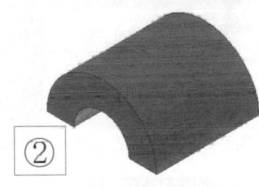

操作步驟

STEP ①

①單擊 開啟 📂 開啟練習檔案 → Ch2\刪除面\刪除
面_應用實例二.ipt，如圖所示。

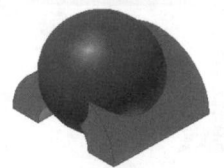

STEP ②

①單擊 刪除面 📦✗。
②單擊 球體表面。
③單擊 ▣ 確定 。
④球體的表面被刪除了。

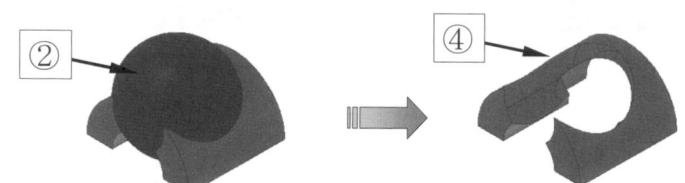

STEP ③

①單擊 復原 ⬅ (或按鍵盤 Ctrl+Z)，取消已刪除的球
體表面，回復成如圖所示之狀態。

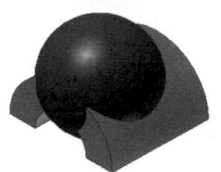

STEP ④

①單擊 刪除面 📦✗。
②單擊 球體表面。
③勾選 ☑癒合。
④單擊 ▣ 確定 。
⑤球體的表面被刪除，並進行癒合。

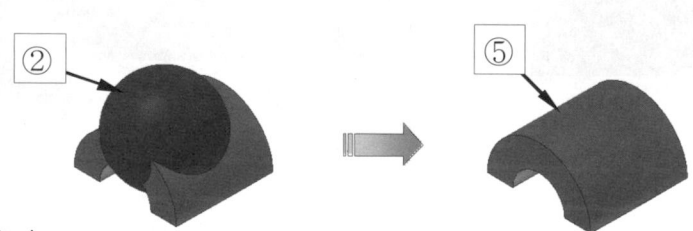

2-5　修補

前　言

以指定邊界來產生 2D 或 3D 曲面，所選取的 2D 或 3D 邊界必需為封閉的區域。

指令位置

3D 模型 → ⬜修補

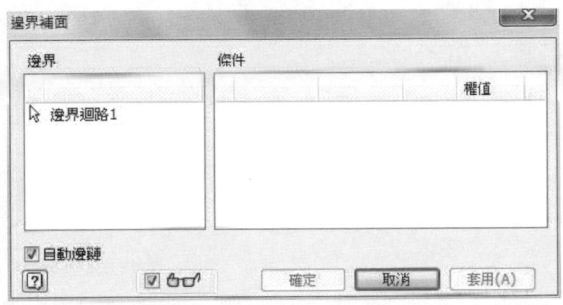

修補應用例

未修補曲面之前	修補曲面之後
	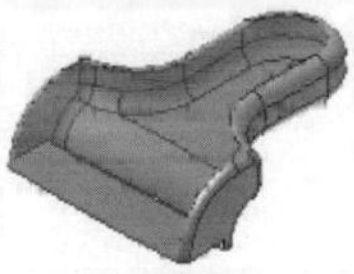
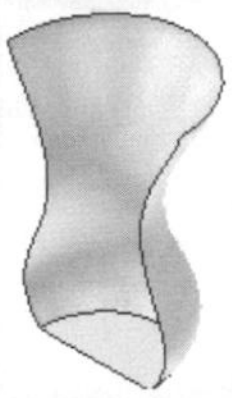	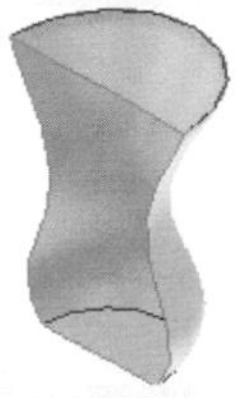

→ 應用實例一

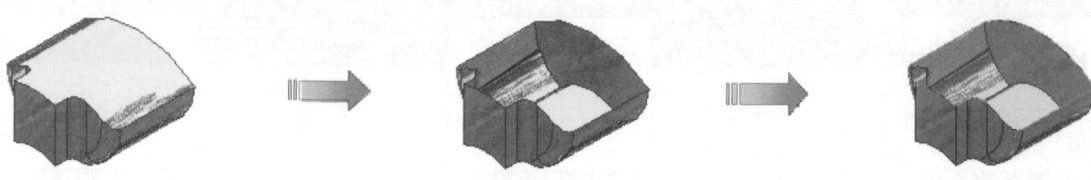

操作步驟

STEP 1

① 單擊 開啟 📂 開啟練習檔案 → Ch2\修補\修
補_應用實例一.ipt，如圖所示。

STEP 2

① 單擊 刪除面 🔳。
② 單擊 特徵頂面。
③ 單擊 確定。

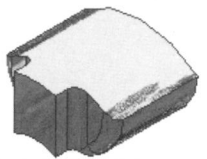

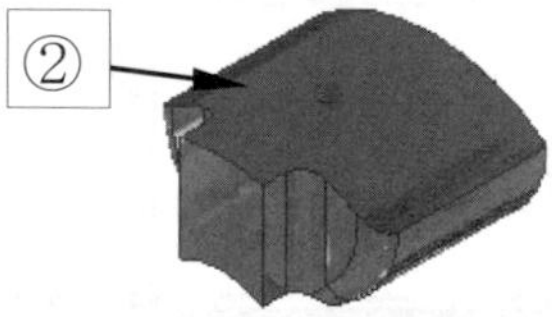

STEP 3

① 單擊 修補 🔲。
② 勾選 ☑ 自動邊鏈
③ 單擊 邊線。
④ 單擊 確定。
⑤ 完成如圖所示。

→ 應用實例二

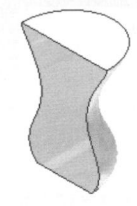    

操作步驟

STEP ①

① 單擊　開啟 📂　開啟練習檔案　→　Ch2\修補\修補_
應用實例二.ipt，如圖所示。

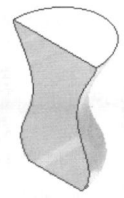

STEP ②

① 單擊　刪除面 📦。
② 單擊　特徵頂面。
③ 單擊　特徵側面
④ 單擊　[　確定　]。

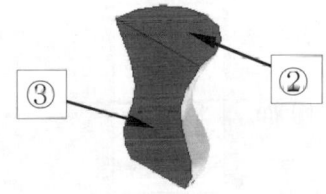

STEP ③

① 單擊　建立 2D 草圖指令旁的箭頭。
② 單擊　建立 3D 草圖。

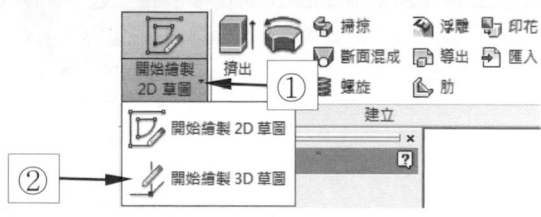

STEP ④

①單擊 直線 ╱ 。

②單擊 線段端點。

③單擊 線段端點。

④按 Esc 鍵。

⑤單擊 ✔完成草圖。

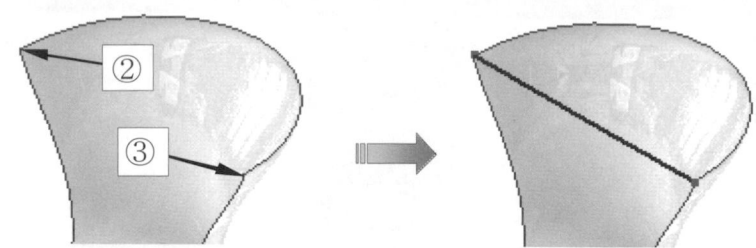

STEP ⑤

①單擊 修補🗋。

②取消勾選 ☐自動鏈鏈。

③單擊 邊線。

④單擊 邊線。

⑤單擊 確定 。

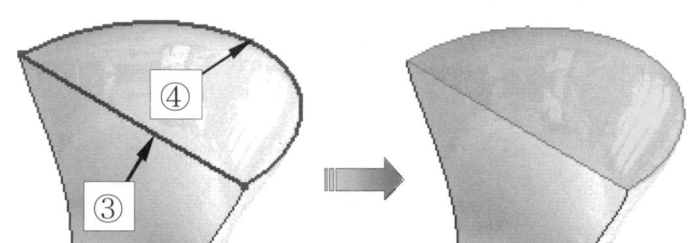

STEP ⑥

①單擊 修補🗋。

②取消勾選 ☐自動鏈鏈。

③單擊 邊線。

④單擊 邊線。

⑤單擊 邊線。

⑥單擊 邊線。

⑦單擊 確定 。

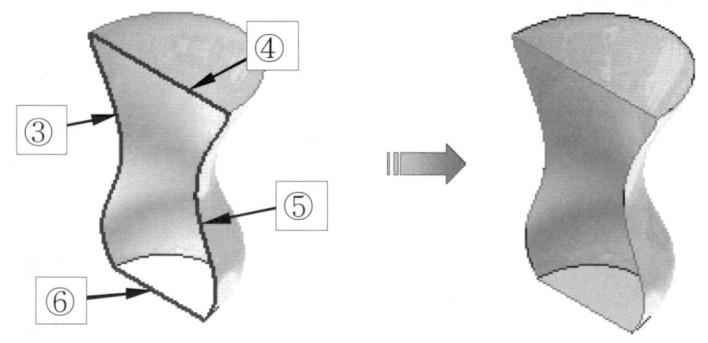

精選練習範例

請完成下列各題之刪除面及修補特徵。

1. 開啓路徑：Ch2\修補\修補_精選練習範例-1.ipt

2. 開啓路徑：Ch2\修補\修補_精選練習範例-2.ipt

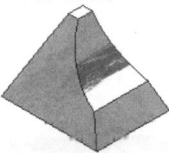  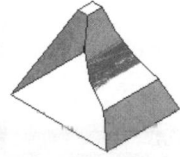 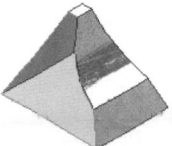

3. 開啓路徑：Ch2\修補\修補_精選練習範例-3.ipt

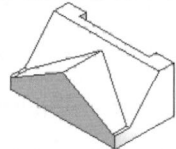  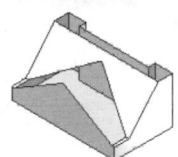  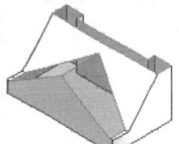

4. 開啓路徑：Ch2\修補\修補_精選練習範例-4.ipt

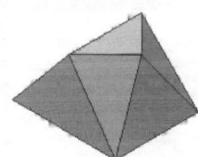  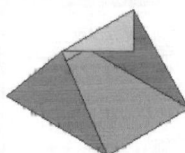 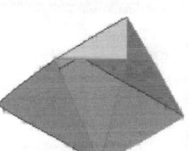

5. 開啓路徑：Ch2\修補\修補_精選練習範例-5.ipt

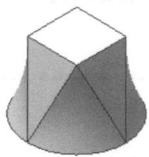  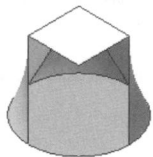  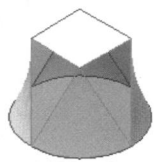

2-6　修剪

前 言

以某一曲面來修剪另一曲面特徵，欲做為修剪的邊界曲面必須大於被修剪的曲面特徵。

指令位置

3D 模型　→　　　修剪

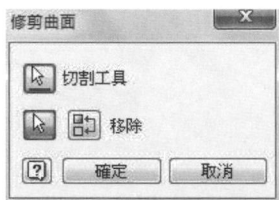

修剪曲面應用例

1. 邊界曲面大於被修剪的曲面特徵，即完全含蓋被修剪的曲面特徵，即可修剪曲面。

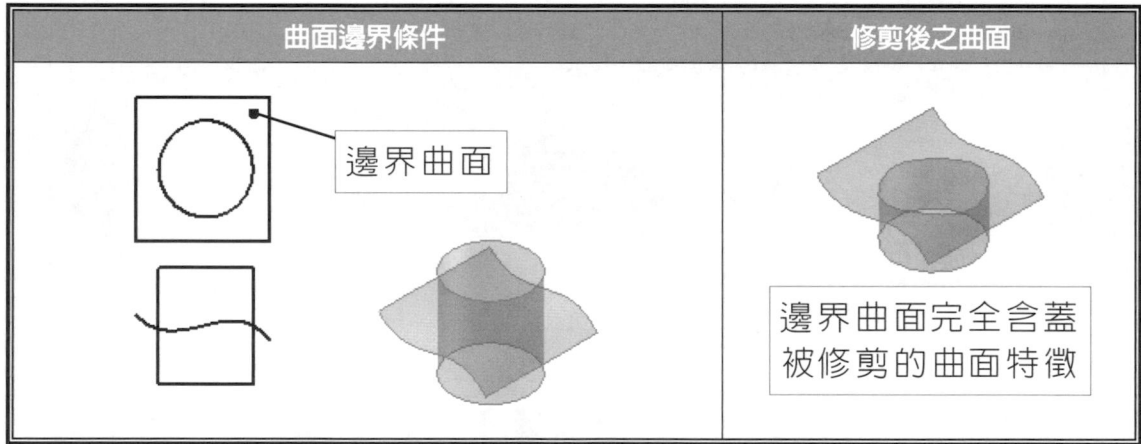

曲面邊界條件	修剪後之曲面
邊界曲面	邊界曲面完全含蓋被修剪的曲面特徵

2. 邊界曲面小於被修剪的曲面特徵，即未完全含蓋被修剪的曲面特徵，此時被修剪的曲面特徵即無法被修剪。

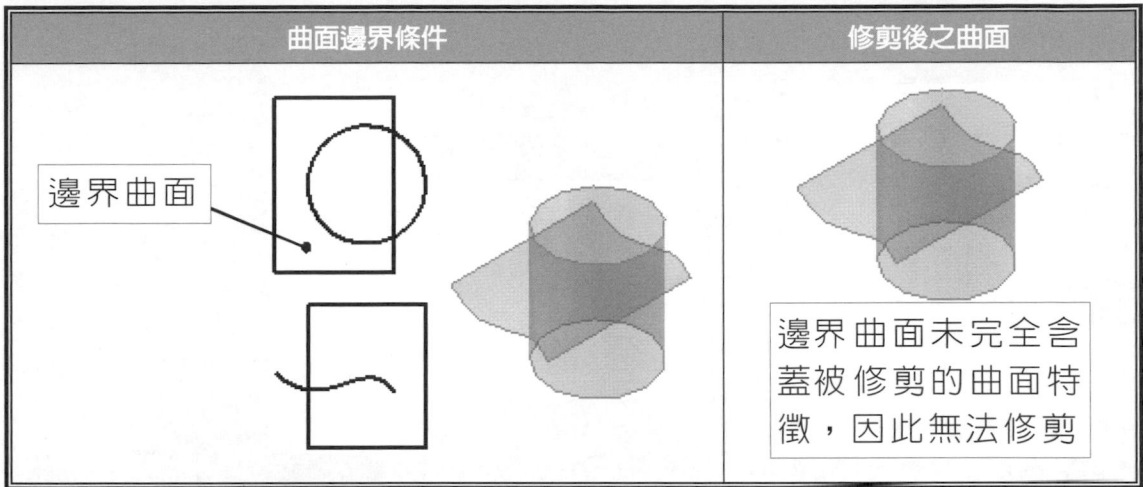

曲面邊界條件	修剪後之曲面

邊界曲面

邊界曲面未完全含蓋被修剪的曲面特徵，因此無法修剪

→ **應用實例一**

（操作步驟）

STEP ❶

①單擊開啟 📂 開啟練習檔案 → Ch2\修剪\修剪_應用實例一.ipt，如圖所示。

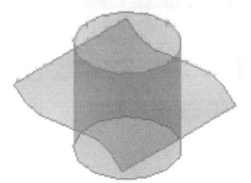

STEP ❷

①單擊 修剪 ✂️。

②單擊 邊界曲面。

③單擊 欲刪除的曲面

④單擊 ▢ 確定 。

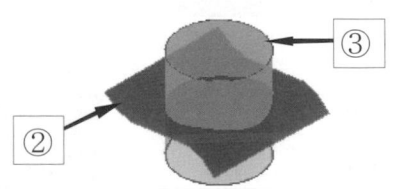

STEP ③

①於 YZ 平面上單擊滑鼠右鍵。
②單擊 可見性。
③其餘工作平面可見性皆打開。
④單擊 開始繪製 2D 草圖 。
⑤單擊 XZ 平面。

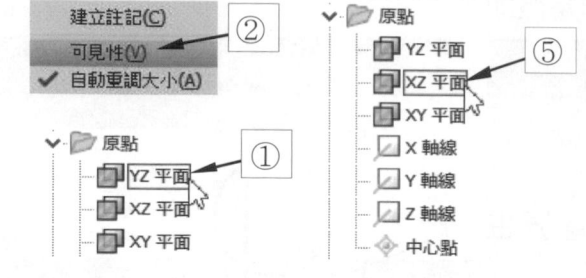

STEP ④

①單擊 投影幾何圖形 。
②單擊 圓柱右側邊線。
③按 Esc 鍵。

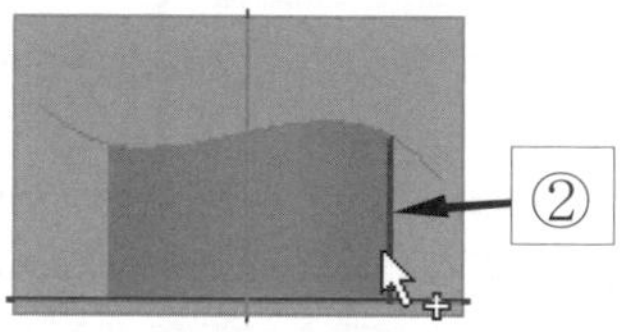

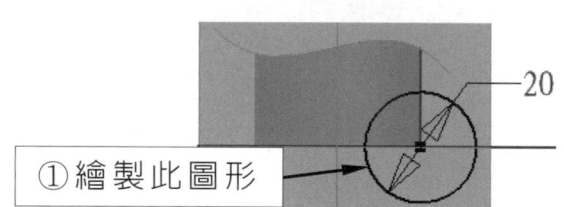

STEP ⑤

①於端點處繪製如圖所示之圓形。
②單擊 完成草圖。
③按 F6 鍵。

①繪製此圖形

STEP ⑥

①單擊 擠出 → 選取草圖。
②單擊 輸出為曲面。
③輸入數值「30」。
④單擊 對稱。
⑤單擊 確定。

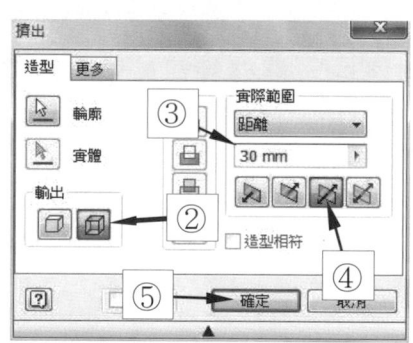

STEP ⑦

①於 YZ 平面上單擊滑鼠右鍵。
②單擊 可見性。
③關閉其餘工作平面之可見性。

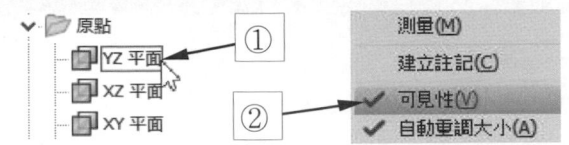

STEP ⑧

①於擠出表面 2 上單擊滑鼠右鍵。
②單擊 可見性,以將擠出表面 2 之可見性關閉。

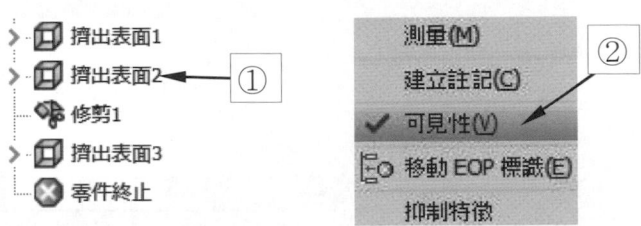

STEP ⑨

①單擊 修剪曲面 ✂。
②單擊 邊界曲面。
③單擊 欲刪除的曲面
④單擊 [確定]。

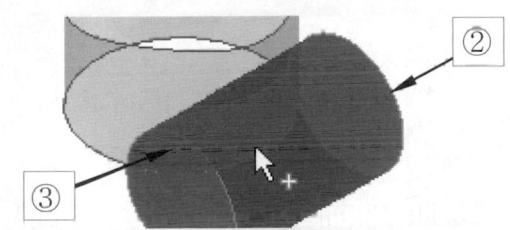

STEP ⑩

①將擠出表面 3 之可見性關閉,呈現完成修剪之圓柱曲面。

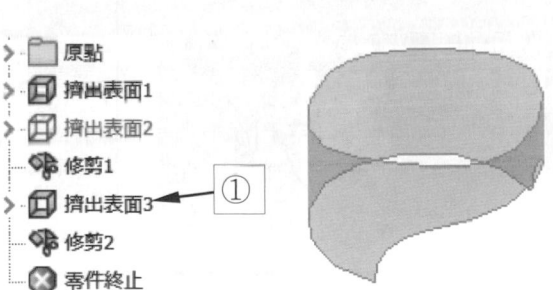

2-7　延伸

以指定某一距離或選定某一終止平面的方式來延伸曲面，使曲面往一個或多個方向成長。

指令位置

1. 工具列：

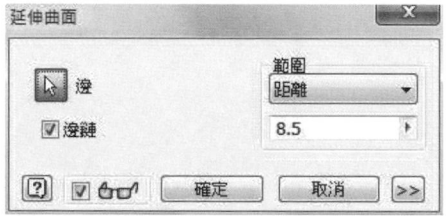

延伸應用例

1. 選定欲延伸之曲面邊線，並指定延伸之終止面以完成曲面延伸。

指定延伸邊線及終止面	延伸後之曲面
欲延伸邊線 終止面	

2. 選定欲延伸之曲面邊線，並以輸入延伸距離數值或以拖曳曲面邊線方式來達成曲面之延伸。

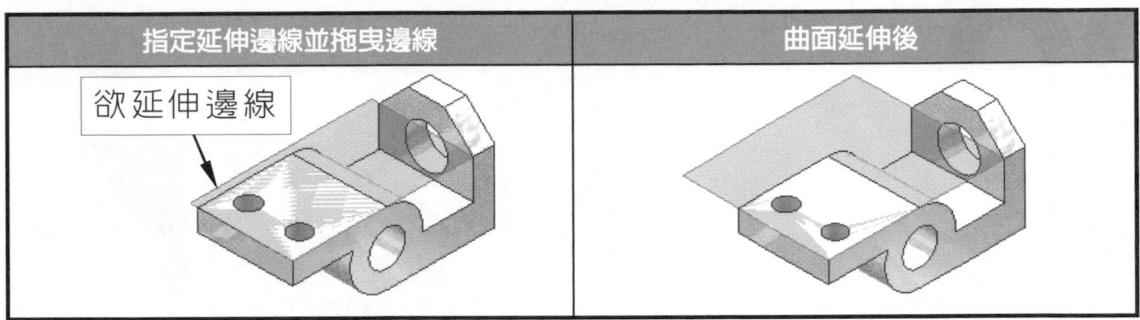

指定延伸邊線並拖曳邊線	曲面延伸後
欲延伸邊線	

→ 應用實例一

操作步驟

STEP ①

① 單擊 開啟 📂 開啟練習檔案 → Ch2\
延伸\延伸_應用實例一.ipt，如圖所示。

STEP ②

①單擊　修補██。

②單擊　邊線。

③單擊　邊線。

④單擊　邊線。

⑤單擊　邊線。

⑥單擊　██確定██。

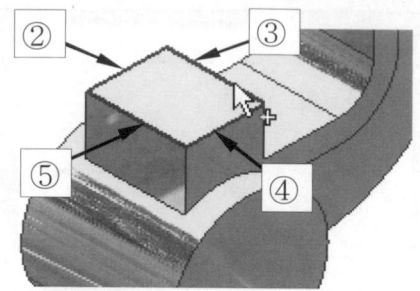

STEP ③

①單擊　延伸██。

②單擊　邊線。

③切換選項為「至」。

④單擊　邊線終止面。

⑤單擊　██確定██。

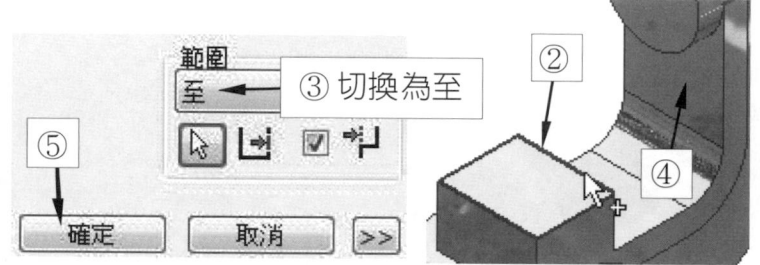

STEP ④

①單擊　延伸██。

②單擊　邊線。

③輸入距離為「15」。

④單擊　██確定██。

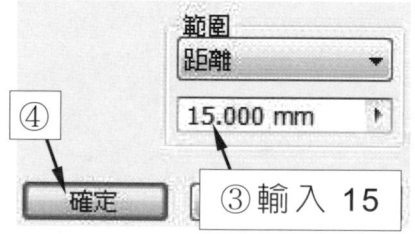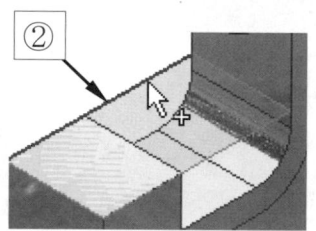

STEP ⑤

①單擊 延伸 ⬆。

②單擊 邊線。

③拖曳箭頭至適當距離後
　放開滑鼠。

④單擊 ▢ 確定 。

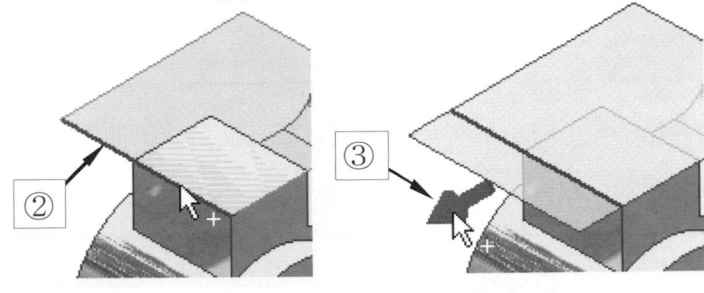

完成如圖所示，以修補及延伸指令建立曲面特徵。

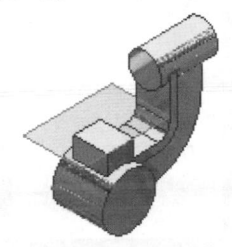

精選練習範例

　請以「延伸」指令完成下題之延伸曲面特徵。

1. 開啟路徑：Ch2\延伸\延伸_精選練習範例-1.ipt

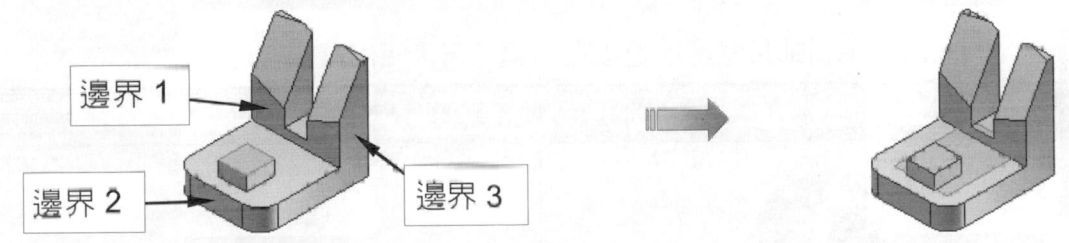

邊界 1

邊界 2

邊界 3

　請以「修補及延伸」指令完成下題之延伸曲面特徵。

2. 開啟路徑：Ch2\延伸\延伸_精選練習範例-2.ipt

延伸終止面

任意拖曳一距離

2-8　縫合

前言

利用縫合指令，可將多個單一曲面縫合成一個合成的曲面，經縫合後的曲面，系統即會自動將該曲面轉為實體特徵。

指令位置

3D 模型 → 縫合

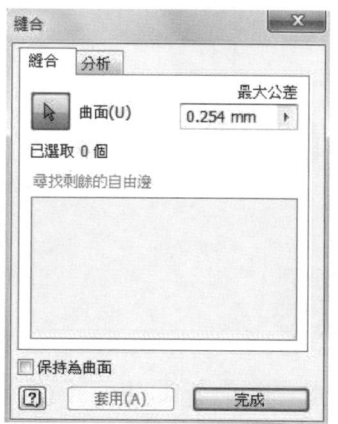

縫合應用例

欲縫合的曲面必須相鄰且完好地連接在一起，方可使用縫合。

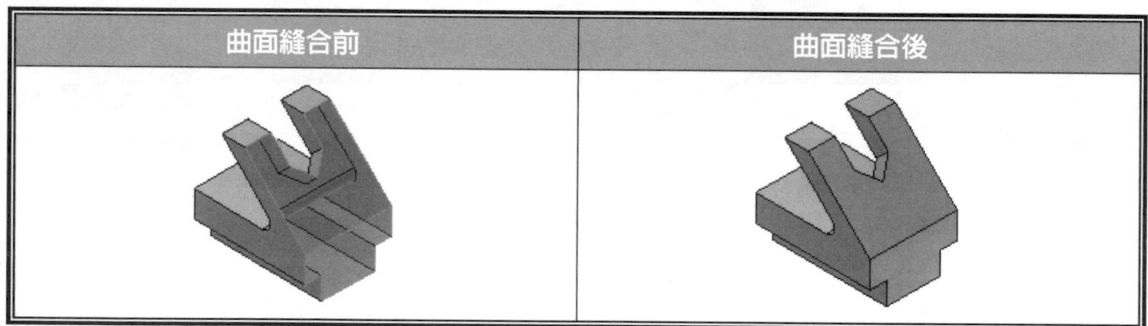

曲面縫合前	曲面縫合後

注意

縫合的選取除了單一曲面的選取外，於執行指令後即可於繪圖區按滑鼠右鍵再選擇「全選」，即可多重選取欲縫合的曲面。

→ 應用實例一

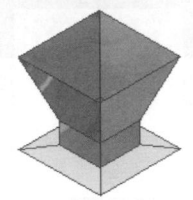  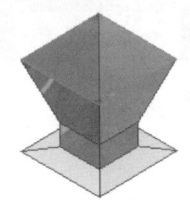  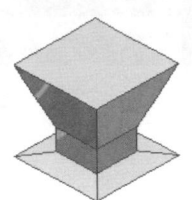

操作步驟

STEP ①

① 單擊 開啟 📂 開啟練習檔案 → Ch2\縫合_應
用實例一.ipt，如圖所示。

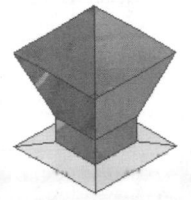

STEP ②

① 單擊 修補 ◻。
② 勾選 ☑自動澄鏈。
③ 單擊 邊線。
④ 單擊 ◻確定。

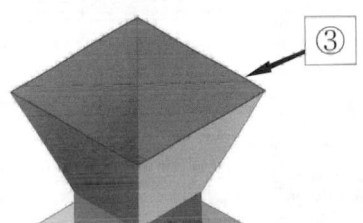

STEP ③

① 單擊 縫合 ▦。
② 單擊 曲面。
③ 單擊 曲面。
④ 單擊 ◻套用(A)。
⑤ 單擊 ◻確定。
⑥ 完成如圖所示。

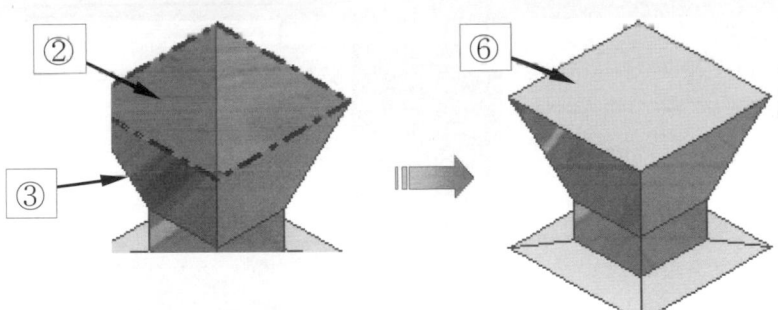

2-9　綜合應用-單件曲面

本章節將以實例來示範各種曲面之建構過程。

→ 綜合應用實例一　變口體

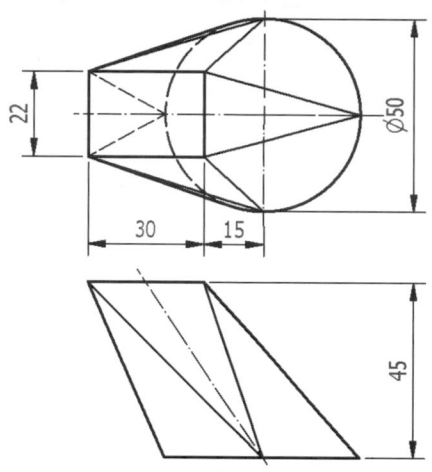

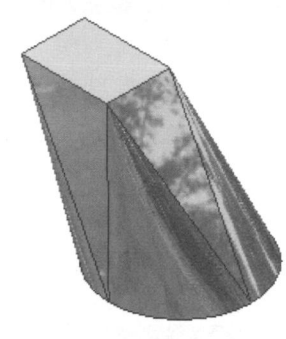

操作步驟

STEP 1

①單擊　零件，開啓零件檔。
②開啓工作平面之可見性。
③按 F6 鍵。

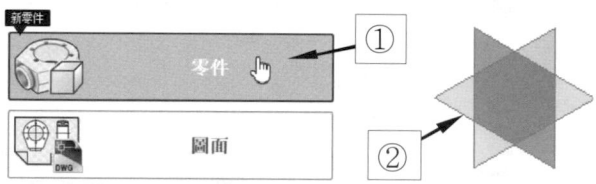

STEP ②

① 單擊　開始繪製 2D 草圖 。
② 單擊　XY 平面。
③ 單擊　投影幾何圖形 。
④ 單擊　XZ 平面。
⑤ 單擊　YZ 平面。
⑥ 按 Esc 鍵。

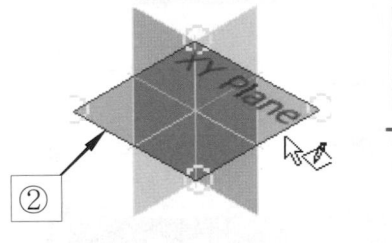
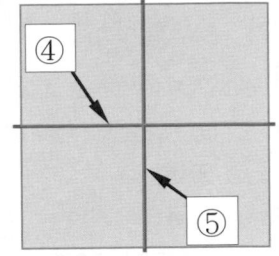

STEP ③

① 單擊　中心點弧 ，繪製如圖所示
　 之四分之一圓弧。

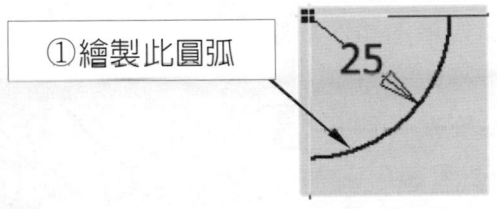

①繪製此圓弧

STEP ④

① 單擊　環形陣列 。
② 單擊　圓弧曲線。
③ 單擊　旋轉軸指令。
④ 單擊　圓弧曲線圓心點。
⑤ 輸入陣列數量為「4」。
⑥ 確認為「360 度」。
⑦ 單擊　確定 。
⑧ 單擊　完成草圖。

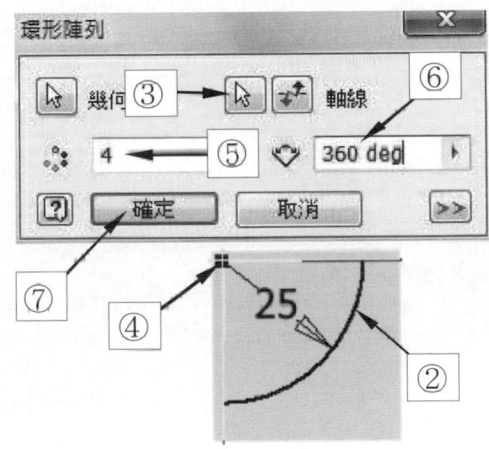

STEP ⑤

①單擊 工作平面 ⬚。

②游標移至 XY 平面上，壓住滑
鼠左鍵並往上拖曳一段距離後
放開滑鼠左鍵。

③輸入數值為 45。

④單擊 ✔ 。

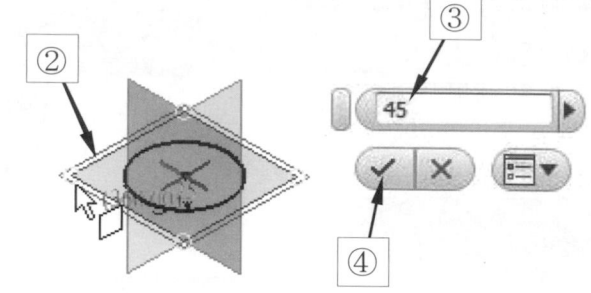

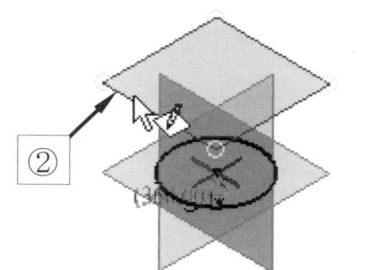

STEP ⑥

①單擊 開始繪製 2D 草圖 ⬚。

②單擊 工作平面 1。

③單擊 投影幾何圖形 ⬚。

④單擊 YZ 平面。

⑤單擊 XZ 平面。

⑥按 Esc 鍵。

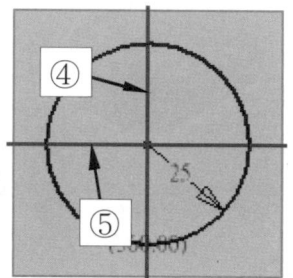

STEP ⑦

①單擊 兩點矩形 ⬚。

②繪製如圖所示之矩形。

③單擊 ✔ 完成草圖。

④按 F6 鍵。

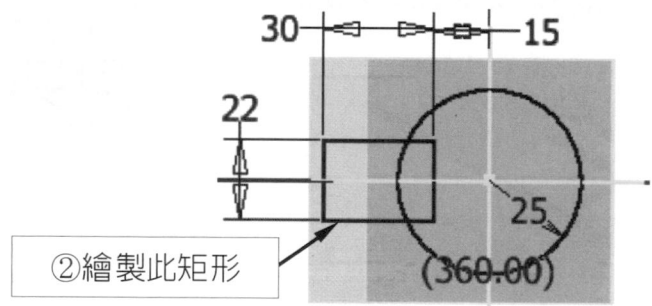

②繪製此矩形

STEP ⑧

①關閉所有工作平面之可見性，
可見性關閉後僅留下矩形及圓
形，如圖所示。

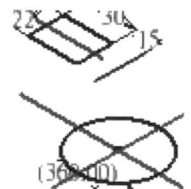

STEP ⑨

①單擊　繪製草圖旁的箭頭。
②單擊　開始繪製 3D 草圖　✐。

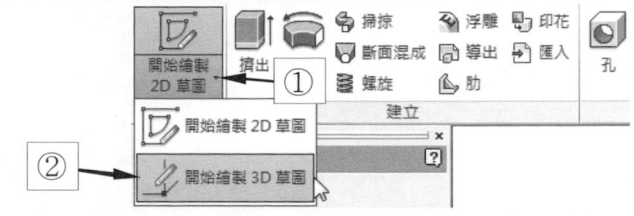

STEP ⑩

①單擊　直線　✐。
②單擊　線段端點(當游標移至線段端點時，
　　該端點會出現紅色，此時方可點取，亦可
　　使用限制條件的重合)。
③單擊　四分之一圓弧的端點。
④按 Esc 鍵。
⑤單擊　✔完成草圖。

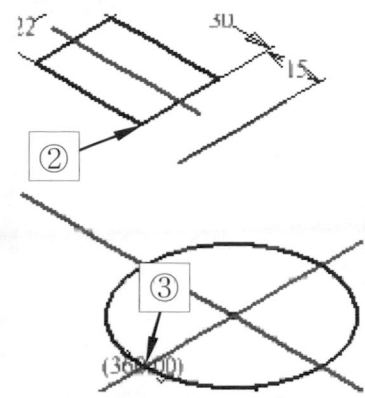

STEP ⑪

①單擊　開始繪製 3D 草圖　✐。
②單擊　直線　✐。
③單擊　線段端點。
④單擊　線段端點。
⑤按 Esc 鍵。
⑥單擊　✔完成草圖。

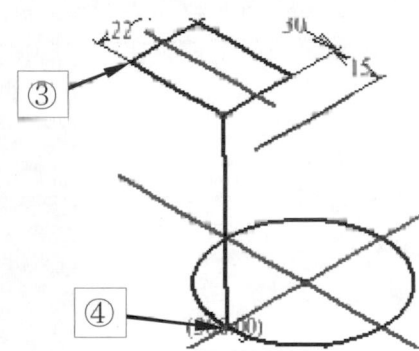

STEP ⑫

①單擊 開始繪製 3D 草圖 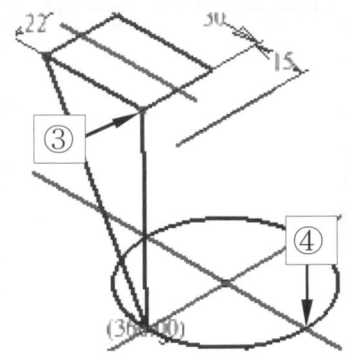。

②單擊 直線 。

③單擊 線段端點。

④單擊 線段端點(游標於圓弧線上移動，碰到端點即會亮紅色點)。

⑤按 Esc 鍵。

⑥單擊 ✔完成草圖。

STEP ⑬

①單擊 ViewCube 左上角點。

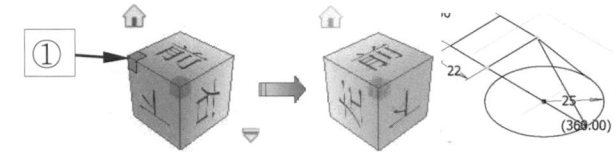

STEP ⑭

①單擊 開始繪製 3D 草圖 。

②單擊 直線

③單擊 線段端點。

④單擊 線段端點。

⑤按 Esc 鍵。

⑥單擊 ✔完成草圖。

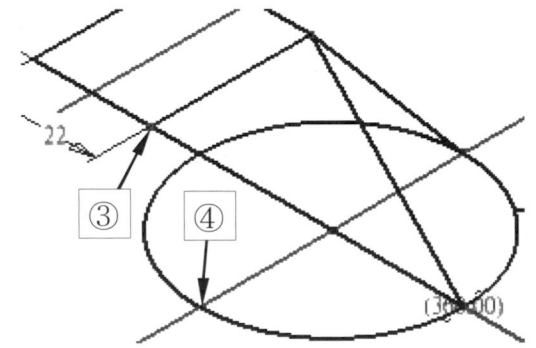

STEP ⑮

①單擊 斷面混成 。

②單擊 曲面。

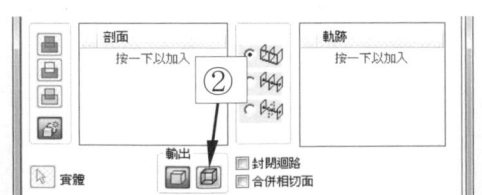

STEP 16

①單擊　3D 曲線。

②單擊　3D 曲線。

③單擊　軌跡對話框中的「按一下以加
　　入」文字。

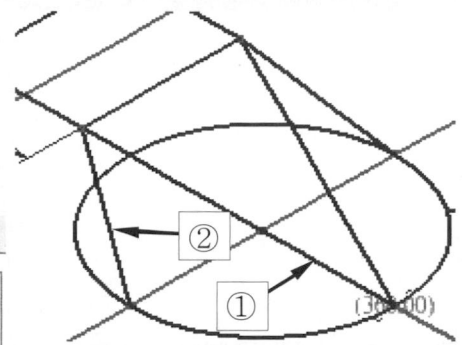

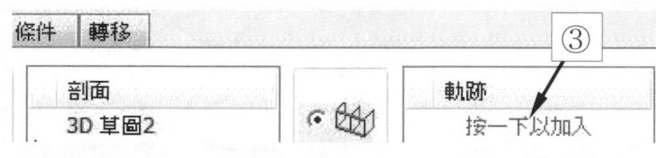

STEP 17

①單擊　圓弧曲線。

②單擊　　確定　。

③按 F6 鍵。

④於瀏覽器中的「草圖 1」上
　　單擊滑鼠右鍵。

⑤單擊　可見性。

📁 原點
🗐 草圖1 ④
🔲 工作平面1
🖼 草圖2
🖊 3D 草圖1
🖊 3D 草圖2
🖊 3D 草圖3
🔷 斷面混成表面1
❎ 零件終止

①

STEP 18

①單擊　斷面混成 🔽。

②單擊　曲面。

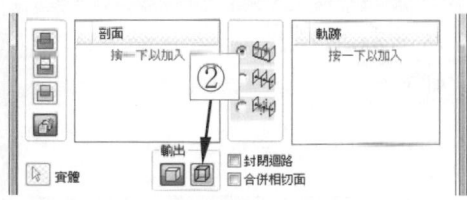

STEP ⑲

① 單擊 3D 曲線。

② 單擊 3D 曲線。

③ 單擊 軌跡對話框中的「按一下以加 入」文字。

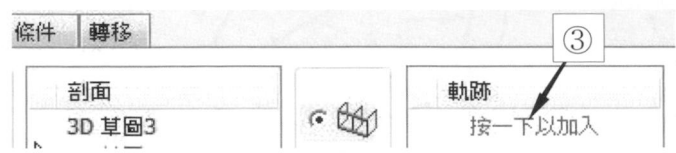

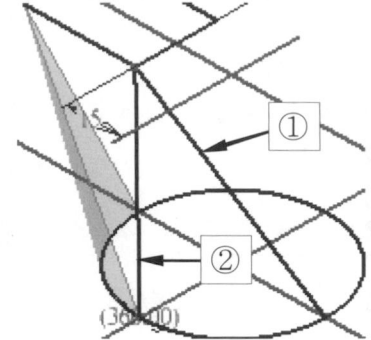

STEP ⑳

① 單擊 圓弧曲線。

② 單擊 確定 。

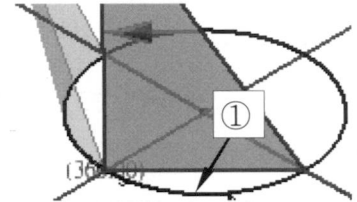

STEP ㉑

① 單擊 修補 。

② 單擊 矩形(若此矩形是以直線指令繪製，則 需分別選取 4 條邊線)。

③ 單擊 確定 。

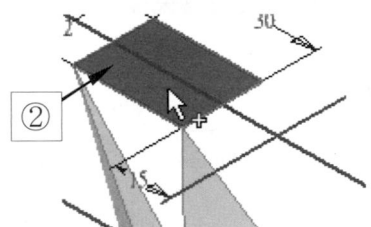

STEP ㉒

① 單擊 修補 。

② 取消勾選 自動鏈 。

③ 單擊 邊線。

④ 單擊 邊線。

⑤ 單擊 邊線。

⑥ 單擊 確定 。

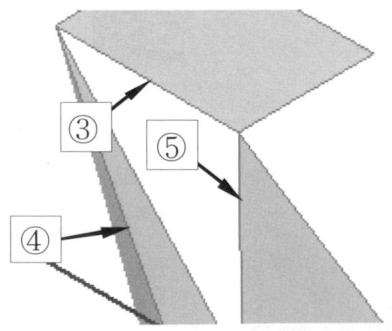

STEP 23

①單擊　鏡射特徵 ◖◗。
②單擊　曲面。
③單擊　曲面。
④單擊　曲面。
⑤單擊　鏡射平面。

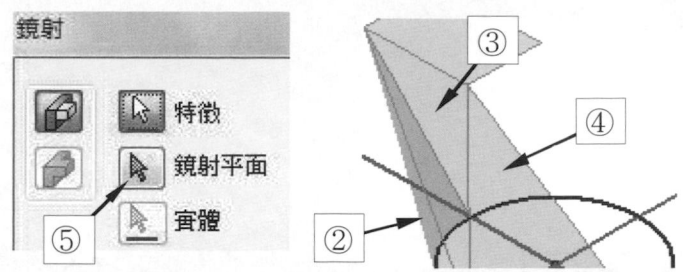

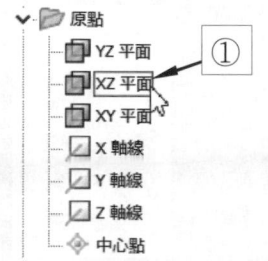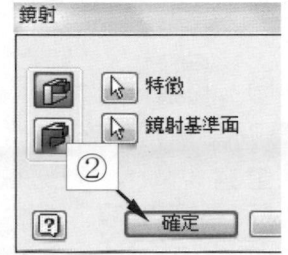

STEP 24

①單擊　XZ 平面。
②單擊　確定。

STEP 25

①單擊　修補 ⬒。
②單擊　邊線。
③單擊　邊線。
④單擊　邊線。
⑤單擊　確定。

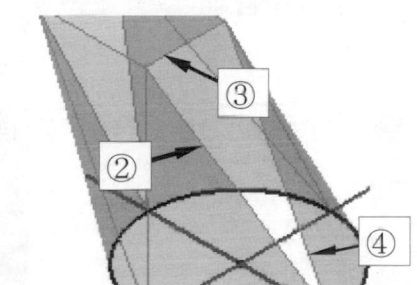

STEP 26

①單擊　修補 ⬒。
②單擊　邊線。
③單擊　邊線。
④單擊　邊線。
⑤單擊　確定。

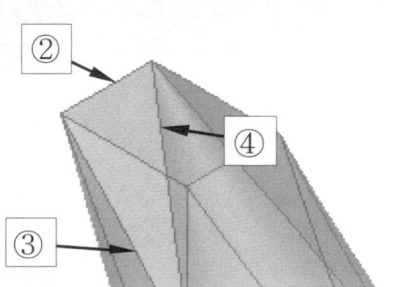

STEP 27

①單擊 修補 ⬒。

②單擊 邊線。

③單擊 邊線。

④單擊 邊線。

⑤單擊 確定 。

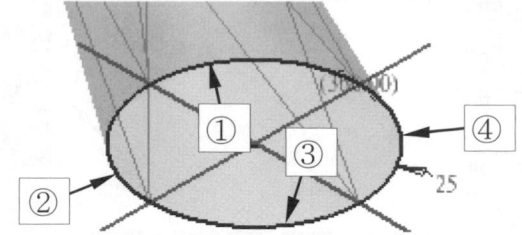

STEP 28

①單擊 縫合 ▮。

②於繪圖區單擊滑鼠右鍵。

③單擊 全選。

④單擊 套用(A) 。

⑤單擊 完成 。

⑥按 F6 鍵。

⑦關閉草圖 1 之可見性。

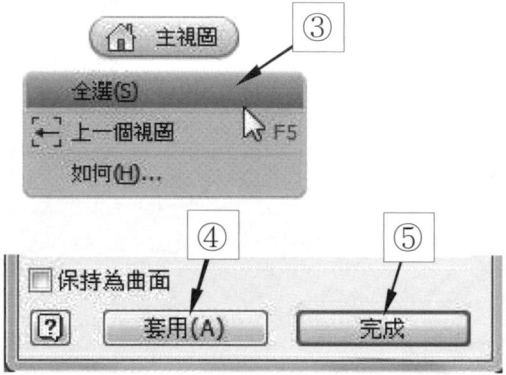

完成如圖所示，以 3D 曲線、修補及縫合等指令建立的實體特徵。

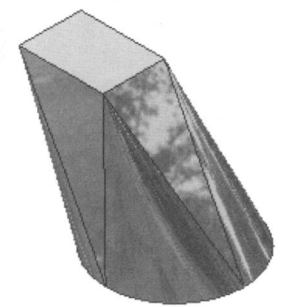

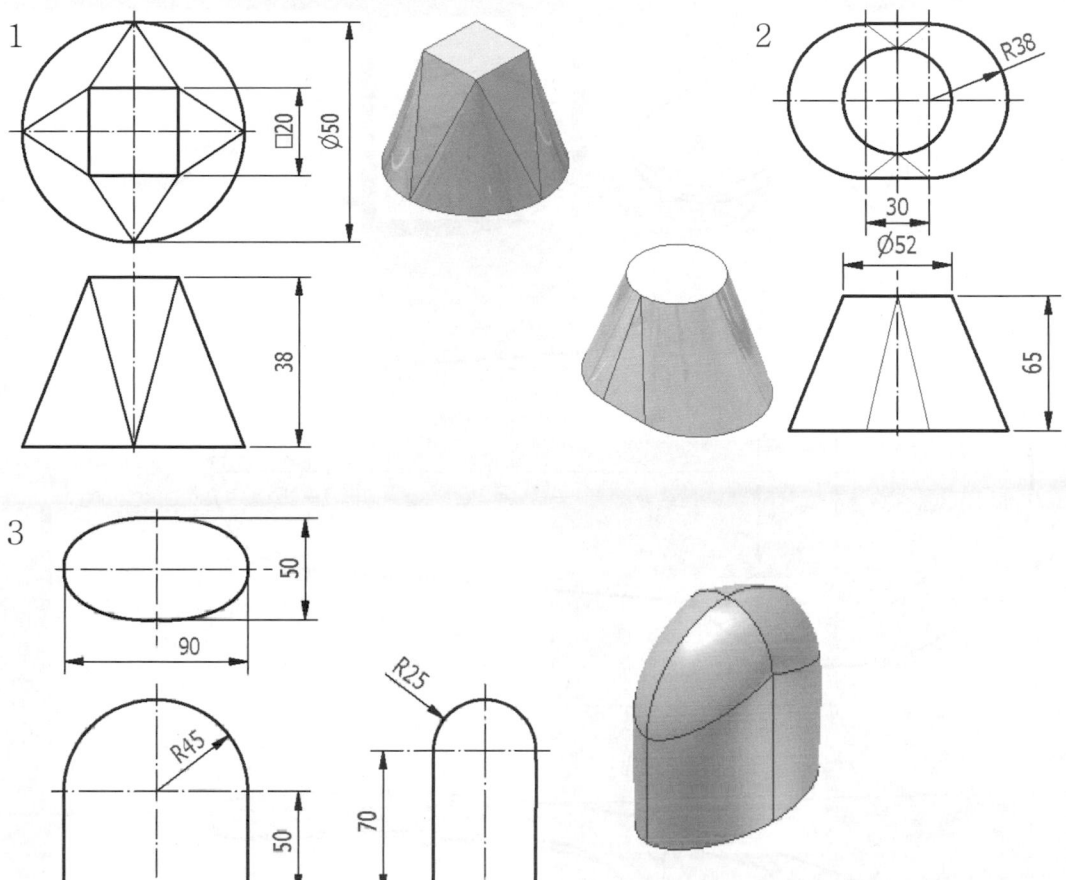

1 □20 ∅50 38

2 R38 30 ∅52 65

3 50 90 R45 50 R25 70

→ 綜合應用實例二　水龍頭把手

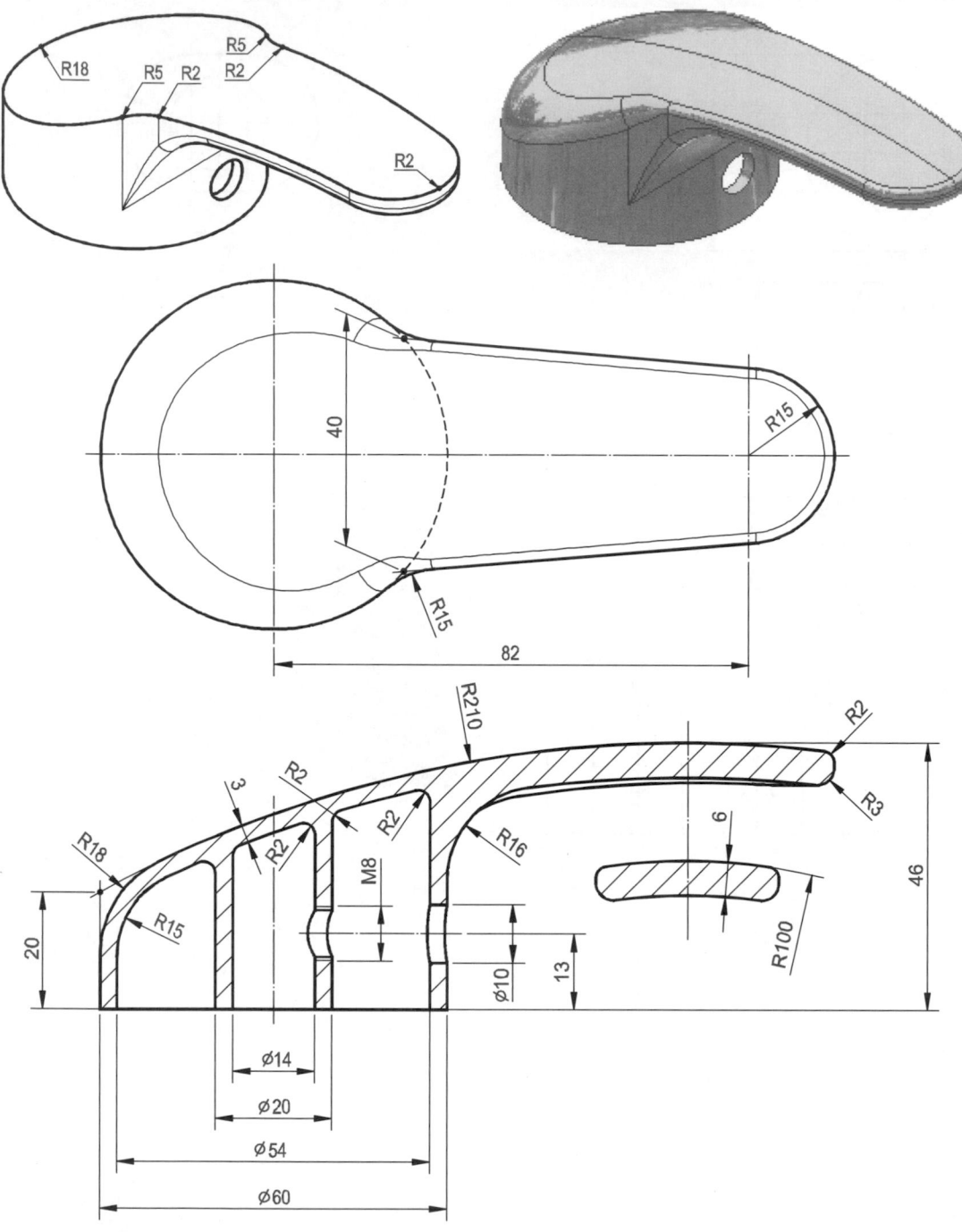

操作步驟

STEP 1

①單擊　零件，開啟零件檔。
②開啟工作平面之可見性。
③按 F6 鍵。

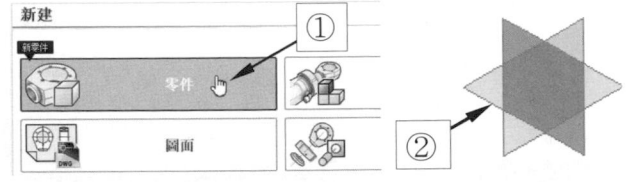

STEP 2

①單擊　開始繪製 2D 草圖。
②單擊　XY 平面。
③單擊　投影幾何圖形。
④單擊　XZ 平面。
⑤單擊　YZ 平面。
⑥按 Esc 鍵。

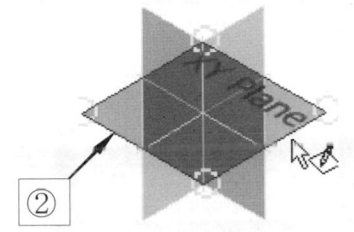
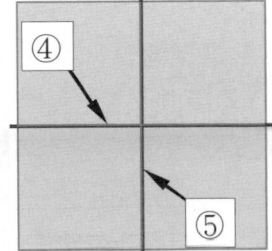

STEP 3

①繪製如圖所示圖形。
②單擊　✔完成草圖。
③按 F6 鍵。

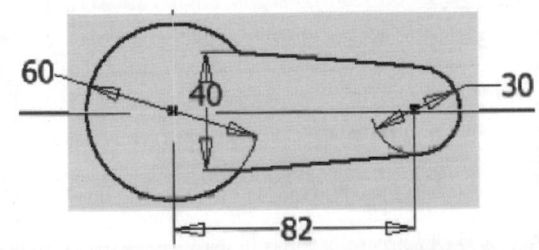

STEP 4

①單擊　擠出。
②輸入數值「50」。
③單擊　　確定　。
④單擊　線架構顯示。

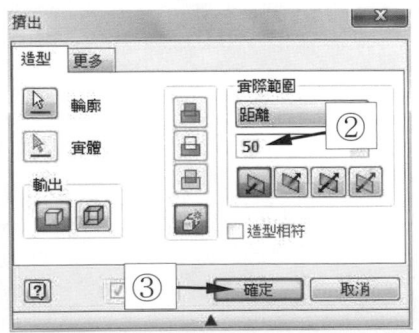

STEP ⑤

① 單擊 開始繪製 2D 草圖 ⬚。

② 單擊 XZ 工作平面。

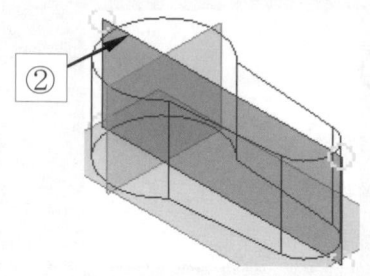

STEP ⑥

① 單擊 投影幾何圖形 🗇。

② 單擊 左側邊線。

③ 單擊 YZ 平面。

④ 按 Esc 鍵。

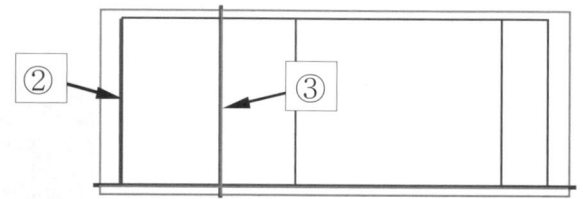

STEP ⑦

① 單擊 建構 ⟍。

② 單擊 直線 ╱，繪製一水平線
　（建立水平建構線）。

③ 單擊 建構 ⟍，關閉建構指令。

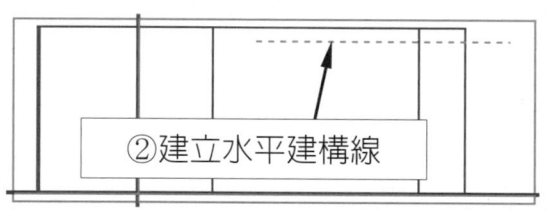

②建立水平建構線

STEP ⑧

① 單擊 點，中心點 ╋，於左側
　邊線建立一中心點。

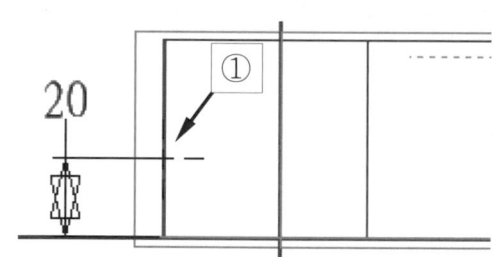

20

STEP ⑨

①單擊　三點弧 ⌒，繪製圖弧線。

②單擊　相切 ◌，單擊建構線與圓弧
　線以使其相切。

③單擊　重合 ⌊，單擊中心點與圓弧線
　以使其重合。

④單擊　✔完成草圖。

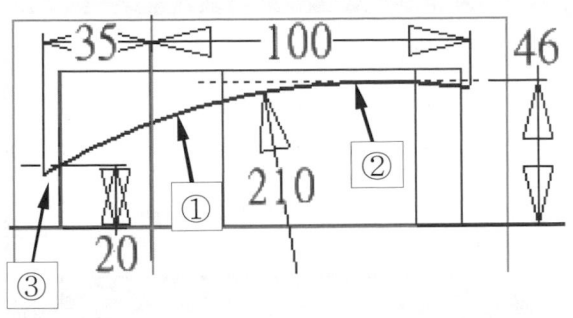

STEP ⑩

①單擊　工作平面 ▱。

②單擊　圓弧線端點。

③單擊　圓弧線。

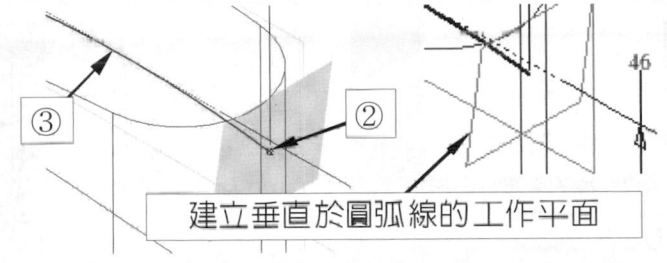

建立垂直於圓弧線的工作平面

STEP ⑪

①單擊　開始繪製 2D 草圖 ▱。

②單擊　工作平面 1。

③單擊　投影幾何圖形 ▱。

④單擊　圓弧線端點。

⑤按 Esc 鍵。

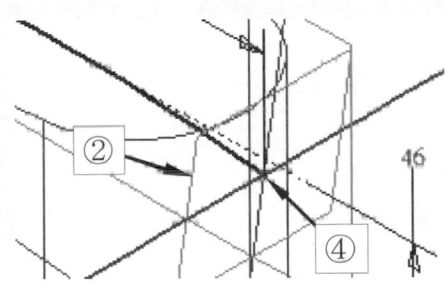

STEP ⑫

①單擊 轉正檢視 🔲 。

②單擊 工作平面 1。

③單擊 三點弧 ⌒ ，繪製圓弧線。

④單擊 重合 ⊥ ，單擊圓弧線中間點與
上一步驟投影出的端點，使其重合。

⑤單擊 ✔完成草圖。

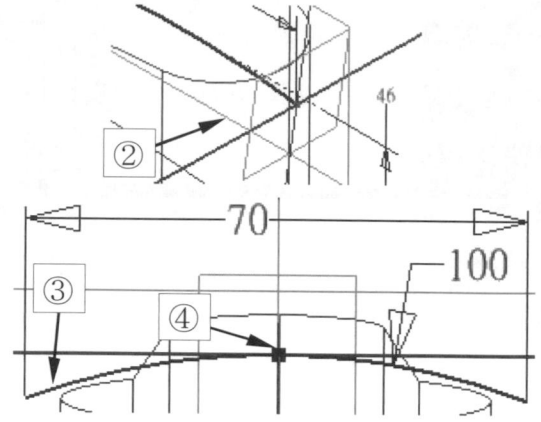

STEP ⑬

①單擊 掃掠 🗲 。

②單擊 圓弧線 (輪廓)。

③單擊 圓弧線 (路徑)。

④單擊 確定 。

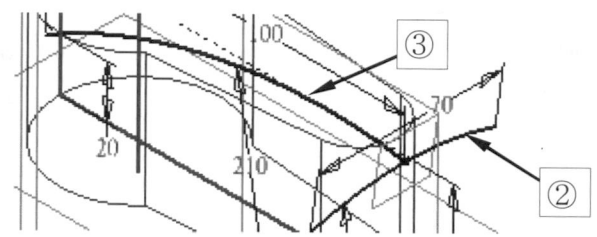

STEP ⑭

①單擊 增厚/偏移 ▱ 。

②單擊 掃掠表面。

③輸入 偏移數值 6。

④單擊 曲面指令。

⑤單擊 確定 ，建立往下偏移
的曲面。

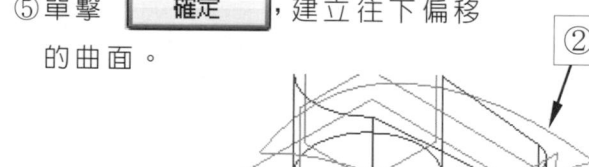

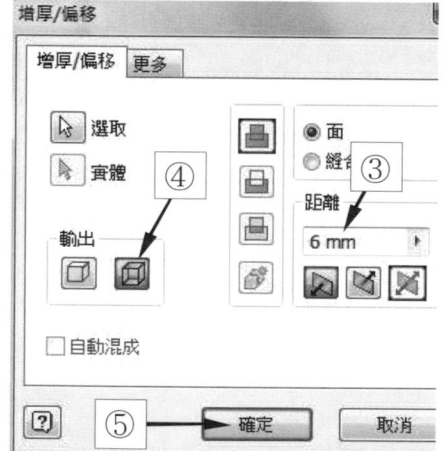

STEP ⑮

① 單擊 雕塑 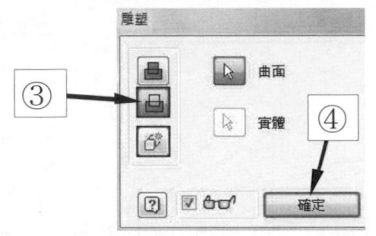。
② 單擊 曲面。
③ 單擊 移除指令。
④ 單擊 確定 。

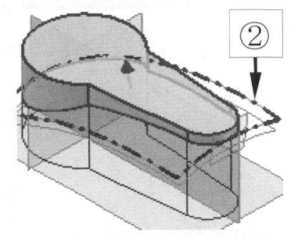

STEP ⑯

① 單擊 開始繪製 2D 草圖 。
② 單擊 XY 平面。
③ 單擊 投影幾何圖形 。
④ 單擊 圓弧線。
⑤ 按 Esc 鍵。

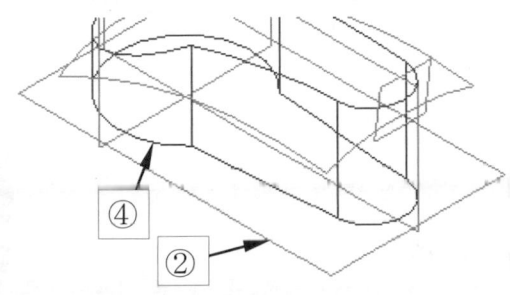

STEP ⑰

① 單擊 中心點圓 。
② 繪製一與底圓大小相等之圓形。
③ 單擊 完成草圖。

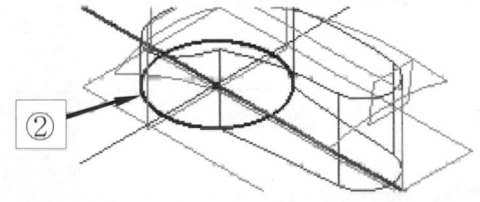

STEP ⑱

① 單擊 擠出 。
② 單擊 上一步驟繪製
　的圓形曲線區。
③ 單擊 曲面指令。
④ 輸入數值「50」。
⑤ 單擊 確定 。

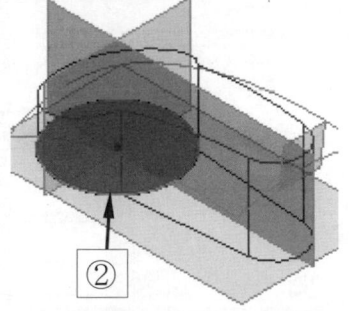

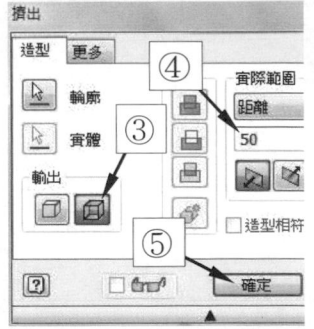

STEP 19

①將掃掠表面的可見性打開。

②單擊 增厚/偏移 。

③單擊 掃掠表面。

④輸入 偏移數值 3。

⑤單擊 曲面。

⑥單擊 ┃ 確定 ┃，

　建立往下偏移的曲面。

⑦將掃掠表面的可見性關閉。

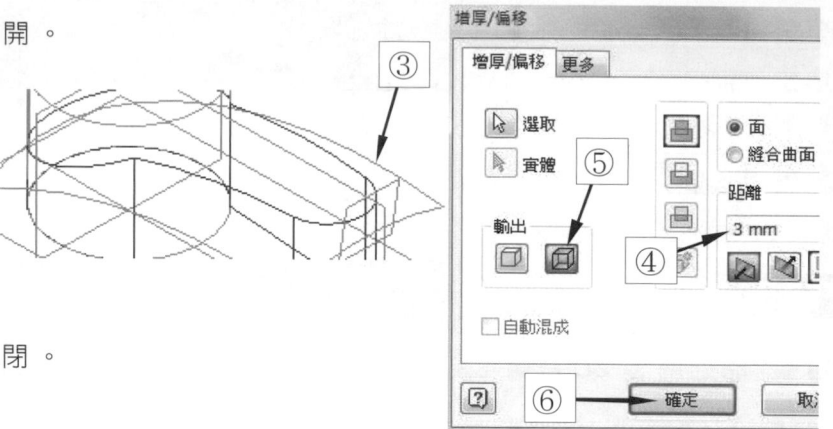

STEP 20

①單擊 雕塑 。

②單擊 圓柱曲面。

③單擊 偏移曲面 1。

④單擊 移除指令。

⑤單擊 展開下頁 >> 。

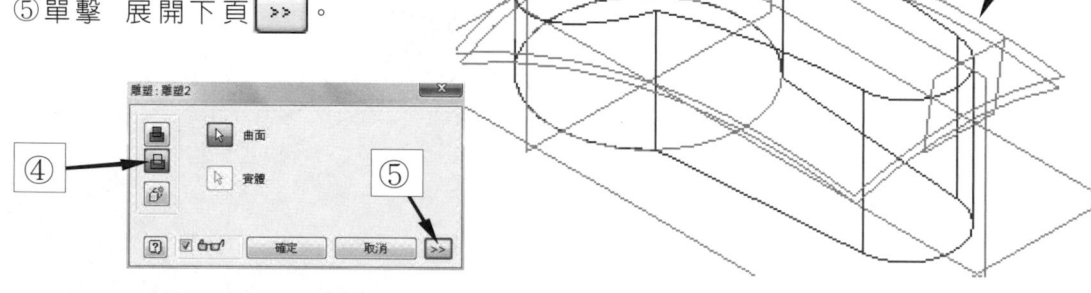

STEP 21

①單擊 方向。

②單擊 箭頭。

③單擊 另一方向。

④單擊 ┃ 確定 ┃。

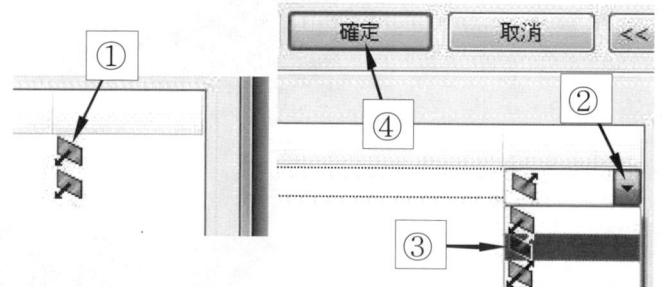

STEP 22

①單擊 開始繪製 2D 草圖 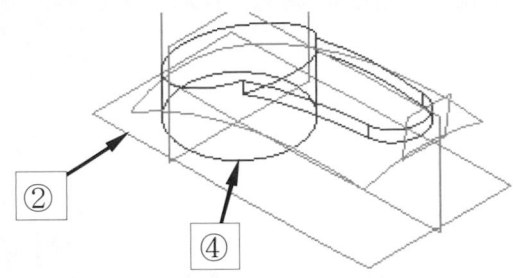。

②單擊 XY 平面。

③單擊 投影幾何圖形 。

④單擊 底圓。

⑤按 Esc 鍵。

STEP 23

①單擊 中心點圓 。

②繪製一直徑為 54 的圓。

③單擊 ✔完成草圖。

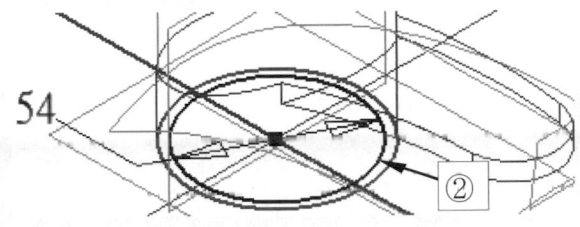

STEP 24

①單擊 擠出。

②單擊 上一步驟繪製
   的圓形曲線區。

③單擊 曲面。

④輸入數值「50」。

⑤單擊 確定。

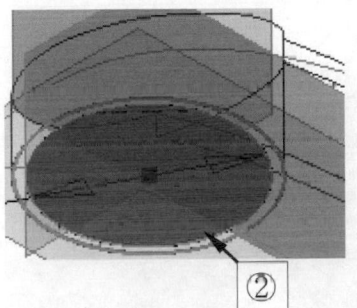
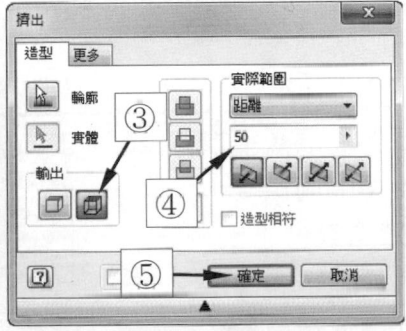

STEP 25

①單擊 雕塑 。

②單擊 圓柱曲面。

③單擊 偏移曲面 2。

④單擊 移除。

⑤單擊 確定。

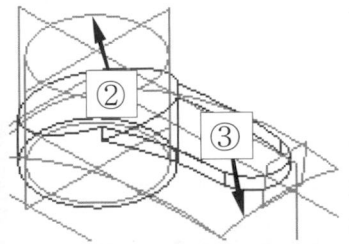

STEP 26

① 單擊 開始繪製 2D 草圖 ⬚。

② 單擊 XY 平面。

③ 單擊 投影幾何圖形 ⬚。

④ 單擊 底圓。

⑤ 按 Esc 鍵。

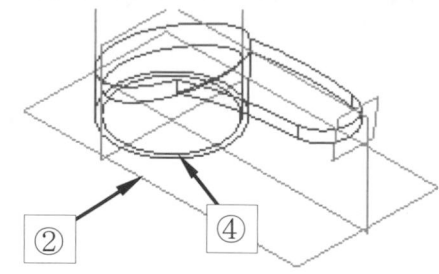

STEP 27

① 單擊 中心點圓 ⬚。

② 繪製兩圓，直徑 20 及 14。

③ 單擊 ✔完成草圖。

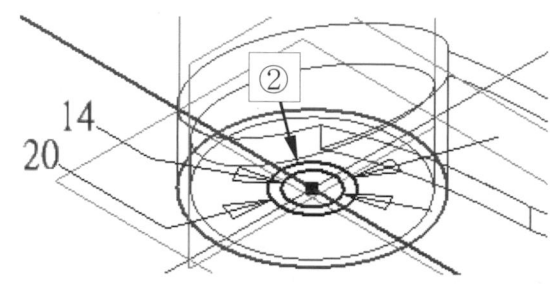

STEP 28

① 單擊 擠出 ⬚。

② 單擊 上一步驟繪製的 20 及 14 之中間區域。

③ 變更選項為到下一個。

④ 單擊 確定。

⑤ 單擊 帶邊描影 ⬚。

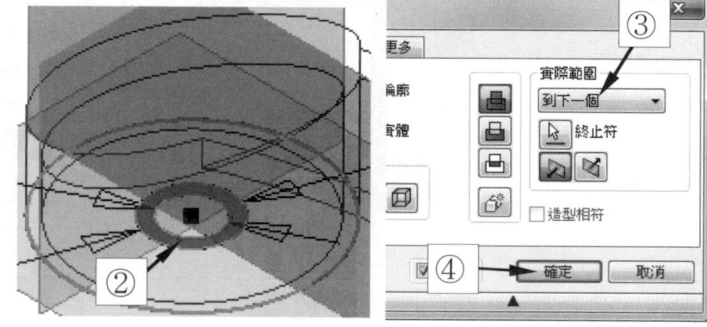

STEP 29

① 單擊 分割 ⬚。

② 單擊 XZ 平面。

③ 單擊 特徵頂部曲面。

④ 單擊 確定。

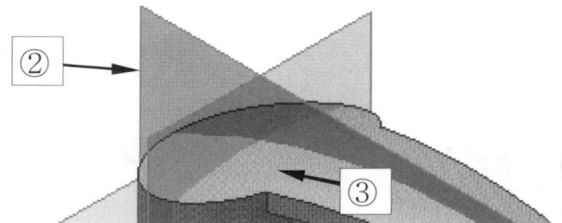

STEP 30

①單擊　下視圖。
②單擊　箭頭。
③切換至如圖所示視角。

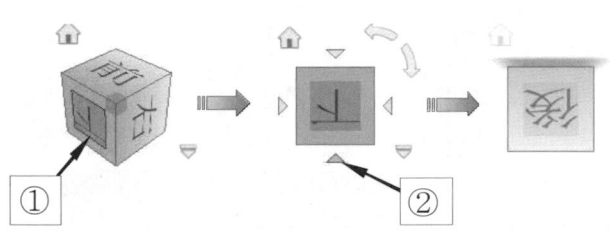

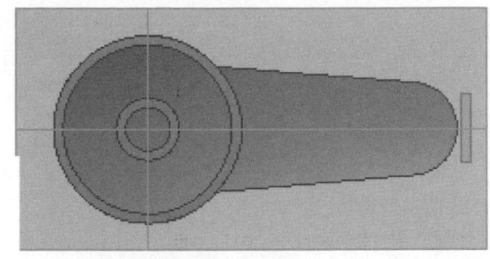

STEP 31

①單擊　分割　。
②單擊　XZ 平面。
③單擊　特徵孔底部曲面。
④單擊　　確定　。

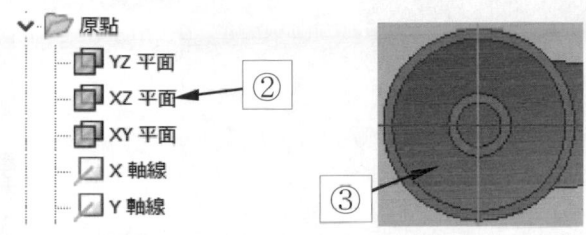

STEP 32

①單擊　自由環轉　，
　旋轉至右圖之視角。
②單擊　圓角　。
③單擊　可變標籤。
④單擊　底圓邊線。

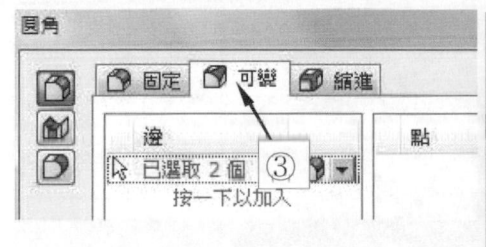

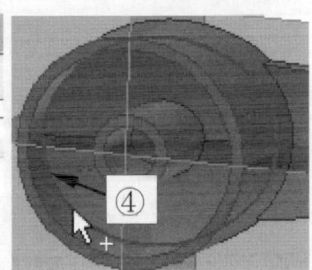

STEP 33

①單擊 左側端點。
②單擊 右側端點。
③設定點 1 半徑值為 16。
④設定點 2 半徑值為 2。
⑤單擊 ▢ 確定 ▢。
⑥按 F6 鍵。

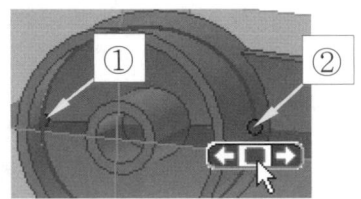

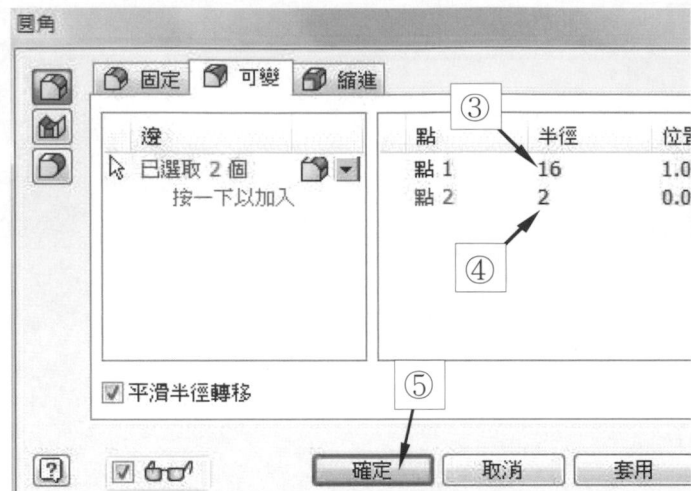

STEP 34

①單擊 圓角 ▢。
②單擊 邊線。
③單擊 邊線。
④單擊 設定半徑值為 15。
⑤單擊 ▢ 確定 ▢。

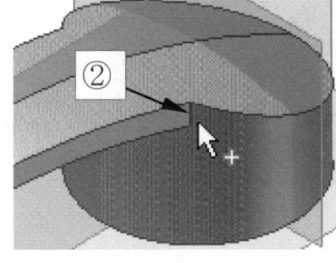
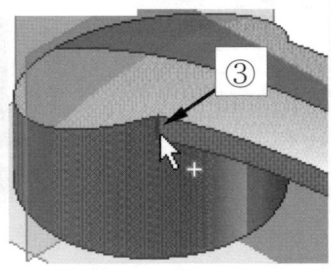

STEP 35

①單擊　圓角。

②單擊　邊線。

③單擊　設定半徑值為 16。

④單擊　確定。

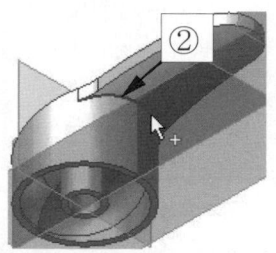

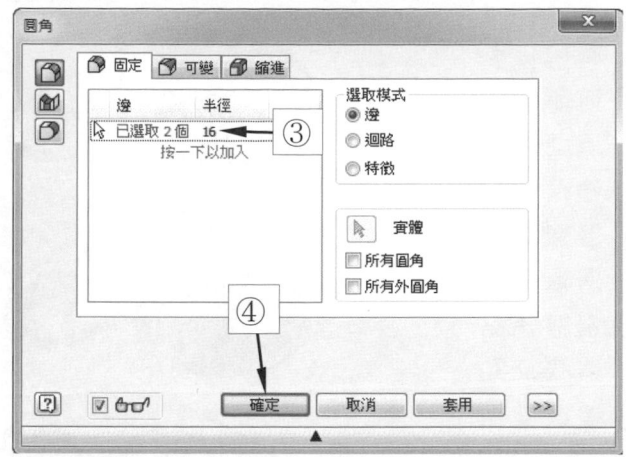

STEP 36

①單擊　圓角。

②單擊　邊線。

③單擊　設定半徑值為 3。

④單擊　確定。

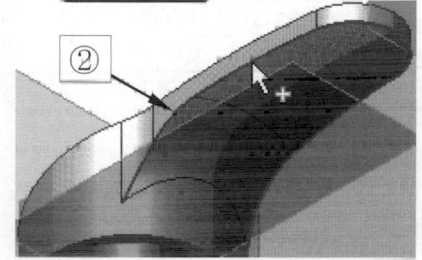

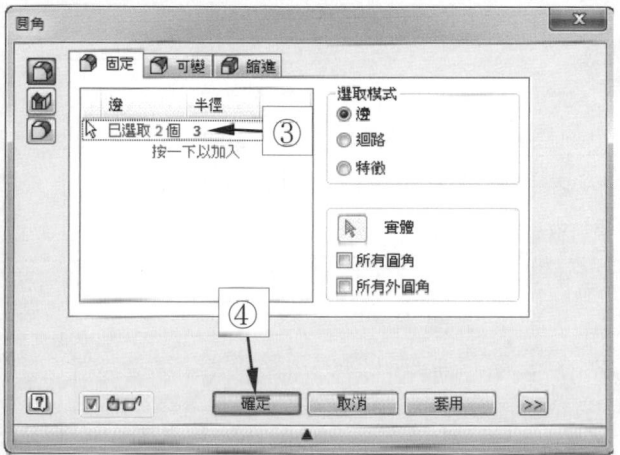

STEP 37

①關閉所有工作平面之可見性。

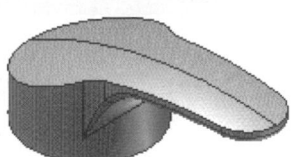

STEP 38

① 單擊 圓角 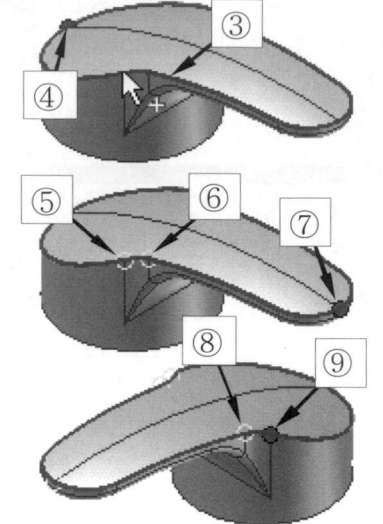。

② 單擊 可變標籤。

③ 單擊 頂面邊線。

④ 單擊 邊線端點。

⑤ 單擊 邊線交點。

⑥ 單擊 邊線交點。

⑦ 單擊 邊線端點。

⑧ 單擊 邊線交點。

⑨ 單擊 邊線交點。

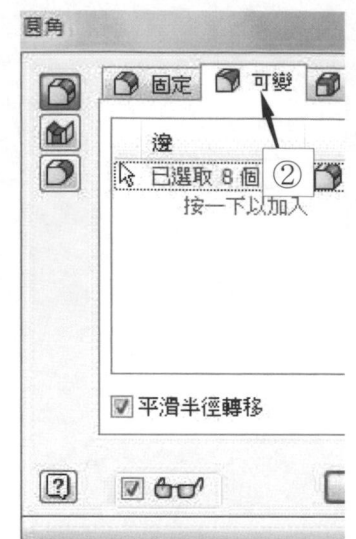

STEP 39

① 設定點 1 半徑值為 18。

② 設定點 2 半徑值為 5。

③ 設定點 3 半徑值為 2。

④ 設定點 4 半徑值為 2。

⑤ 設定點 5 半徑值為 2。

⑥ 設定點 6 半徑值為 5。

⑦ 單擊 確定 。

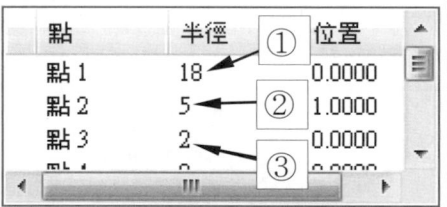

邊線	點	半徑	位置
8 已選取 按一下以加入	點 1	18 ①	0.0000
	點 2	5 ②	1.0000
	點 3	2 ③	0.0000
	點 4	2	0.0000

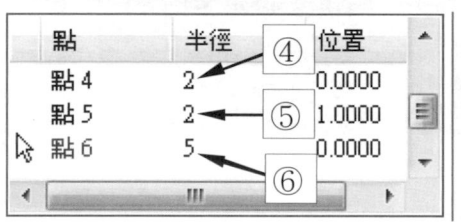

邊線	點	半徑	位置
8 已選取 按一下以加入	點 4	2 ④	0.0000
	點 5	2 ⑤	1.0000
	點 6	5 ⑥	0.0000

STEP 40

① 單擊 圓角 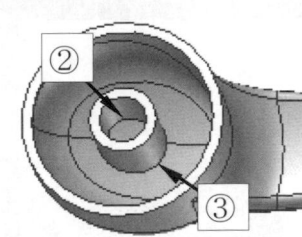。
② 單擊 小圓孔底部邊線。
③ 單擊 圓柱底部邊線。
④ 設定半徑值為 2。
⑤ 單擊 確定 。
⑥ 按 F6 鍵。

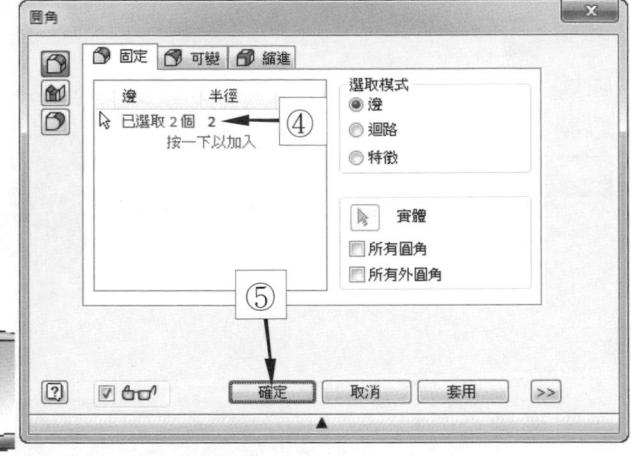

STEP 41

① 單擊 開始繪製 2D 草圖 。
② 單擊 XZ 平面。
③ 按 F7 鍵。
④ 單擊 投影幾何圖形 。
⑤ 單擊 YZ 平面。
⑥ 單擊 特徵底面。
⑦ 按 Esc 鍵。

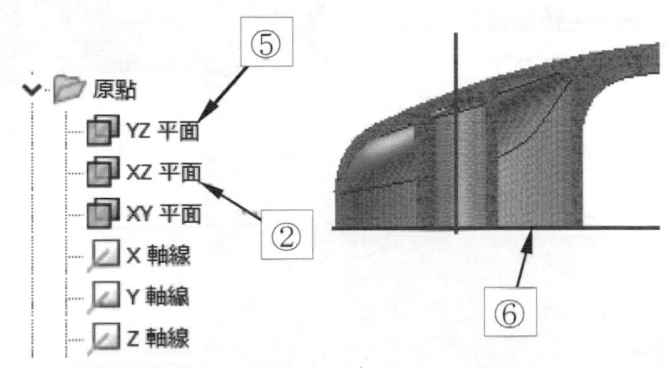

STEP 42

① 繪製如圖所示圖形。
② 單擊 完成草圖。
③ 按 F6 鍵。

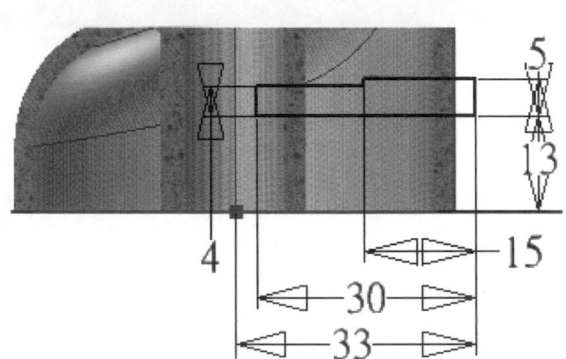

STEP 43

① 單擊　迴轉 。
② 單擊　旋轉軸。
③ 單擊　切割。
④ 單擊　　確定　　。

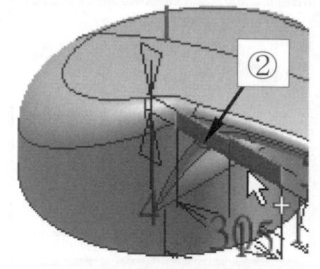
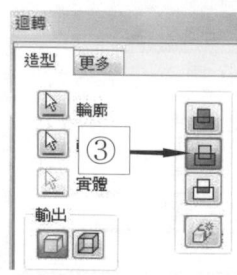

STEP 44

① 單擊　自由環轉 ，
　　旋轉至右圖之視角。
② 單擊　螺紋 。
③ 單擊　內圓孔。
④ 單擊　　確定　　。

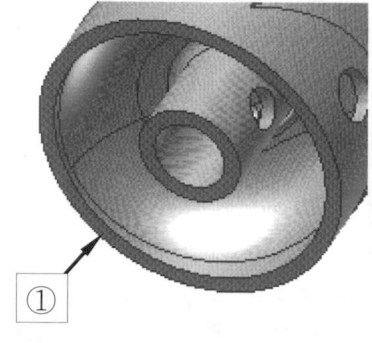
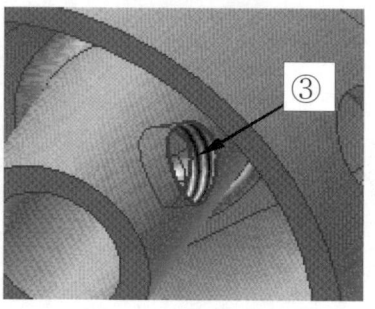

1.

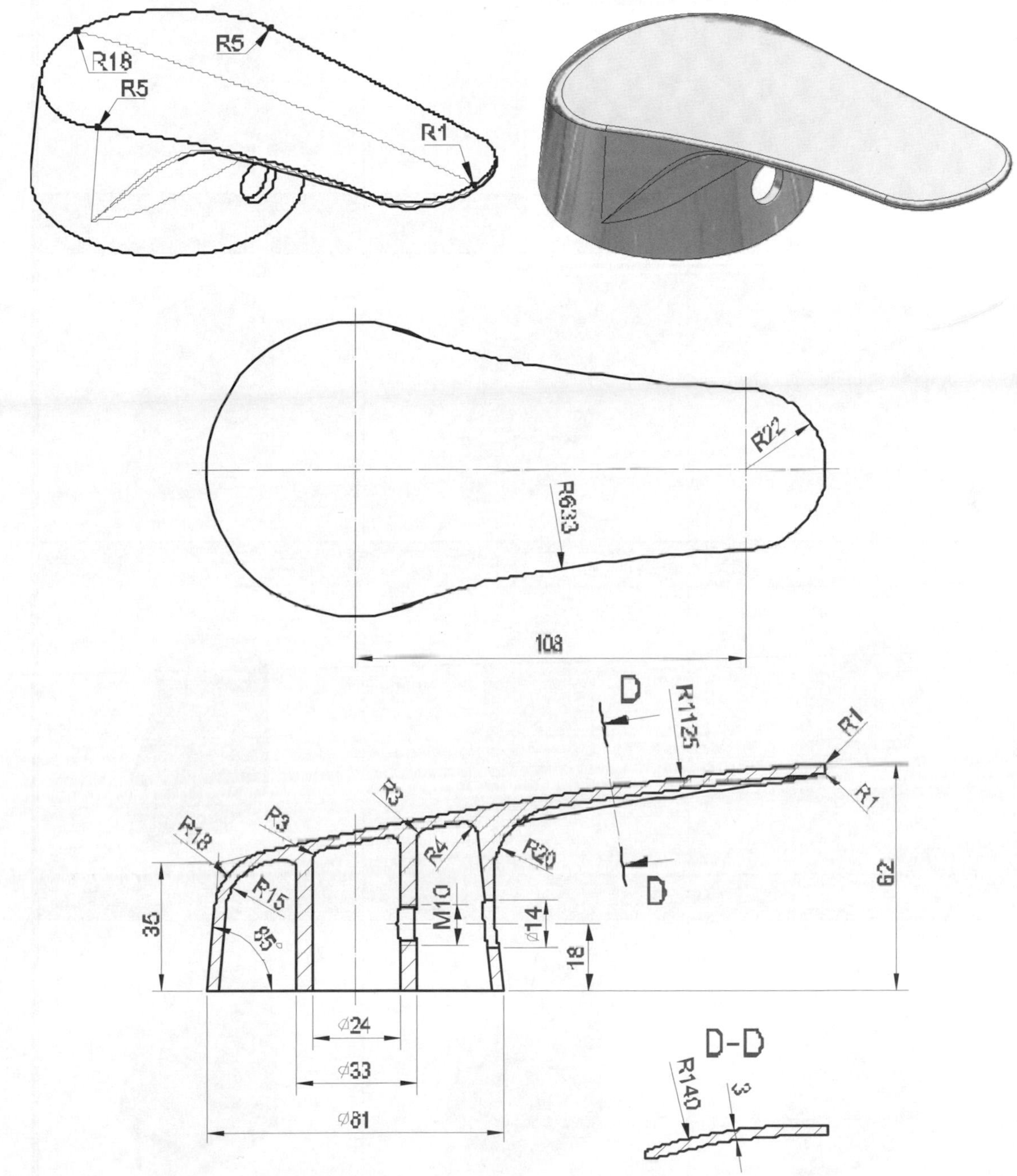

R18
R5
R5
R1

R22
R633
108

D
R1125
R1
R1
R3
R3
R18
R15
R4
R20
95°
M10
φ14
35
18
92
φ24
φ33
φ81

D-D
R140
3

→ 綜合應用實例三　洗衣精塑膠瓶

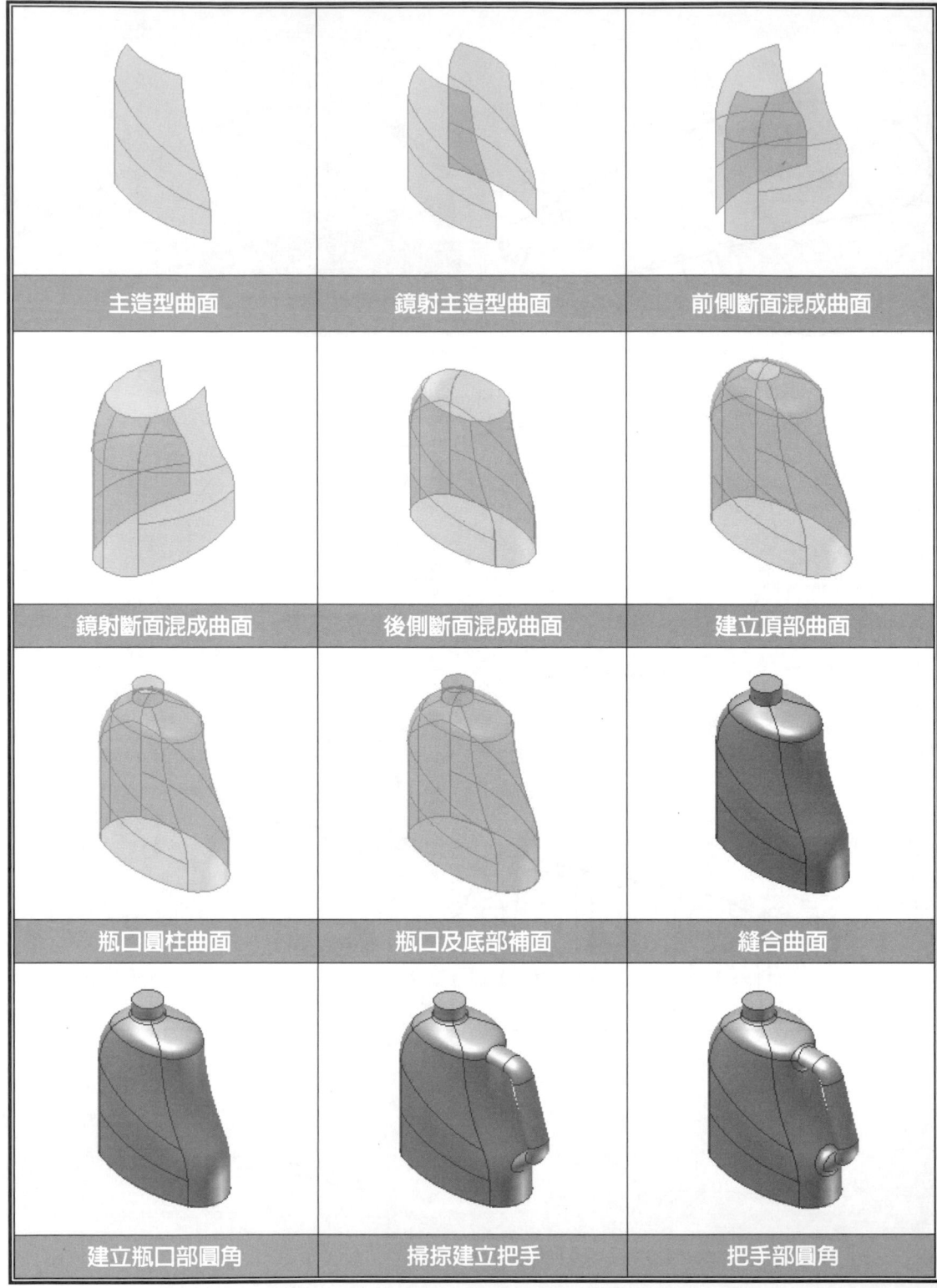

主造型曲面	鏡射主造型曲面	前側斷面混成曲面
鏡射斷面混成曲面	後側斷面混成曲面	建立頂部曲面
瓶口圓柱曲面	瓶口及底部補面	縫合曲面
建立瓶口部圓角	掃掠建立把手	把手部圓角

操作步驟

STEP 1

①單擊 新建左側的箭頭。
②單擊 零件，開啟零件檔。
③開啟工作平面之可見性。
④按 F6 鍵。

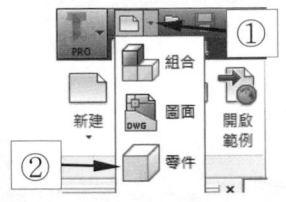
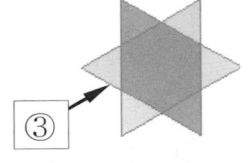

STEP 2

①單擊 工作平面 。
②以滑鼠左鍵壓住 XZ 平面，並往前拖曳一段距離後放開滑鼠。
③輸入 -13。
④單擊 確定 。

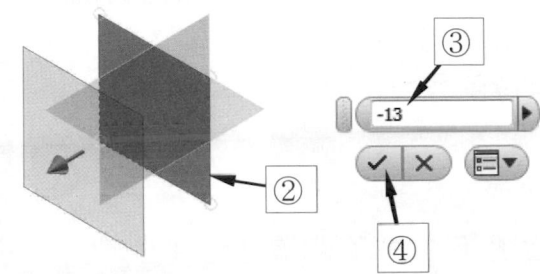

STEP 3

①單擊開始繪製 2D 草圖 。
②單擊 XY 平面。
③單擊 投影幾何圖形 。
④單擊 YZ 平面。
⑤單擊 工作平面 1。
⑥按 Esc 鍵。

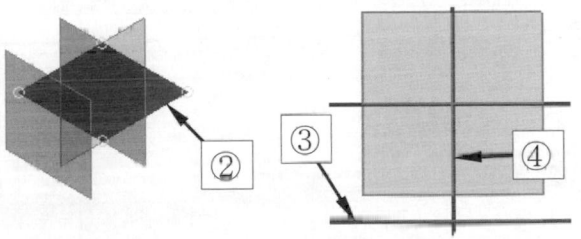

STEP 4

①繪製如圖所示圓弧。
②單擊 完成草圖。

圓弧兩端點水平對齊，且左側端點在工作平面交點上

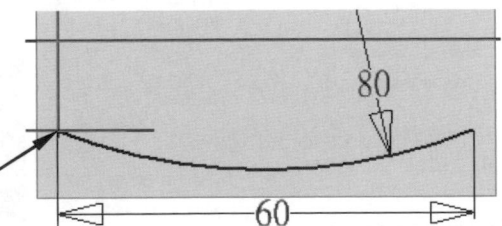

STEP ⑤

① 單擊 開始繪製 2D 草圖  → 按 F6 鍵。

② 單擊 工作平面 1。

③ 單擊 投影幾何圖形 。

④ 單擊 端點 A、B。

⑤ 單擊 下視圖。

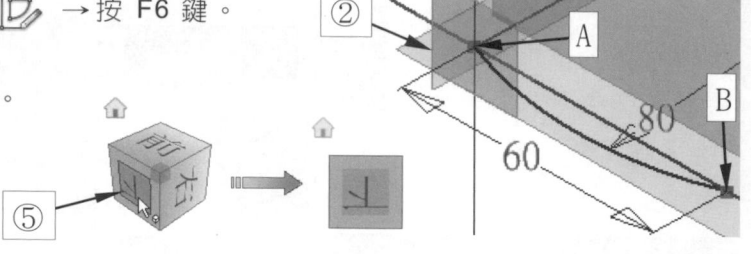

STEP ⑥

① 繪製左側曲線。

② 繪製右側曲線。

③ 單擊 完成草圖。

通過步驟 6 投影的兩端點繪製曲
線，兩曲線頂點需水平對齊，各線
段之接點處需相切。

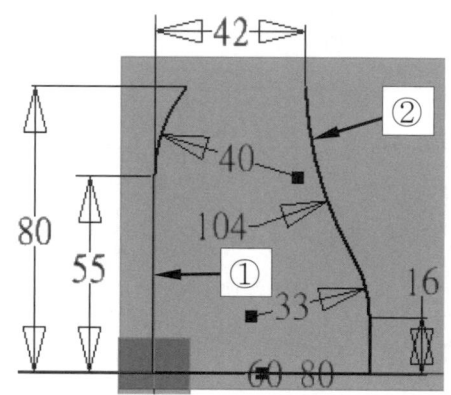

STEP ⑦

① 單擊 斷面混成 。

② 單擊 曲面。

③ 單擊 「按一下以加入」。

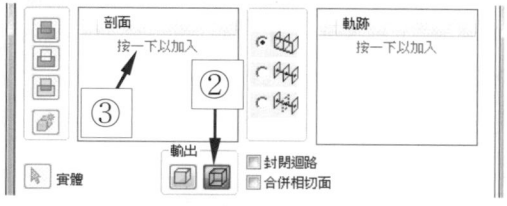

STEP ⑧

① 單擊 左側曲線。

② 單擊 右側曲線。

③ 單擊 軌跡對話框中的
　　「按一下以加入」。

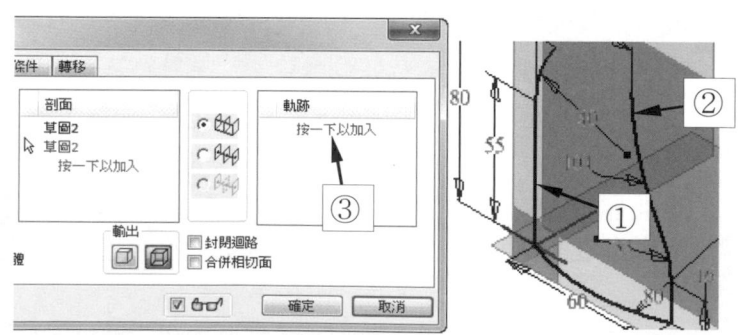

STEP ❾

① 單擊　圓弧曲線。

② 單擊　 確定 。

③ 按 F6 鍵，完成如圖所示之斷面混成曲面。

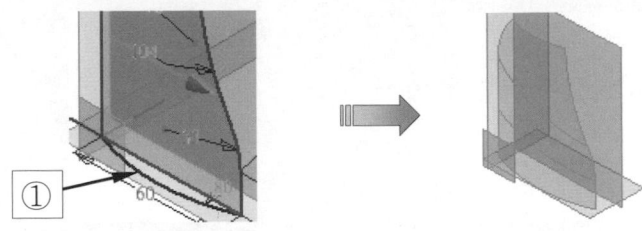

STEP ❿

① 單擊　鏡射 ▶◀ 。

② 單擊　曲面特徵。

③ 單擊　鏡射平面。

④ 單擊　XZ 平面。

⑤ 單擊　 確定 。

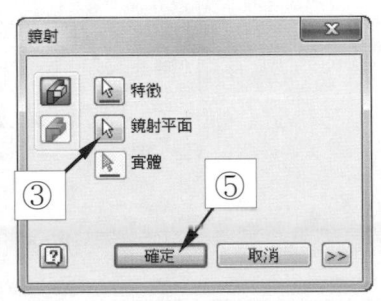
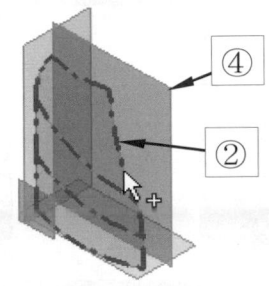

STEP ⓫

① 單擊　開始繪製 2D 草圖 ▱ 。

② 單擊　XZ 工作平面。

③ 單擊　投影幾何圖形 ▱ 。

④ 單擊　YZ 平面。

⑤ 單擊　XY 平面。

⑥ 單擊　Esc 鍵。

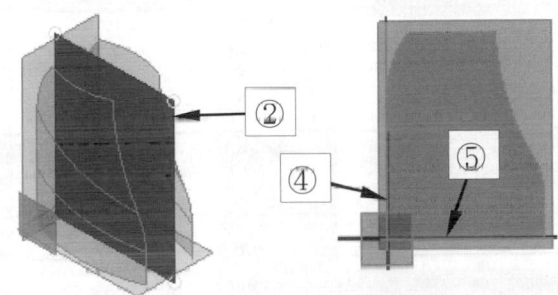

STEP ⓬

① 繪製如圖所示之曲線。

② 單擊　✔ 完成草圖。

曲線之頂部端點須與曲面之頂部端點水平對齊。

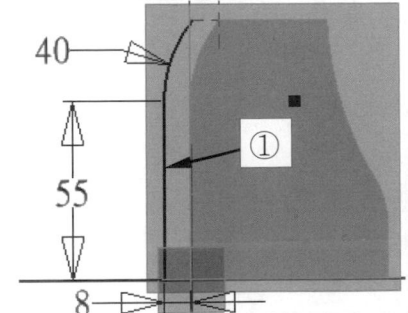

STEP ⑬

① 單擊　左上角點。
② 旋轉至如圖所示之視角。

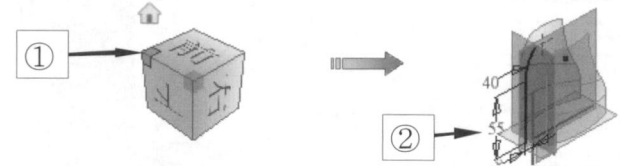

STEP ⑭

① 單擊　斷面混成 。
② 單擊　曲面。
③ 單擊　「按一下以加入」。

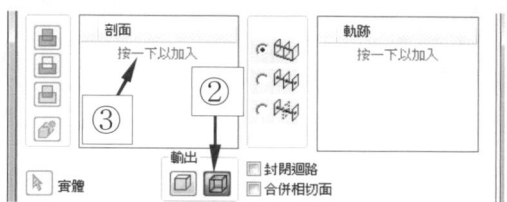

STEP ⑮

① 單擊　左側曲線。
② 單擊　右側上段曲線。
③ 單擊　右側中段曲線。
④ 單擊　右側下段曲線。
⑤ 單擊　條件標籤。

②在曲線上按滑鼠右鍵→選擇其它→邊

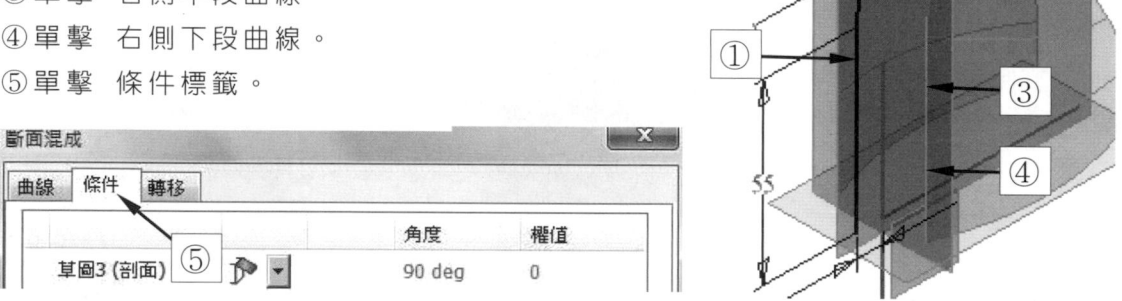

斷面混成

曲線	條件	轉移		角度	權值
草圖3 (剖面)	⑤			90 deg	0

STEP ⑯

① 單擊　箭頭 ，將指令改為
　　「方向條件 」。
② 權值設定為 2。
③ 單擊　箭頭 ，將指令改為
　　「相切條件 」。
④ 權值設定為 1。
⑤ 單擊　 確定 。

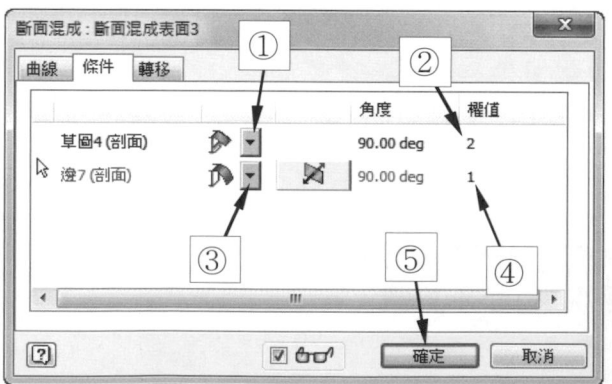

STEP 17

① 單擊　鏡射 []。
② 單擊　曲面特徵。
③ 單擊　鏡射平面。
④ 單擊　XZ 平面。
⑤ 單擊　**確定**　。
⑥ 按 F6 鍵。

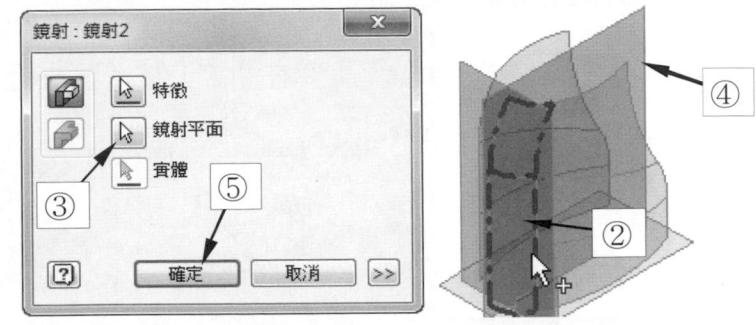

STEP 18

① 單擊　開始繪製 2D 草圖。
② 單擊　XY 工作平面。
③ 單擊　投影幾何圖形。
④ 單擊　左側端點。
⑤ 單擊　右側端點→開啟建構。
⑥ 單擊　左側底線。
⑦ 單擊　右側底線→關閉建構。

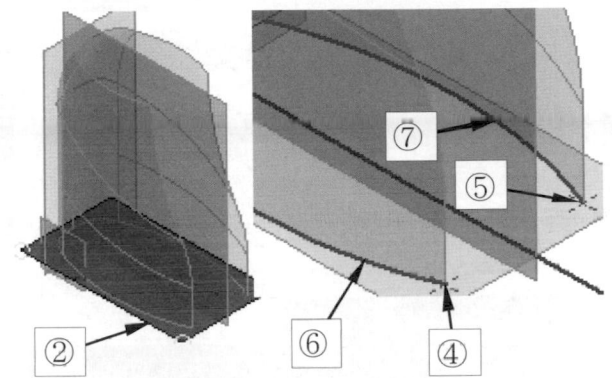

STEP 19

① 以三點弧　繪製圓弧曲線。
② 單擊　相切。
③ 單擊　圓弧曲線。
④ 單擊　底線。
⑤ 單擊　圓弧曲線。
⑥ 單擊　底線。
⑦ 單擊　完成草圖。

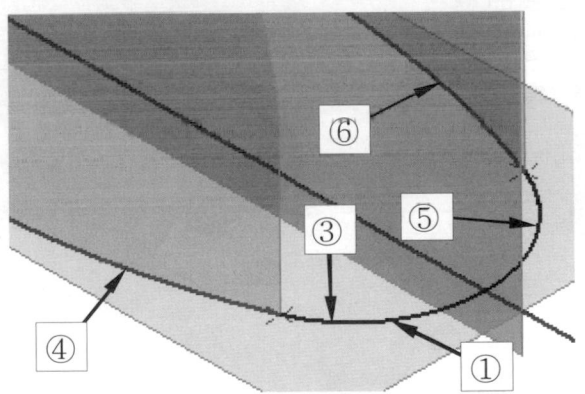

STEP 20

①單擊　斷面混成 ▽。

②單擊　左曲面邊界線段。

③單擊　左曲面邊界線段。

④單擊　左曲面邊界線段。

⑤單擊「按一下以加入」。

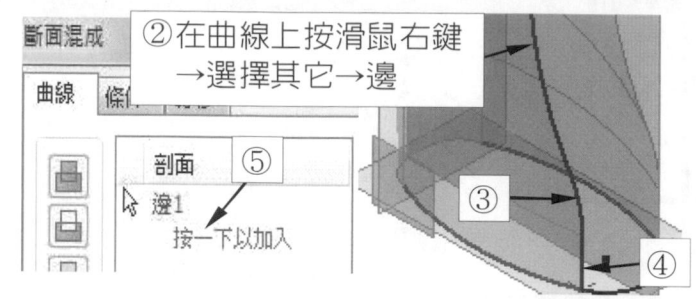

②在曲線上按滑鼠右鍵
→選擇其它→邊

STEP 21

①單擊　右曲面邊界線段。

②單擊　右曲面邊界線段。

③單擊　右曲面邊界線段。

④單擊「按一下以加入」。

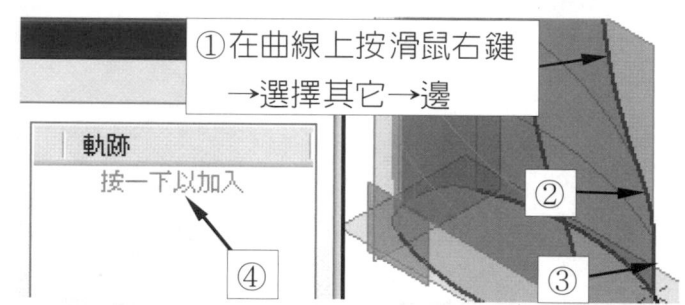

①在曲線上按滑鼠右鍵
→選擇其它→邊

STEP 22

①單擊　圓弧曲線。

②單擊　條件標籤。

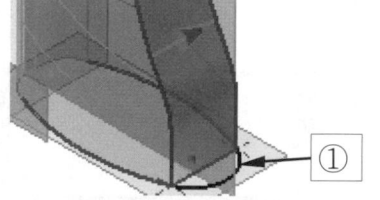
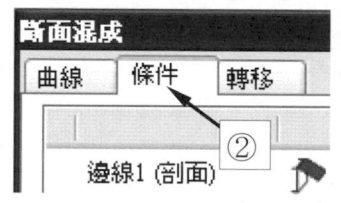

STEP 23

①單擊　箭頭 ▼，將指令改
為「相切條件 ⤴」。

②單擊　箭頭 ▼，將指令改
為「相切條件 ⤴」。

③單擊　確定。

④按 F6 鍵。

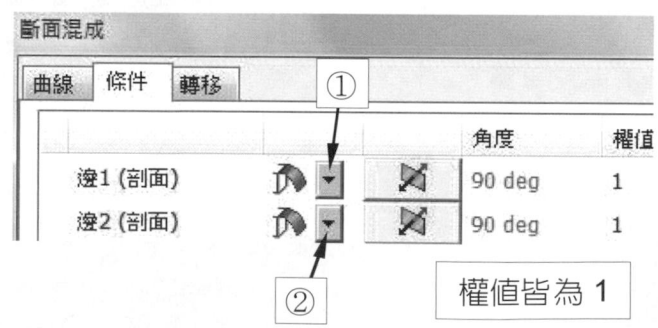

權值皆為 1

STEP 24

①單擊　縫合曲面 ▉。

②於繪圖區單擊滑鼠右鍵。

③單擊　全選。

④單擊　套用(A)。

⑤單擊　完成。

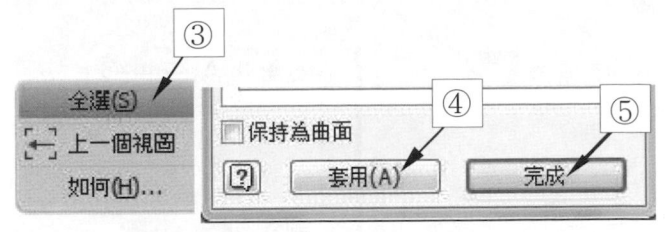

STEP 25

①單擊　工作平面 ▢。

②以滑鼠左鍵壓住 XY 平面，並往上拖
　曳一段距離後放開滑鼠。

③輸入 88。

④單擊　確定 ✓。

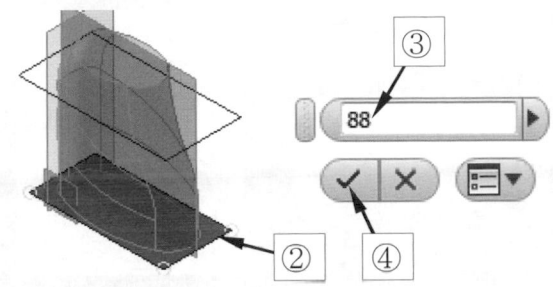

STEP 26

①單擊　開始繪製 2D 草圖 ▱。

②單擊　工作平面 2。

③單擊　投影幾何圖形 ▱。

④單擊　YZ 平面。

⑤單擊　XY 平面。

⑥單擊　Esc 鍵。

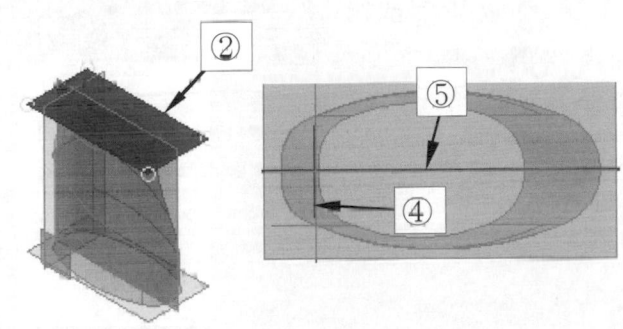

STEP 27

①繪製如圖所示圓。

②單擊　✔完成草圖。

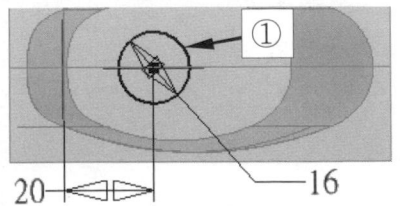

STEP 28

①單擊 斷面混成 。

②單擊 曲面。

③單擊 邊界曲線 A、B、
　C、D、E。

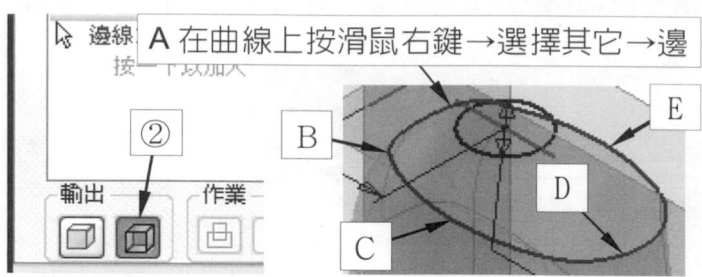

STEP 29

①單擊「按一下以加入」。

②單擊 圓形曲線。

③單擊 條件標籤。

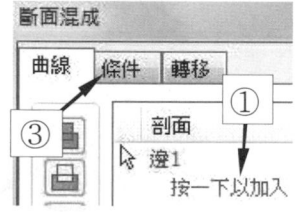
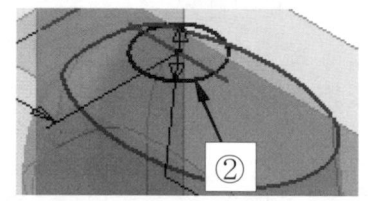

STEP 30

①單擊 箭頭 ，將指令改為
　「相切條件 」。

②權值設定為 1。

③單擊 確定 。

④按 F6 鍵。

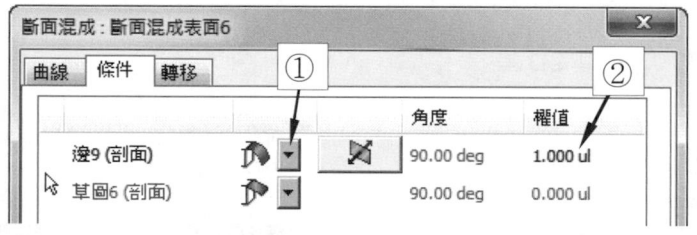

STEP 31

①於瀏覽器中單擊「斷面混成表面
　6」前的加號。

②單擊 滑鼠右鍵。

③單擊 可見性。

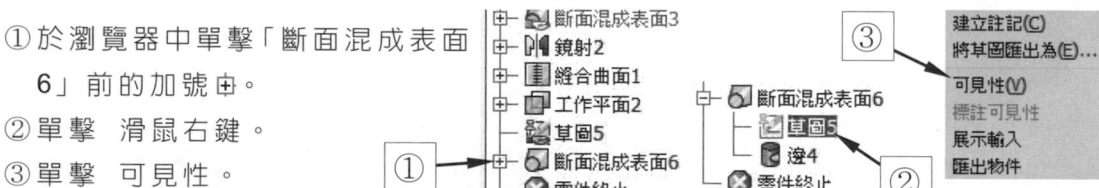

STEP 32

①單擊　擠出 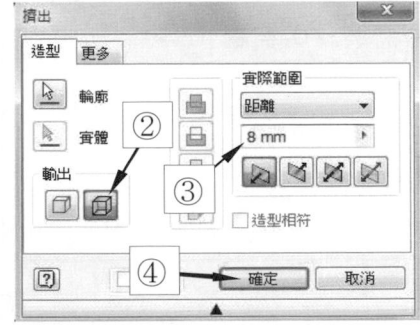。
②單擊　曲面。
③輸入數值「8」。
④單擊　確定　。

STEP 33

①關閉所有工作平面之可見性。
②關閉所有草圖之可見性，如圖所示。

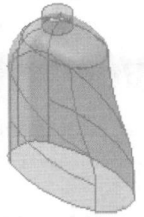

STEP 34

①單擊　修補 。
②單擊　圓柱曲面頂端曲線。
③單擊　套用(A)　。
④單擊　底部迴圈曲線
　（需選到整個迴圈）。
⑤單擊　確定　。

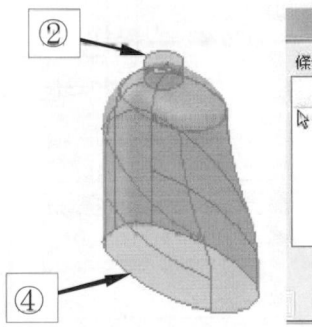
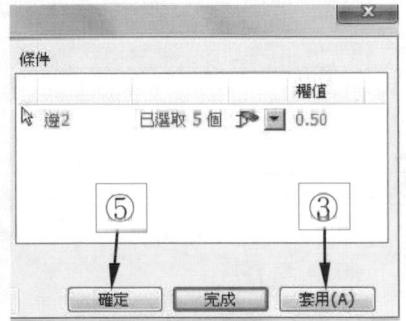

STEP 35

①單擊　縫合 。
②於繪圖區單擊滑鼠右鍵。
③單擊　全選。
④單擊　套用(A)　。
⑤單擊　完成　。

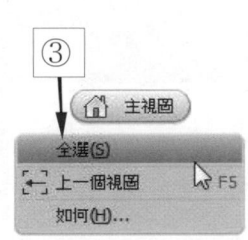
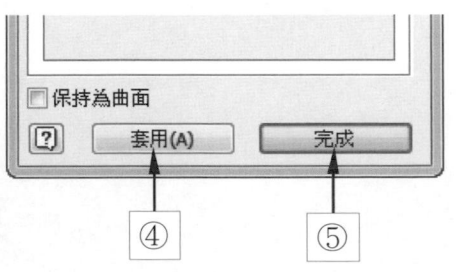

STEP ㊱

①單擊 開始繪製 2D 草圖 。
②單擊 XZ 工作平面。
③單擊 投影幾何圖形 。
④單擊 YZ 平面。
⑤單擊 XY 平面。
⑥單擊 Esc 鍵。

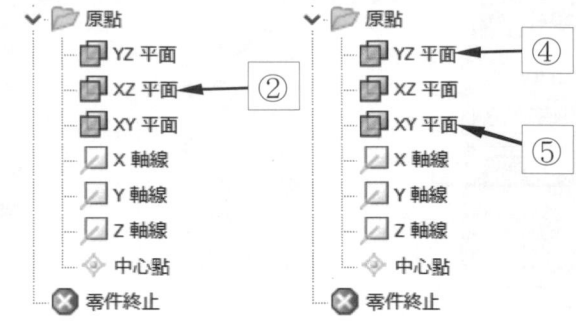

STEP ㊲

①單擊 線架構顯示 。
②繪製如圖所示之圖形。
③單擊 ✔ 完成草圖。

曲線中之 **R8** 轉折處，建議在尚
未倒圓角前，於轉所頂點處先
加入中心點 ，尺度標註時即
可點取此中心點來建立尺度。

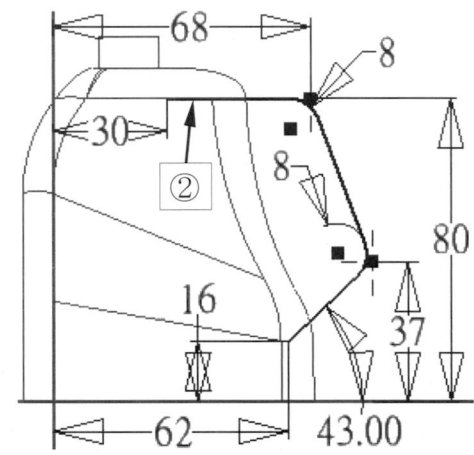

STEP ㊳

①單擊 工作平面 。
②單擊 曲線線段。
③單擊 曲線端點。

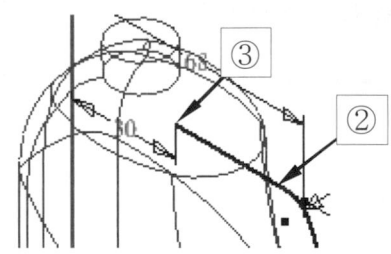

STEP 39

①單擊　開始繪製 2D 草圖 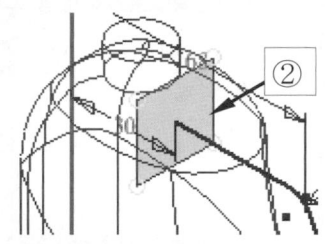。
②單擊　工作平面 3。
③按　F6 鍵。

STEP 40

①單擊　投影幾何圖形 ⬛。
②於端點上　單擊滑鼠右鍵。
③單擊　「選擇其它」。
④單擊　點。
⑤按　F5 鍵(回上一畫面)，再按 Esc 鍵。

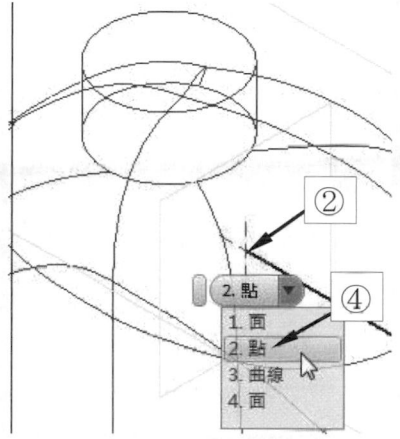

STEP 41

①單擊　橢圓 ⬤。
②繪製如圖所示之橢圓。
③按 F6 鍵。

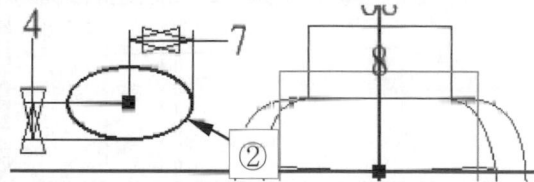

STEP 42

①單擊　重合 ⊥。
②單擊　橢圓中心點。
③單擊　曲線端點。
④單擊　✔完成草圖。
⑤按 F6 鍵。

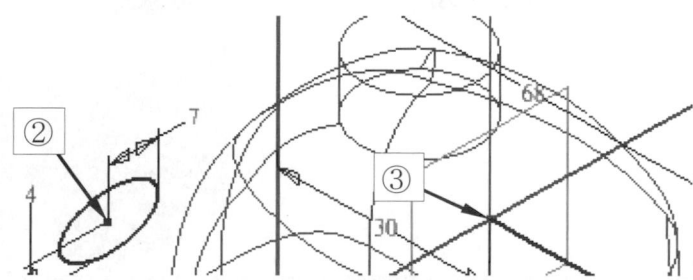

STEP 43

① 單擊 掃掠 ⬦。
② 單擊 路徑曲線。
③ 單擊 確定 。

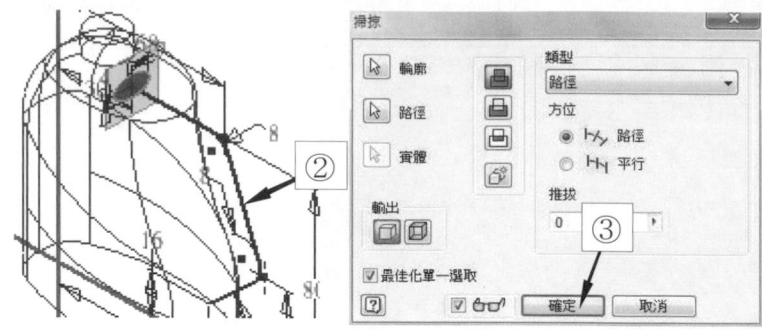

STEP 44

① 單擊 圓角 ◻。
② 單擊 邊線。
③ 單擊 邊線。
④ 單擊 設定半徑值為 1。
⑤ 單擊 「按一下以加入」。

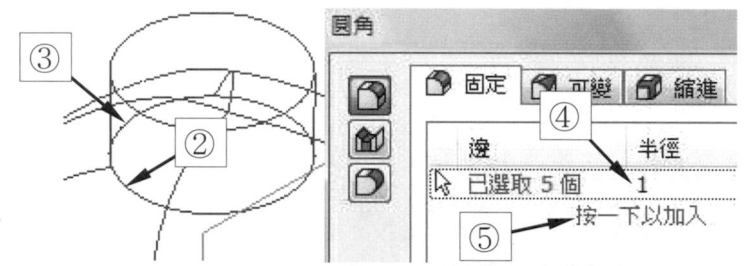

STEP 45

① 單擊 把手上段曲線。
② 單擊 把手下段曲線。
③ 單擊 設定半徑值為 4。
④ 單擊 確定 。

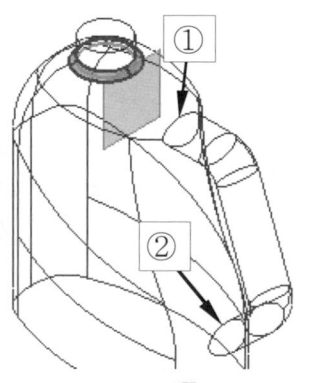

完成洗衣精塑膠瓶之外形建構。

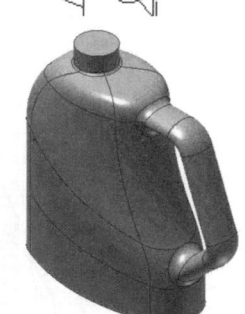

精選練習範例

1.

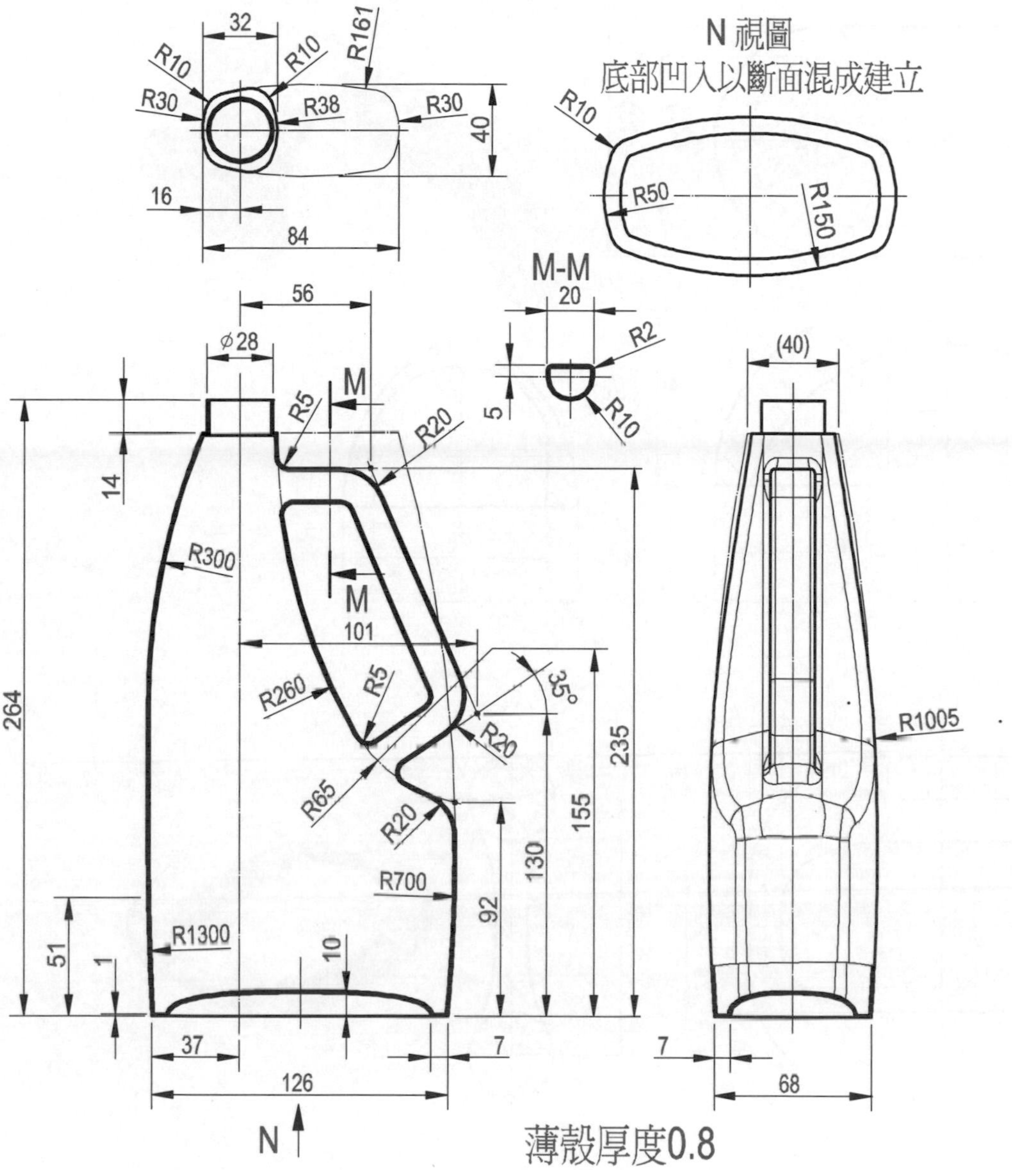

32　R161　R10

R10

R30　R38　R30

40

16

84

N 視圖
底部凹入以斷面混成建立

R10

R50　R150

56

M-M

ϕ28

20

R2

M

R5

R20

R10

5

14

264

R300

M

101

R260　R5

35°

R65

R20

R20

235

155

R700

130

92

R1300

51

1

10

37

7

7

126

68

(40)

R1005

N

薄殼厚度0.8

作業

1.

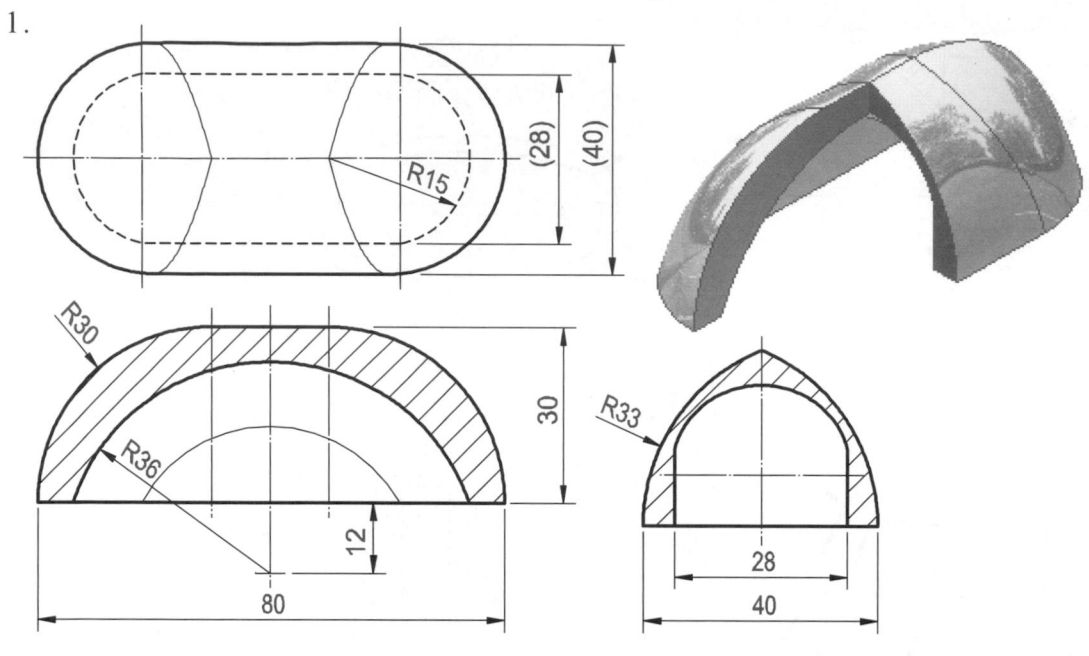

2.

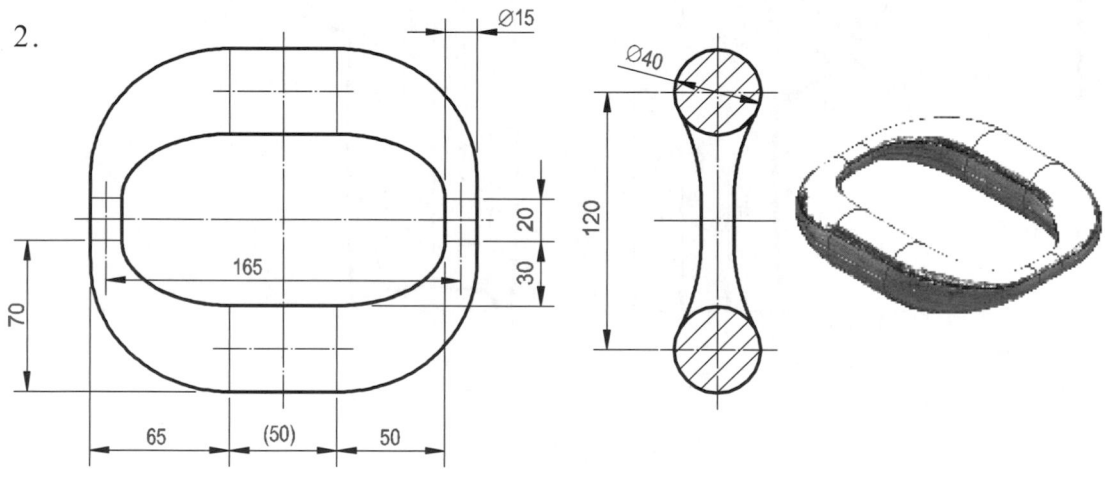

3.

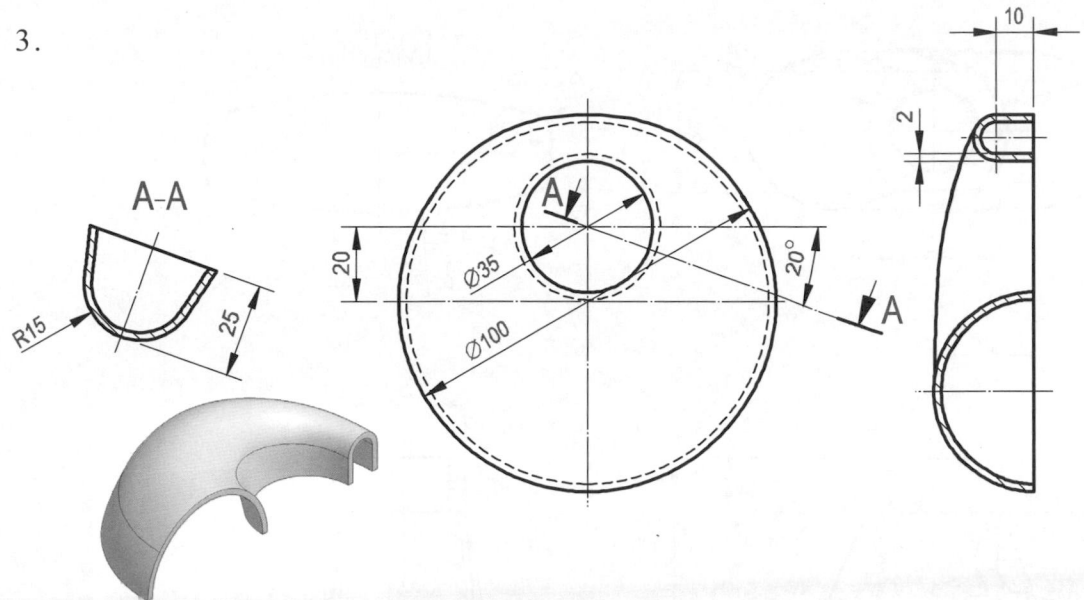

A-A

R15

25

Ø35

Ø100

20

20°

A

A

10

2

4.

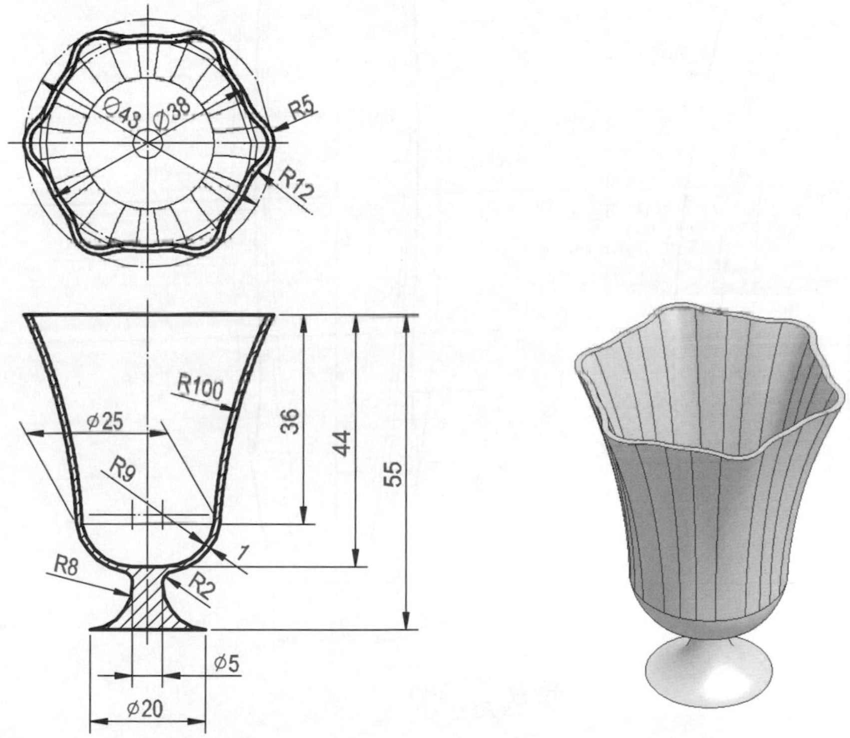

Ø43 Ø38

R5

R12

R100

Ø25

R9

36

44

55

R8

1

R2

Ø5

Ø20

5.

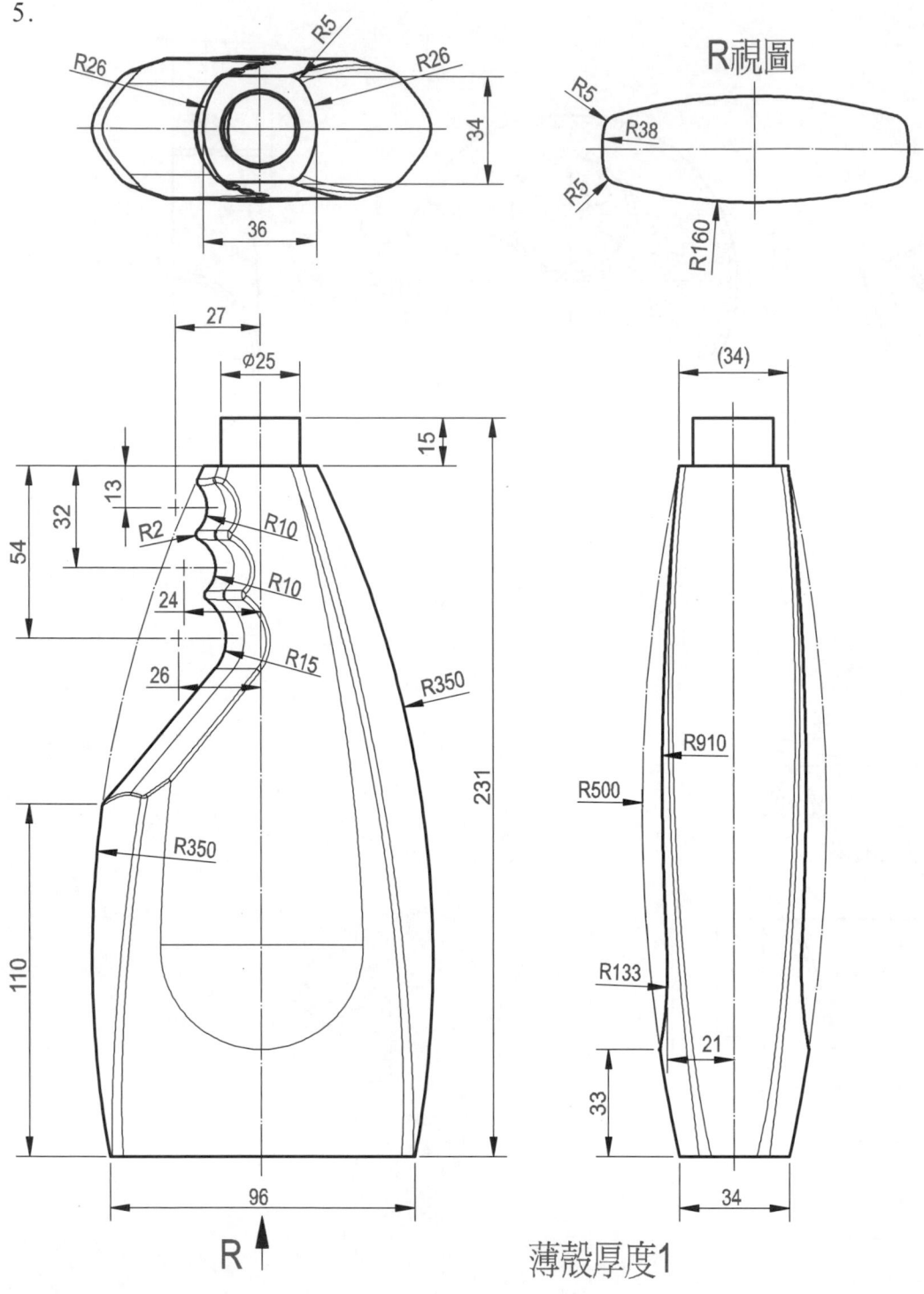

R視圖

R↑

薄殼厚度1

板金

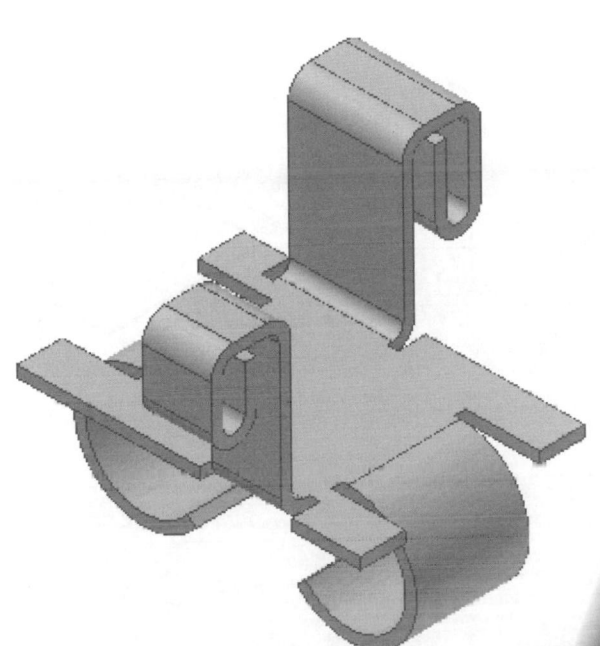

本章大綱

3-1　新建板金圖檔

前 言

所謂「板金」，即是指厚度均一的金屬薄板，在日常生活中常見的板金零件有通風配管、電腦主機殼、烤箱外殼等，使用 Inventor 進行板金零件設計時，建議先設定板金預設，再以「面」指令建立出主體特徵，接者再進行輪廓線凸緣、切割、折彎、沖孔等動作，以完成所需要的板金零件。

→ 開啓板金檔方式一

STEP ①

①單擊　零件，開啓零件檔。
②以 XZ 平面繪製矩形。

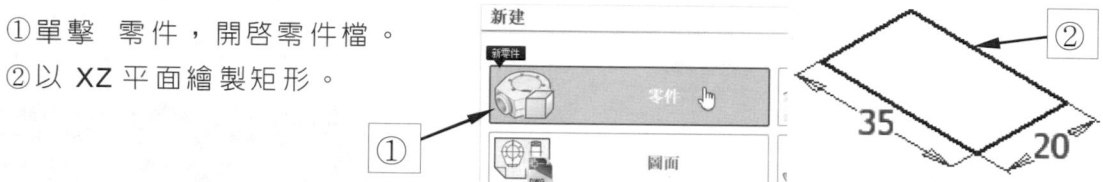

STEP ②

①單擊　轉換為板金 。
②單擊　**取消**。

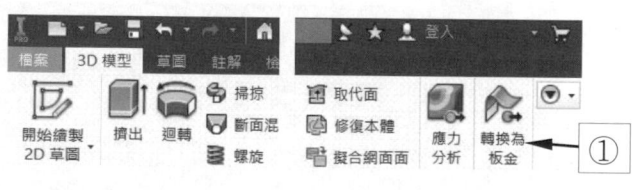

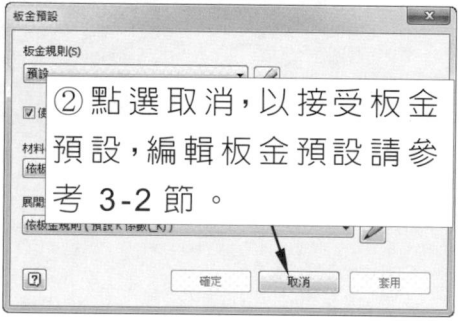

②點選取消，以接受板金預設，編輯板金預設請參考 3-2 節。

STEP ③

①以　面  指令完成板金特徵。

→ 開啟板金檔方式二

STEP ①

① 單擊　新建 📄 。

STEP ②

① 雙擊　新建 Sheet Metal.ipt 。

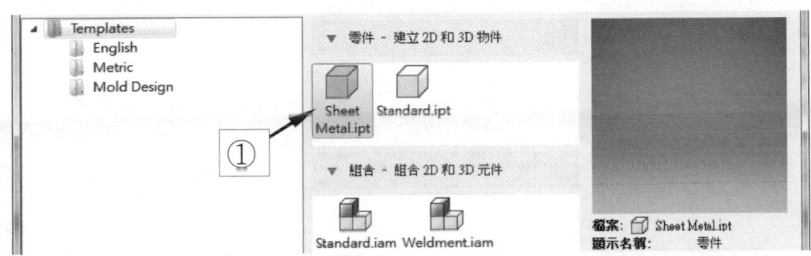

STEP ③

① 繪製草圖。

② 以　面 🔲 指令完成板
　　金特徵。

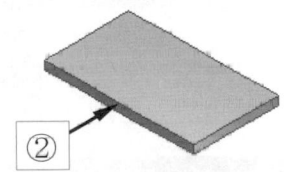

3-2 板金預設

前　言

建立板金零件時，可先以板金預設來設定所有板金零件的預設參數。而其中「展開」、「折彎離隙」和「轉角離隙」等選項也可以在建立或編輯板金特徵時修改。

指令位置

板金 → 📇 板金預設

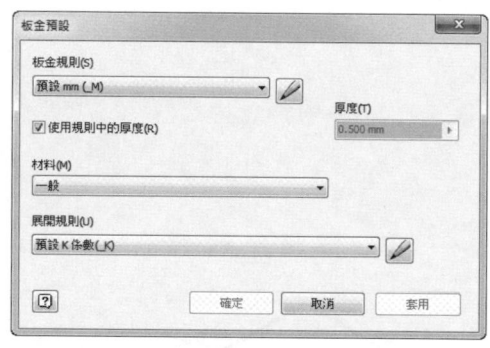

3-2-1 板金

前言：此標籤欄位內可設定板金零件的材料、厚度及展開規則等資料。

① 單擊　板金預設 📇 。

② 單擊　編輯板金規則 ✏ 。

③ 單擊　板金。

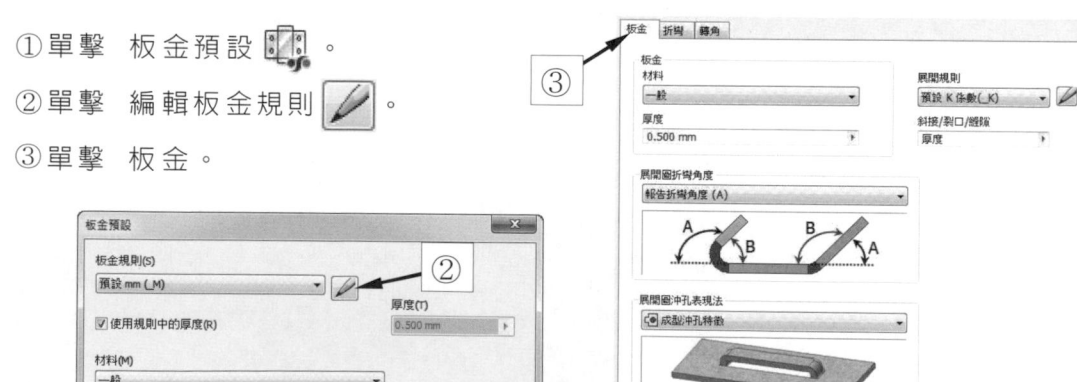

選項說明

◖► 材料

設定板金零件的材質，如設定爲不銹鋼、碳鋼、銅等材質。其材料設定方式有二，說明如下：

◖► 材料設定一

直接於板金選單內選取材料。

STEP 1

① 單擊 箭頭。
② 從材料清單中選取欲套用的材料選項。
③ 單擊 儲存 。
④ 單擊 完成 。

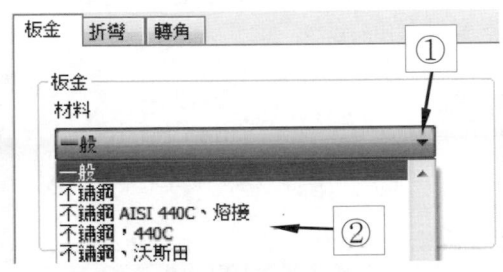

◖► 材料設定二

於性質選單內選取材料。

STEP 1

① 單擊 檔案。
② 單擊 「iProperty」指令。

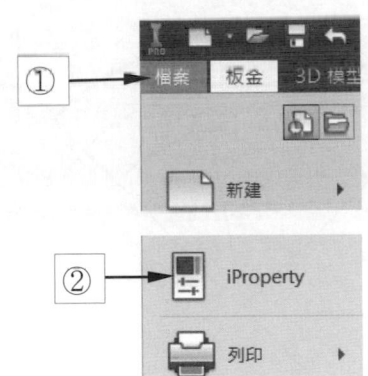

STEP ②

① 單擊 實體標籤。

② 單擊 箭頭，展開材料選單。

③ 拖曳捲軸尋找適合材料。

④ 選取材料。

⑤ 單擊 確定 。

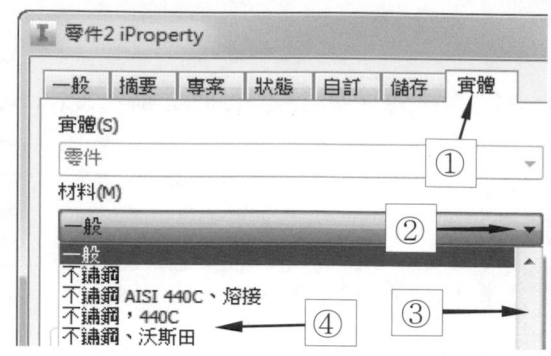

☞ 厚度

設定板金零件的厚度。

☞ 展開規則

可以設定為「折彎補償」及「預設 K 係數(_K)」。

☞ 展開方式

可設定為「f_x 線性」、「折彎表格」及「β/μ 自訂方程式」。

☞ 展開方式值

板金零件折彎處展開長度的計算如下列公式所示：

展開前　　　　　　　　　　　　　　　展開後

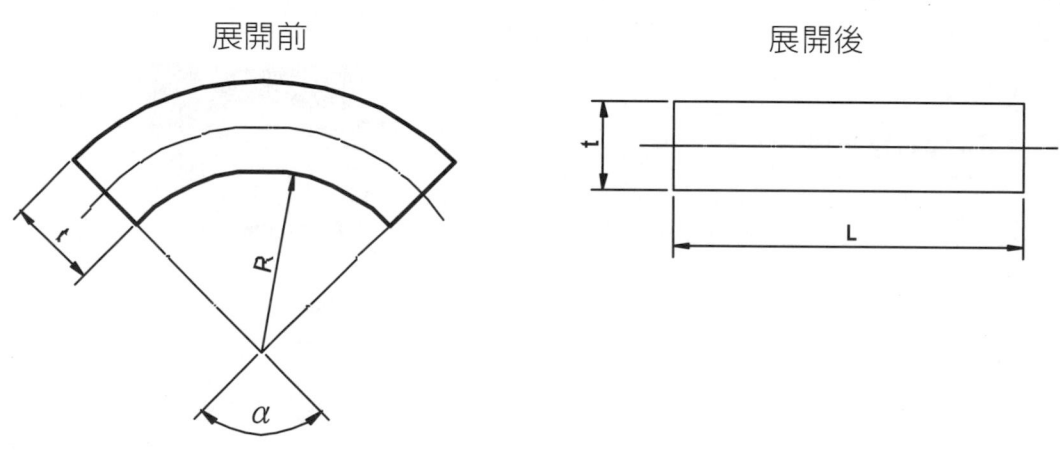

$$L = (R + K \times t) \times (2\pi \times \alpha / 360)$$

L：展開長度　　　　　　　　　　t：板金厚度

R：內部折彎半徑　　　　　　　　K：K 係數，系統內定為 0.440 單位。

α：折彎角度

展開圖沖孔表現法

板金件在摺疊模型顯示為展開圖時，有四種顯示板金沖孔 iFeature 特徵的表現法。

指 令	說 明
成型沖孔特徵	將板金沖孔 iFeature 顯示為實際 3D 特徵。
2D 草圖表現法	使用之前定義的特徵 2D 草圖顯示板金沖孔 iFeature。
2D 草圖表現法 和中心標記	使用之前定義的帶有中心標記的 2D 草圖顯示板金沖孔 iFeature。
僅中心標記	僅使用草圖中心標記顯示板金沖孔 iFeature。

3-2-2　折彎

前言：此標籤欄位內可設定板金零件的折彎和折彎離隙資料。

① 單擊　板金預設 。

② 單擊　編輯板金規則 。

③ 單擊　折彎 。

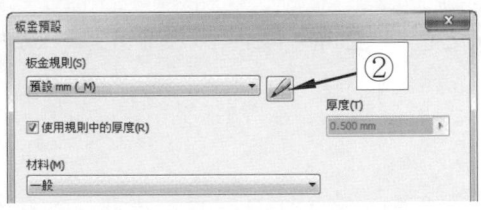

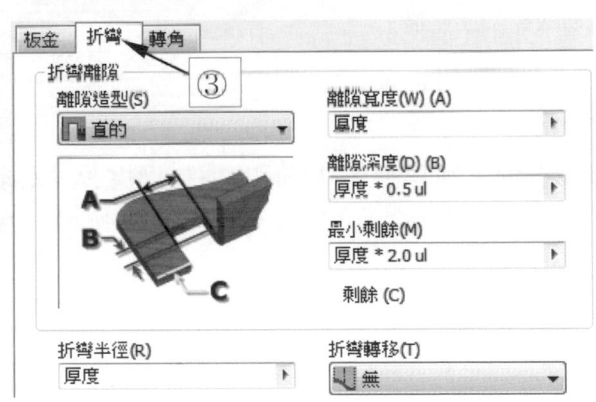

選項說明

☞ 離隙造型

離隙形狀有水滴、圓邊、直的三種，如下圖所示。

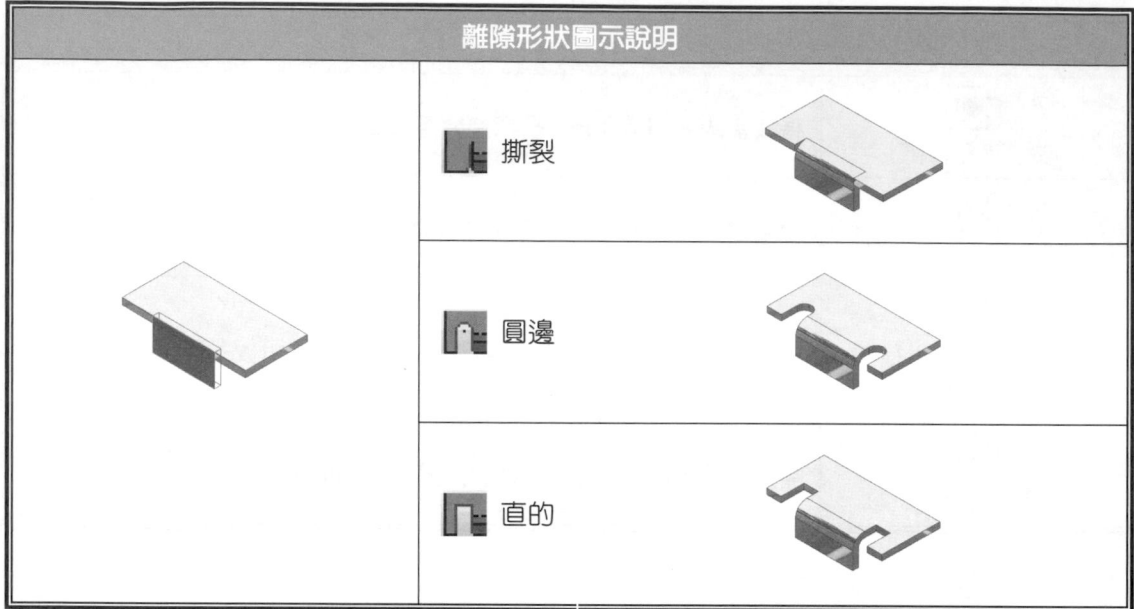

離隙形狀圖示說明	
	撕裂
	圓邊
	直的

☞ 離隙寬度

設定離隙寬度值，預設值為板材的厚度。設定離隙寬度值對直的與圓邊兩種離隙形狀有作用，對撕裂形的離隙形狀沒有作用。

☞ 離隙深度

設定離隙深度值，預設值為 0.5 倍的板材厚度。設定離隙深度值對直的與圓邊兩種離隙形狀有作用，對撕裂形的離隙形狀沒有作用。當離隙形狀設定為圓邊時，離隙深度值必須大於離隙寬度值的一半。

☞ 最小剩餘

設定折彎離隙與板金零件側邊之間的材料量。設定最小剩餘值對直的與圓邊兩種離隙形狀有作用，對撕裂形的離隙形狀沒有作用。預設值為 2 倍的板材厚度。若輸入的最小剩餘值大於材料折彎後離隙與材料側邊之間留下的材料時，折彎離隙會住兩側擴展，將兩側邊的材料全部切除。

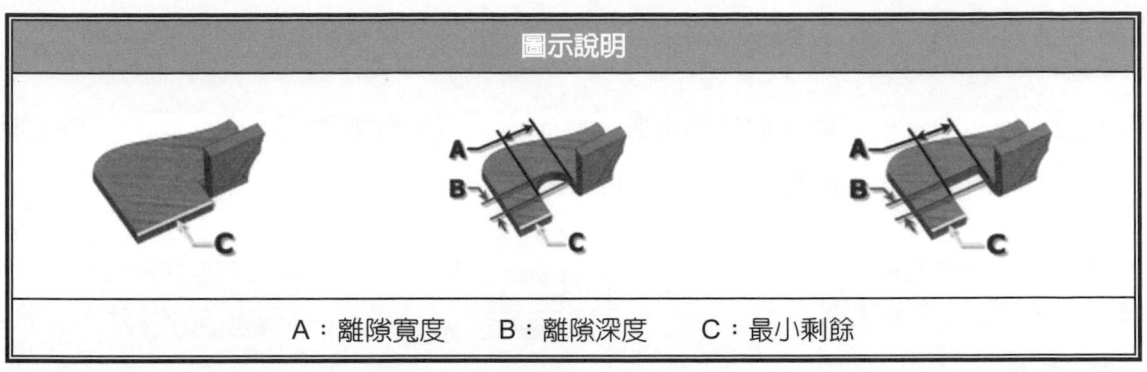

A：離隙寬度　　B：離隙深度　　C：最小剩餘

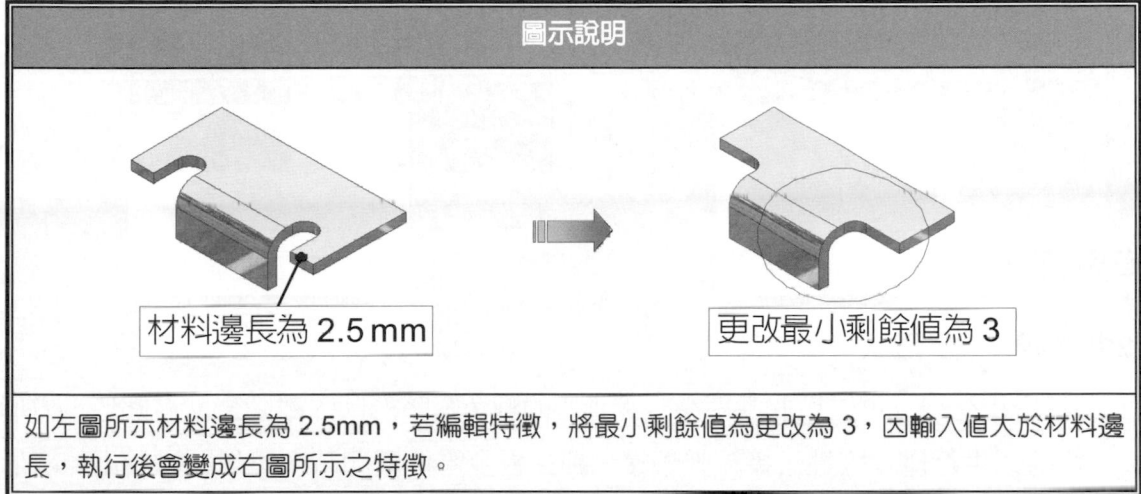

材料邊長為 2.5mm　　更改最小剩餘值為 3

如左圖所示材料邊長為 2.5mm，若編輯特徵，將最小剩餘值為更改為 3，因輸入值大於材料邊長，執行後會變成右圖所示之特徵。

▶ 折彎半徑

設定折彎半徑的值，預設為板材的厚度。

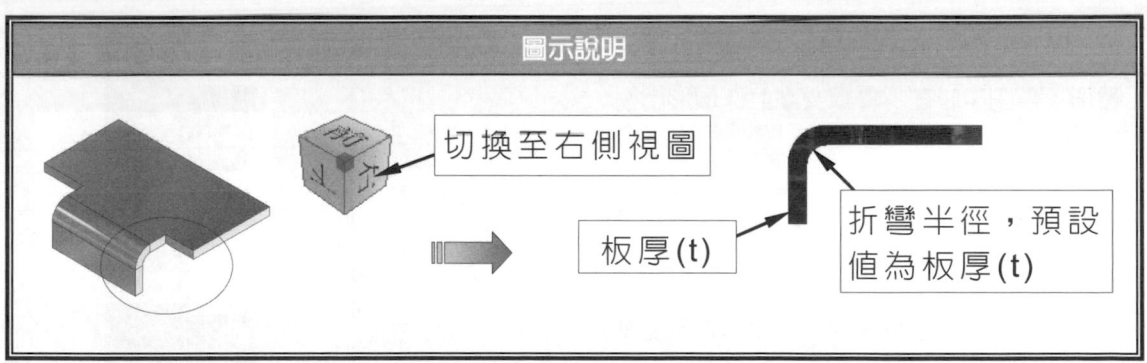

切換至右側視圖

板厚(t)

折彎半徑，預設值為板厚(t)

3-2-3　轉角

前言：設定轉角離隙的參數，此轉角參數之設定會影響板金零件三個面交點的離隙處理，
　　　在此的修改並不會影響已經建立的轉角接縫特徵。

① 單擊　板金預設。
② 單擊　編輯板金規則。
③ 單擊　轉角。

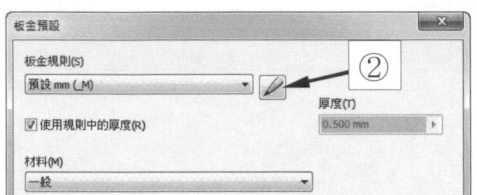

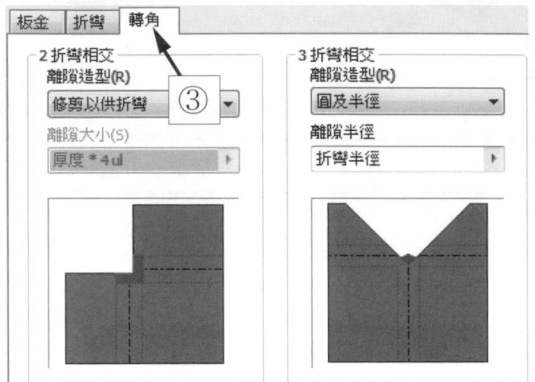

選項說明

▷ 2 折彎相交離隙形狀

當 2 個折彎相交時，可使用此選項來定義預設的轉角離隙形狀。離隙形狀有圓形、方形、
水滴、修剪以供折彎、線性熔接、弧熔接六種。板金零件展開時，可以明顯看出離隙形狀
的不同。

2 折彎相交離隙形狀	展開結果
圓形：經由中心在折彎線交點上作環形切割。	
方形：經由中心在折彎線交點上作方形切割。	

2 折彎相交離隙形狀	展開結果
撕裂：經由將凸緣邊延伸至其交點。	
修剪以供折彎：透過折彎區直線界定的多邊切割定義的離隙形狀。	
線性熔接：經由 V 形切割定義的離隙形狀。V 形切割是由內部折彎區間直線的交點到外部折彎區間直線與凸緣邊的交點定義。V 形切割形狀是由最小離隙來表現，並且允許使用後續熔接作業來封閉轉角。	
弧熔接：沿折彎區間的外側邊相切於凸緣邊的曲線而在平面中定義的轉角離隙造型。	

▶ 離隙大小

設定轉角接縫離隙的大小值，預設值為 4 倍的板材厚度。

▶ 3 折彎相交離隙形狀

當 3 個折彎相交時，可使用此選項來定義預設的轉角離隙形狀。離隙形狀有無取代、相交、全圓、圓及半徑四種。板金零件展開時，可以明顯看出離隙形狀的不同。

▶ 注意事項

摺疊模型不顯示所選的離隙選項。

3 折彎相交離隙形狀	展開結果
無取代：此選項將不會在展開圖中取代「依塑型」幾何圖形。	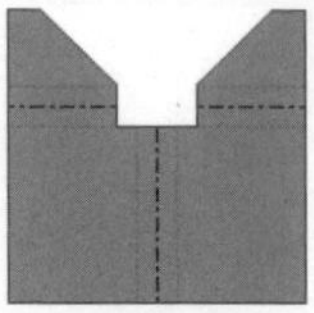
相交：經由延伸凸緣邊並使其相交。	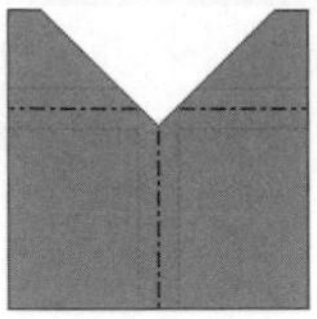
全圓：經由將凸緣邊延伸至其交點，然後置入與折彎區間相切線相切的圓角。半徑將很可能大於使用「圓及半徑」選項產生的半徑。	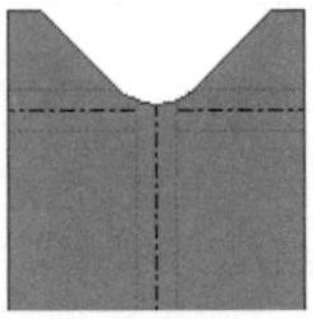
圓及半徑：經由將凸緣邊延伸至其交點，然後置入指定大小的相切圓角。半徑將很可能小於使用「全圓」選項產生的半徑。	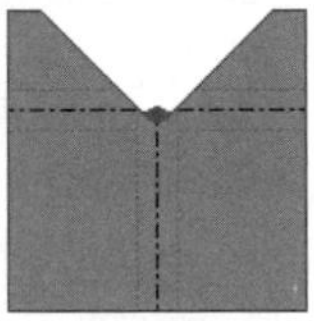

▶ 離隙半徑

用於定義轉角離隙半徑之預設大小。

3-3　板金特徵

前　言

在此章節中將說明面、輪廓線凸緣、切割、凸緣、折邊、摺疊、轉角接縫、孔、轉角外圓角、轉角倒角、折彎、沖孔、斷面混成彎板、展開及重新摺疊等板金工具的使用。

3-3-1　面

前言：繪製完成草圖輪廓後，可利用此工具，建立板金面特徵。

指令位置

板金 → 　面

選項說明

▶ 形狀

選取一個或多個封閉草圖輪廓，依據設定的板金厚度擠出為實體板金特徵。欲建立的新板
金面，草圖與既有的邊重疊時，系統會自動建立折彎，無重疊時必須指定要折彎的邊線。

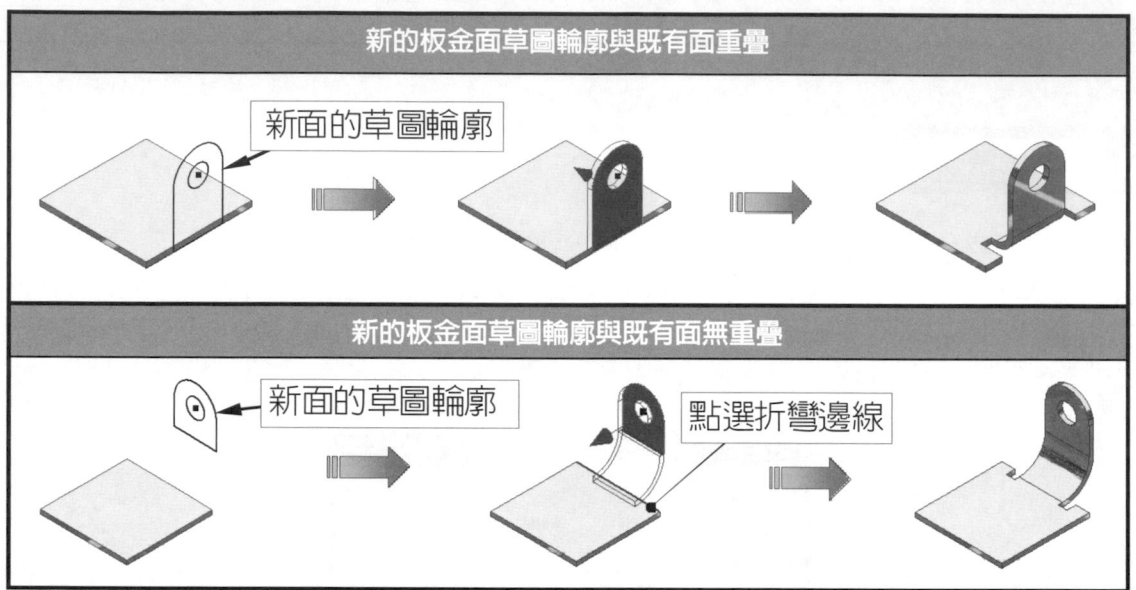

▶ 雙向折彎

若欲建立的新面草圖輪廓與既有面平行不共面時，雙向折彎的選項才會開啟。雙向折彎有
固定邊、45 度、完整半徑、90 度四種選項可以勾選。🔁 翻轉固定邊，可以切換折彎的固
定面，既有面為預定的固定邊，如欲使新面成為固定邊，即可點按此按鈕。

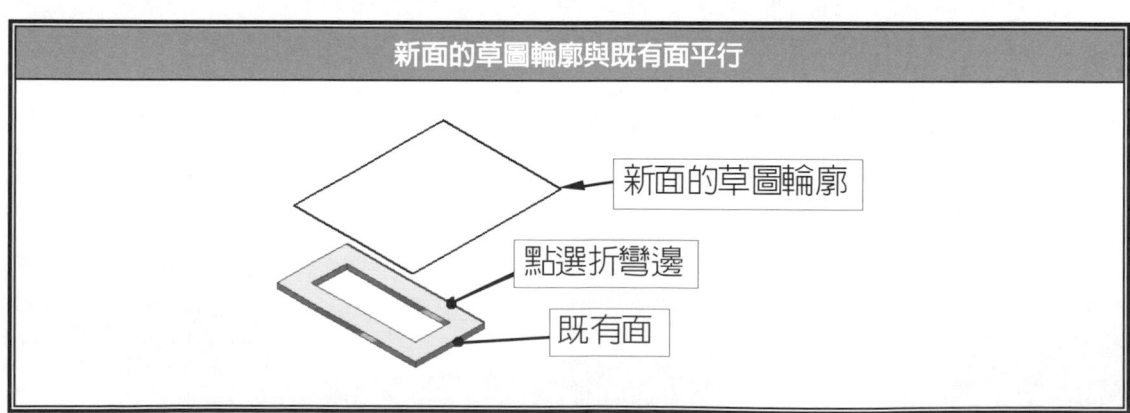

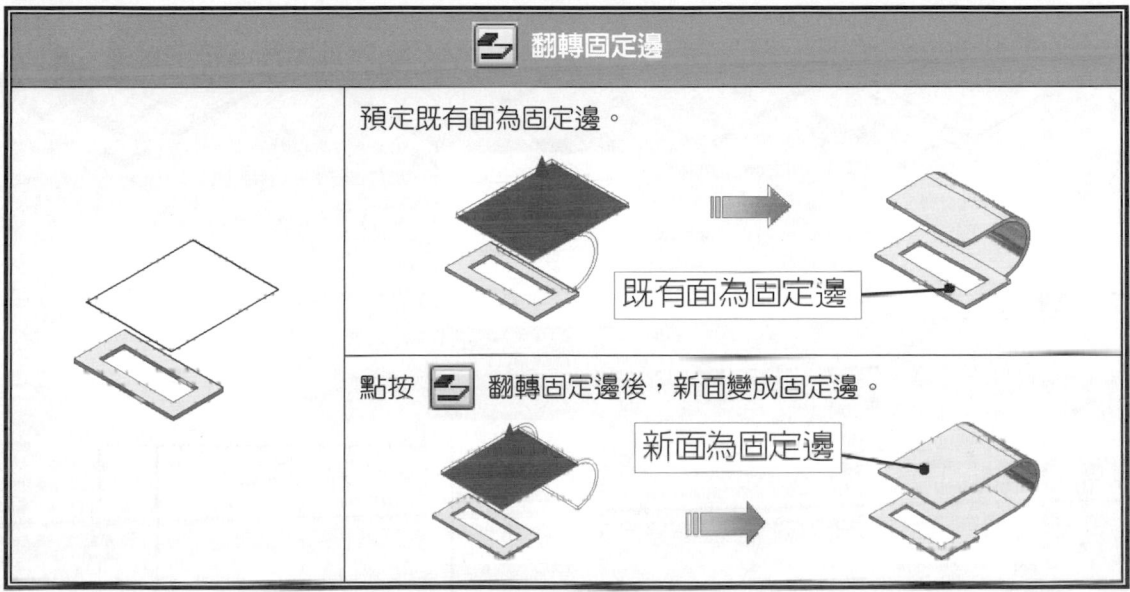

➔ 展開選項

此處的展開選項設定與板金預設的內容相同，不同的是可以針對面作不同的參數設定。

➔ 折彎

此處的折彎設定與板金預設的內容相同，不同的是可以針對面作不同的參數設定。

→ 應用實例一

板材厚度：1mm
折彎半徑：5mm
離隙形狀：圓邊
離隙寬度：2mm
離隙深度：5mm

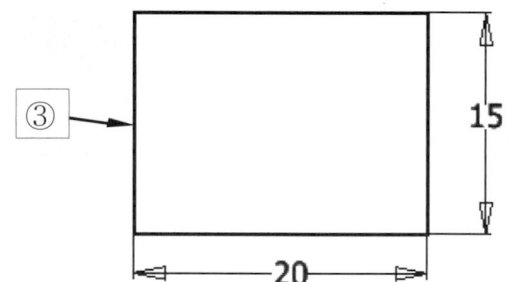

操作步驟

STEP ①

① 單擊 新建 🗋 。

② 雙擊 📦 Sheet Metal.ipt 。

③ 繪製草圖輪廓。

④ 單擊 ✔ 完成草圖。

STEP ②

① 單 擊　板 金 預 設 　。

② 單 擊　編 輯 板 金 規 則 　。

③ 修 改 板 金 厚 度 為 1mm。

④ 切 換 至 折 彎 頁 面。

⑤ 修 改 離 隙 形 狀 為 圓 邊。

⑥ 修 改 離 隙 寬 度 為 2mm。

⑦ 修 改 離 隙 深 度 為 5mm。

⑧ 修 改 折 彎 半 徑 為 5mm。

⑨ 單 擊　| 完成(O) |　。

⑩ 單 擊　| 是(Y) |　。

⑪ 單 擊　| 取消 |　。

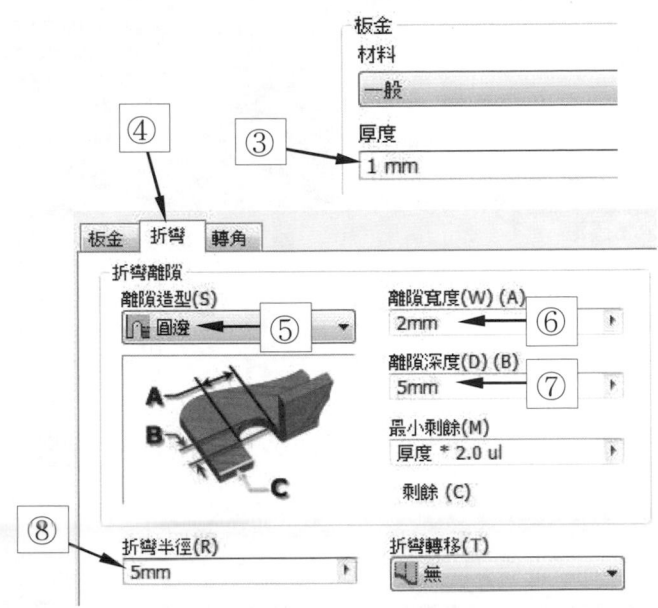

STEP ③

① 單 擊　面 　。

② 單 擊　| 確定 |　。

③ 單 擊　開 始 繪 製 2D 草 圖 　。

④ 單 擊　板 金 右 視 圖。

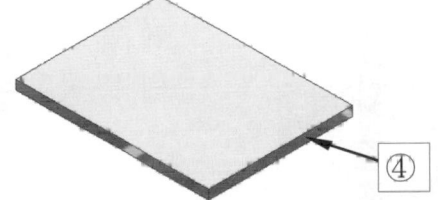

STEP ④

① 繪 製 草 圖 輪 廓。

② 單 擊　✔完 成 草 圖。

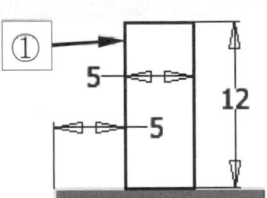

STEP ⑤

① 單擊　面 □。

② 單擊　草圖。

③ 單擊　邊。

④ 點選板金零件邊線。

⑤ 單擊　　確定　　。

⑥ 完成如圖所示。

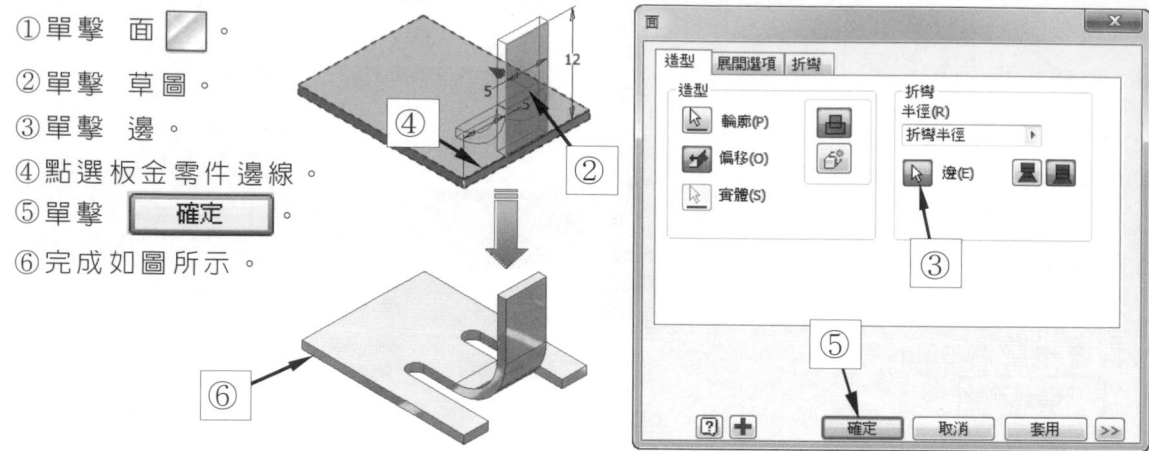

精選練習範例

請以「面」指令建立下列各題板金實體特徵建構。

1

板材厚度：2mm　　折彎半徑：10mm
離隙形狀：直的　　離隙寬度：2mm
離隙深度：5mm

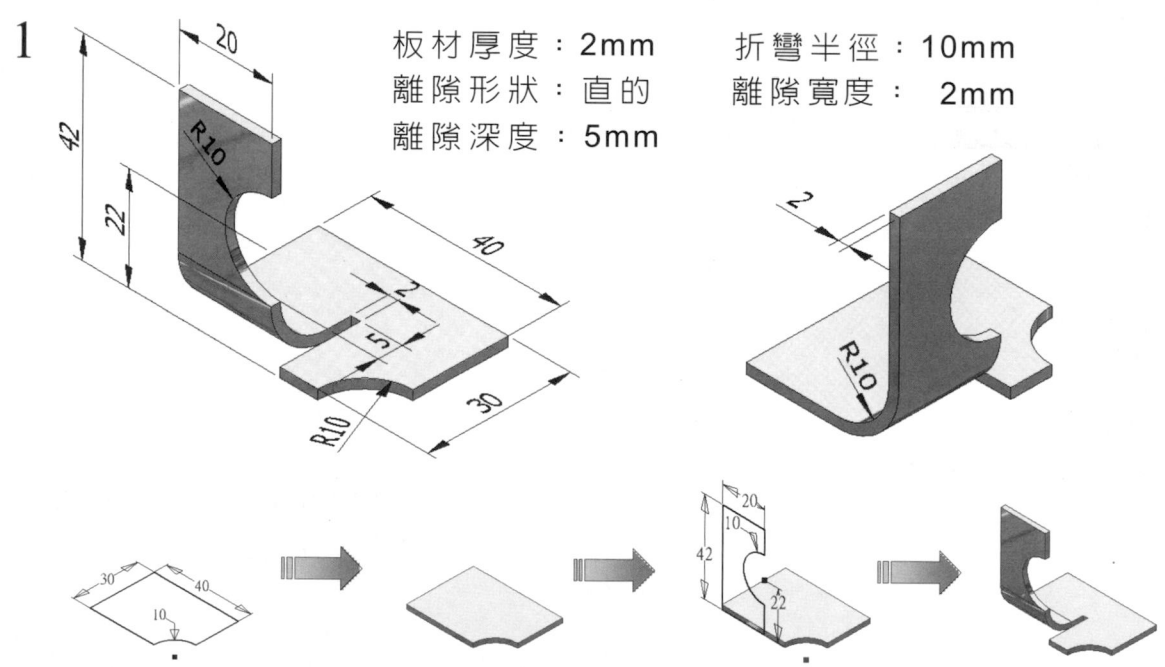

2　板材厚度：1.5mm
　　離隙形狀：水滴
　　折彎半徑：7mm

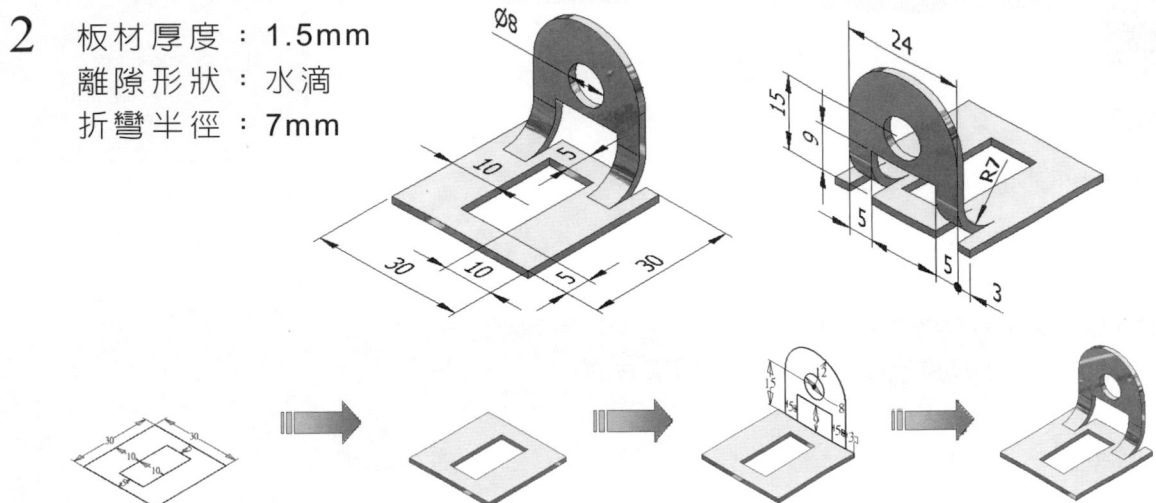

3-3-2　輪廓線凸緣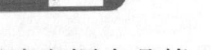

前言：從開放的草圖輪廓建立板金凸緣。

指令位置

板金 → 輪廓線凸緣

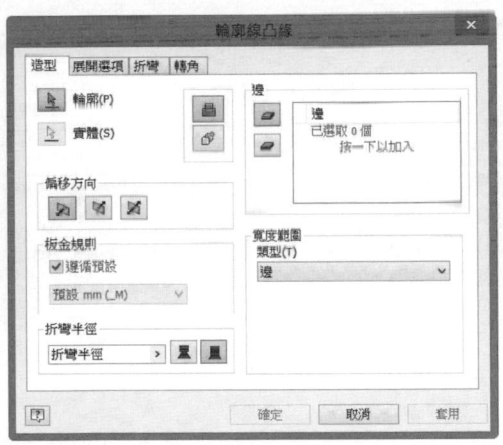

選項說明

⮞ 輪廓

輪廓線凸緣的開放草圖輪廓。

⮞ 邊

指定現有板金特徵的邊。

 ：翻轉輪廓線凸緣特徵的偏移方向。

⮞ 折彎半徑

根據板金預設設定的半徑值，指定折彎的半徑。若必要時，亦可於半徑對話框中直接輸入欲指定之半徑值。

⮞ 寬度範圍：

有邊、寬度、偏移、從-至、距離五種類型可以選擇。預選的寬度範圍類型為邊。

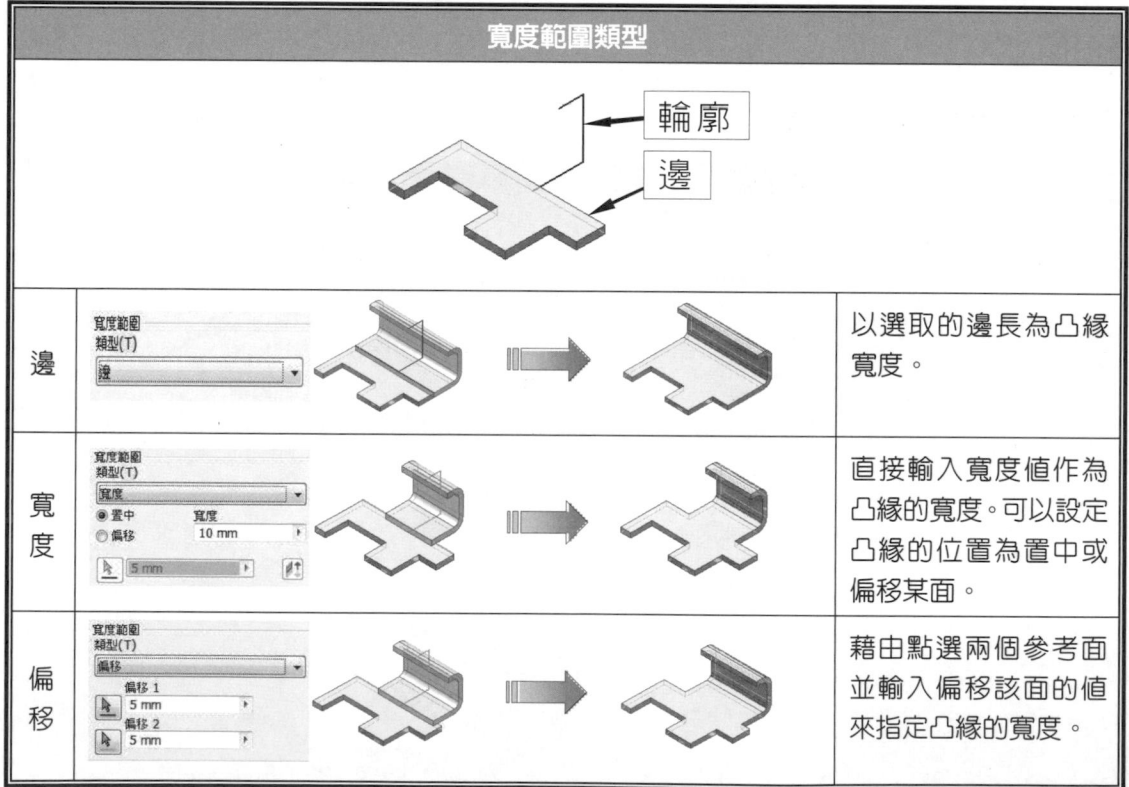

寬度範圍類型			
從至	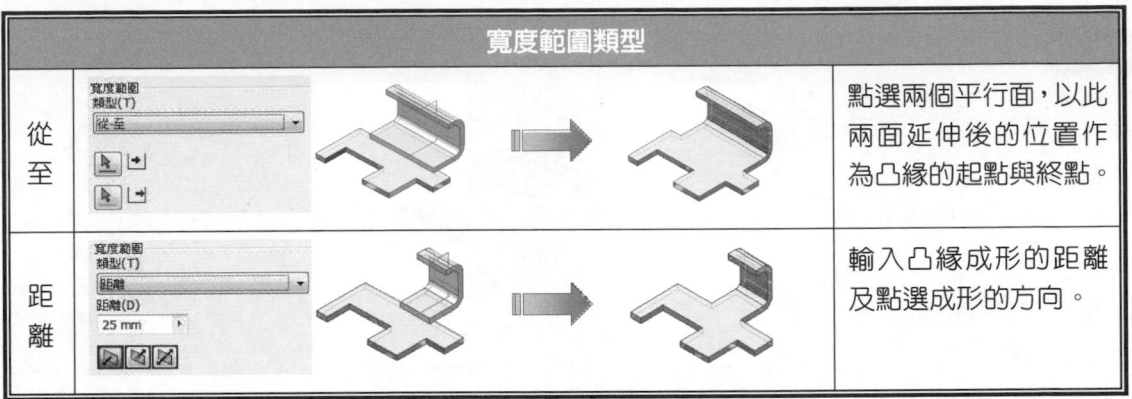		點選兩個平行面,以此兩面延伸後的位置作為凸緣的起點與終點。
距離			輸入凸緣成形的距離及點選成形的方向。

→ 應用實例一

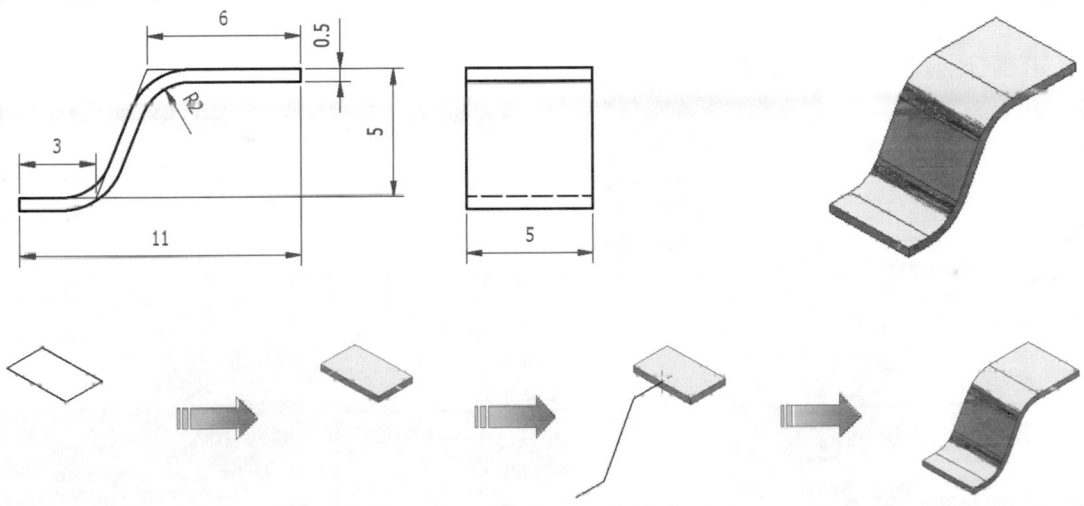

操作步驟

STEP ①

① 單擊 新建 □ 。

② 雙擊  Sheet Metal.ipt 。

③ 按 F6 鍵。

④ 開啟工作平面的可見性。

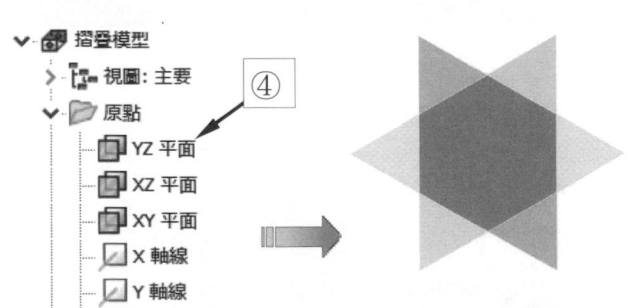

✓ 🔲 摺疊模型
 ＞ 🔲 視圖: 主要
 ✓ 🗁 原點
   🔲 YZ 平面
   🔲 XZ 平面
   🔲 XY 平面
   🔲 X 軸線
   🔲 Y 軸線

④

STEP ②

①單擊 開始繪製 2D 草圖 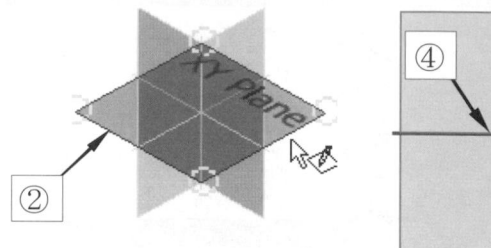 。

②單擊 XY 平面。

③單擊 投影幾何圖形 。

④單擊 XZ 平面。

⑤單擊 YZ 平面。

⑥按 Esc 鍵。

STEP ③

①繪製如圖所示之矩形，並使矩形對稱於直線 A。

②單擊 ✔ 完成草圖。

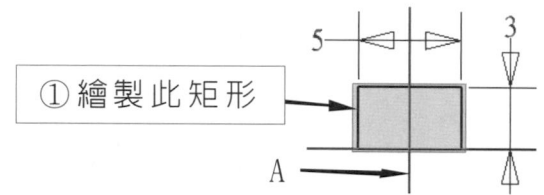

① 繪製此矩形

STEP ④

①單擊 板金預設 。

②單擊 編輯板金規則 。

③修改板金厚度為 0.5mm。

④單擊 折彎標籤。

⑤修改折彎半徑為 2mm。

⑥單擊 完成(O) 。

⑦單擊 是(Y) → 取消。

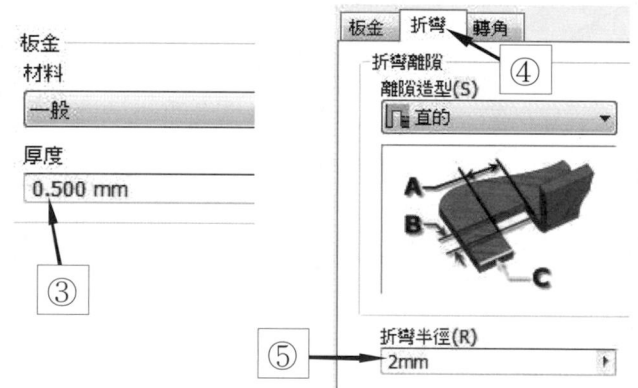

STEP ⑤

①單擊 面 。

②單擊 確定 。

STEP ⑥

①單擊　開始繪製 2D 草圖 ⬚。

②單擊　YZ 平面。

③單擊　投影幾何圖形 ⬚。

④單擊　實體邊線。

⑤單擊　實體邊線。

⑥按 Esc 鍵。

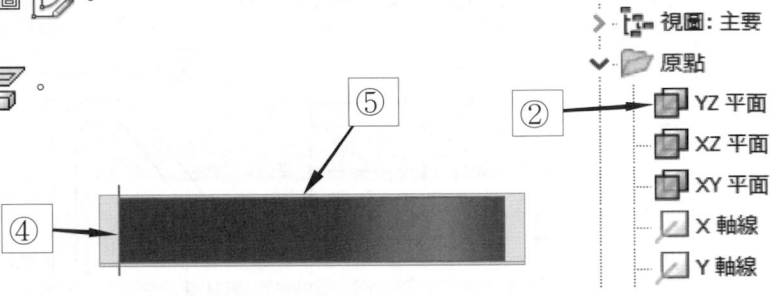

```
∨ 🔷 摺疊模型
  > 🔲 視圖: 主要
  ∨ 📁 原點
      🔲 YZ 平面          ←②
      🔲 XZ 平面
      🔲 XY 平面
      🔲 X 軸線
      🔲 Y 軸線
```

STEP ⑦

①繪製如圖所示之草圖輪廓。

②單擊　✔️完成草圖。

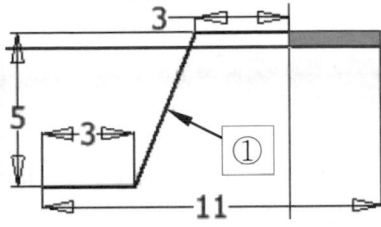

STEP ⑧

①單擊　輪廓線凸緣 ⬚。

②單擊　輪廓草圖。

③單擊　邊線。

④單擊　翻面 ⬚。

⑤單擊　｜確定｜。

⑥完成如圖所示之特徵。

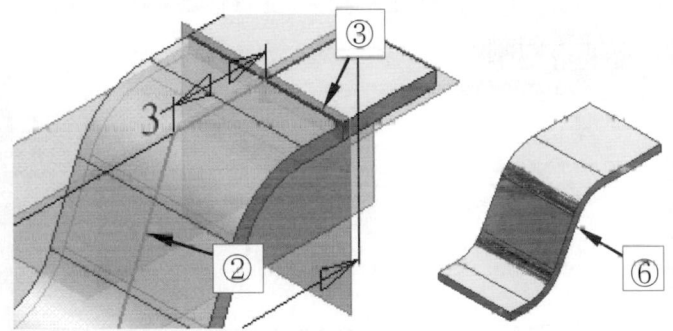

精選練習範例

請完成下列各題輪廓線凸緣之板金實體特徵。

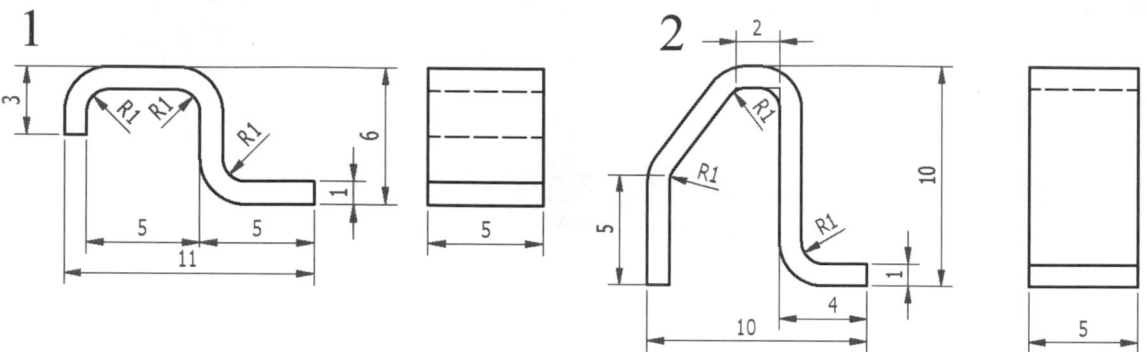

3-3-3 切割 ▣

前言：從板金特徵中移除材料。類似擠出特徵的切割，由繪製完成的草繪輪廓擠出，切割特徵。

指令位置

板金 → ▣ 切割

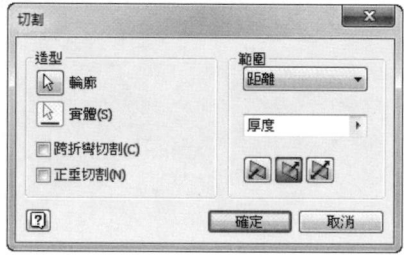

選項說明

I☞ 輪廓

選取要進行切割的輪廓草圖。執行切割時其草圖必須為封閉的輪廓，當輪廓為單一封閉區域時，執行切割指令後系統會自動選取該輪廓。當輪廓為多重封閉區域時，若欲多重選取，則須先按住 Ctrl 鍵再以游標點取其它封閉區域。

單一輪廓(系統自動選取)	多個輪廓(按 Ctrl 加選)

▶ 跨折彎切割

橫跨板金折彎來移除材料。執行切割時是以材料展開後再以草圖輪廓進行切割，因此移除的材料與草圖輪廓相同。實際操作請參閱應用實例二。

→ 應用實例一

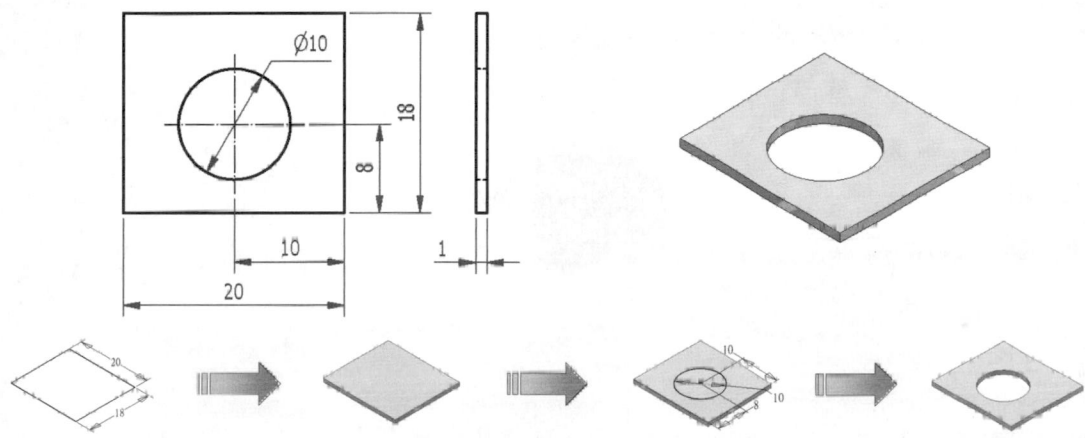

操作步驟

STEP ①

① 單擊　新建　⬚。

② 雙擊　
　　　　Sheet Metal.ipt

③ 繪製如圖所示之草圖輪廓。

④ 單擊　✔ 完成草圖。

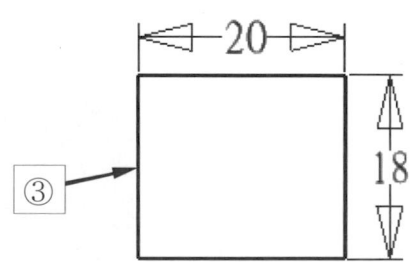

STEP ②

① 單擊 板金預設  。

② 單擊 編輯板金規則 ✎ 。

③ 修改板金厚度為 1mm 。

④ 單擊 ▢ 完成(O) 。

⑤ 單擊 ▢ 是(Y) 。

STEP ③

① 單擊 面 ▢ 。

② 單擊 ▢ 確定 。

STEP ④

① 單擊 開始繪製 2D 草圖 ▢ 。

② 單擊 板金件頂面 。

③ 單擊 繪製圓形輪廓 。

④ 單擊 ✔完成草圖 。

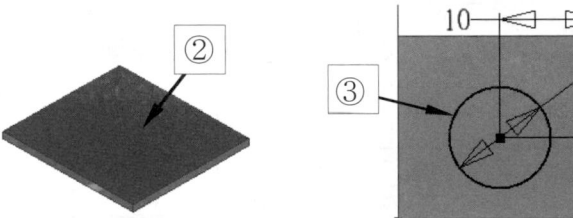

STEP ⑤

① 單擊 切割 ▢ 。

② 單擊 欲進行切割之區域 。

③ 單擊 ▢ 確定 。

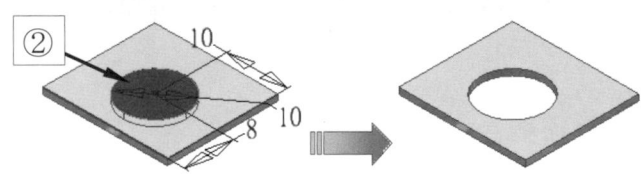

✏️ 精選練習範例

請完成下列各題切割之板金實體特徵。

1
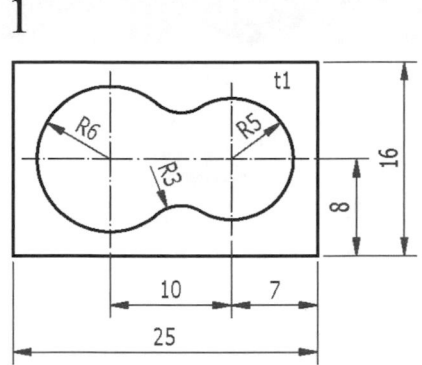

2
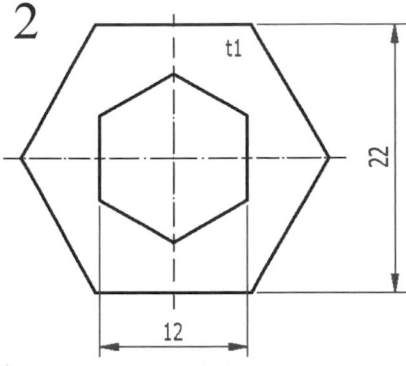

→ 應用實例二

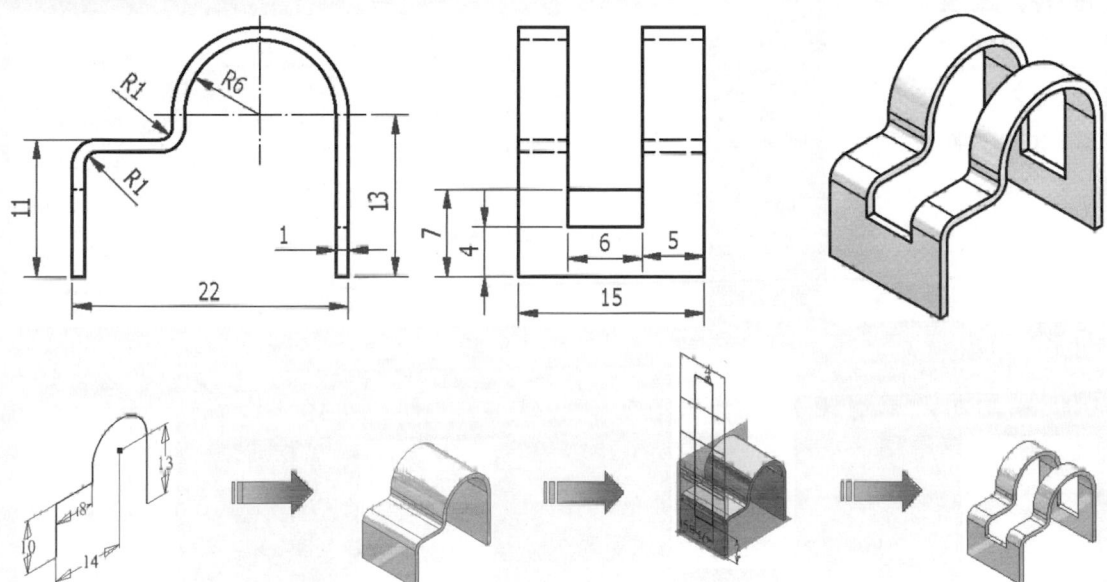

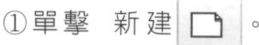

STEP ①

① 單擊 新建 。

② 雙擊 Sheet Metal.ipt 。

③ 按 F6 鍵。

④ 開啓工作平面的可見性。

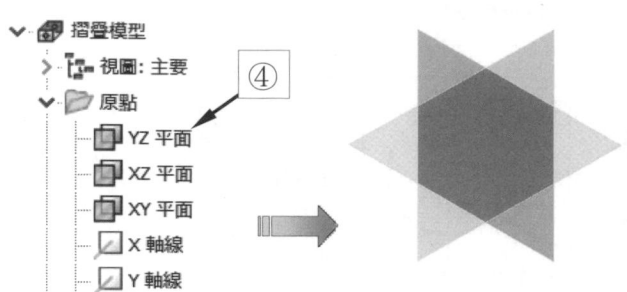

STEP ②

① 單擊 開始繪製 2D 草圖 。

② 單擊 YZ 平面。

③ 單擊 投影幾何圖形 。

④ 單擊 XZ 工作平面。

⑤ 單擊 XY 工作平面。

⑥ 按 Esc 鍵。

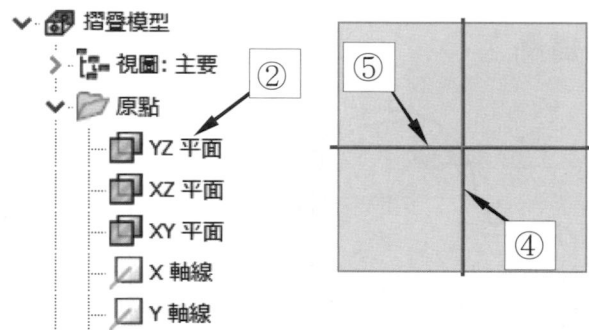

STEP ③

① 繪製如圖所示之草圖輪廓。

② 單擊 ✔ 完成草圖。

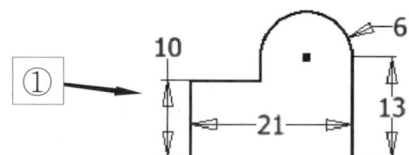

STEP ④

① 單擊 板金預設 。

② 單擊 編輯板金規則 。

③ 修改板金厚度為 1mm。

④ 單擊 完成(O)。

⑤ 單擊 是(Y)。

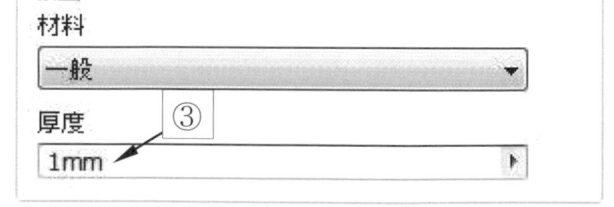

STEP ⑤

①單擊 輪廓線凸緣 。

②單擊 輪廓草圖。

③設定折彎半徑為「1」。

④設定距離為「15」。

⑤單擊 ▮確定▮ 。

⑥取消工作平面之可見性。

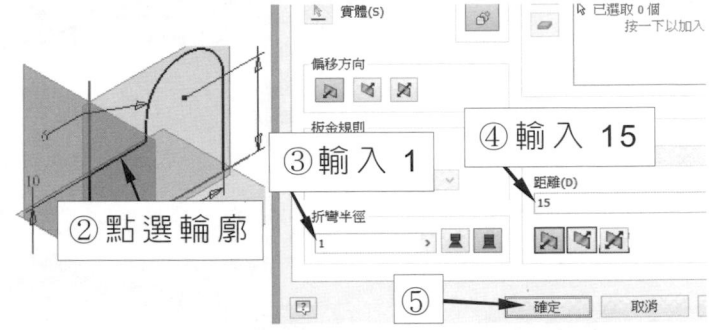

STEP ⑥

①單擊 開始繪製 2D 草圖 。

②單擊 板金件前平面。

③繪製如圖所示之知形。

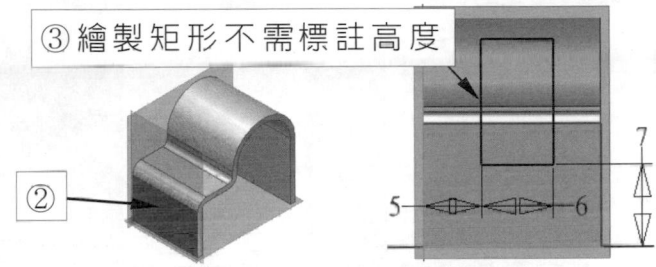

③繪製矩形不需標註高度

STEP ⑦

①單擊 投影幾何圖文字。

②單擊 投影展開圖。

③按 F6 鍵。

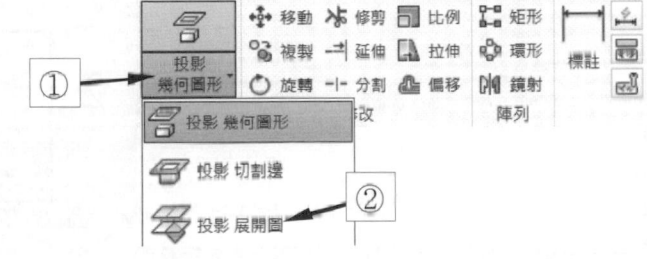

STEP ⑧

①單擊 板金件平面。

②單擊 板金件平面。

③單擊 右上角。

④單擊 板金件平面。

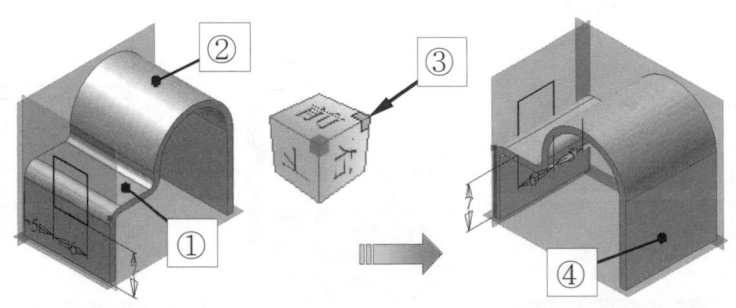

STEP ⑨

①標註如圖所示之尺度。
②單擊 ✔ 完成草圖。

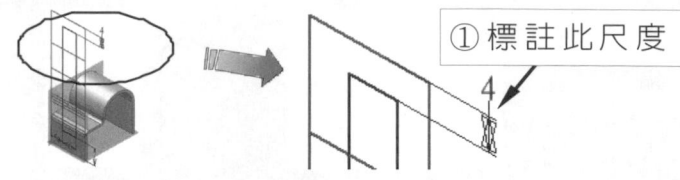

① 標註此尺度

STEP ⑩

①單擊 切割 □。
②勾選 跨折彎切割。
③單擊 確定 。
④取消所有工作平面之可見性，
　即完成板金特徵之建立。

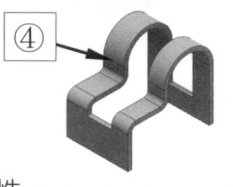

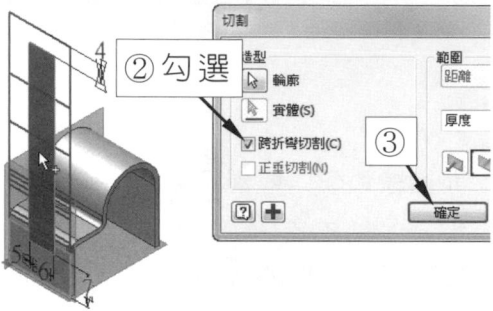

精選練習範例

請完成下列各題「切割」之板金實體特徵，厚度皆為 1mm。

1

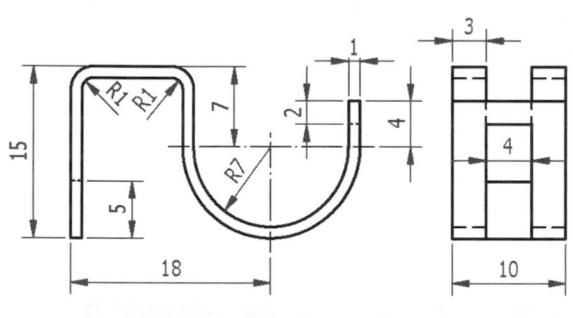

2

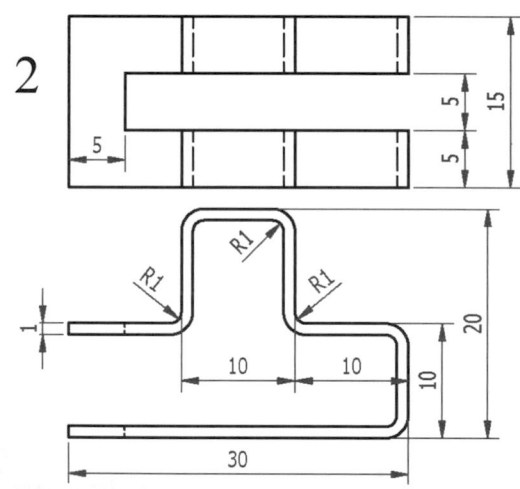

3-3-4　凸緣

前言：選取既有板金面的邊建立折彎的凸緣特徵，不需另外建立草圖輪廓。建立凸緣時，
　　　凸緣的板厚與現有板金件之厚度一致。

指令位置

板金 → 凸緣

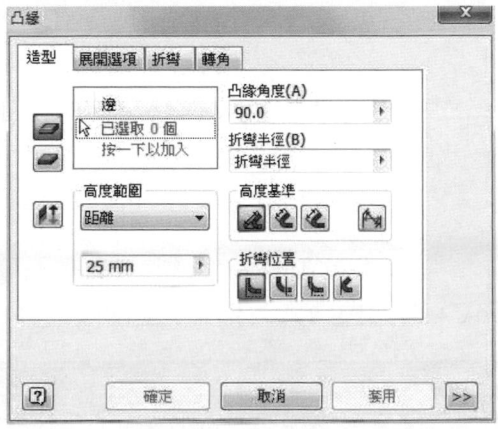

選項說明

▮◆ 邊

點選既有面的邊。

▮◆ 高度範圍

點選指定高度範圍的方式，有距離與至兩種。點選距離時，直接在下方的對話框輸入凸緣
高度值即可。

▮◆ 凸緣角度

凸緣與現有板金件的夾角。該夾角必須小於 180 度。

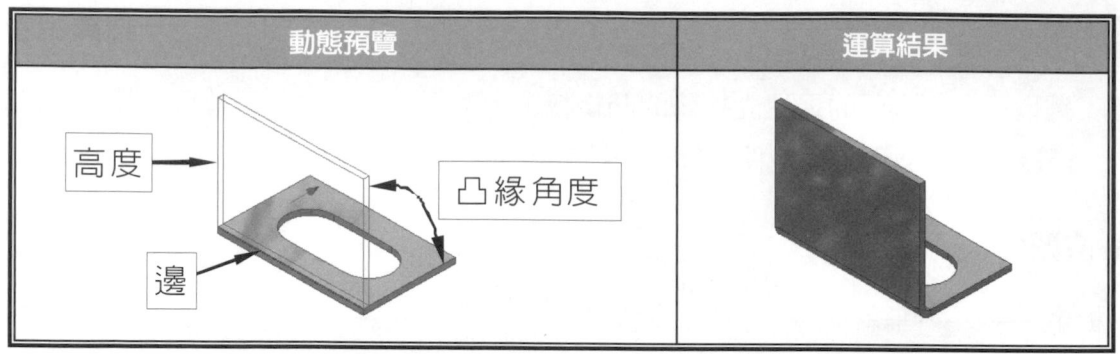

動態預覽	運算結果

▶ 折彎半徑

根據板金預設的半徑值，指定折彎的半徑。若必要時，亦可於半徑對話框中直接輸入欲指定之半徑值。

▶ 高度基準

點選計算凸緣高度基準的方式，有四種方式，如下表所示。

計算凸緣高度基準的方式
🔲 外側面：從兩個外側面的交點折彎。 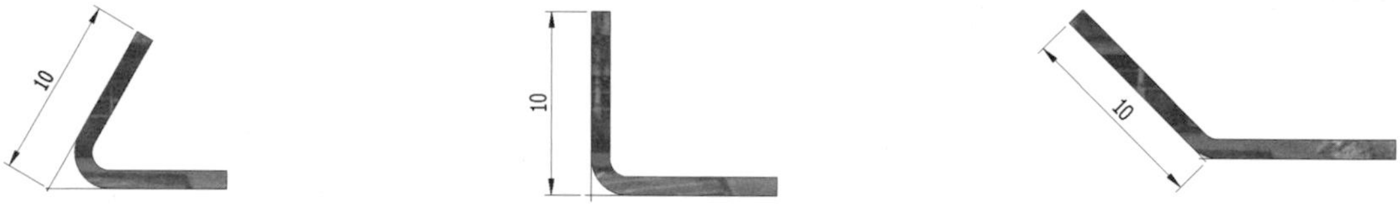
🔲 內側面：從兩個內側面的交點折彎。 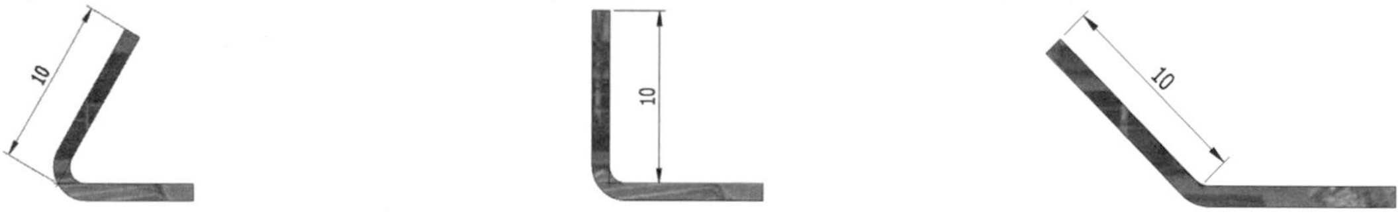
🔲 平行於凸緣邊界折彎面：測量與凸緣面平行且與折彎相切的凸緣高度。 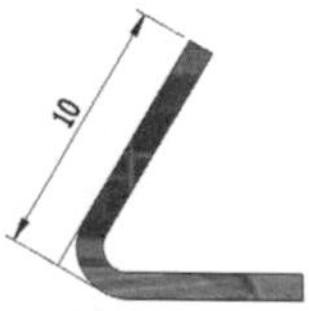

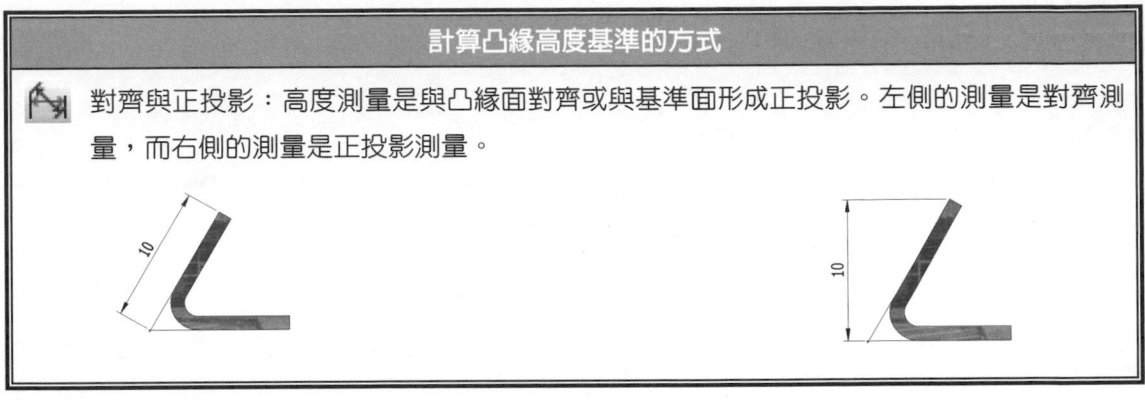

計算凸緣高度基準的方式
對齊與正投影：高度測量是與凸緣面對齊或與基準面形成正投影。左側的測量是對齊測量，而右側的測量是正投影測量。

➠ 折彎位置

點選計算凸緣折彎位置的方式，有四種方式，如下表所示。

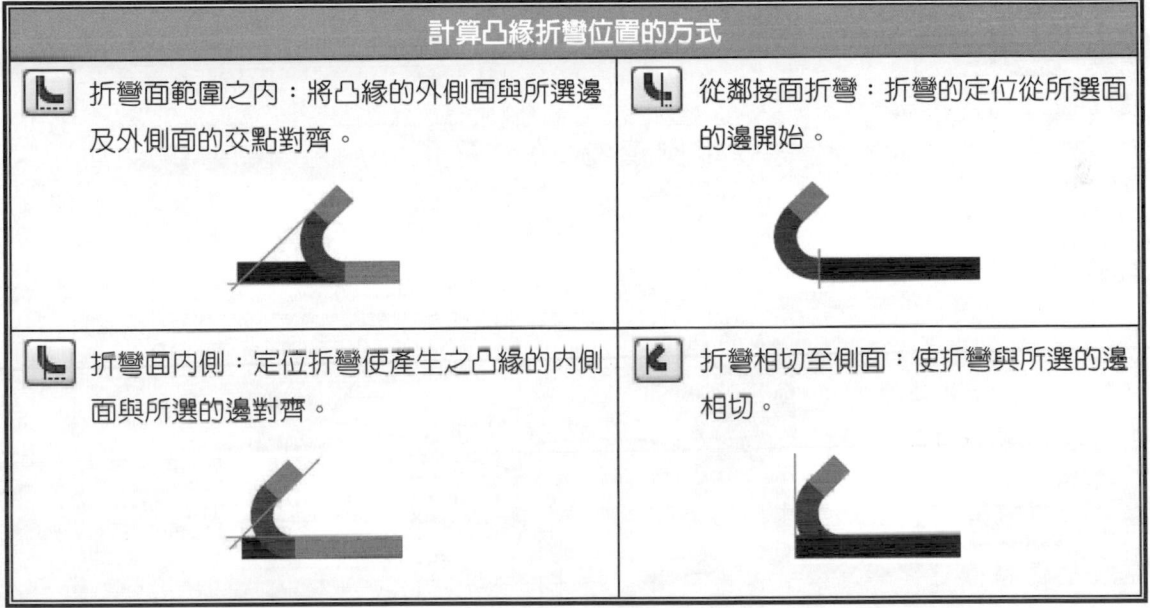

計算凸緣折彎位置的方式	
折彎面範圍之內：將凸緣的外側面與所選邊及外側面的交點對齊。	從鄰接面折彎：折彎的定位從所選面的邊開始。
折彎面內側：定位折彎使產生之凸緣的內側面與所選的邊對齊。	折彎相切至側面：使折彎與所選的邊相切。

➠ 寬度範圍

單擊更多 >> ，可以指定計算寬度範圍的方式，有邊、寬度、偏移、從-至四種類型可以選擇。預選的寬度範圍類型為邊。內容說明請參閱 3-3-2 輪廓線凸緣的章節。

→ 應用實例一

操作步驟

STEP ①

①單擊 開啟 📁 開啟練習檔案 → Ch3\凸緣\凸緣

_應用實例一.ipt，如圖所示。

STEP ②

①單擊 凸緣 ⬦。

②單擊 板金特徵底線。

③距離長度輸入 20。

④凸緣角度輸入 90。

⑤單擊 確定 ，

完成板金凸緣建立。

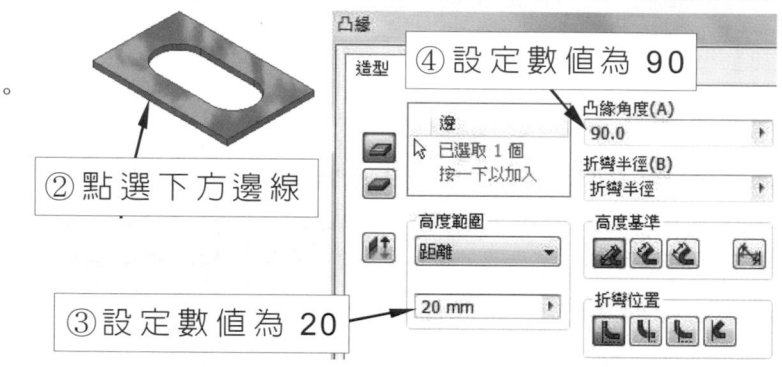

STEP ③

①單擊 凸緣 ⬦。

②單擊 板金特徵邊線。

③距離長度輸入 10。

④凸緣角度輸入 60。

⑤單擊 確定

⑥完成凸緣特徵之建構。

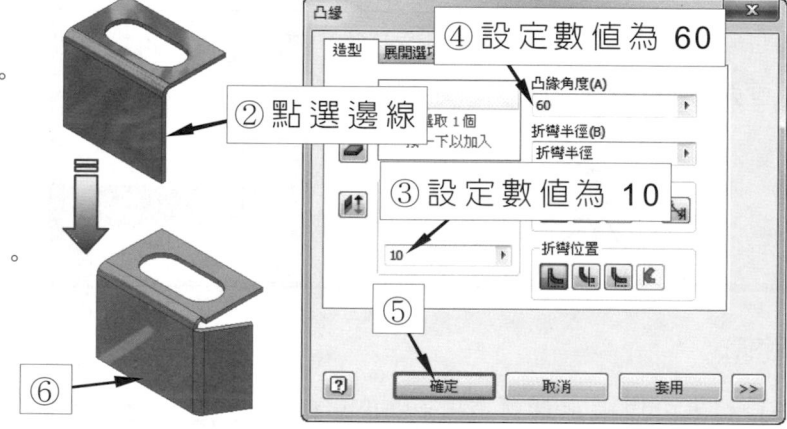

精選練習範例

請完成下列各題凸緣之板金實體特徵。

Ch13\凸緣\凸緣_精選練習範例-1.ipt

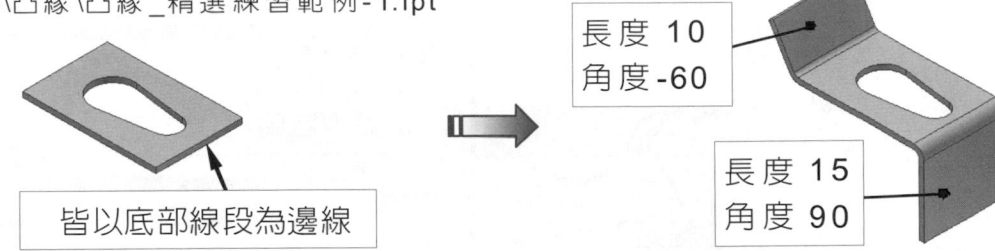

長度 10
角度 -60

長度 15
角度 90

皆以底部線段為邊線

Ch13\凸緣\凸緣_精選練習範例-2.ipt

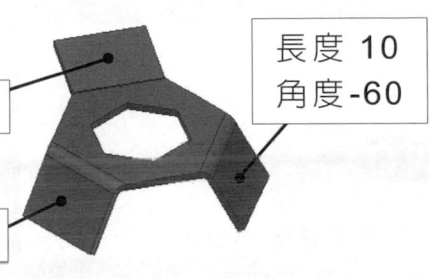

長度 10；角度 10

長度 10
角度 -60

長度 10；角度 -60

皆以頂部線段為邊線

→ 應用實例二

 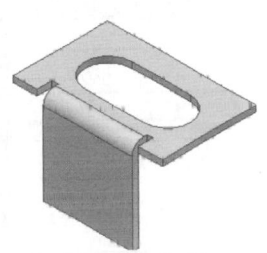

操作步驟

STEP 1

① 單擊 開啓 📂 開啓練習檔案 → Ch3\凸緣\凸
緣_應用實例二.ipt，如圖所示。

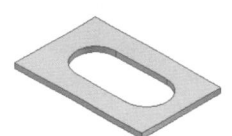

STEP ②

①單擊 凸緣 。
②單擊 板金特徵底線。
③距離長度輸入 15。
④凸緣角度輸入 90。
⑤單擊 更多 >> 。

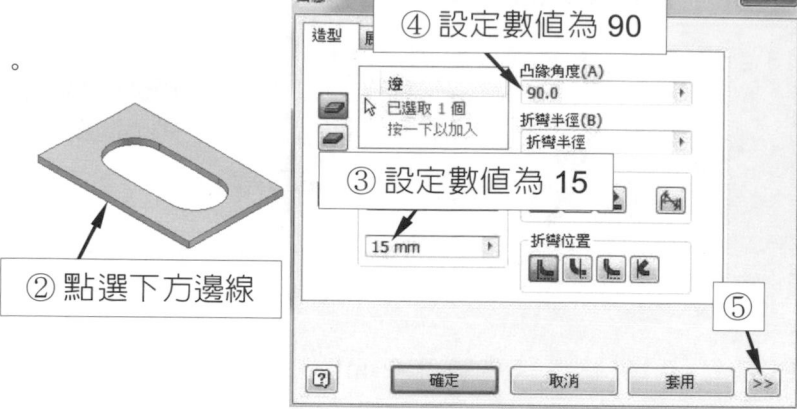

②點選下方邊線

STEP ③

①類型選項變更為寬度。
②單擊 偏移選項。
③單擊 偏移的基準點。
④設定偏移值為 5。
⑤設定寬度值為 15。
⑥單擊 確定 。
⑦完成如圖所示。

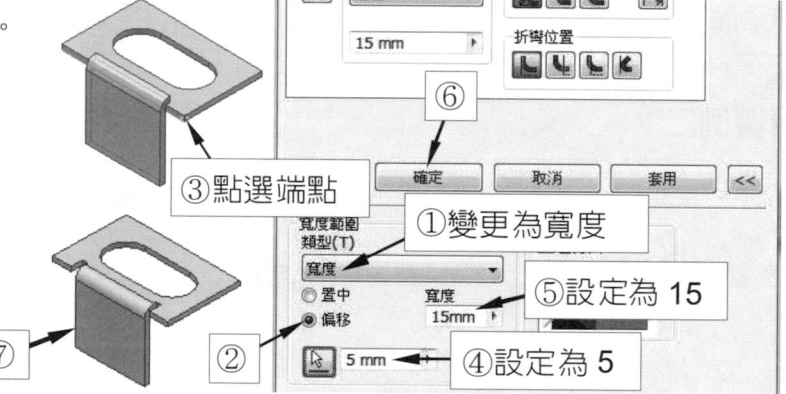

③點選端點

精選練習範例

請完成下列各題凸緣之板金實體特徵。

Ch13\凸緣\凸緣_精選練習範例-3.ipt
皆以頂部線段為邊線，距離設為 10。

凸緣 1　偏移起點=A=2　　寬度=8　　角度 30
凸緣 2　偏移起點=B=3　　寬度=7　　角度 60
凸緣 3　偏移起點=C=3　　寬度=7　　角度 60

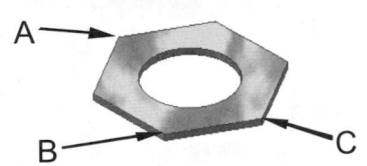

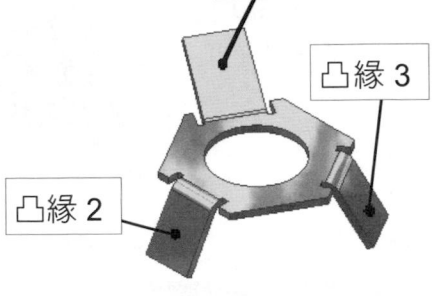

➜ 應用實例三

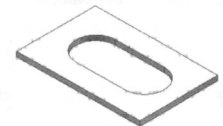

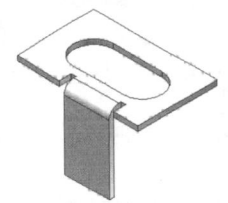

操作步驟

STEP ❶

① 單擊 開啓 📂 開啓練習檔案 → Ch3\凸緣\凸緣_
應用實例三.ipt，如圖所示。

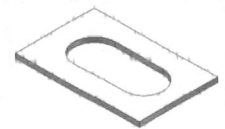

STEP ②

①單擊 凸緣 。

②單擊 板金特徵底線。

③距離長度輸入 15。

④凸緣角度輸入 90。

⑤單擊 更多 >>。

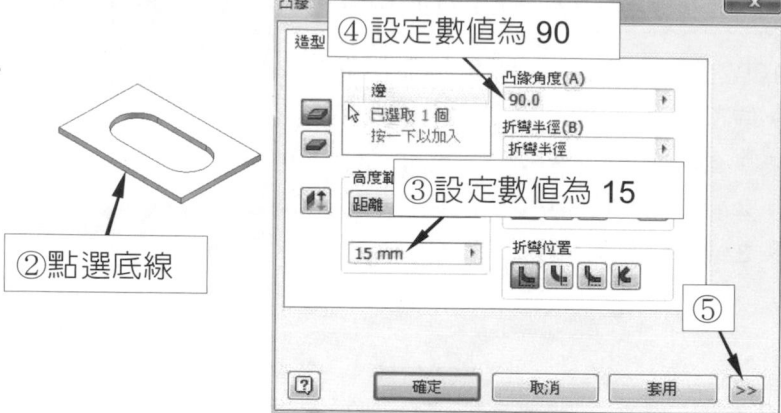

②點選底線

④設定數值為 90

③設定數值為 15

⑤

STEP ③

①類型選項變更為偏移。

②單擊偏移 1 箭頭。

③單擊偏移 1 的基準點。

④單擊偏移 2 箭頭。

⑤單擊偏移 2 的基準點

⑥設定偏移 1 的值為 6。

⑦設定偏移 2 的值為 10。

⑧單擊 確定 。

⑨完成如圖所示。

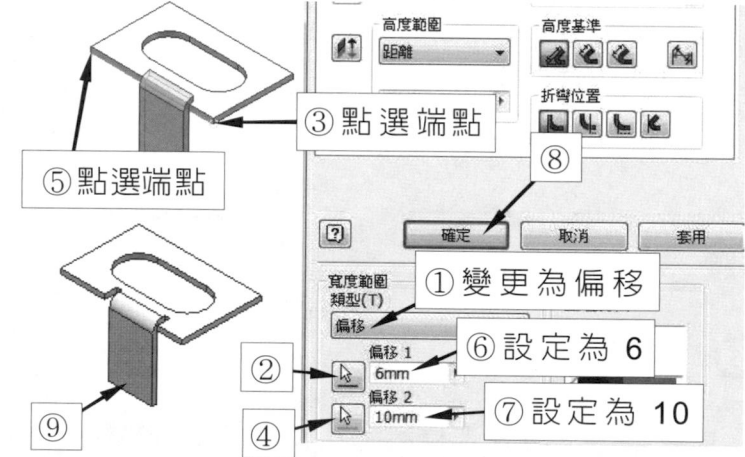

⑤點選端點

③點選端點

⑧

①變更為偏移

⑥設定為 6

⑦設定為 10

精選練習範例

請完成下列各題凸緣之板金實體特徵。

Ch13\凸緣\凸緣_精選練習範例-4.ipt
皆以頂部線段為邊線，距離設為 10。
凸緣 1 之相關資料如下：
偏移 1=A=4　　偏移 2=B=5　　角度 -40
凸緣 2 之相關資料如下：
偏移 1=C=4　　偏移 2=D=5　　角度 40

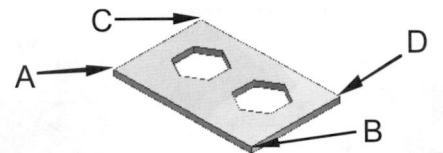

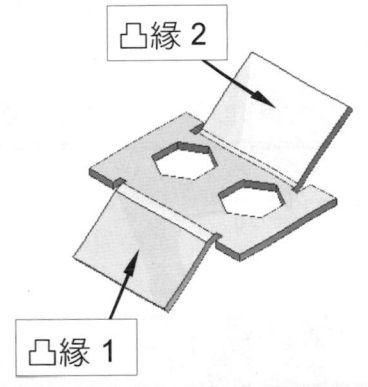

3-3-5　折邊

前言：沿著板金邊建立一個摺疊的折邊，以強化零件或去除尖銳的邊。折邊的類型有單折、水滴式、捲起式、雙向四種。寬度範圍的計算方式與凸緣相同，內容說明請參閱 3-3-2 輪廓線凸緣的章節。

指令位置

板金 → 折邊

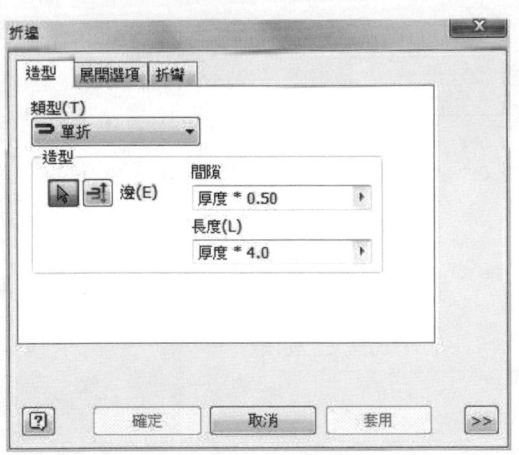

選項說明

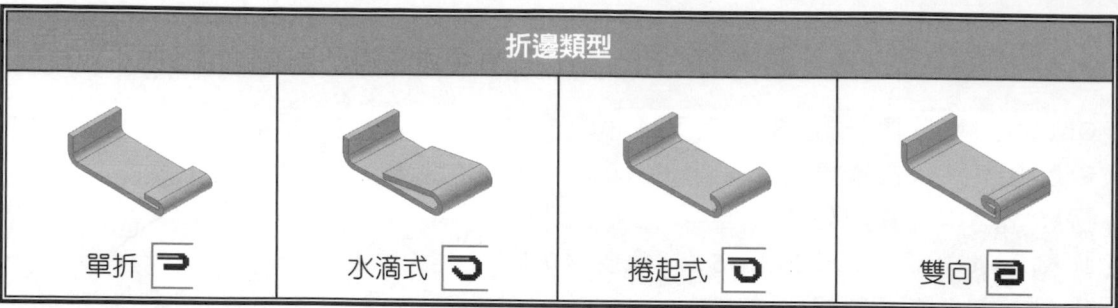

折邊類型			
單折 ⊋	水滴式 ⊃	捲起式 ⊃	雙向 ⊋

→ 應用實例一

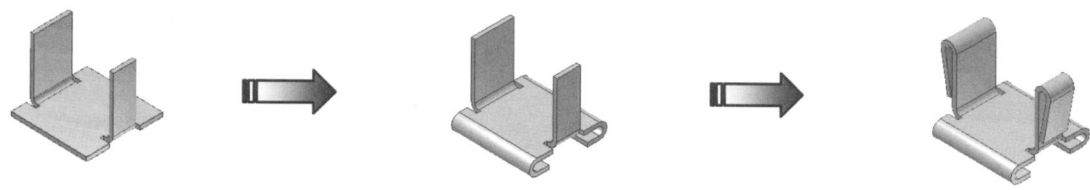

操作步驟

STEP 1

①單擊 開啟 📂 開啟練習檔案 → Ch3\折邊\折

邊_應用實例一.ipt，如圖所示。

STEP 2

①單擊 折邊 🗕。

②單擊 板金特徵底線。

③間隙值輸入 2。

④長度值輸入 5。

⑤單擊 　確定　。

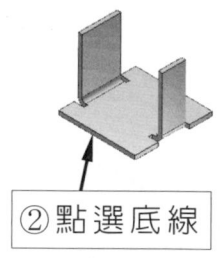

②點選底線

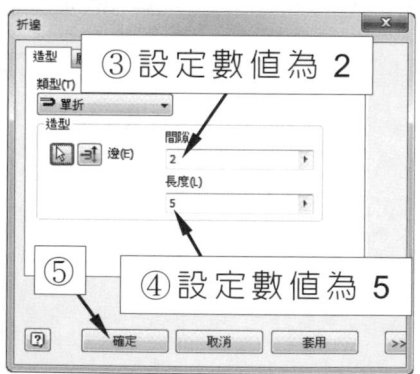

折邊

造型

類型(T)

⊋ 單折

造型

邊(F)

間隙

2

長度(L)

5

③設定數值為 2

④設定數值為 5

⑤

確定　取消　套用

STEP ③

① 單擊　折邊 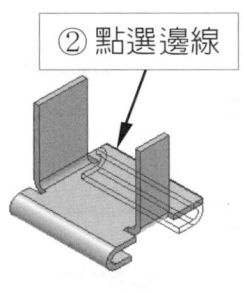。
② 單擊　板金特徵上邊線。
③ 單擊　翻轉方向按扭。
④ 間隙值輸入 2。
⑤ 長度值輸入 5。
⑥ 單擊　確定 。

② 點選邊線

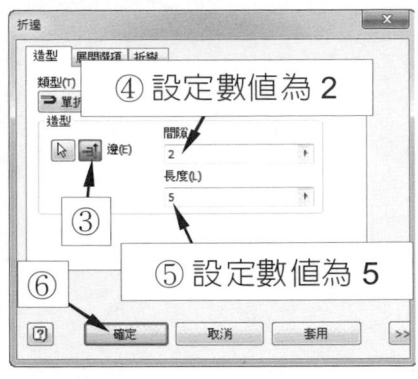

④ 設定數值為 2

⑤ 設定數值為 5

STEP ④

① 單擊　折邊 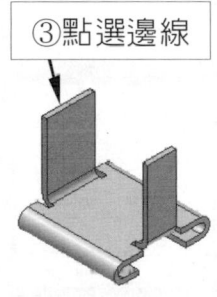。
② 將類型中選項變更為水滴式。
③ 單擊　板金特徵邊線。
④ 單擊　確定 。

③ 點選邊線

② 變更為水滴式

STEP ⑤

① 單擊　折邊 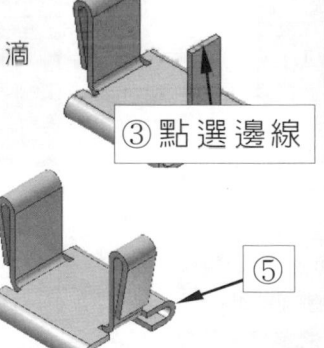。
② 將類型中選項變更為水滴式。
③ 單擊　板金特徵邊線。
④ 單擊　確定 。
⑤ 完成如圖所示。

② 變更為水滴式

③ 點選邊線

→ 應用實例二

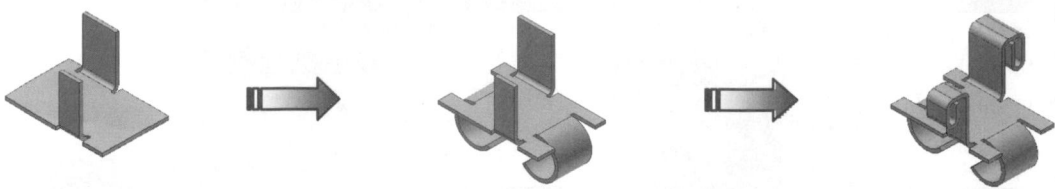

操作步驟

STEP 1

①單擊 開啓 📁 開啓練習檔案 → Ch3\折邊\折邊_

應用實例二.ipt，如圖所示。

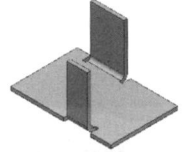

STEP 2

①單擊 折邊 。

②類型變更為捲起式。

③單擊 板金特徵上邊線。

④單擊 翻轉方向。

⑤半徑值輸入 5。

⑥角度值輸入 230。

⑦單擊 更多 >>。

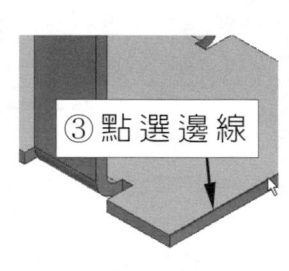
③點選邊線

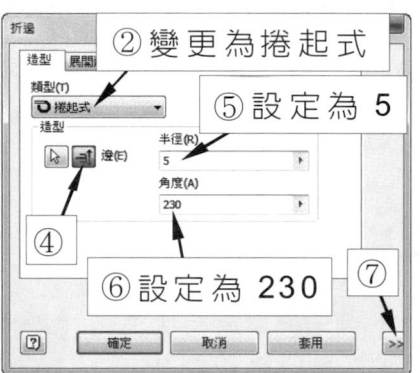

STEP 3

①類型選項變更為寬度。

②單擊 偏移選項。

③單擊 偏移的基準點。

④輸入偏移值為 6。

⑤輸入寬度值為 10

⑥單擊 確定 。

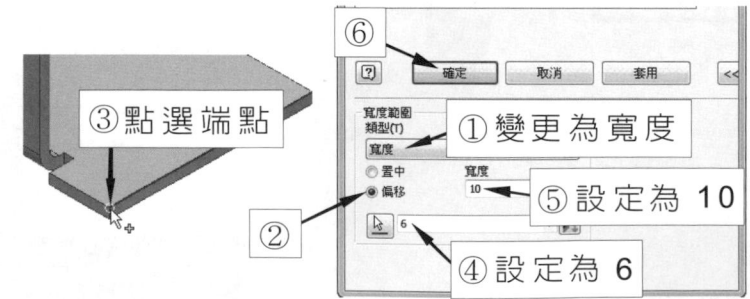
③點選端點

STEP ④

① 單擊 折邊 。
② 類型變更為捲起式。
③ 單擊 板金特徵上邊線。
④ 單擊 翻轉方向。
⑤ 半徑值輸入 5。
⑥ 角度值輸入 230。
⑦ 單擊 更多 >> 。

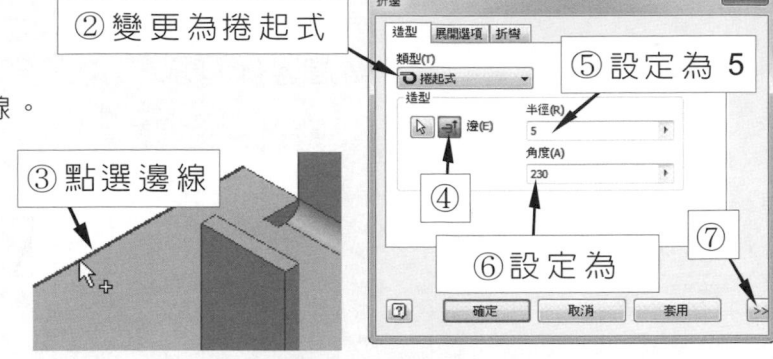

② 變更為捲起式

③ 點選邊線

⑤ 設定為 5

④

⑥ 設定為

⑦

STEP ⑤

① 類型選項變更為寬度。
② 單擊 偏移選項。
③ 單擊 偏移的基準點。
④ 單擊 偏移翻轉。
⑤ 輸入偏移值為 5。
⑥ 輸入偏移值為 10。
⑦ 單擊 確定 。

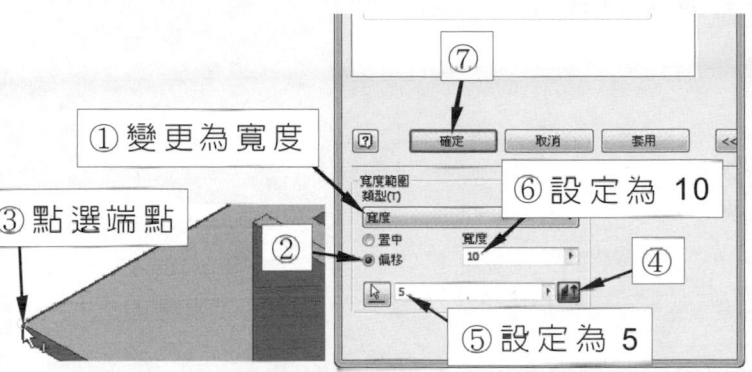

⑦

① 變更為寬度

③ 點選端點

②

⑥ 設定為 10

④

⑤ 設定為 5

STEP ⑥

① 單擊 折邊 。
② 類型變更為雙向。
③ 單擊 板金特徵側邊線。
④ 間隙值輸入 2。
⑤ 長度值輸入 8。
⑥ 單擊 確定 。

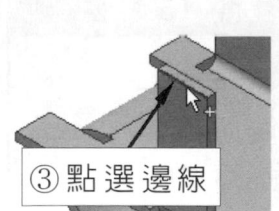

③ 點選邊線

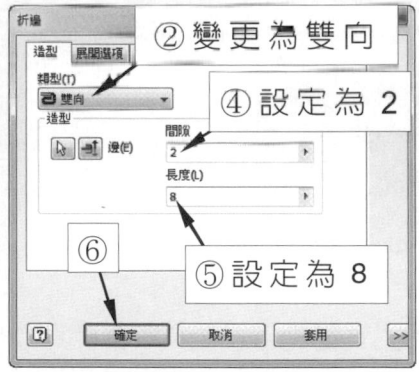

② 變更為雙向

④ 設定為 2

⑥

⑤ 設定為 8

STEP ⑦

①單擊 折邊 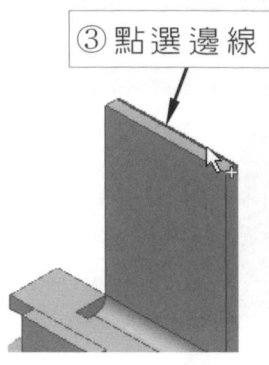。

②類型變更為雙向。

③單擊 板金特徵側邊線。

④間隙值輸入 2。

⑤長度值輸入 10。

⑥單擊 ⌈ 確定 ⌋。

③ 點選邊線

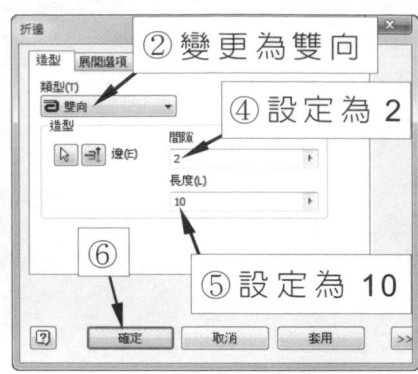

② 變更為雙向

④ 設定為 2

⑥

⑤ 設定為 10

完成如圖所示,以折邊指令建立之板金特徵。

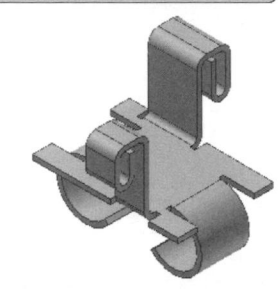

✎ **精選練習範例**

請完成下列各題折邊之板金實體特徵。

Ch13\折邊\折邊_精選練習範例-1.ipt

皆以外側線段為邊線

雙向
間隙 3
長度 15

單折
間隙 5
長度 10

捲起式
半徑 4
角度 300

水滴式
半徑 3
角度 210

Ch13\折邊\折邊_精選練習範例-2.ipt

皆以上方線段為邊線

水滴式
半徑 3
角度 200
寬度置中 15

單折
間隙 5
長度 8
寬度置中 10

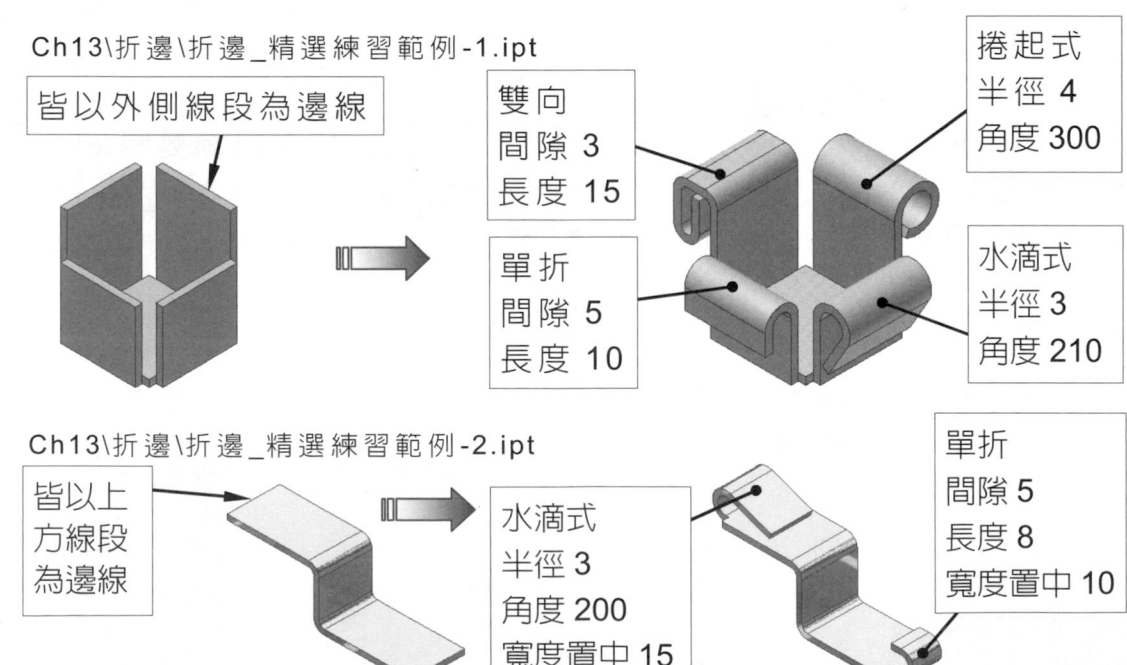

3-3-6　摺疊

前言：選取一條折彎線來摺疊既有的板金面。

指令位置

板金 → 　摺疊

選項說明

☞ 折彎線

繪製一條草圖直線作為折彎線，草圖直線的兩端點必須位於板金面的邊上，才能被選取為折彎線。

翻轉控制：

翻面：翻轉固定邊。

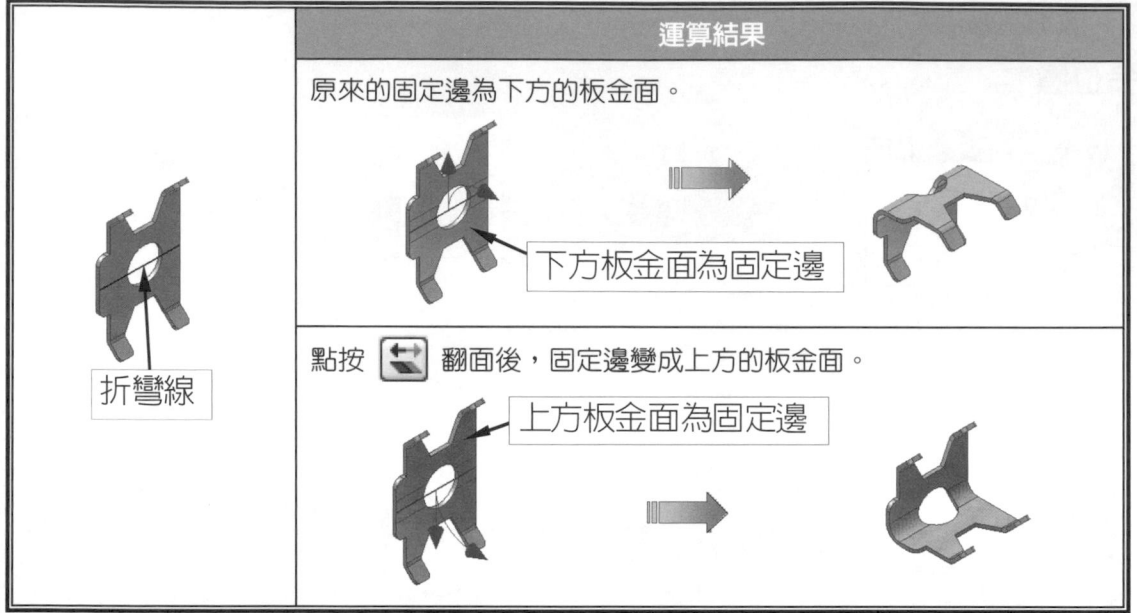

翻轉方向：翻轉折疊的方向。

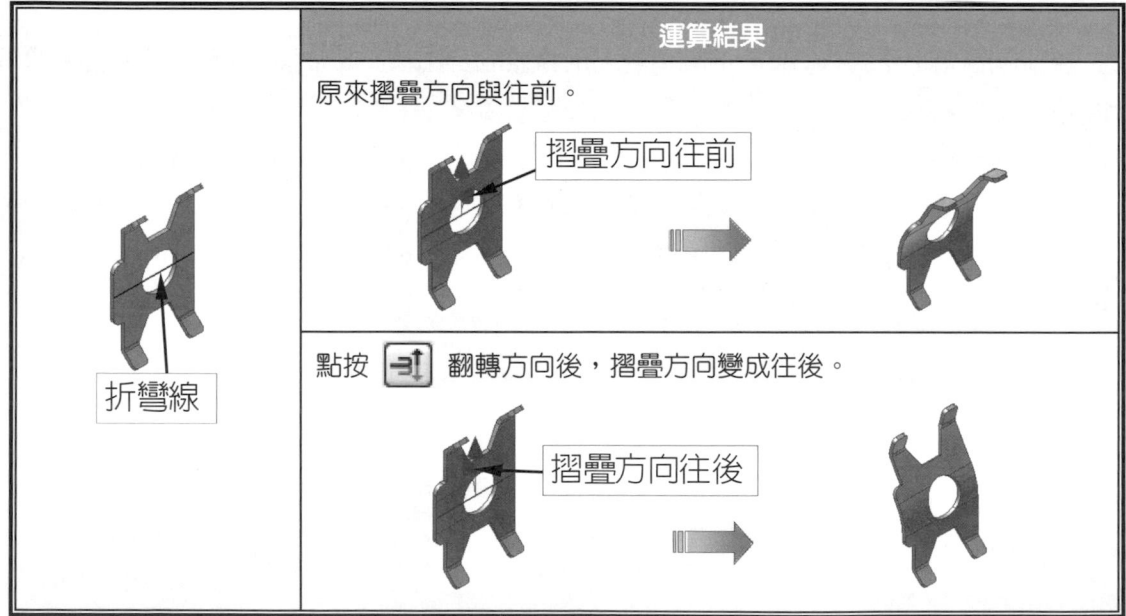

▶ 摺疊位置

選取摺疊的位置，有折彎的中心線、折彎的起點、折彎的端點三個位置可以選取。

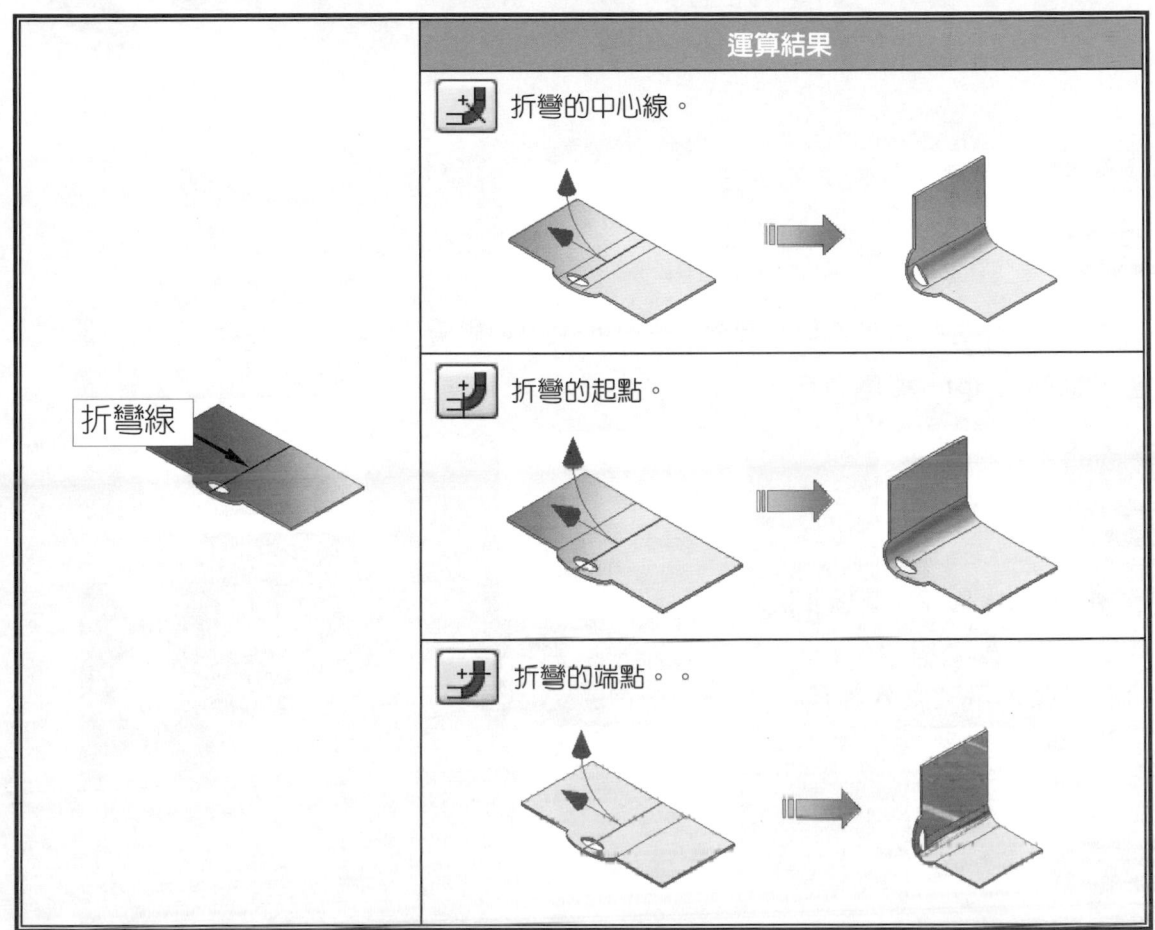

→ 應用實例一

操作步驟

STEP ①

① 單擊 開啟 📂 以開啟練習檔案 → Ch3\摺疊\摺疊_

　 應用實例一.ipt，如圖所示。

STEP ②

① 單擊 開始繪製 2D 草圖 📐。

② 單擊 板金面。

③ 繪製如圖所示之 2 條線段。

④ 單擊 ✔完成草圖。

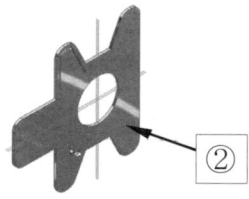

STEP ③

① 單擊 折疊 📐。

② 單擊 草圖線段。

③ 單擊 翻面 ⬅。

④ 單擊 折彎的起點 📥。

⑤ 輸入 摺疊角度 45。

⑥ 輸入 折彎半徑 2。

⑦ 單擊 ⬜ 確定。

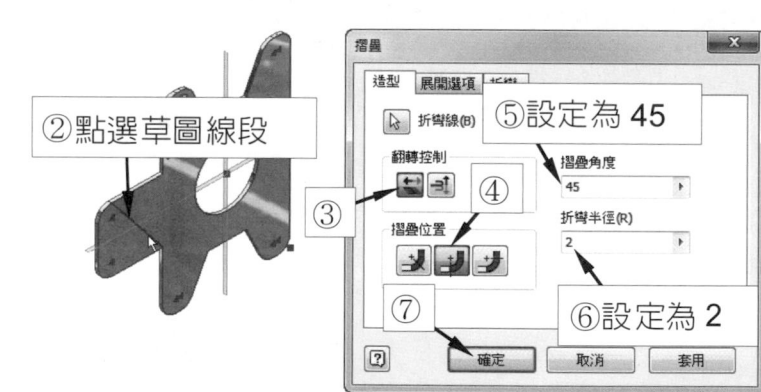

②點選草圖線段

⑤設定為 45

⑥設定為 2

STEP ④

①將步驟 3 之草圖變更為共用草圖。

②單擊　折疊 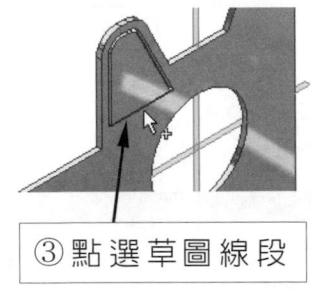。

③單擊　草圖線段。

④輸入摺疊角度 90。

⑤輸入折彎半徑 2。

⑥單擊　　確定　　。

③點選草圖線段

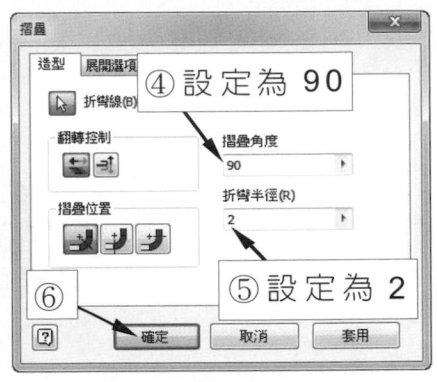

④ 設定為 90

⑤ 設定為 2

STEP ⑤

①單擊　鏡射 。

②單擊　切割 2。

③單擊　摺疊 20。

④單擊　鏡射平面。

⑤點選　工作平面 1。

⑥單擊　　確定　　。

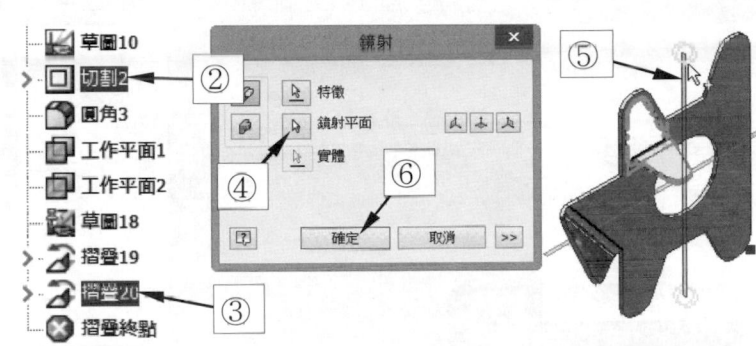

STEP ⑥

①單擊　鏡射 。

②單擊　鏡射特徵 1。

③單擊　平面鏡射。

④單擊　工作平面 2。

⑤單擊　　確定　　。

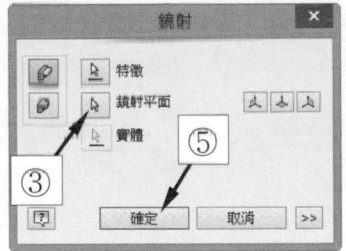

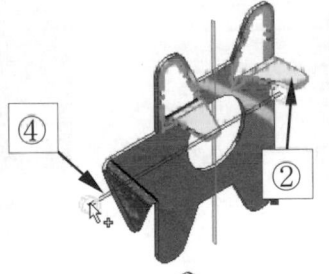

將所有工作平面及草圖可見性取消。

完成板金摺疊特徵建構如右圖所示。

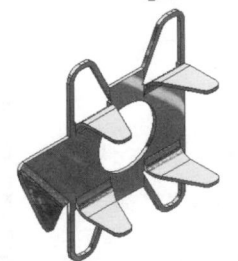

精選練習範例

請完成下列各題摺疊之板金實體特徵。

Ch13\摺疊\摺疊_精選練習範例-1.ipt

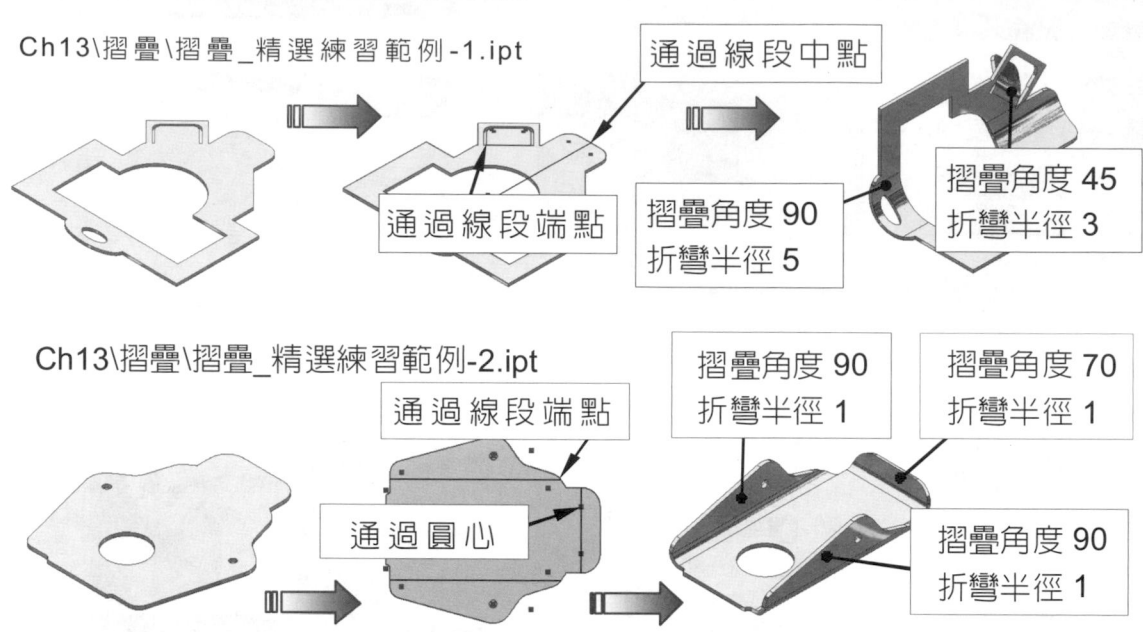

通過線段中點

通過線段端點

摺疊角度 90
折彎半徑 5

摺疊角度 45
折彎半徑 3

Ch13\摺疊\摺疊_精選練習範例-2.ipt

通過線段端點

通過圓心

摺疊角度 90
折彎半徑 1

摺疊角度 70
折彎半徑 1

摺疊角度 90
折彎半徑 1

3-3-7 轉角接縫

前言：利用轉角接縫指令可以在相交或共面的兩面之間建立接縫。有四種接縫的形狀可以
選擇。

指令位置

板金 → 轉角接縫

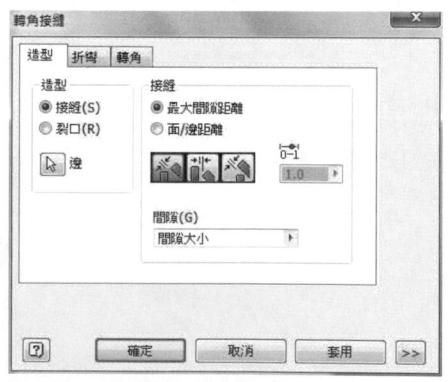

選項說明

▶ 接縫造型

有最大間隙距離及面/邊距離兩的選項可以點選。選擇重疊與反轉重疊，可輸入 0 到 1 的數值 ，決定重疊的百分比。

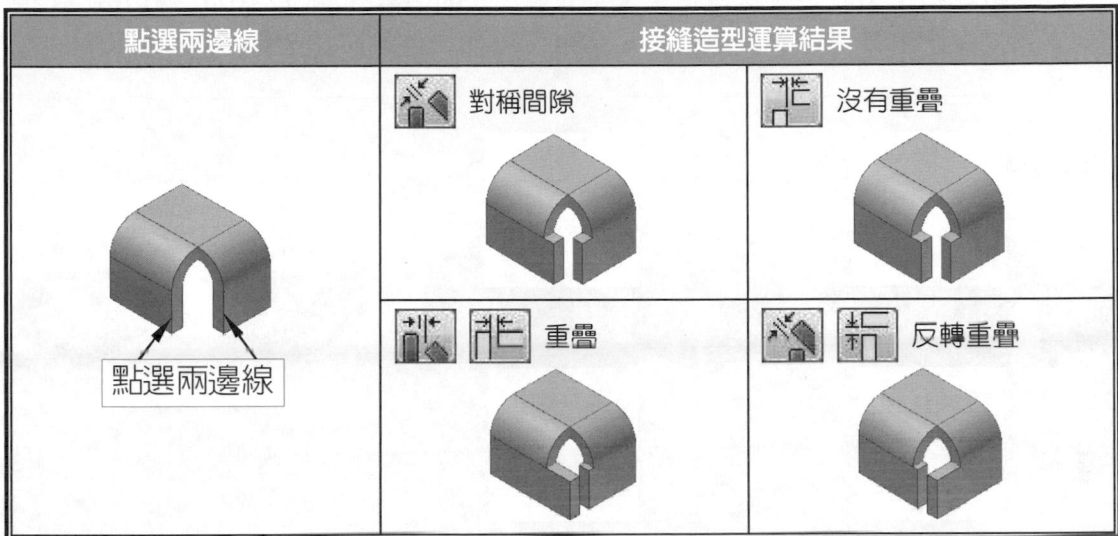

▶ 裂口造型

點選兩個面的相交邊線建立轉角裂口特徵。

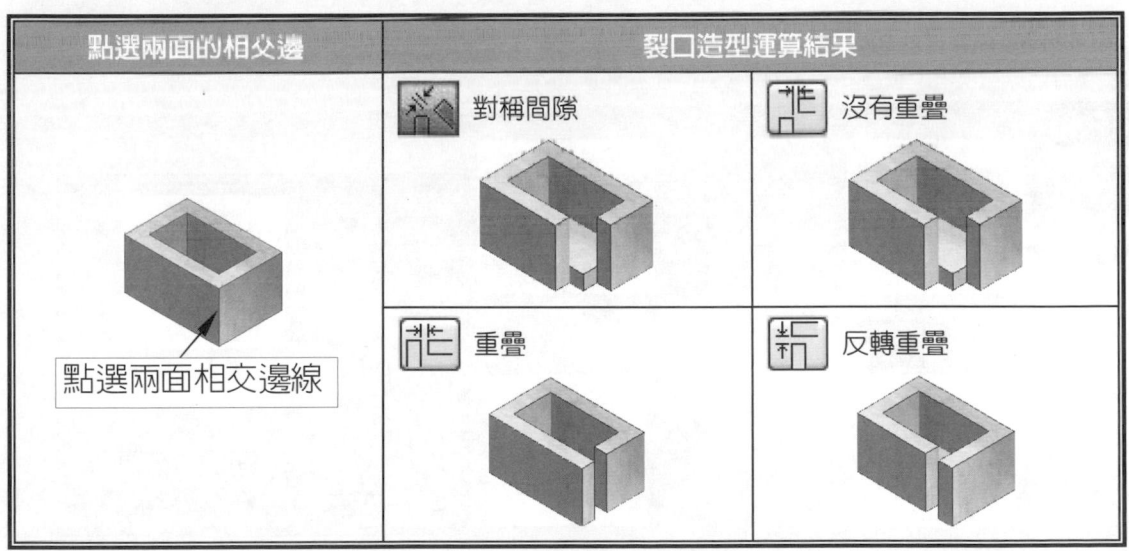

◖ 間隙

輸入接縫的寬度值。

板金轉角接縫特徵可變更為折彎特徵，若欲變更，則僅需在瀏覽器中的轉角接縫特徵上按一下右鍵，然後選擇「變更為折彎」即可，操作步驟如應用實例二所示。

◖ 應用實例一

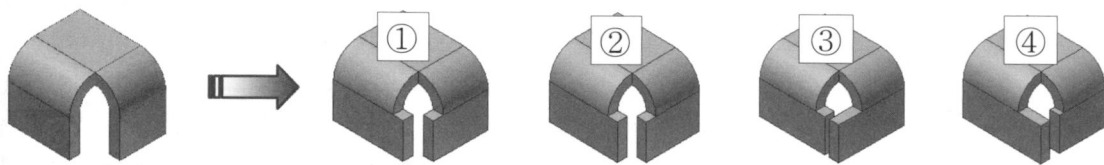

操作步驟

STEP 1

① 單擊 開啟 📂 以開啟練習檔案 → Ch3\轉角接縫\
轉角接縫_應用實例一.ipt，如圖所示。

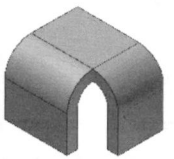

STEP 2

① 單擊 轉角接縫 ◢。
② 單擊 邊線。
③ 單擊 邊線。
④ 單擊 對稱間隙 ◢。
⑤ 輸入數值為 1。
⑥ 單擊 確定 。
⑦ 完成如圖所示。

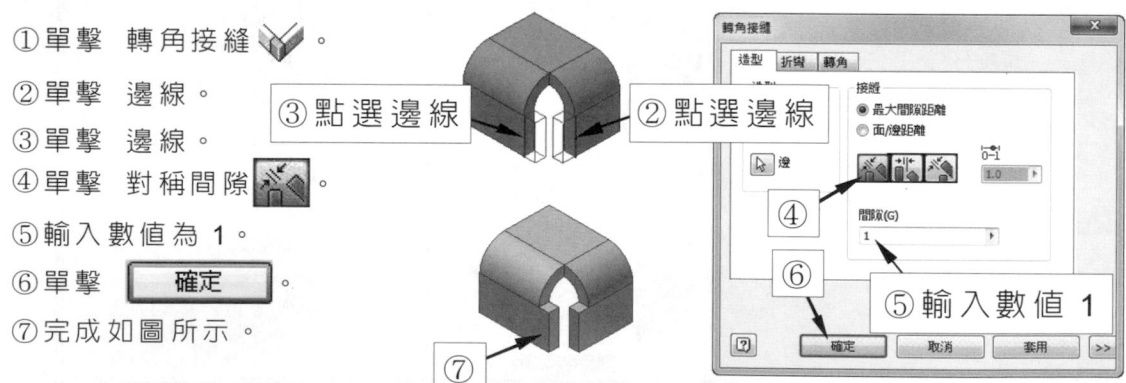

STEP ③

① 單擊　復原 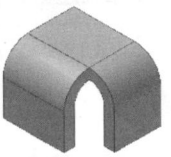 (或按鍵盤 Ctrl+Z)，取消已建立的轉角接
　　縫特徵，回復成如圖所示之狀態。

STEP ④

① 單擊　轉角接縫 。
② 單擊　邊線。
③ 單擊　邊線。
④ 單擊　重疊 。
⑤ 輸入　0.5。
⑥ 輸入　2。
⑦ 單擊　　確定　。
⑧ 完成如圖所示。

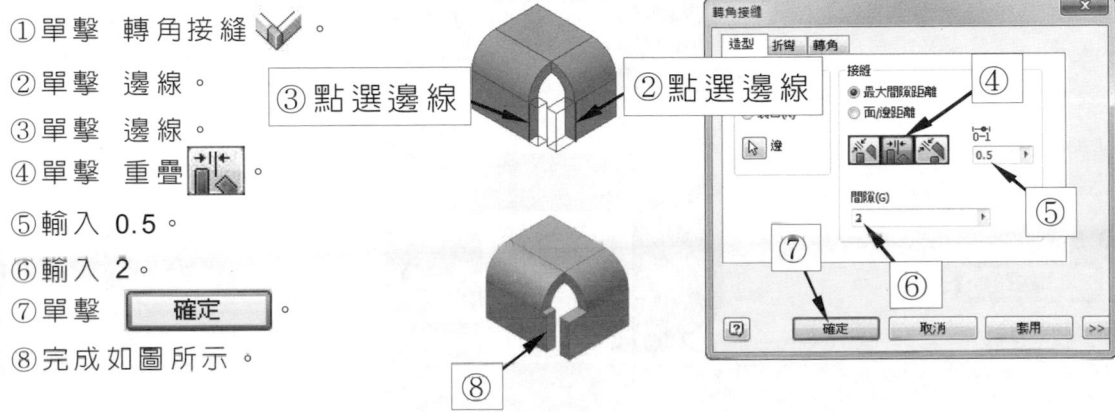

③ 點選邊線　　② 點選邊線

STEP ⑤

① 單擊　復原 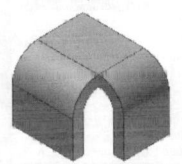 (或按鍵盤 Ctrl+Z)，取消已建立的轉角接
　　縫特徵，回復成如圖所示之狀態。

STEP ⑥

① 單擊　轉角接縫 。
② 單擊　邊線。
③ 單擊　邊線。
④ 單擊　重疊 。
⑤ 輸入　1。
⑥ 輸入　2。
⑦ 單擊　　確定　。
⑧ 完成如圖所示。

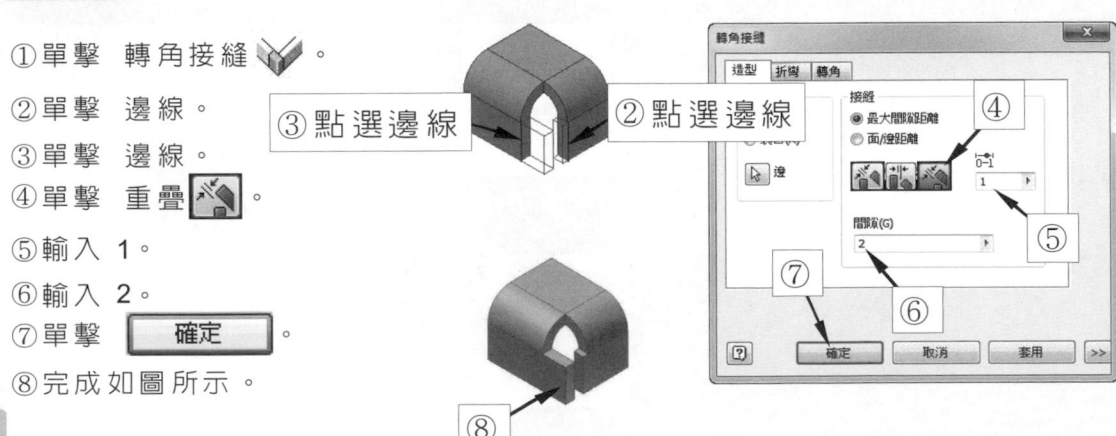

③ 點選邊線　　② 點選邊線

STEP 7

① 單擊 復原 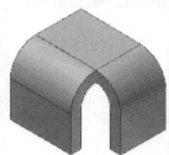 (或按鍵盤 Ctrl+Z)，取消已建立的轉角接縫特徵，回復成如圖所示之狀態。

STEP 8

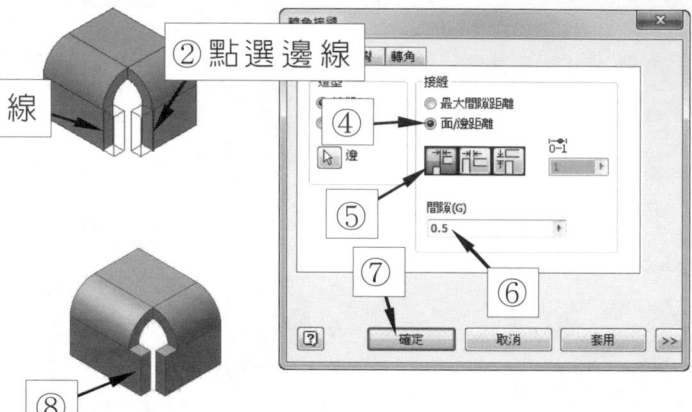

① 單擊 轉角接縫 。
② 單擊 邊線。
③ 單擊 邊線。
④ 單擊 面/邊距離。
⑤ 單擊 沒有重疊 。
⑥ 輸入 0.5。
⑦ 單擊 確定。
⑧ 完成如圖所示。

→ 應用實例二

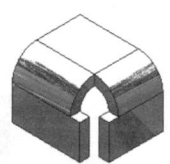  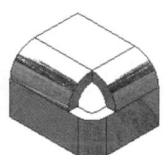

操作步驟

STEP 1

① 單擊 開啟 以開啟練習檔案 → Ch3\轉角接縫\轉角接縫_應用實例二.ipt，如圖所示。

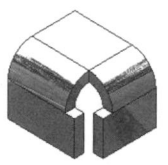

STEP ②

①於瀏灠器中的轉角 1 上單
　擊滑鼠右鍵。
②單擊 變更為折彎。

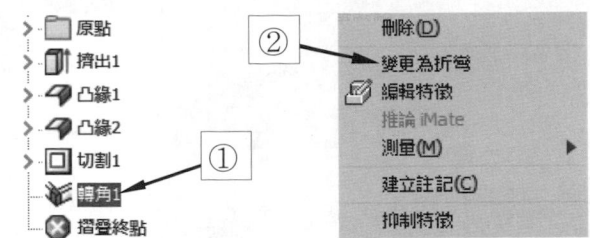

STEP ③

①輸入折彎半徑數值 1。
②單擊　確定　。

① 輸入數值 1

完成轉角接縫變更為折彎

→ **應用實例三**

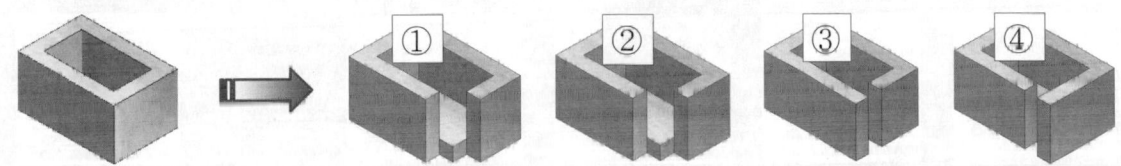

(操作步驟)

STEP ①

①單擊 開啓 📂 以開啓練習檔案 → Ch3\轉角接縫\轉
角接縫_應用實例三.ipt，如圖所示。

STEP ②

① 單擊 轉角接縫 。
② 選取 裂口 。
③ 單擊 邊線 。
④ 單擊 最大間隙距離 。
⑤ 單擊 確定 。
⑥ 完成如圖所示。

③ 單擊 邊線

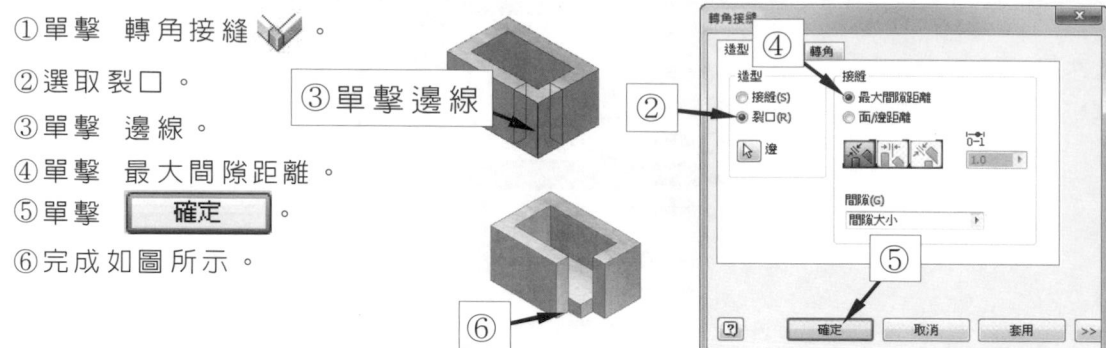

STEP ③

① 單擊 復原 (或按鍵盤 Ctrl+Z)，取消已建立的轉角接
縫特徵，回復成如圖所示之狀態。

STEP ④

① 單擊 轉角接縫 。
② 選取 裂口 。
③ 單擊 邊線 。
④ 單擊 面/邊距離 。
⑤ 單擊 沒有重疊 。
⑥ 單擊 確定 。
⑦ 完成如右圖所示。

③ 單擊 邊線

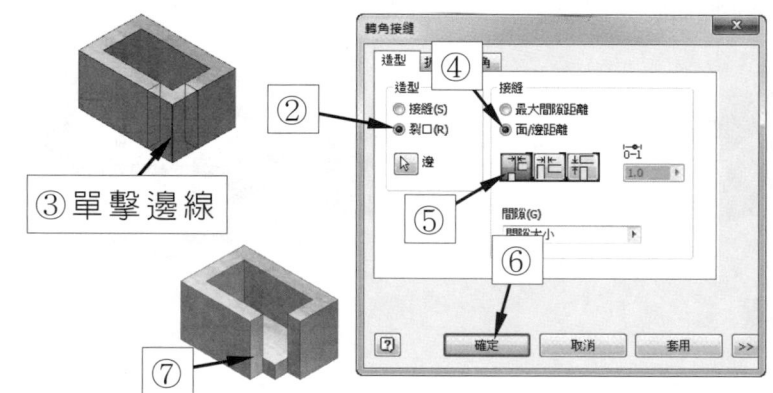

STEP ⑤

① 單擊 復原 (或按鍵盤 Ctrl+Z)，取消已建立的轉角接
縫特徵，回復成如圖所示之狀態。

STEP ⑥

① 單擊　轉角接縫 ⌄。

② 選取　裂口。

③ 單擊　邊線。

④ 單擊　面/邊距離。

⑤ 單擊　重疊 ⊞。

⑥ 單擊　 確定 。

⑦ 完成如右圖所示。

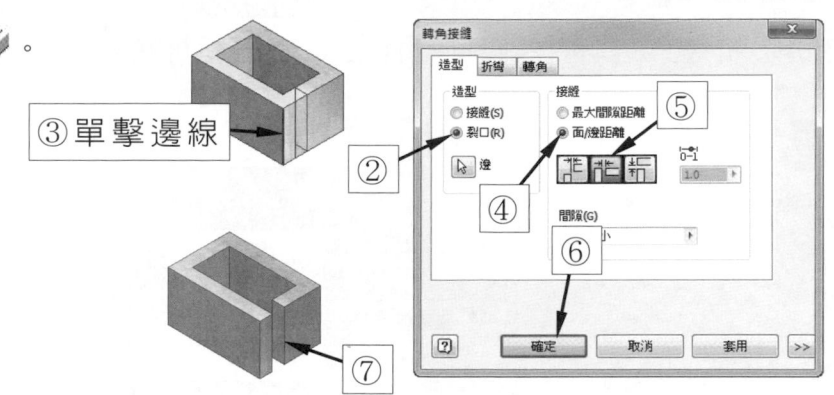

③單擊邊線

STEP ⑦

① 單擊　復原 ↩ (或按鍵盤 Ctrl+Z)，取消已建立的轉角接縫特徵，回復成如圖所示之狀態。

STEP ⑧

① 單擊　轉角接縫 ⌄。

② 選取　裂口。

③ 單擊　邊線。

④ 單擊　面/邊距離。

⑤ 單擊　反轉重疊 ⊞。

⑥ 單擊　 確定 。

⑦ 完成如右圖所示。

③單擊邊線

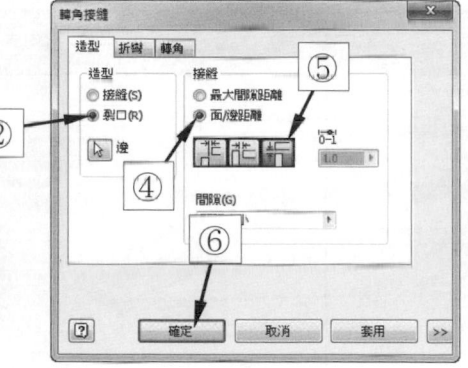

3-3-8 折彎

前言：利用「折彎」工具可在兩個板金面之間加入一個折彎。

指令位置

板金 → 折彎

選項說明

◖ 雙向折彎

說明	運算結果
雙向折彎 ◉ 固定邊(F) ○ 45 度(D) ○ 完整半徑(	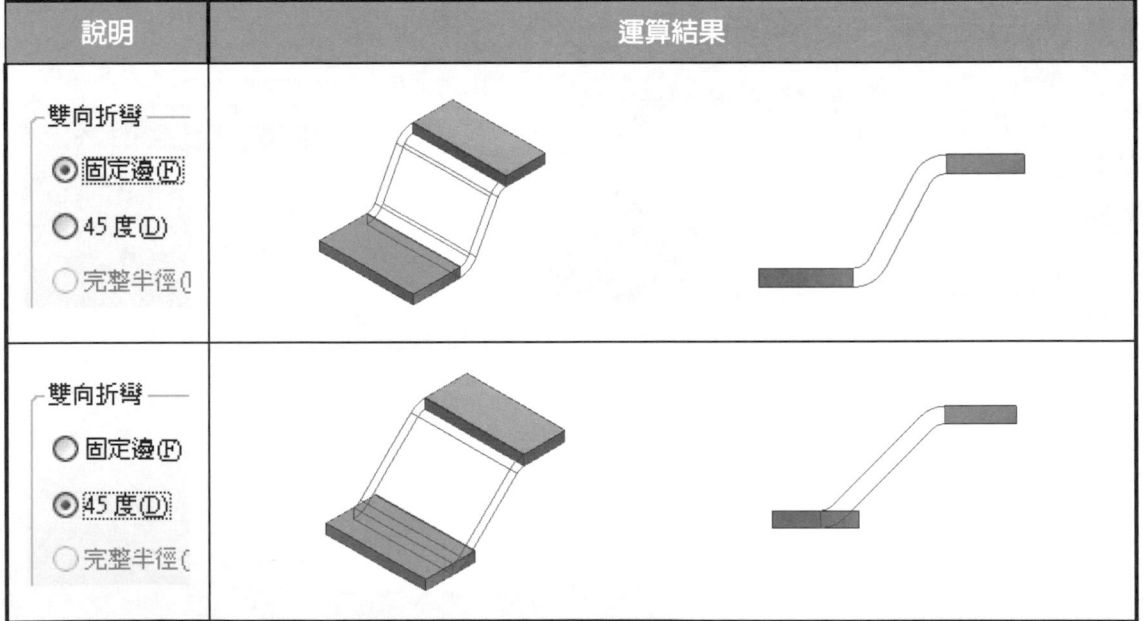
雙向折彎 ○ 固定邊(F) ◉ 45 度(D) ○ 完整半徑(	

▮◆ 翻轉固定的邊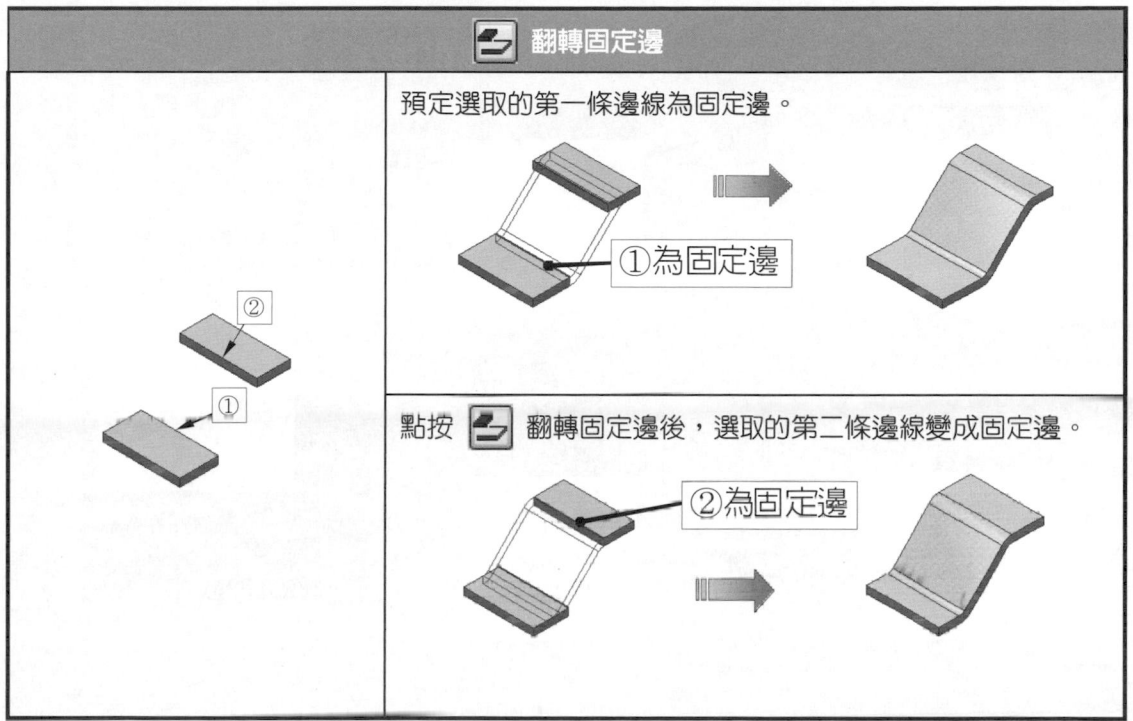

依預設，系統將固定第一條所選邊，並依需要修剪或延伸第二條所選邊線。當選取「翻轉固定的邊」指令時，系統則會固定選取的第二條邊線，而修剪或延伸選取的第一條邊。

翻轉固定邊	
 ② ①	預定選取的第一條邊線為固定邊。 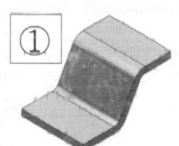①為固定邊
	點按 翻轉固定邊後，選取的第二條邊線變成固定邊。 ②為固定邊

→ 應用實例一

操作步驟

STEP ❶

① 單擊 開啓 📂 以開啓練習檔案 → Ch3\折彎\折彎_
　應用實例一.ipt，如圖所示。

STEP ②

① 單擊 折彎 。
② 單擊 邊線。
③ 單擊 邊線。
④ 選取固定邊。
⑤ 單擊 ▢ 確定 ▢ 。
⑥ 完成如圖所示。

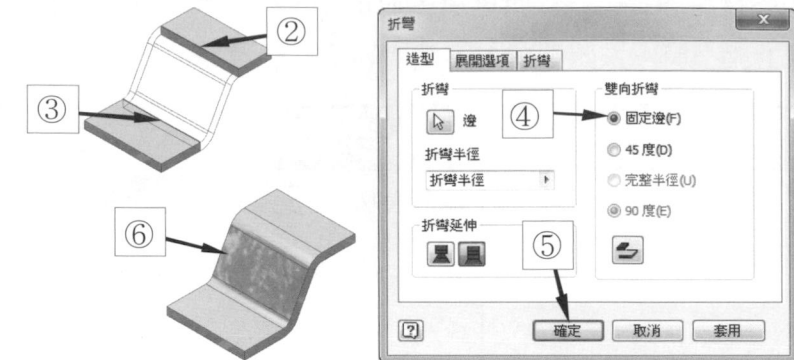

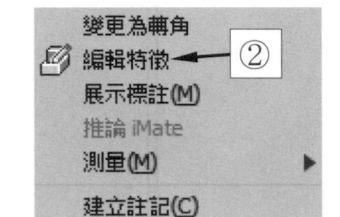

STEP ③

① 單擊 滑鼠右鍵。
② 單擊 編輯特徵。

▢ ① 於折彎特徵上按滑鼠右鍵

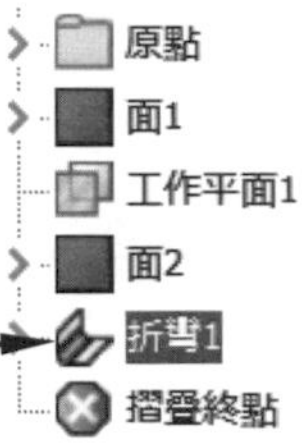

> 📁 原點
> ◼ 面1
> 🔲 工作平面1
> ◼ 面2
> 🔷 折彎1
> ❌ 摺疊終點

變更為轉角
✏ 編輯特徵 ← ②
展示標註(M)
推論 iMate
測量(M) ▸
建立註記(C)

STEP ④

① 輸入折彎半徑 3。
② 單擊 45 度選項。
③ 單擊 ▢ 確定 ▢ 。

▢ ① 輸入數值 3

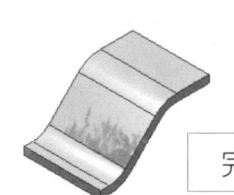

完成折彎特徵

3-3-9　轉角外圓角

前言：在板金零件的轉角上加入一個或多個轉角外圓角。您可以在單一次的作業中，建立不同大小的轉角外圓角。

指令位置

板金 → ◥ 轉角外圓角

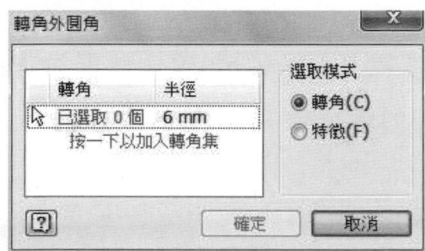

選項說明

◉ 選取模式

有轉角與特徵模式可以選擇。選取時若欲將已選取的轉角移除，則需先按住「Ctrl 或 Shift」鍵再點選欲移除的轉角即可。

說明	運算結果
當選取模式為「轉角」時，可建立一個或多個轉角圓角。	
當選取模式為「特徵」時，可選取或移除一個特徵的所有轉角圓角。	

→ 應用實例一

操作步驟

STEP ①

①單擊 開啟 📂 以開啟練習檔案 → Ch3\轉角外圓角\轉

角外圓角_應用實例一.ipt，如圖所示。

STEP ②

①單擊 轉角外圓角 。

②單擊 邊線。

③單擊 邊線。

④輸入圓角半徑值 3。

⑤單擊 按一下以加入轉角集。

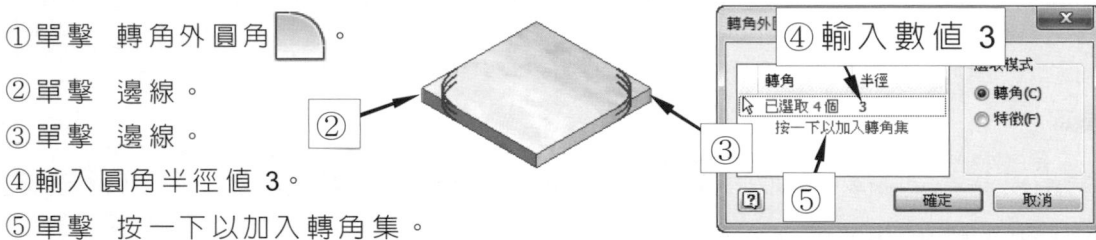

STEP ③

①單擊 邊線。

②單擊 邊線。

③輸入圓角半徑值 6。

④單擊 確定 。

完成如右圖所示之轉角外圓角特徵建構。

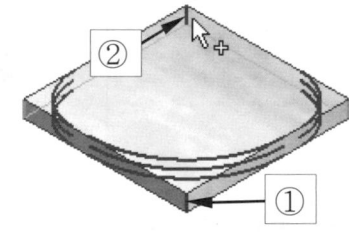
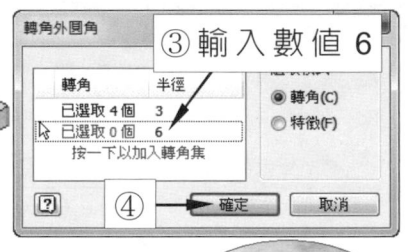

STEP ④

①於轉角外圓角 1 上單擊滑
　鼠右鍵。
②單擊　編輯特徵。

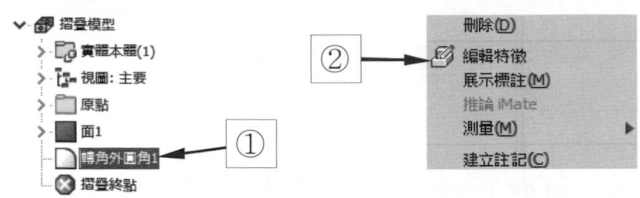

STEP ⑤

①單擊　✎　圖示使改變為箭頭
　↖。
②按住「Ctrl 或 Shift」鍵並單擊
　「A」「B」邊線，此兩邊線即會
　被取消選取。
③單擊　確定　。

完成如圖所示之轉角外圓角特徵建構。

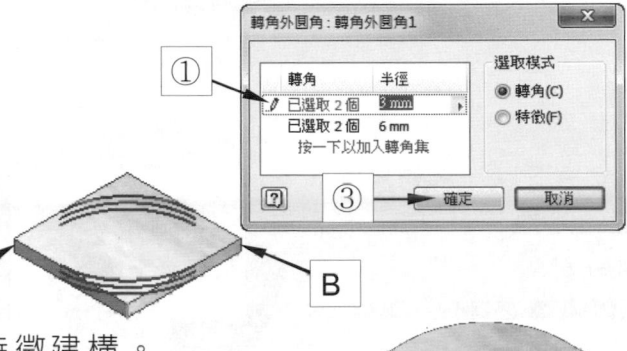

→ 應用實例二

操作步驟

STEP ①

①單擊　開啟 📂 以開啟練習檔案 → Ch3\轉角外圓角\轉
　角外圓角_應用實例二.ipt，如圖所示。

STEP ②

① 單擊 轉角圓外角 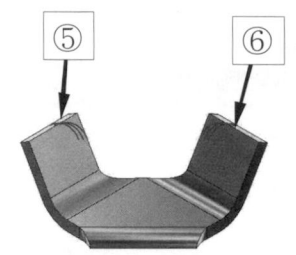 。

② 輸入圓角半徑值 2。

③ 按 Enter 鍵。

④ 單擊 特徵選項。

⑤ 單擊 左上特徵。

⑥ 單擊 右上特徵。

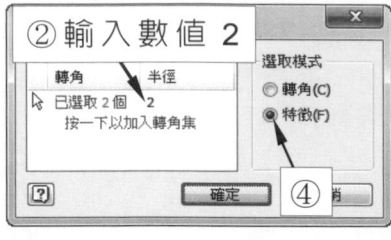

STEP ③

① 單擊 按一下以加入轉角集。

② 輸入圓角半徑值為 3.5。

③ 按 Enter 鍵。

④ 單擊 特徵選項。

⑤ 單擊 下方特徵。

⑥ 單擊 確定 。

完成如右圖所示之轉角外圓角特徵。

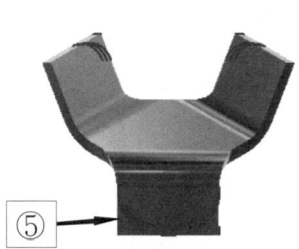

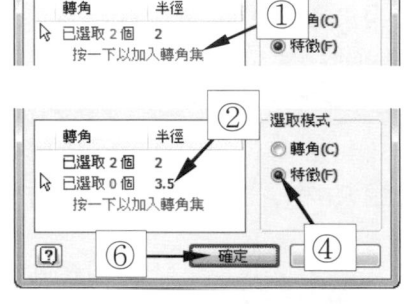

3-3-10 轉角倒角

前言：在板金零件上加入一個或多個轉角倒角。其作法與零件特徵中建立倒角的方式相同。

指令位置

板金 → 轉角倒角

→ 應用實例一

（操作步驟）

STEP ①

① 單擊　開啟 📂　以開啟練習檔案 → Ch3\轉角倒角\
轉角倒角_應用實例一.ipt，如圖所示。

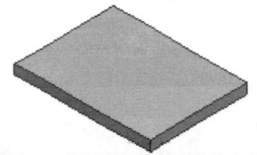

STEP ②

① 單擊　轉角倒角 ◣ 。
② 單擊　板金特徵邊線。
③ 輸入 距離 2。
④ 單擊　［ 確定 ］ 。

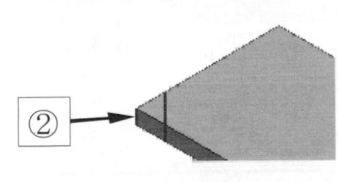

STEP ③

① 單擊　轉角倒角 ◣ 。
② 單擊　距離與角度。
③ 單擊　板金件端面。
④ 單擊　邊線。
⑤ 輸入 距離數值 2。
⑥ 輸入 角度數值 30。
⑦ 單擊　［ 確定 ］ 。

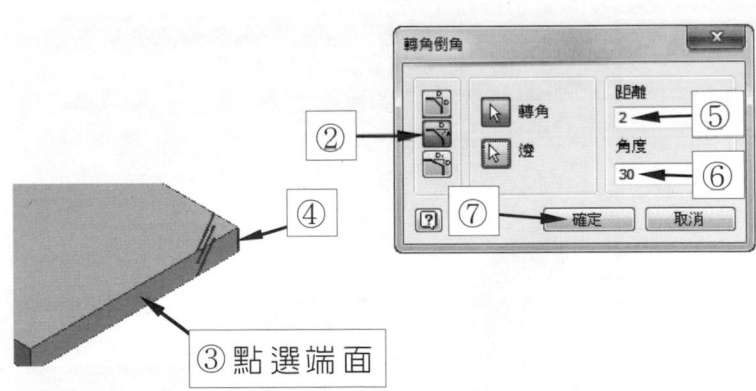

③ 點選端面

STEP ④

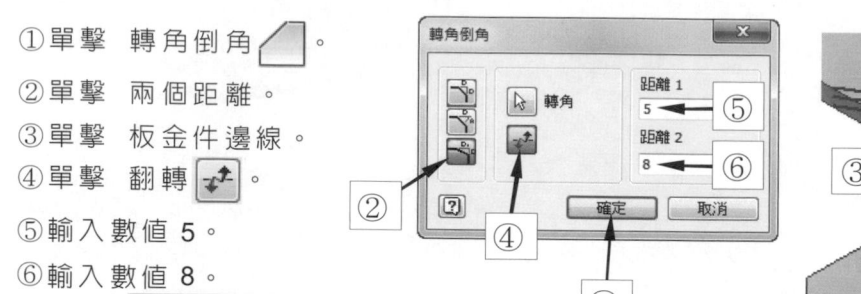

① 單擊　轉角倒角　。
② 單擊　兩個距離。
③ 單擊　板金件邊線。
④ 單擊　翻轉　。
⑤ 輸入 數值 5。
⑥ 輸入 數值 8。
⑦ 單擊　確定　。

3-3-11　沖孔工具

前言：「沖孔工具」可使您在板金面上沖製已經建構好特徵的形狀，但在使用沖孔工具建立切割或形狀之前，必須先建立一個或多個草圖點或孔中心來定位沖孔形狀。同一個草圖若有多個中心點，系統會全部選取，若要移除部分中心點只要按住 Ctrl 鍵再點選欲移除的中心點就可以了。

指令位置

板金 →　沖孔工具

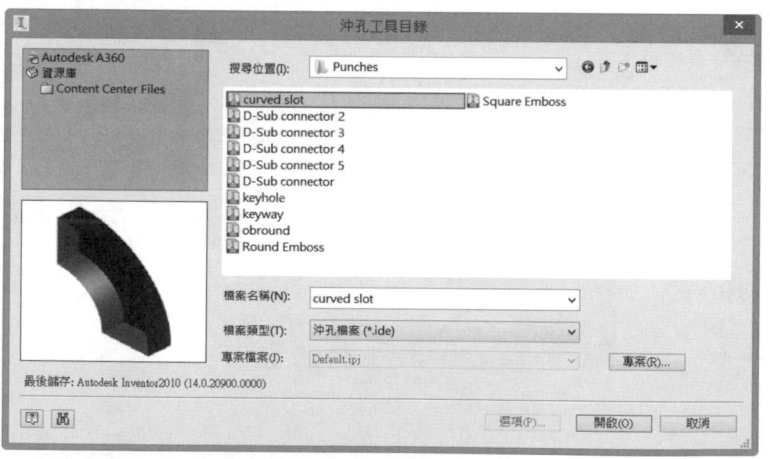

→ 應用實例一

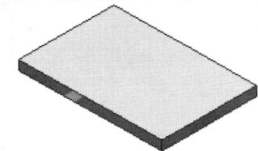  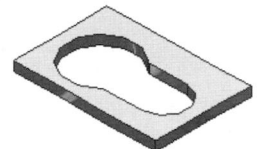

操作步驟

STEP 1

①單擊 開啟 📁 以開啟練習檔案 → Ch3\沖孔工具\沖

孔工具_應用實例一.ipt，如圖所示。

STEP 2

①單擊 開始繪製 2D 草圖 📐。
②單擊 板金特徵頂面。
③單擊 點、中心點 ┼。
④於特徵頂面建立點。
⑤單擊 ✔ 完成草圖。

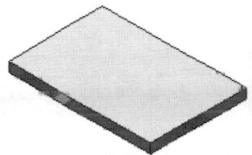

STEP 3

①單擊 沖孔工具 🔧。
②單擊「keyhole.ide」。
③單擊 開啟(O)。
④單擊 幾何圖形標籤。
⑤輸入旋轉角度「90」。

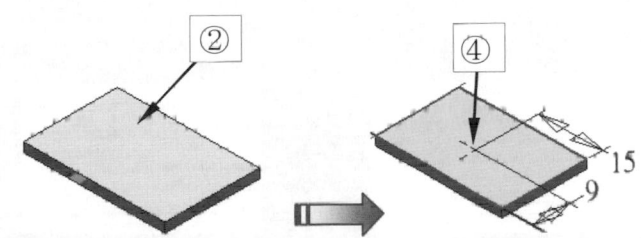

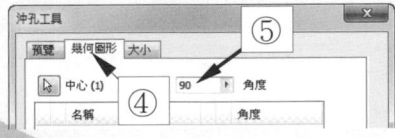

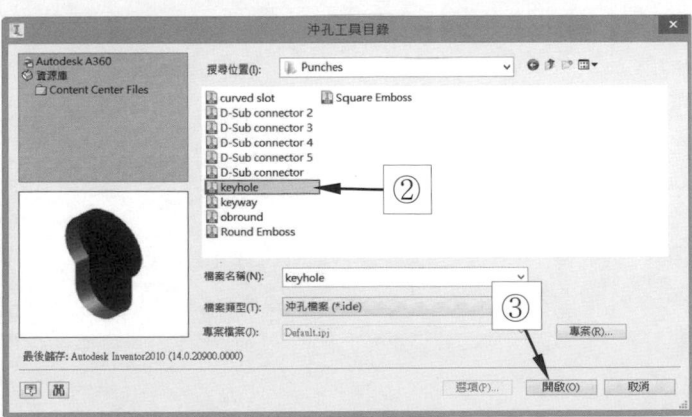

STEP 4

①單擊 大小標籤。

②輸入長度值為「1 in」。

③單擊 重新整理。

④單擊 完成 。

⑤完成如圖所示。

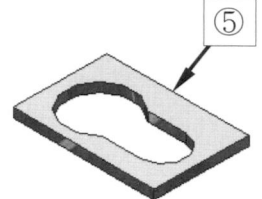

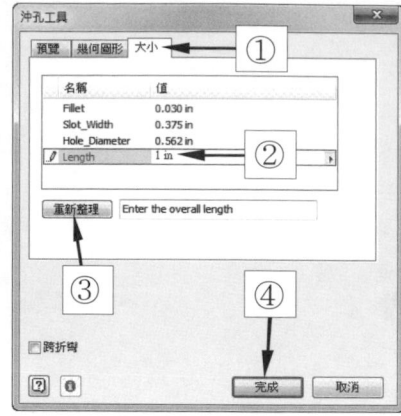

3-3-12 裂口

前言：移除封閉模型的材料以便展平模型。

指令位置

　　板金 → 裂口

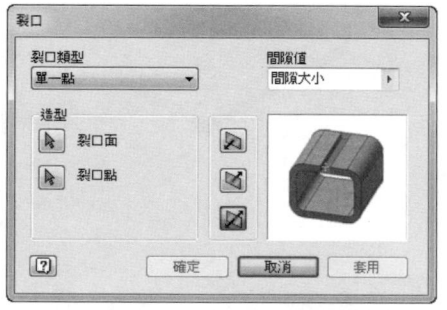

選項說明

⬦ 裂口類型

有單一點、點對點及面實際範圍三種類型。

裂口類型		
單一點	點對點	實際範圍
指定裂開的面和面邊上的單一點建立裂口特徵。	指定裂開的面和面邊上的兩個點建立裂口特徵。指定的點可以是工作點、特徵點及草圖點。	指定要移除的模型面來建立裂口特徵。

⬦ 間隙值

根據板金預設設定的裂口間隙值，指定裂口的間隙值。若必要時，亦可於間隙值對話框中直接輸入欲指定之間隙值。

⬦ 翻轉裂口成型的方向

與擠出的方向翻轉相同。內定值為往所指定點的兩側成型。

→ 應用實例一

操作步驟

STEP 1

①單擊　開啟 📁 以開啟練習檔案 → Ch3\裂口\
裂口_應用實例一.ipt，如圖所示。

STEP 2

①單擊　裂口 ⬚。
②單擊　零件頂面。
③單擊　邊線的中點。
④輸入間隙值為 3。
⑤單擊　　確定　。
⑥完成如圖所示。

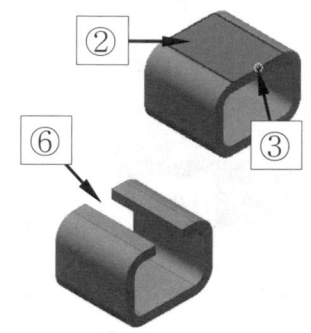

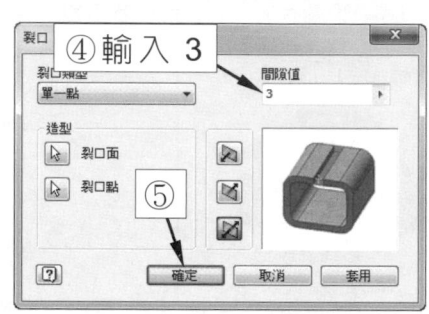

→ **應用實例二**

操作步驟

STEP 1

①單擊　開啟 📁 以開啟練習檔案 → Ch3\裂口\裂
口_應用實例二.ipt，如圖所示。

STEP ②

① 單擊　裂口 。

② 單擊　點對點。

③ 單擊　零件表面。

④ 單擊　工作點。

⑤ 單擊　工作點。

⑥ 單擊　　確定　。

⑦ 完成如圖所示。

→ 應用實例三

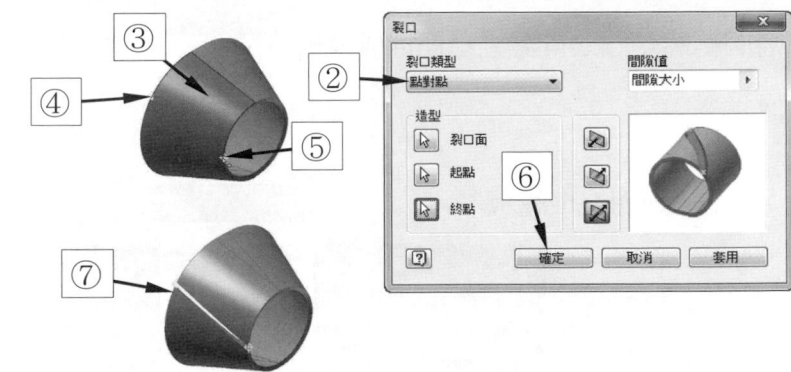

操作步驟

STEP ①

① 單擊　開啟 以開啟練習檔案 → Ch3\裂口\裂

口_應用實例三.ipt，如圖所示。

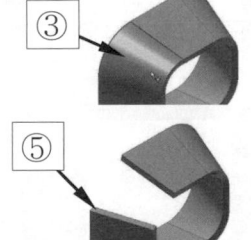

STEP ②

① 單擊　裂口 。

② 單擊　面實際範圍。

③ 單擊　零件表面。

④ 單擊　　確定　。

⑤ 完成如圖所示。

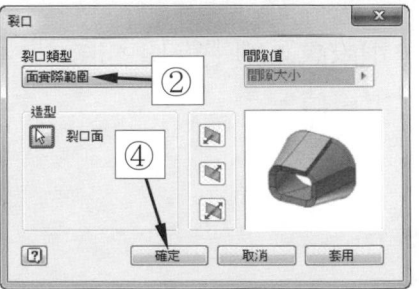

3-3-13　斷面混成彎板

前言：在兩個輪廓草圖之間建立斷面混成彎板特徵。

指令位置

板金 →　斷面混成彎板

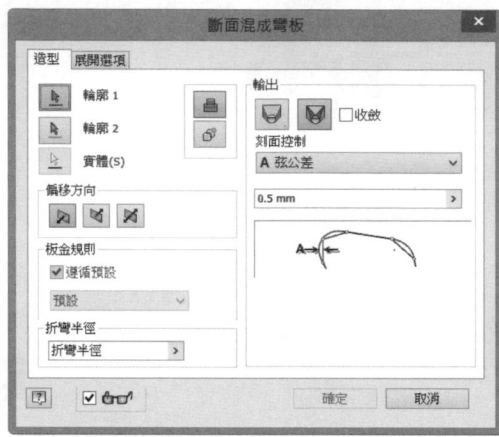

選項說明

▣ 輪廓

斷面混成彎板的草圖輪廓。草圖輪廓可以是封閉及開放的。

▣ 翻轉板厚的方向

與擠出的方向翻轉相同。

▣ 折彎半徑

根據板金預設設定的半徑值，指定折彎的半徑。若必要時，亦可於半徑對話框中直接輸入欲指定之半徑值。

◖ 輸出

可輸出為成型模 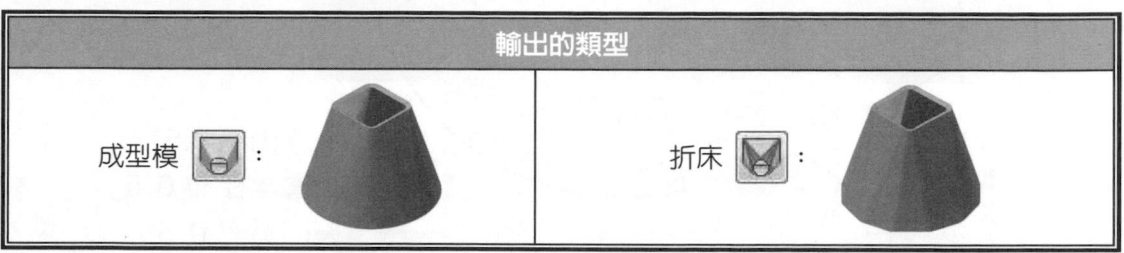 及折床 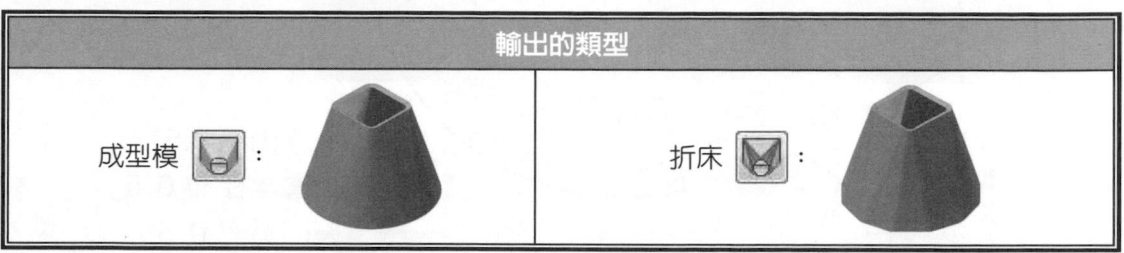 。點選折床時，可以設定刻面控制的方式及勾選收斂。

輸出的類型	
成型模 ：	折床 ：

◖ 刻面控制

當點選輸出為折床時，可設定弦公差、刻面角度及刻面距離三種刻面控制方式。

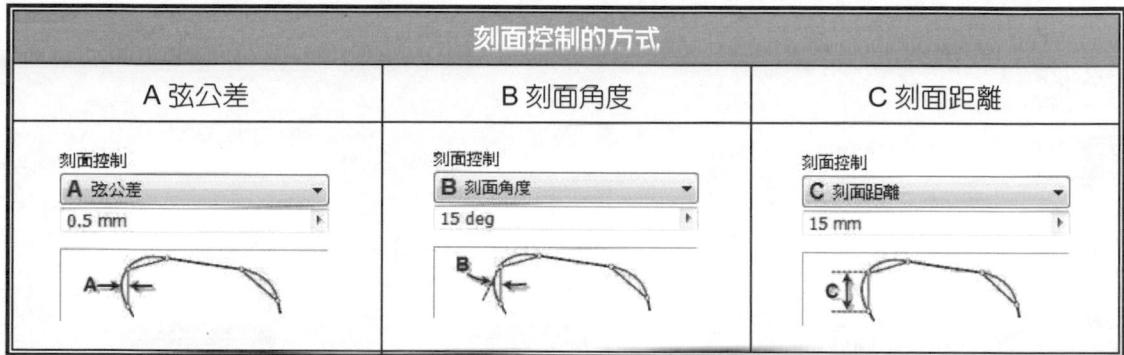

刻面控制的方式		
A 弦公差	B 刻面角度	C 刻面距離
刻面控制 A 弦公差 0.5 mm	刻面控制 B 刻面角度 15 deg	刻面控制 C 刻面距離 15 mm

◖ 收斂

輸出類型為折床時可勾選。

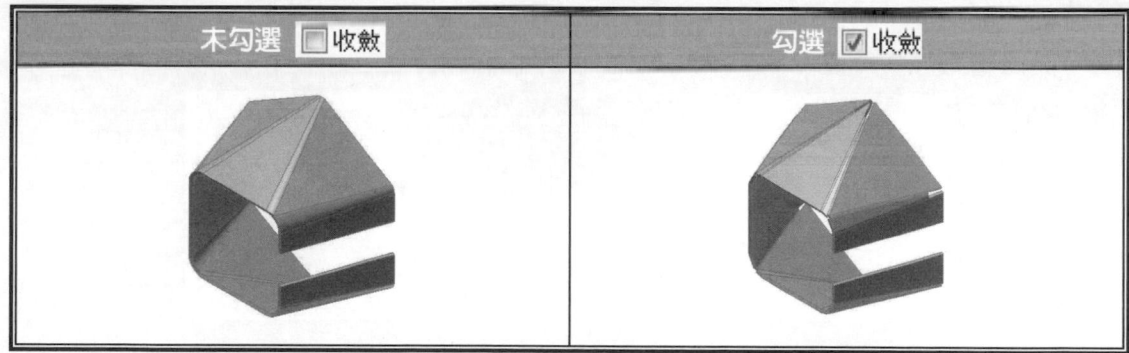

末勾選 收斂	勾選 收斂

→ 應用實例一

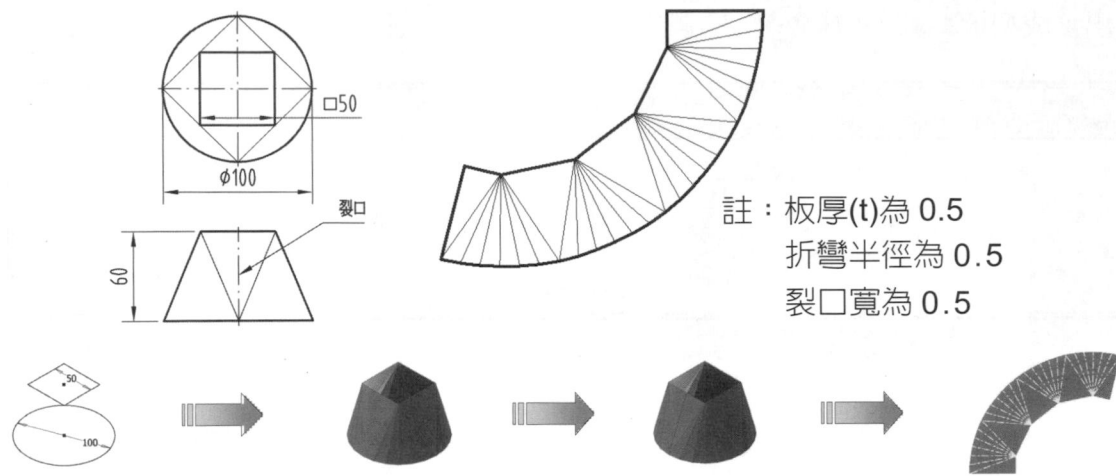

註：板厚(t)為 0.5
折彎半徑為 0.5
裂口寬為 0.5

口50
φ100
裂口
60

操作步驟

STEP ①

① 單擊 新建 □ 。

② 雙擊 Sheet Metal.ipt → 按 F6 鍵。

③ 開啟工作平面的可見性。

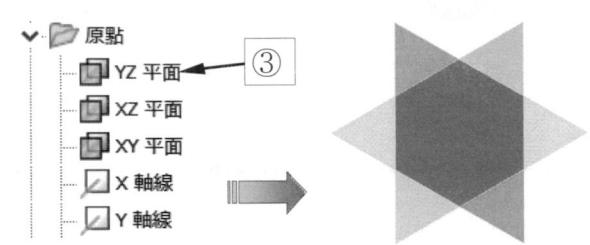

✓ 📁 原點
　📦 YZ 平面 ← ③
　📦 XZ 平面
　📦 XY 平面
　▢ X 軸線
　▢ Y 軸線

STEP ②

① 單擊 開始繪製 2D 草圖 📐 。

② 單擊 XY 平面。

③ 單擊 投影幾何圖形 📰 。

④ 單擊 XZ 平面。

⑤ 單擊 YZ 平面。

⑥ 按 Esc 鍵。

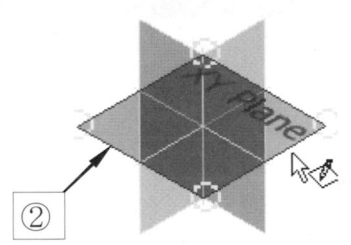

②

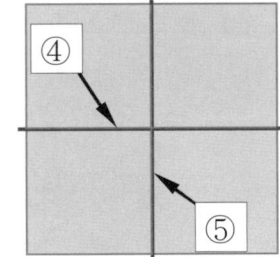

④

⑤

STEP ③

①繪製直徑為 100 的圓。
②單擊 ✔ 完成草圖。

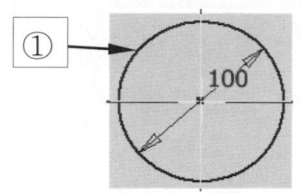

STEP ④

①單擊 ⬜ 平面。

②在 XY 平面上按住滑鼠左鍵並往上拖曳。

③放開滑鼠左鍵，於對話框中輸入 60。

④單擊 ✔ 確定。

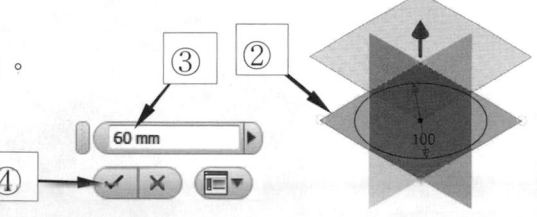

STEP ⑤

①單擊 開始繪製 2D 草圖 📐。

②單擊 工作平面 1。

③以「兩點中心點矩形」指令繪製邊
　長為 50 的正方形。

④單擊 ✔ 完成草圖。

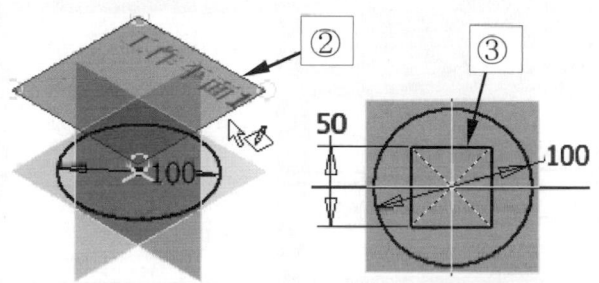

STEP ⑥

①單擊 板金預設 🎲。

②單擊 編輯板金規則 ✏。

③確認板金厚度為 0.5mm。

④單擊 完成(O) 。

⑤單擊 是(Y) (未變更則取消)。

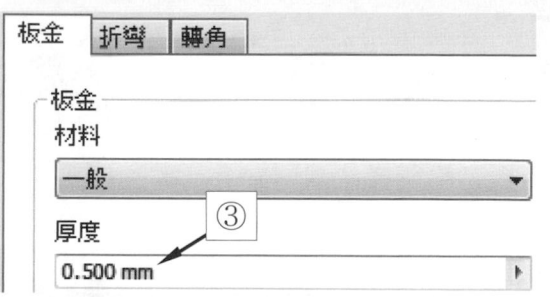

STEP ⑦

①單擊 斷面混成彎板 ⬢。

②單擊 正方形草圖。

③單擊 圓形草圖。

④單擊 ▢確定 。

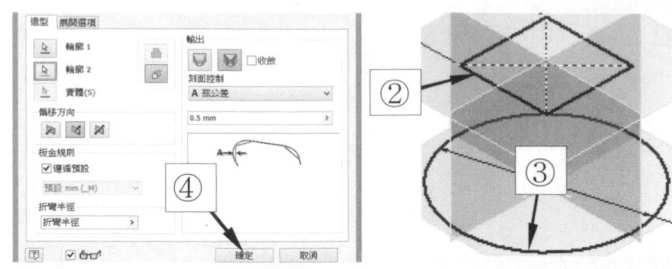

STEP ⑧

①將所有工作平面的可見性取消。

②單擊 裂口 ▨。

③單擊 左側平面。

④單擊 邊線的中點。

⑤單擊 ▢確定 。

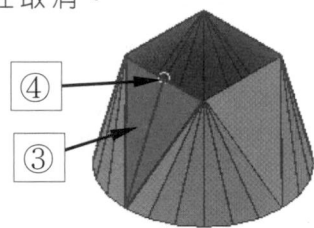

STEP ⑨

①單擊 建立展開圖 ▣。

②板金零件建立成展開圖。

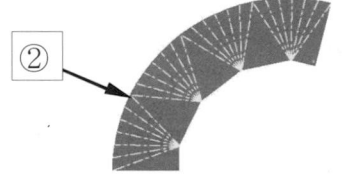

STEP ⑩

①單擊 移往摺疊零件 ▣。

②回到未展開前的板金零件。

③瀏覽器多了展開圖。

④單擊 移往展開圖 ▣，板金零件再以展開圖呈現。

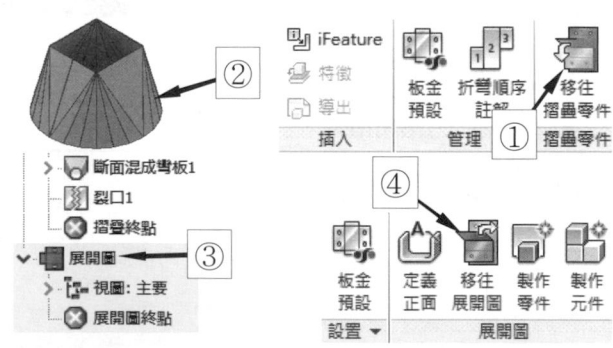

精選練習範例

請完成下列各題「斷面混成彎板」之板金實體特徵，並執行 建立展開圖 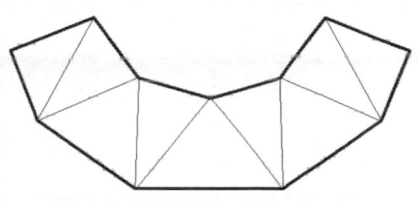。

1

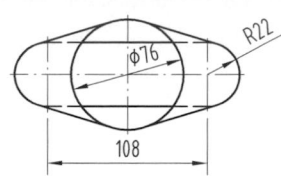

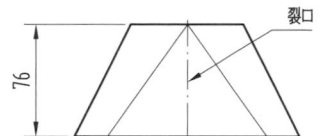

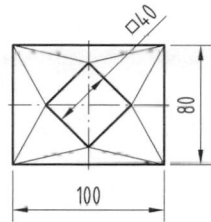

註：1.板厚（t）為 1。

　　2.折彎半徑為 1。

　　3.裂口寬為 1。

2

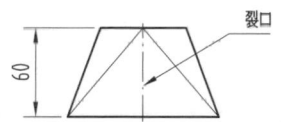

註：1.板厚（t）為 0.5。

　　2.折彎半徑為 0.5。

　　3.裂口寬為 0.5。

3-3-14　型輥

前言：加厚多段輪廓並繞著軸線作迴轉特徵，輪廓與軸線必須在同一個草圖中。輪廓為單
一直線時才能建立 360 度的型輥特徵。型輥特徵會設定的折彎半徑值將尖銳的草圖
轉角轉換為零件的折彎。

指令位置

板金 → 型輥

選項說明

◖ 輪廓

型輥的草圖輪廓。草圖輪廓必須是開放的。

◖ 翻轉板厚、扭轉的方向

與擠出的方向翻轉相同。

◖ 扭轉角度

迴轉特徵成型的角度。

▮● 取消扭轉與展開

設定型輥特徵展開時的計算方式。包括有形心圓柱、自訂圓柱、延長長度、中立半徑四種
方式。延長長度(L)為型輥展開時的長度，延長長度(L)等於中立半徑(R)乘以扭轉角度(A)。

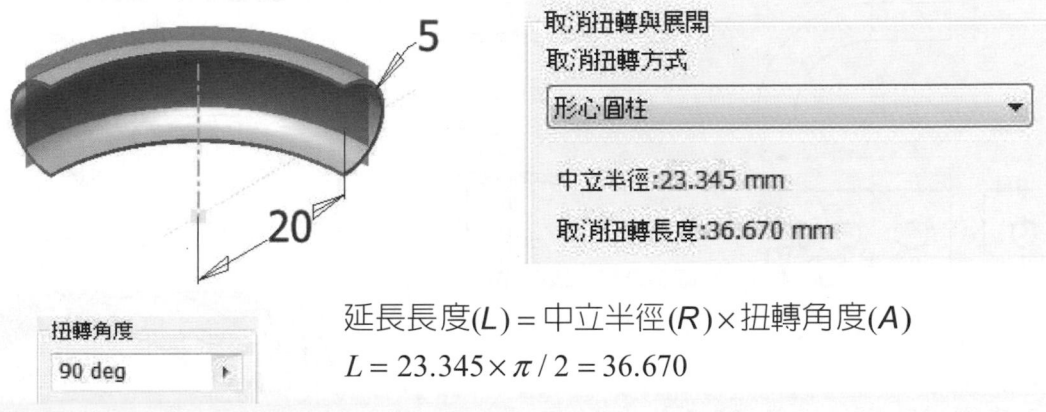

延長長度(L) = 中立半徑(R) × 扭轉角度(A)

$$L = 23.345 \times \pi / 2 = 36.670$$

▮● 形心圓柱

預設方式。系統會計算出形心的位置，來定義中立圓表面。

▮● 自訂圓柱

指定中立軸線，定義圓柱中立圓表面。

▮● 延長長度

指定輸入扭轉角度展開明確的長度。

▮● 中立半徑

指定輸入中立半徑的明確值。

▮● 展開規則

與 3-2-1 節中介紹的展開規則相同。內定會以板金預設中的設定值為預設值，亦可於展開規
則選單中重新點選。

▮● 折彎半徑

根據板金預設設定的半徑值，指定折彎的半徑。若必要時，亦可於半徑對話框中直接輸入
欲指定之半徑值。

➔ 應用實例一

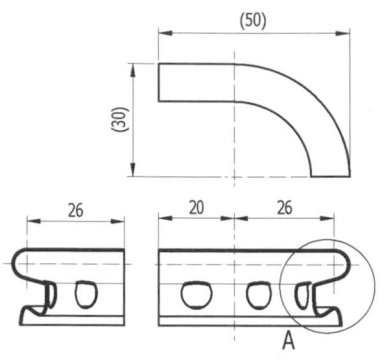

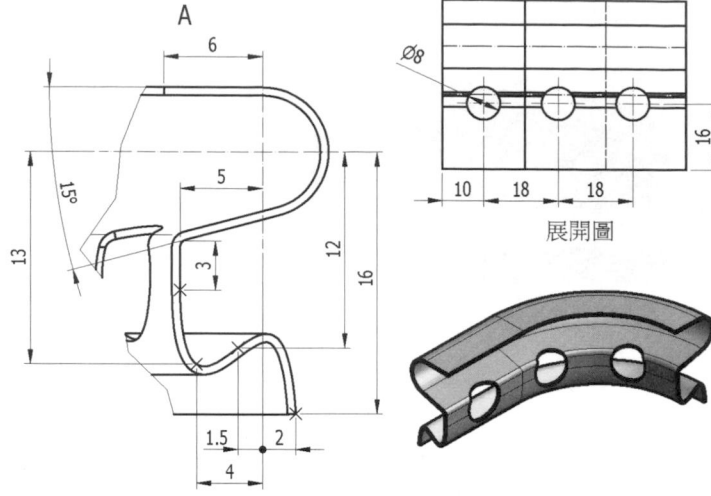

展開圖

註：1.板厚（t）為 0.5。
  2.折彎半徑為 0.5。
  3.未標註之圓角皆為 R0.5

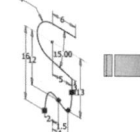   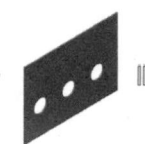 

操作步驟

STEP 1

① 單擊 新建 □。

② 雙擊 Sheet Metal.ipt。

③ 按 F6 鍵。

④ 開啟工作平面的可見性。

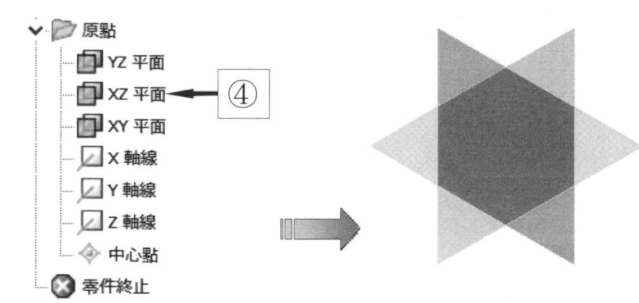

STEP ❷

① 單擊 開始繪製 2D 草圖 📝 。

② 單擊 XZ 平面。

③ 繪製如圖所示的圖形。

④ 單擊 ✔️ 完成草圖。

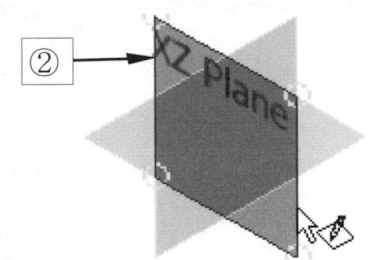

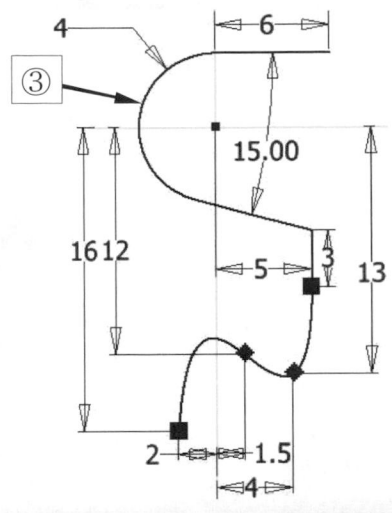

STEP ❸

① 單擊 板金預設 📇 。

② 單擊 編輯板金規則 📝 。

③ 修改板金厚度為 0.5mm。

④ 單擊 [儲存並關閉] 。

⑤ 單擊 [取消] 。

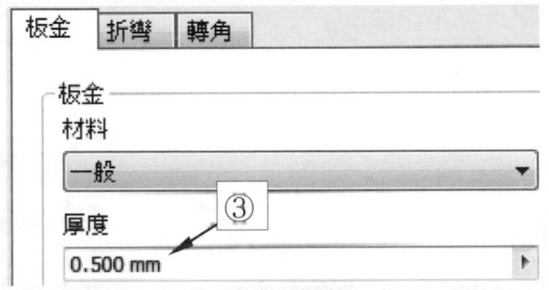

STEP ❹

① 單擊 輪廓線凸緣 📄 。

② 單擊 輪廓草圖。

③ 輸入 20。

④ 單擊 [確定]

⑤ 將工作平面可見性關閉。

⑥ 完成如圖所示之特徵。

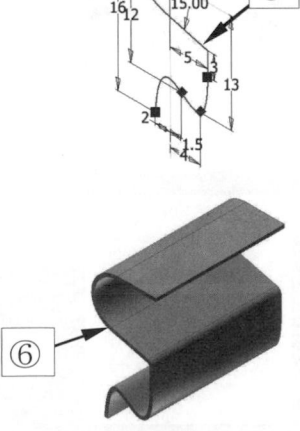

STEP ⑤

①單擊 ViewCube 右上方角點。

②單擊 開始繪製 2D 草圖 ⬚。

③單擊 特徵右側面。

④單擊 投影幾何圖形 ⬚。

⑤單擊 特徵外側邊線 A、B、C、D、E、F。

⑥若邊線 G、H、I有被投影則更改為建構線 ⟍。

⑦畫垂直線 K，標註中心距 26。

⑧單擊 ✔ 完成草圖，按 F6 鍵。

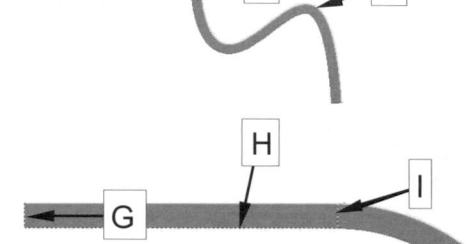

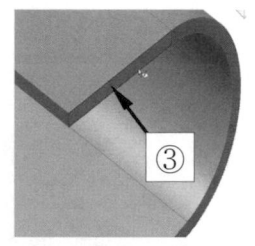

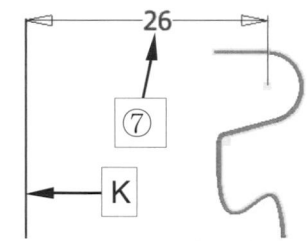

STEP ⑥

①單擊 型輥 ⬚。

②單擊 草圖輪廓。

③單擊 草圖直線。

④輸入 90。

⑤單擊 ▢ 確定 ▢ 。

⑥完成如圖所示。

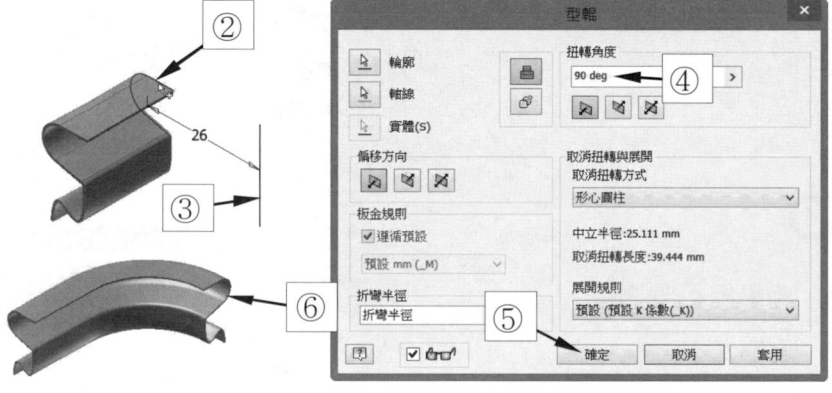

STEP ⑦

① 單擊　展開 📇。

② 單擊　工作平面。

③ 單擊　加入全部滾動 📇。

④ 單擊　[確定]。

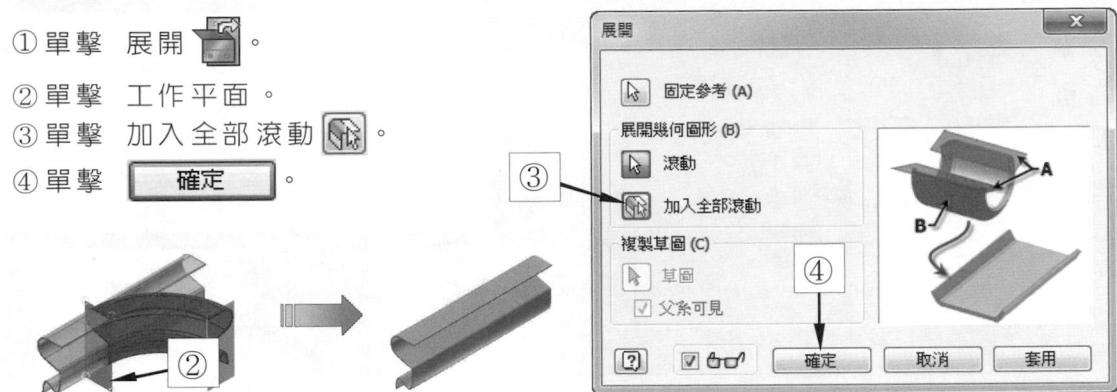

STEP ⑧

① 單擊　開始繪製 2D 草圖 📐。

② 單擊　右側平面。

③ 繪製 3 個圓形。

④ 單擊　✔完成草圖。

STEP ⑨

① 單擊　切割 □。

② 單擊　A、B、C 三個圓。

③ 變更為全部。

④ 單擊　[確定]。

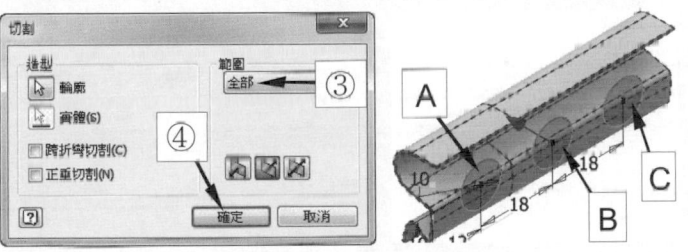

STEP ⑩

①單擊 重新摺疊 。

②單擊 平面。

③單擊 加入全部滾動 。

④單擊 確定 。

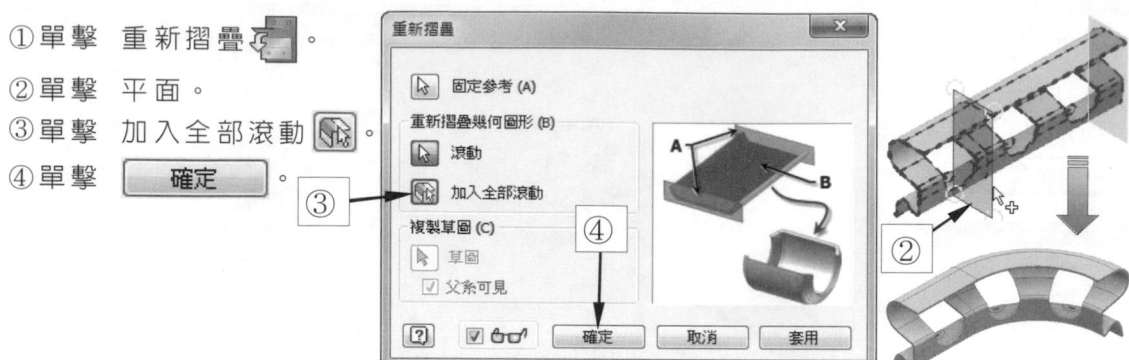

STEP ⑪

①單擊 建立展開圖 。

②板金零件建立成展開圖。

③單擊 移往摺疊零件 。

②展開圖

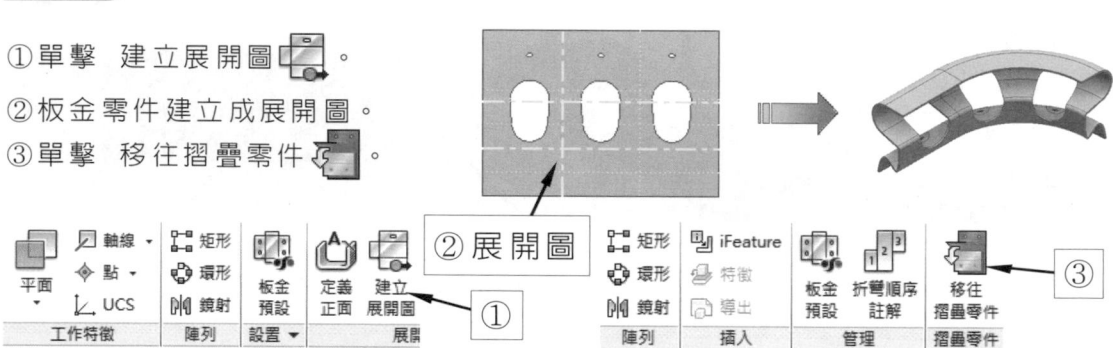

3-3-15　展開

前言：展開可以將板金特徵中的折彎、型鋸展平，展平後可以加入特徵，例如：切割。有
　　　時模型在平面時板金特徵更容易建立，這些特徵通常會橫跨加工零件的折彎區域。

指令位置

　　板金 → 展開

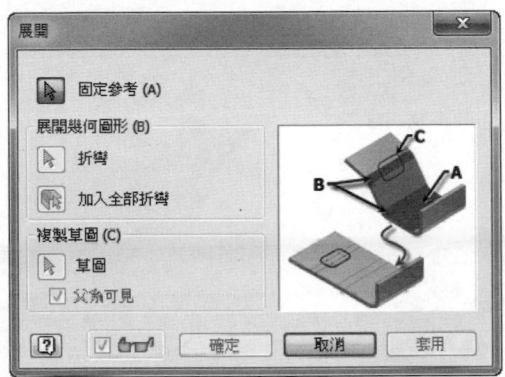

選項說明

◖ 固定參考

點選平面或特徵面作為展開參考固定面。

◖ 折彎

點選要展開的折彎特徵，可複選。

◖ 加入全部折彎

點選板金零件中所有的折彎特徵，如果要展開大部分的折彎時，可以點選此選項，再按住
Ctrl 鍵點選不需要展開的折彎特徵。

◖ 草圖

點選板金零件中未消耗的草圖，一併展開。

當欲展開的板金特徵為 **型鋸** 時，畫面如下：

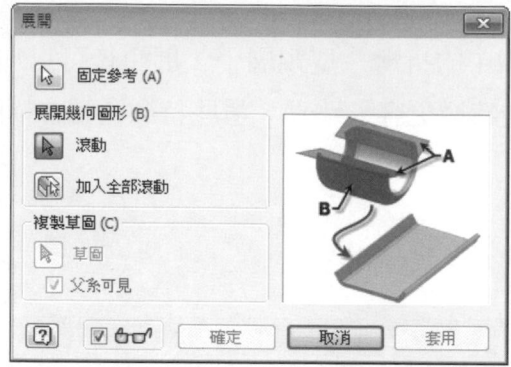

→ 應用實例一

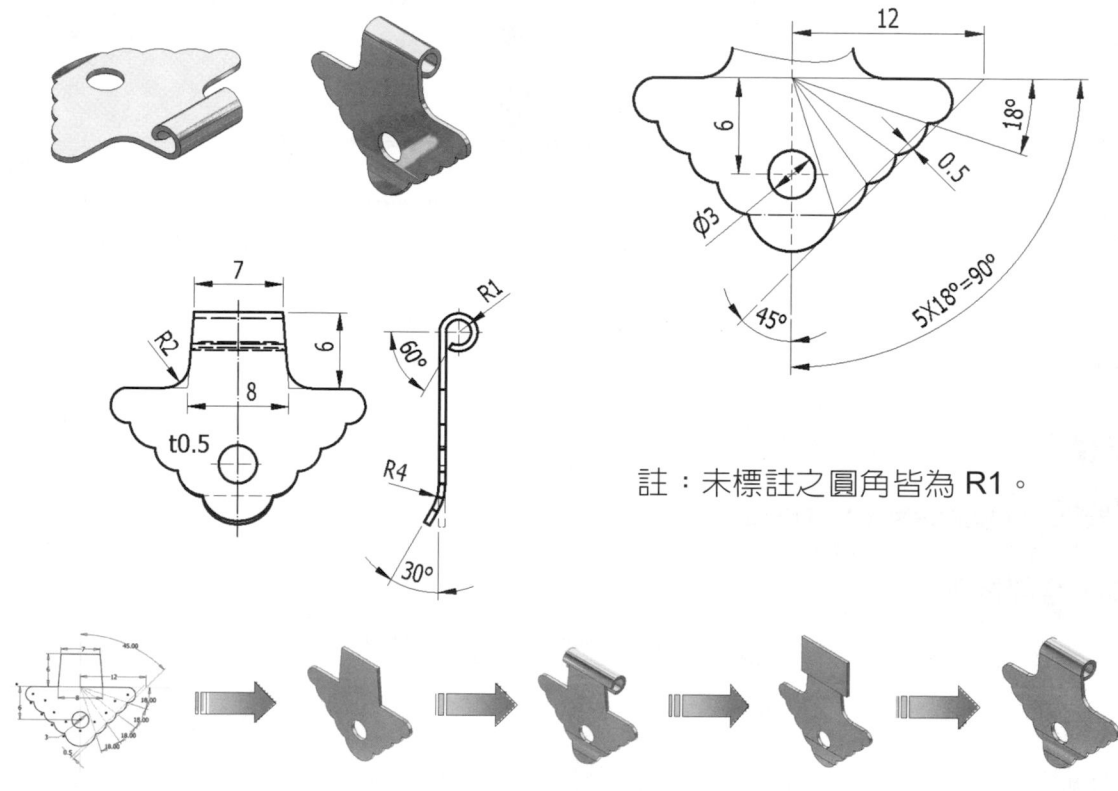

註：未標註之圓角皆為 R1。

操作步驟

STEP ①

①單擊　新建　□。

②雙擊　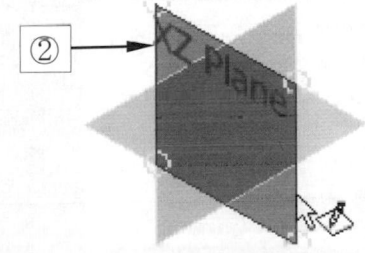　Sheet Metal.ipt。

③按 F6 鍵。

④開啟工作平面的可見性。

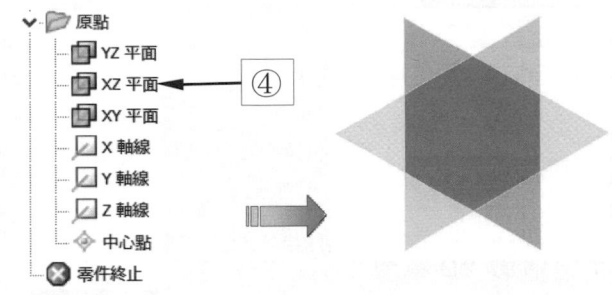

STEP ②

①單擊　開始繪製 2D 草圖 ▱。

②單擊　XZ 平面。

③繪製如圖所示的圖形。

④單擊　✔完成草圖。

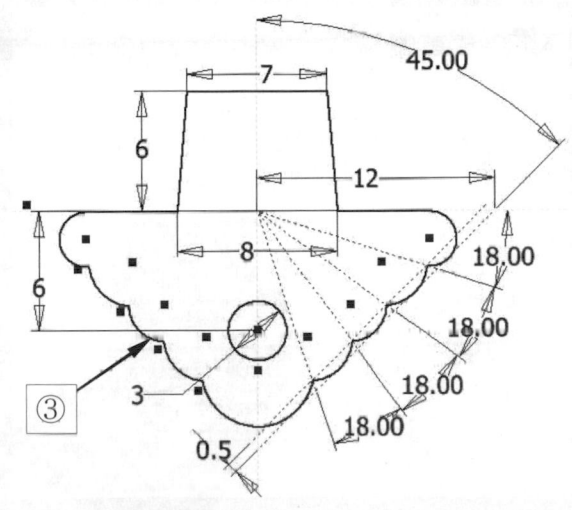

STEP ③

①單擊　板金預設 🔳。

②單擊　編輯板金規則 ✏。

③修改板金厚度為 0.5mm。

④單擊　折彎 標籤。

⑤修改折彎半徑為 4mm。

⑥單擊　完成(O)。

⑦單擊　是(Y)，取消。

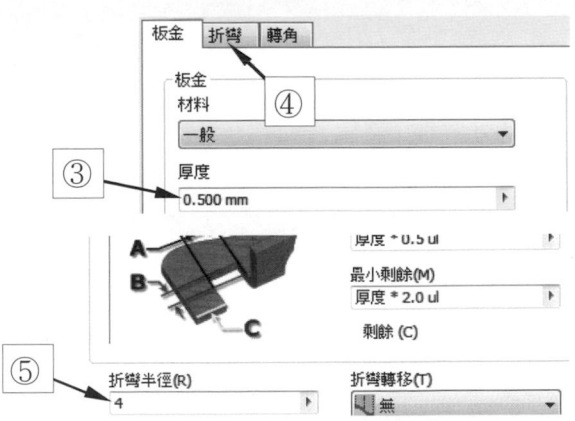

STEP ④

①單擊 面 ▨ 。

②單擊 封閉輪廓。

③單擊 ▣ 確定 ▣ 。

④取消所有工作平面之可見性。

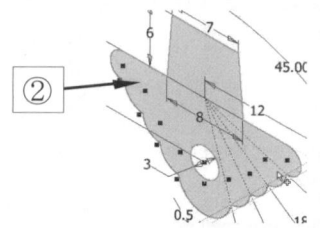

STEP ⑤

①單擊 開始繪製 2D 草圖 ▨ 。

②單擊 板金特徵左側面。

③繪製如圖所示的水平線，水平線
　的兩端點與輪廓重合。

④單擊 ✔ 完成草圖。

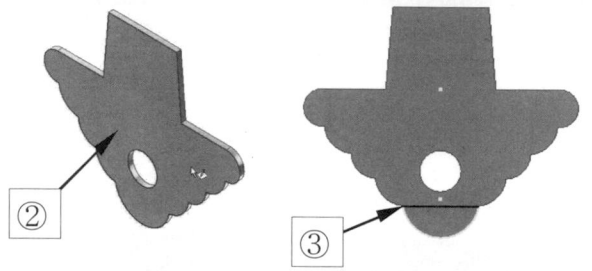

STEP ⑥

①單擊 摺疊 ▨ 。

②單擊 草圖線段。

③單擊 翻面 ▧ 往下。

④輸入摺疊角度 30。

⑤單擊 ▣ 確定 ▣ 。

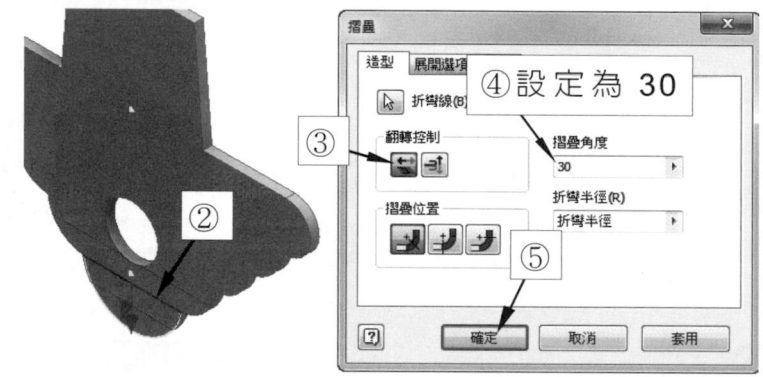

④設定為 30

STEP ⑦

① 單擊　折邊 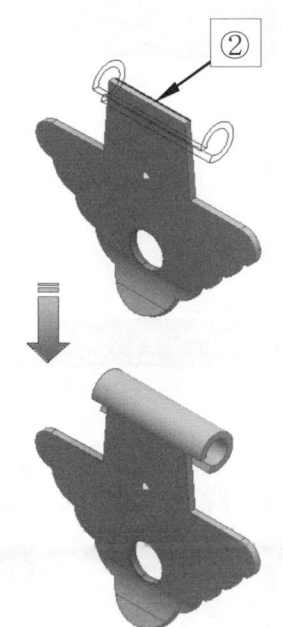。
② 單擊　邊線。
③ 單擊　捲起式。
④ 輸入　1。
⑤ 輸入　300。
⑥ 單擊　更多 >>。
⑦ 單擊　寬度。
⑧ 輸入　10。
⑨ 單擊　確定。

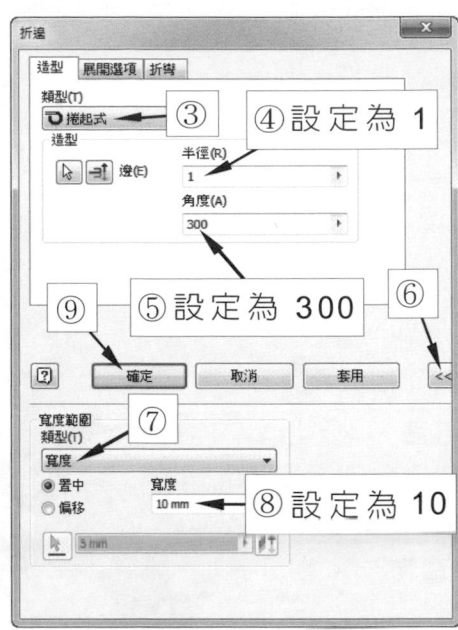

STEP ⑧

① 單擊　展開 。
② 單擊　平面。
③ 單擊　加入全部折彎 。
④ 單擊　確定。

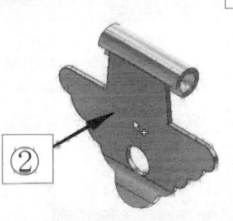

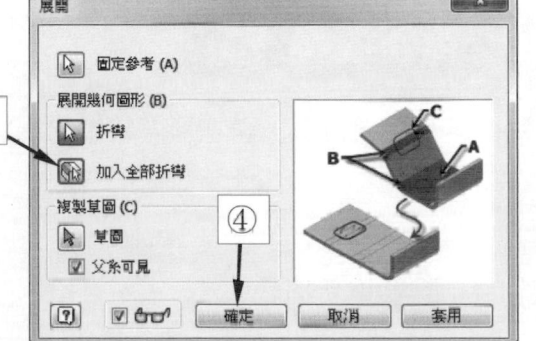

STEP ⑨

① 單擊　開始繪製 2D 草圖 。
② 單擊　板金特徵左側面。
③ 單擊　投影切割邊 。
④ 繪製斜線 A、B 並與邊線 C、D 平行，斜
　　線的端點停在邊線的投影線上。
⑤ 單擊　完成草圖。

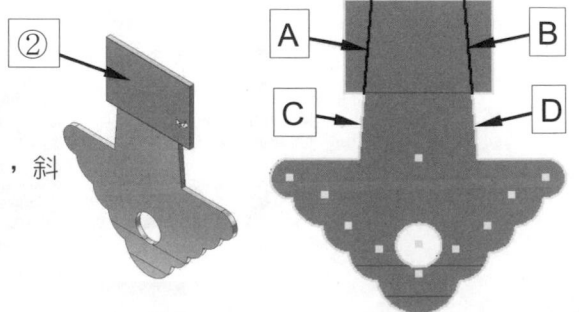

STEP ⑩

①單擊 切割 ☐ 。

②單擊 封閉區域。

③單擊 封閉區域。

④單擊 ⬚確定⬚ 。

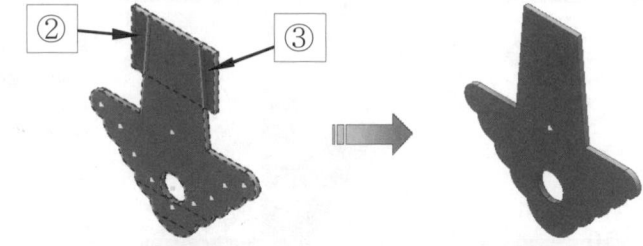

STEP ⑪

①單擊 重新摺疊⬚ 。

②單擊 平面。

③單擊 加入全部折彎 ⬚ 。

④單擊 ⬚確定⬚ 。

⑤完成如圖所示。

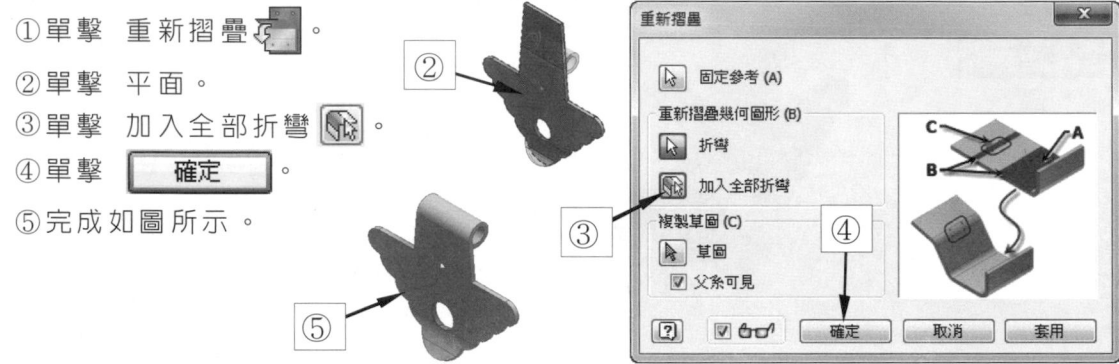

3-3-16　重新摺疊 ⬚

前言：執行重新摺疊特徵，讓在展開特徵之後加入的任何特徵再次摺疊回原始摺疊狀態。

指令位置

　　　板金 → ⬚ 重新摺疊

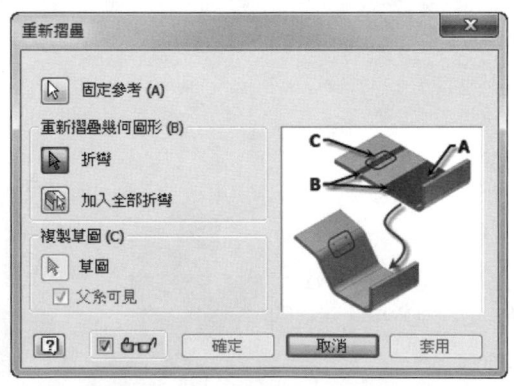

選項說明，請參閱 **3-3-15** 展開之選項說明。

實例操作，請參閱 **3-3-15** 小節應用實例一。

3-3-17　建立展開圖

前言：將板金摺疊模型產生平面圖紙，展圖中會展示折彎線及折彎範圍，並且可以恢復沖
　　　孔 iFeature 的屬性。執行過 建立展開圖  的指令後，如要再回到摺疊模型，則
　　　點選 移往摺疊零件 。

指令位置

　　　板金 →  建立展開圖

實例操作，請參閱 **3-3-13** 小節應用實例一。

3-3-18　綜合應用

→ 綜合應用實例一

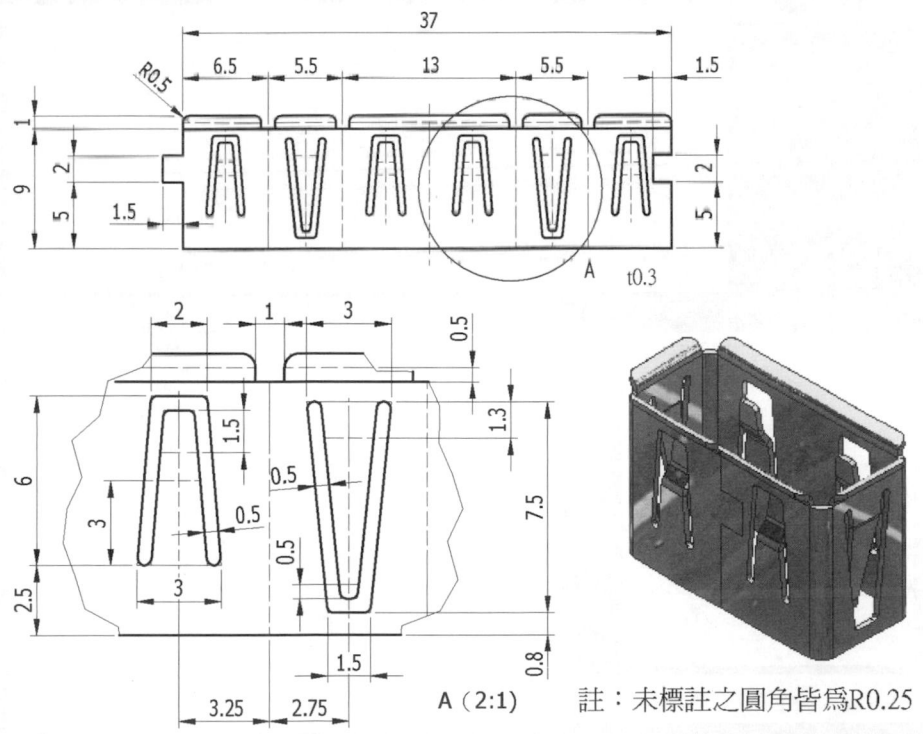

A（2:1）　　　註：未標註之圓角皆為R0.25

板金預設：厚度 0.3 mm；離隙型式直的；折彎半徑 0.5 mm；離隙寬度 0.001 mm；
離隙深度 0.001 mm

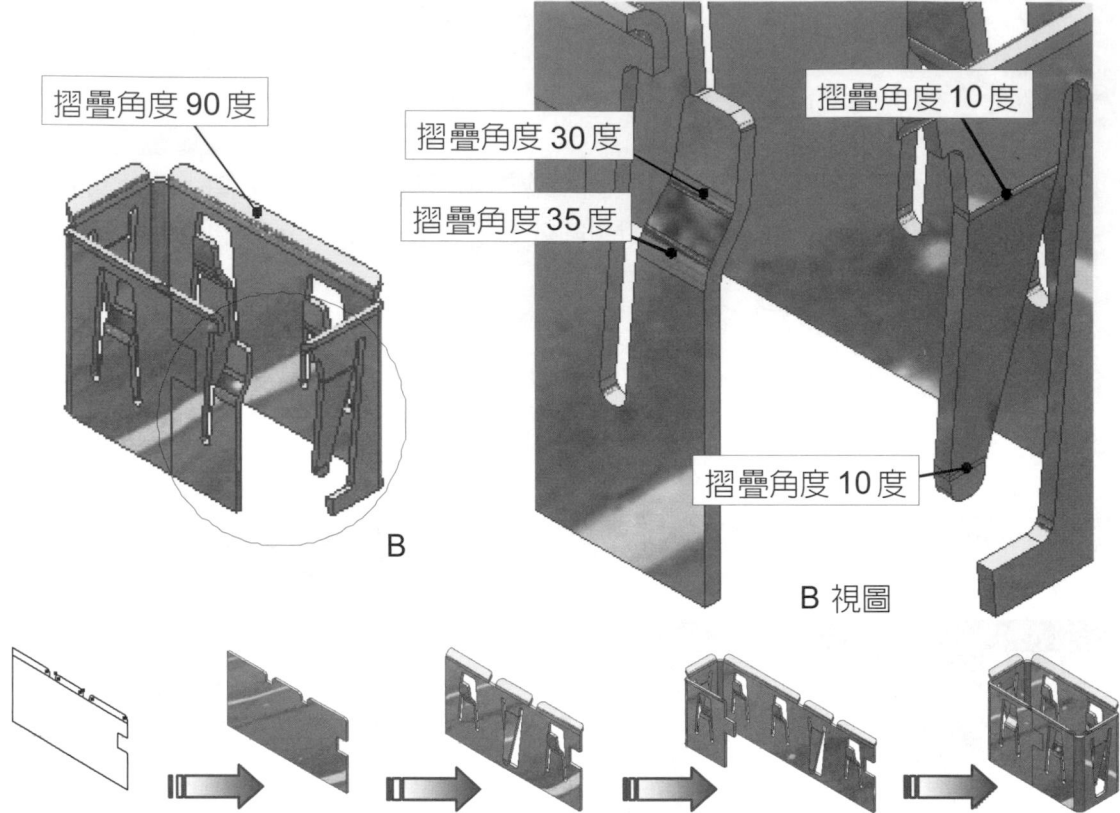

摺疊角度 90 度

摺疊角度 30 度

摺疊角度 35 度

摺疊角度 10 度

摺疊角度 10 度

B

B 視圖

操作步驟

STEP ❶

① 單擊 新建 [□]。

② 雙擊 ⬚ Sheet Metal.ipt 。

③ 按 F6 鍵。

④ 開啟工作平面的可見性。

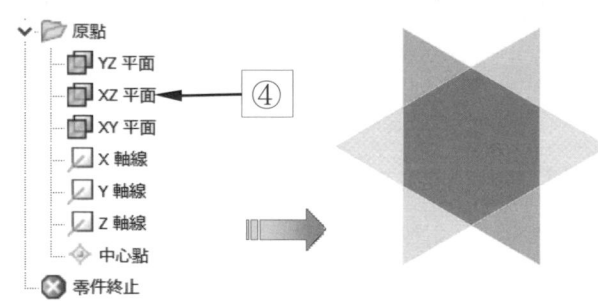

```
✓ 📁 原點
    📄 YZ 平面
    📄 XZ 平面  ◄──── ④
    📄 XY 平面
    ▱ X 軸線
    ▱ Y 軸線
    ▱ Z 軸線
    ◈ 中心點
    ⊗ 零件終止
```

STEP ②

①單擊　開始繪製 2D 草圖 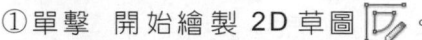。
②單擊　XZ 平面。
③繪製如圖所示的圖形。
④單擊　✔完成草圖。

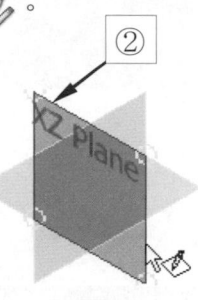
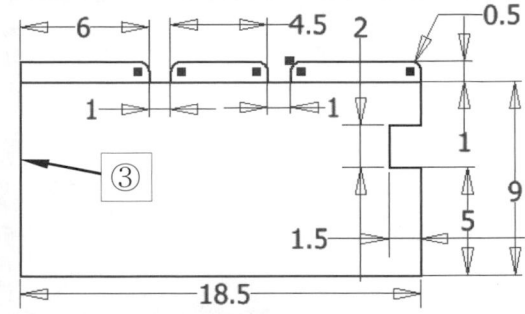

STEP ③

①單擊　板金預設，設定預設值。
②單擊　編輯板金規則 ✐ 。
③修改板金厚度為 0.3mm。
④切換至折彎頁面。
⑤修改離隙形狀為直的。
⑥修改離隙寬度為 0.001mm。
⑦修改離隙深度為 0.001mm。
⑧修改折彎半徑為 0.5mm。
⑨單擊　完成(O)。
⑩單擊　是(Y)，取消。

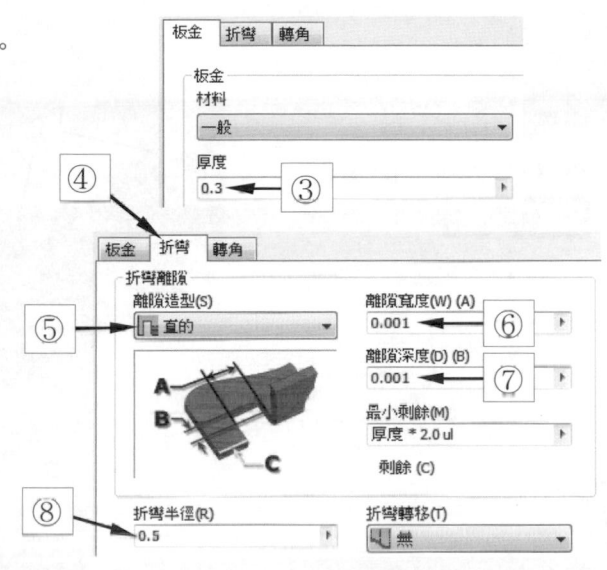

STEP ④

①單擊　面 ⬜ 。
②點選 4 個封閉輪廓。
③單擊　確定。

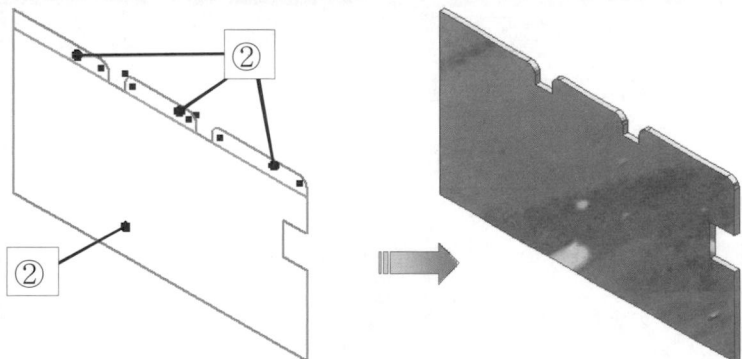

STEP ⑤

①單擊 開始繪製 2D 草圖 。

②單擊 板金件左側面。

③繪製草圖輪廓

　(尺度請閱題目)。

④單擊 ✔完成草圖。

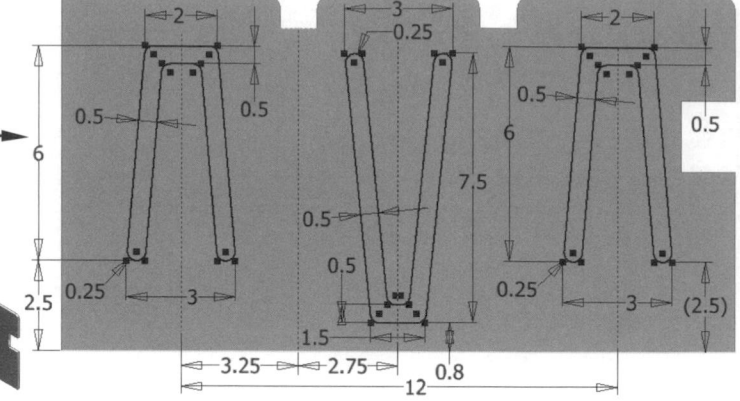

STEP ⑥

①單擊 切割 □。

②單擊 欲進行切割之區域。

③單擊 確定 。

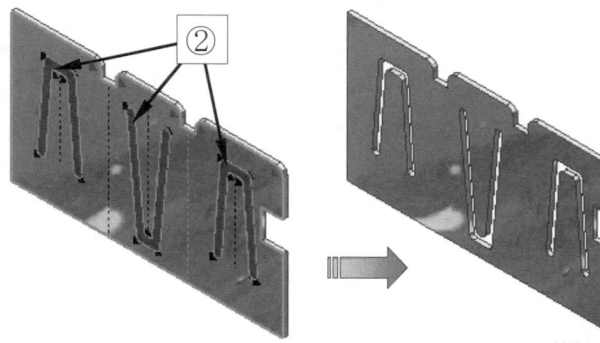

STEP ⑦

①單擊 開始繪製 2D 草圖 。

②單擊 板金左側平面。

③單擊 建構 。

④單擊 投影切割邊 。

⑤取消建構並繪製如圖所示之線段。

⑥單擊 ✔完成草圖。

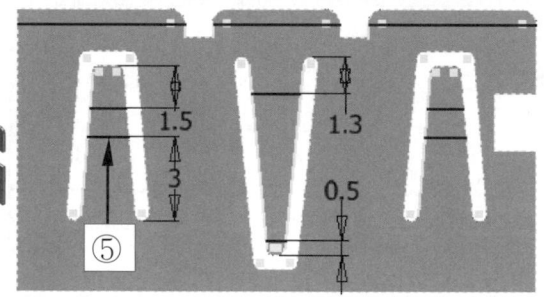

STEP 8

① 單擊　摺疊。

② 單擊　3 條草圖線段。

③ 單擊　翻面。

④ 單擊　翻轉方向。

⑤ 輸入摺疊角度 90。

⑥ 單擊　確定。

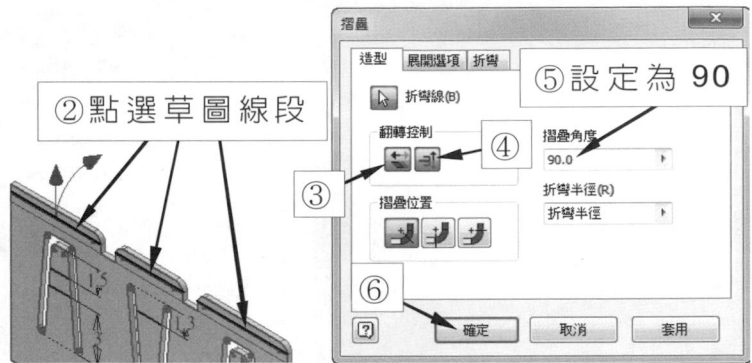

② 點選草圖線段

⑤ 設定為 90

STEP 9

① 將步驟 7 之草圖 3 變更為共用草圖。

② 單擊　摺疊。

③ 點取 2 條草圖線段。

④ 單擊　翻轉方向。

⑤ 輸入摺疊角度 30。

⑥ 單擊　確定。

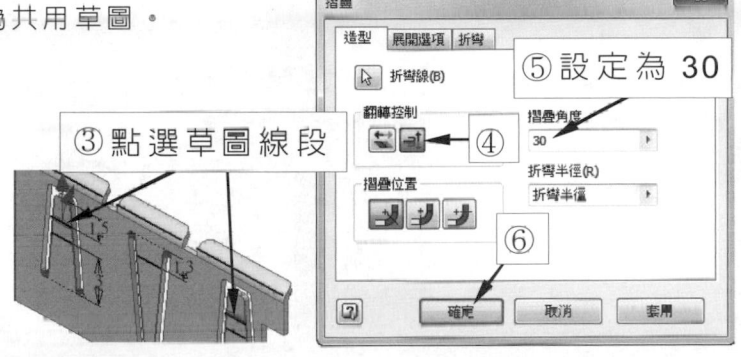

③ 點選草圖線段

⑤ 設定為 30

STEP 10

① 單擊　摺疊。

② 點取 2 條草圖線段。

③ 輸入摺疊角度 35。

④ 單擊　確定。

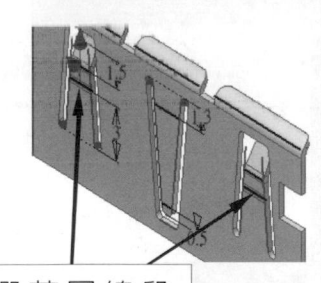

② 點選草圖線段

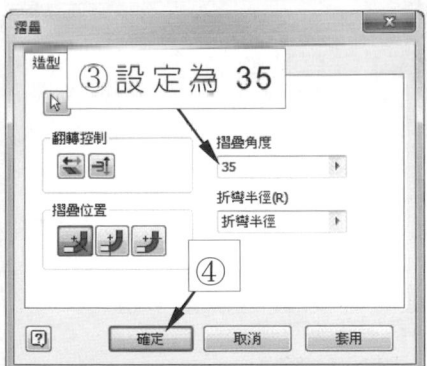

③ 設定為 35

STEP ⑪

①單擊 摺疊 。

②單擊 1 條草圖線段。

③單擊 翻面 。

④單擊 翻轉方向 。

⑤輸入摺疊角度 10。

⑥單擊 確定 。

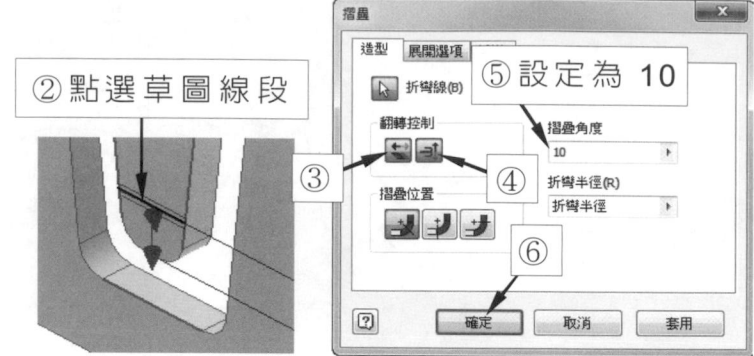

②點選草圖線段

⑤設定為 10

STEP ⑫

①單擊 摺疊 。

②點選 1 條草圖線段。

③單擊 翻面 。

④輸入摺疊角度 10。

⑤單擊 確定 。

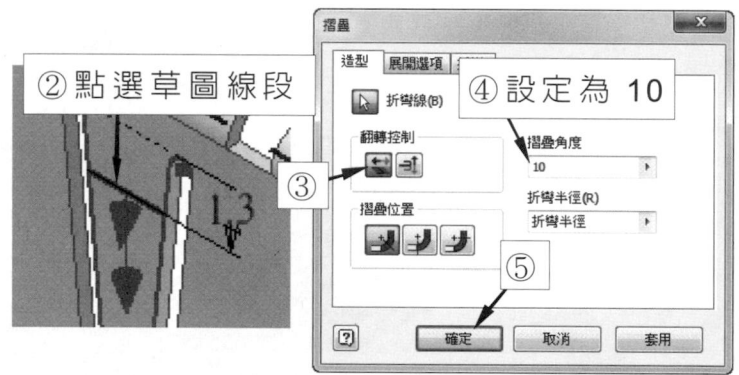

②點選草圖線段

④設定為 10

STEP ⑬

①將草圖 3 可見性關閉。

②單擊 鏡射 。

③單擊 左上角。

④單擊 鏡射實體 。

⑤單擊 鏡射平面 。

⑥點取板金左側面為鏡射平面。

⑦單擊 確定 。

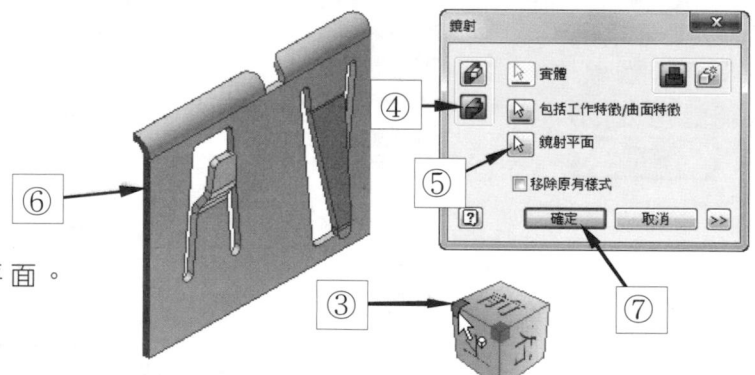

STEP ⑭

①單擊 開始繪製 2D 草圖 🗗 。

②單擊 XZ 平面。

③單擊 建構 ＼ 。

④單擊 投影切割邊 🔲 。

⑤取消建構並繪製如圖所示之圖形。

⑥單擊 ✔ 完成草圖。

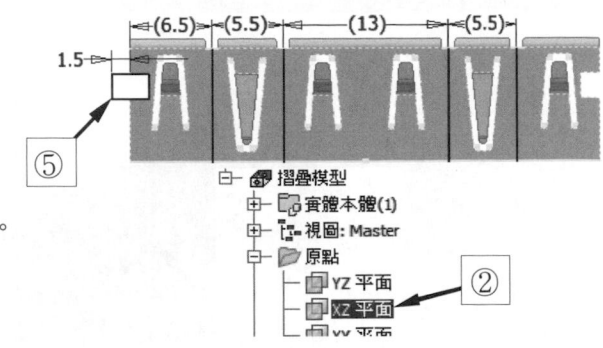

STEP ⑮

①按 F6 鍵。

②單擊 面 🔲 。

③單擊 確定 。

STEP ⑯

①將步驟 15 之草圖 4 變更為共用草圖。

②單擊 摺疊 🔲 。

③點取 1 條草圖線段。

④單擊 翻面 🔲 。

⑤輸入 90 度。

⑥單擊 套用 。

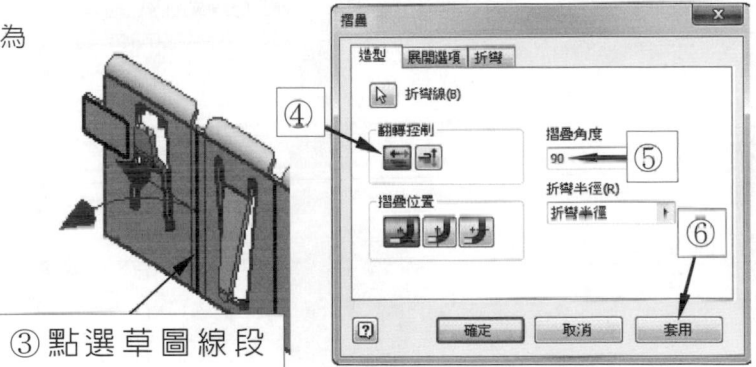

③點選草圖線段

STEP ⑰

①點取 1 條草圖線段。

②單擊 確定 。

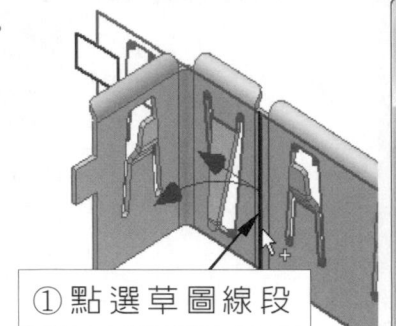

①點選草圖線段

STEP ⑱

①單擊 摺疊 。

②點取 1 條草圖線段。

③單擊 套用 。

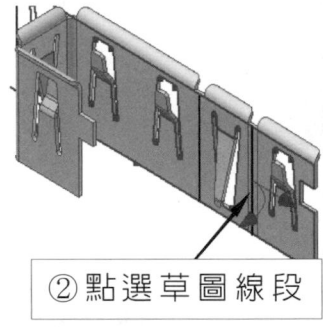

②點選草圖線段

STEP ⑲

①點取 1 條草圖線段。

②單擊 確定 。

③取消共用草圖的可見性。

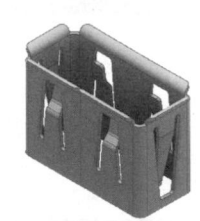

①點選草圖線段

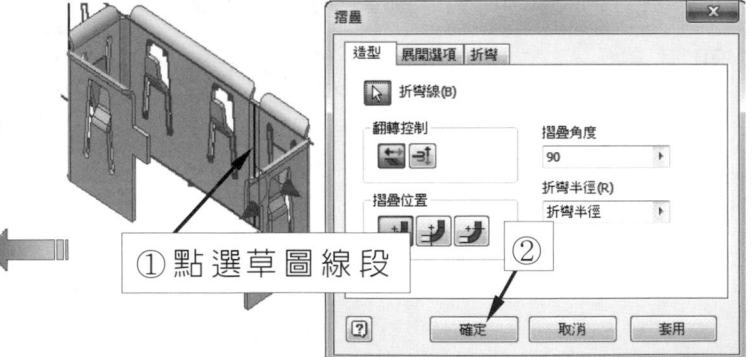

STEP ⑳

①單擊　建立展開圖 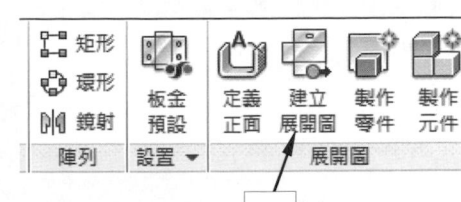。

②板金零件建立成展開圖。

註：成功的板金零件必須能建立展開圖。

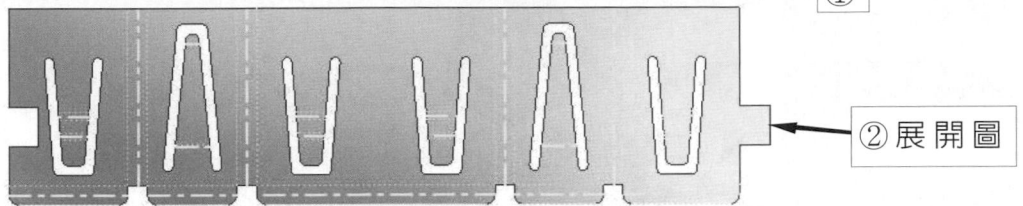

②展開圖

3-4　板金展開圖面

前　言

在板金零件檔案(.ipt)中已經執行　建立展開圖 ，當建立板金展開圖面(.idw)時，
⊙ 展開圖 的選項才可點選。

操作步驟

→ 應用實例一

STEP ①

①單擊　開啓 以開啓練習檔案　→　Ch3\板金圖
面\板金圖面.idw，如圖所示。

STEP ②

①單擊 基準視圖  。

②單擊 開啟既有檔案。

③點選 Ch3\板金圖面\板金圖面
　1.ipt。

④單擊 開啟。

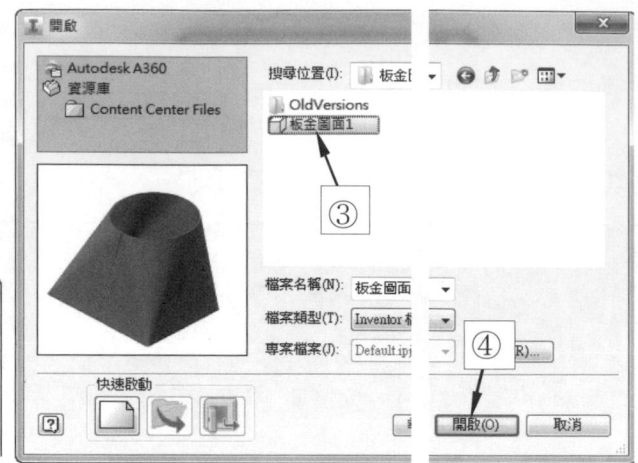

STEP ③

①單擊 展開圖。

②設定比例大小。

③單擊 ▐ 確定 ▐ 。

④完成展開圖的放置。

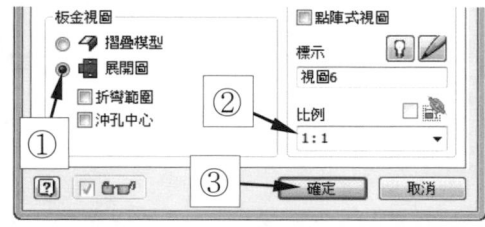

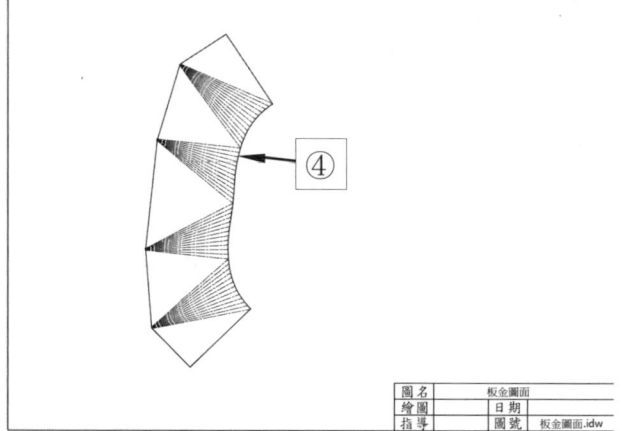

作業

按下列各題尺度完成板金件建構，並執行 建立展開圖 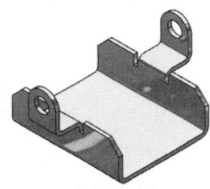。

1

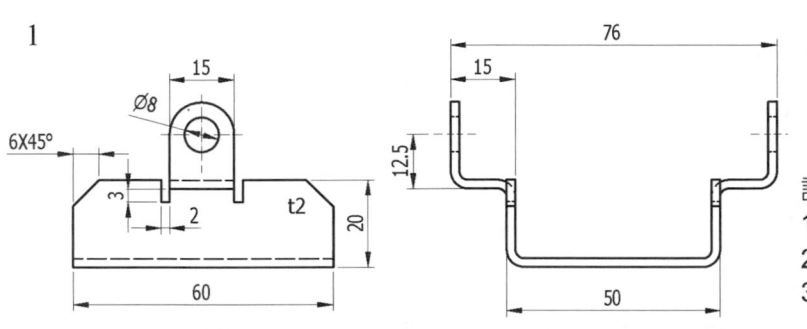

註：
1.板厚（t）為2。
2.折彎半徑與離隙寬度為板厚。
3.離隙深度為1/2板厚。

2

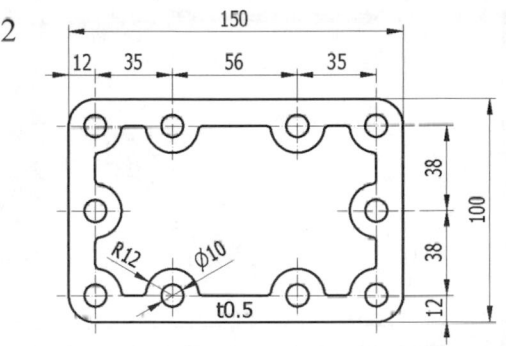

註：1.板厚（t）為0.5。
　　2.未標註之圓角皆為 R1。

3

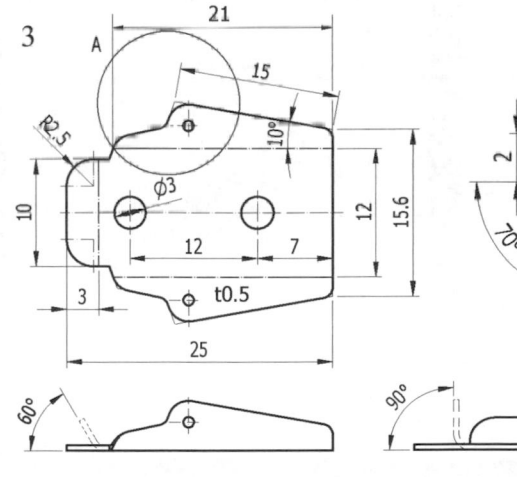

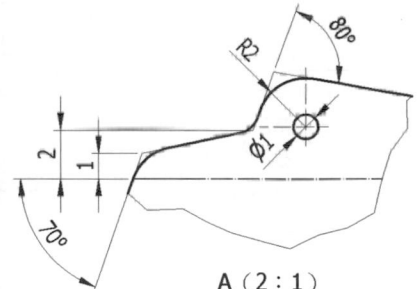

A（2：1）

註：1.板厚（t）為 1。
　　2.折彎半徑為 1。
　　3.未標註之圓角皆為 R1。

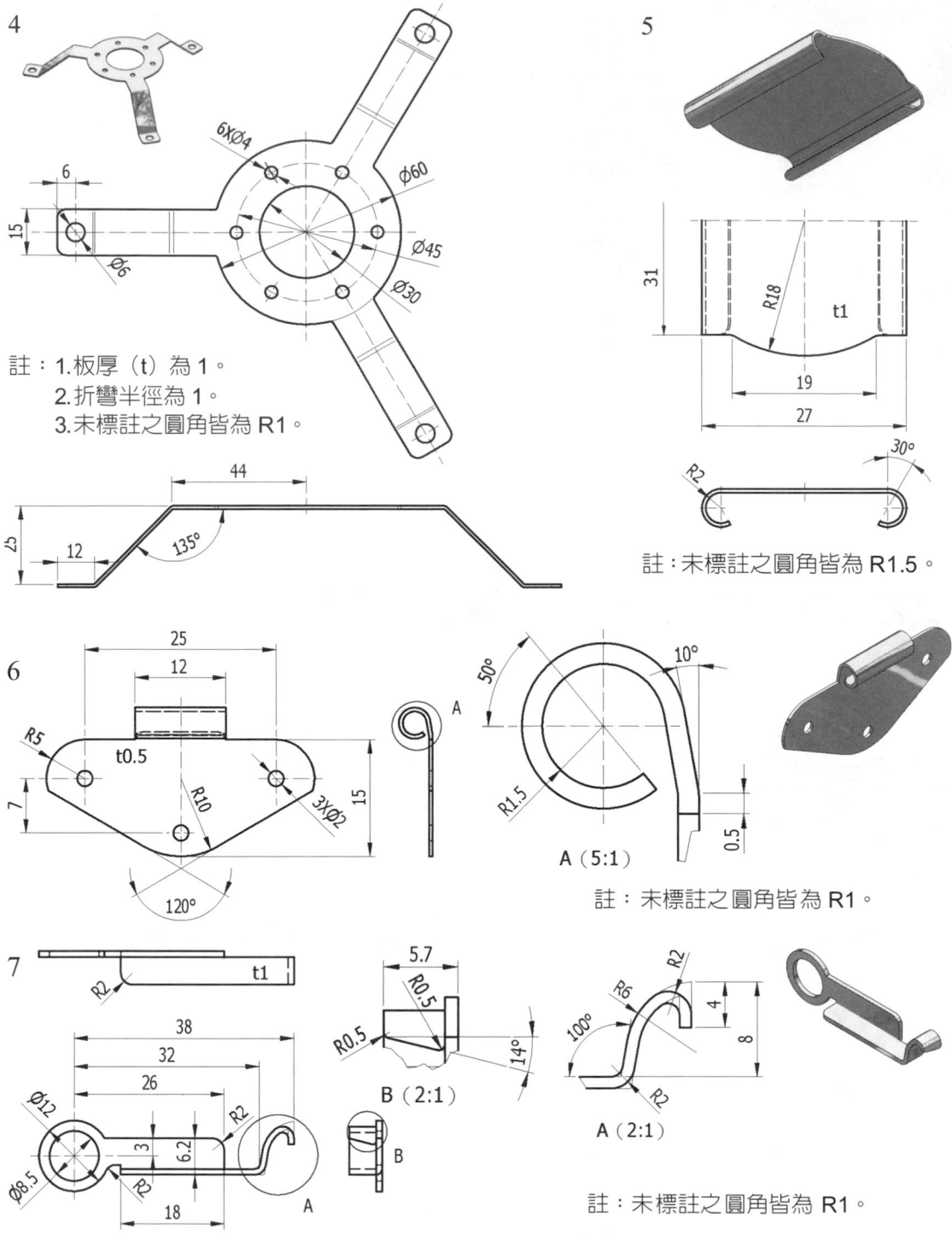

4

6×Ø4
Ø60
Ø45
Ø30
6
15
Ø6

註：1.板厚（t）為 1。
2.折彎半徑為 1。
3.未標註之圓角皆為 R1。

44
12
135°

5

31
R18
t1
19
27

R2
30°

註：未標註之圓角皆為 R1.5。

6

25
12
R5
t0.5
R10
7
3×Ø2
15
120°

A
50°
10°
R1.5
0.5

A（5:1）

註：未標註之圓角皆為 R1。

7

R2
t1

5.7
R0.5
R0.5
14°

B（2:1）

R2
R6
100°
R2
4
8

A（2:1）

38
32
26
Ø12
Ø8.5
R2
R2
3
6.2
18

A

B

註：未標註之圓角皆為 R1。

8

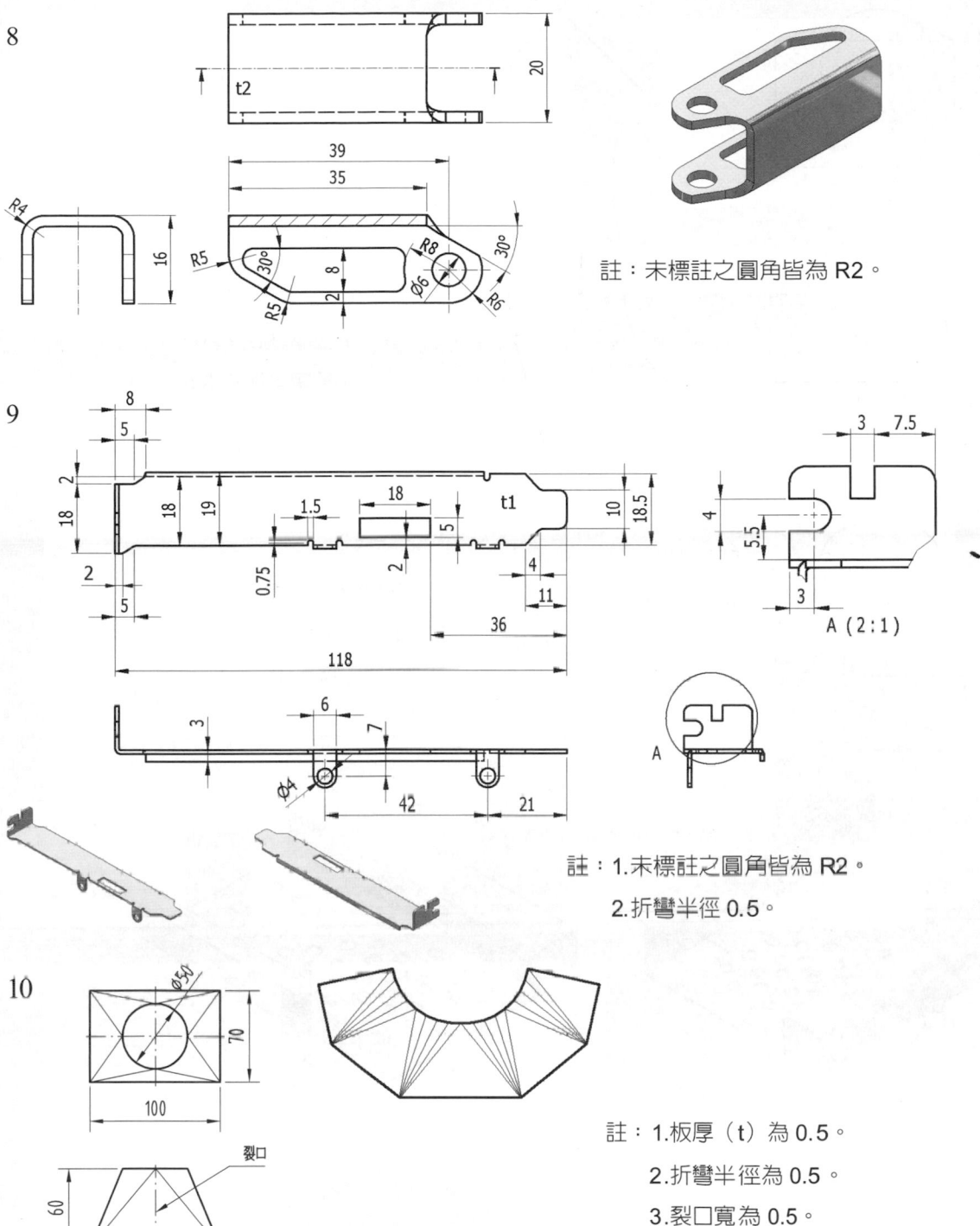

註：未標註之圓角皆為 R2。

9

註：1.未標註之圓角皆為 R2。

　　2.折彎半徑 0.5。

10

註：1.板厚（t）為 0.5。

　　2.折彎半徑為 0.5。

　　3.裂口寬為 0.5。

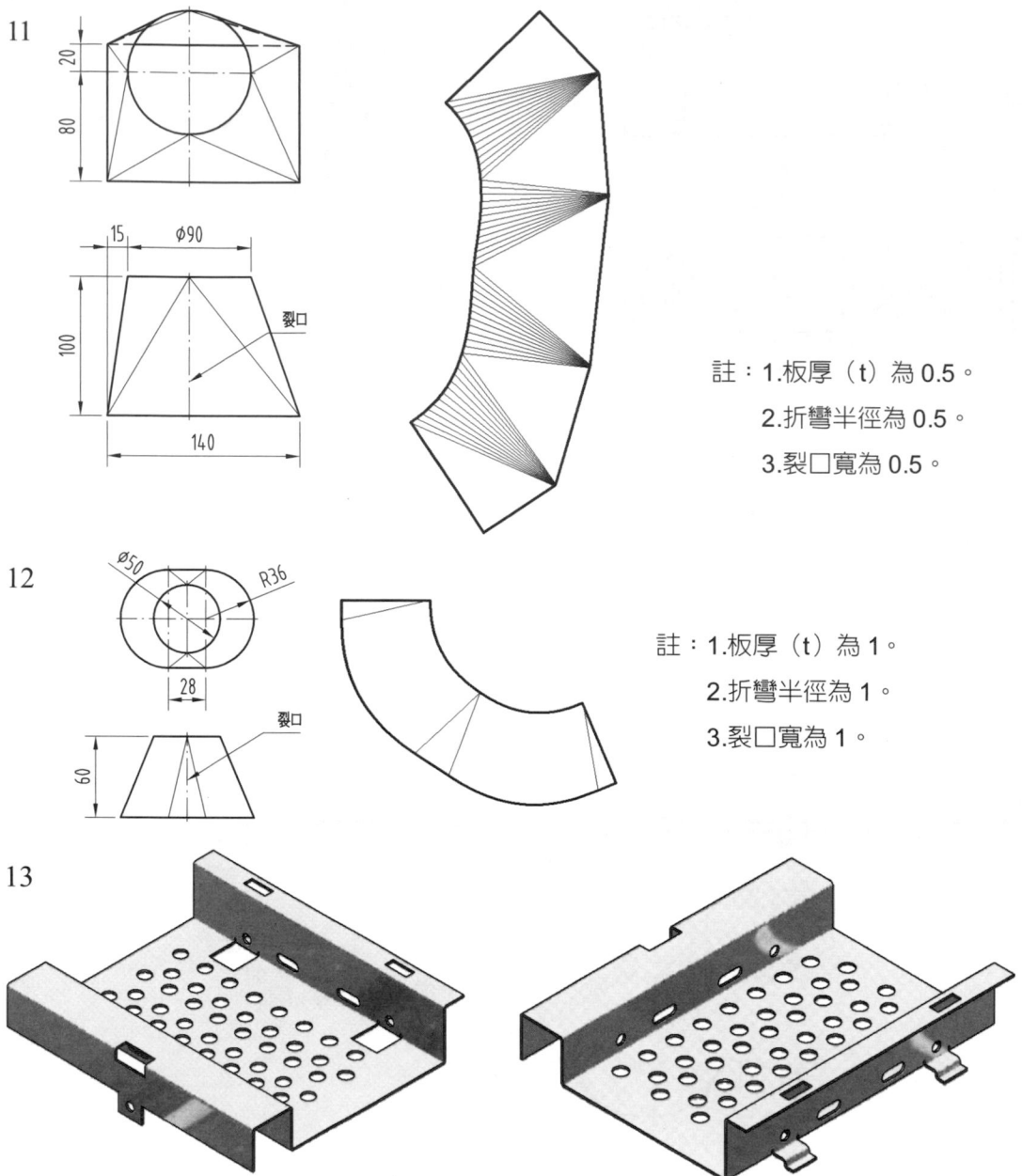

11

註：1.板厚（t）為 0.5。
　　2.折彎半徑為 0.5。
　　3.裂口寬為 0.5。

12

註：1.板厚（t）為 1。
　　2.折彎半徑為 1。
　　3.裂口寬為 1。

13

13（續）

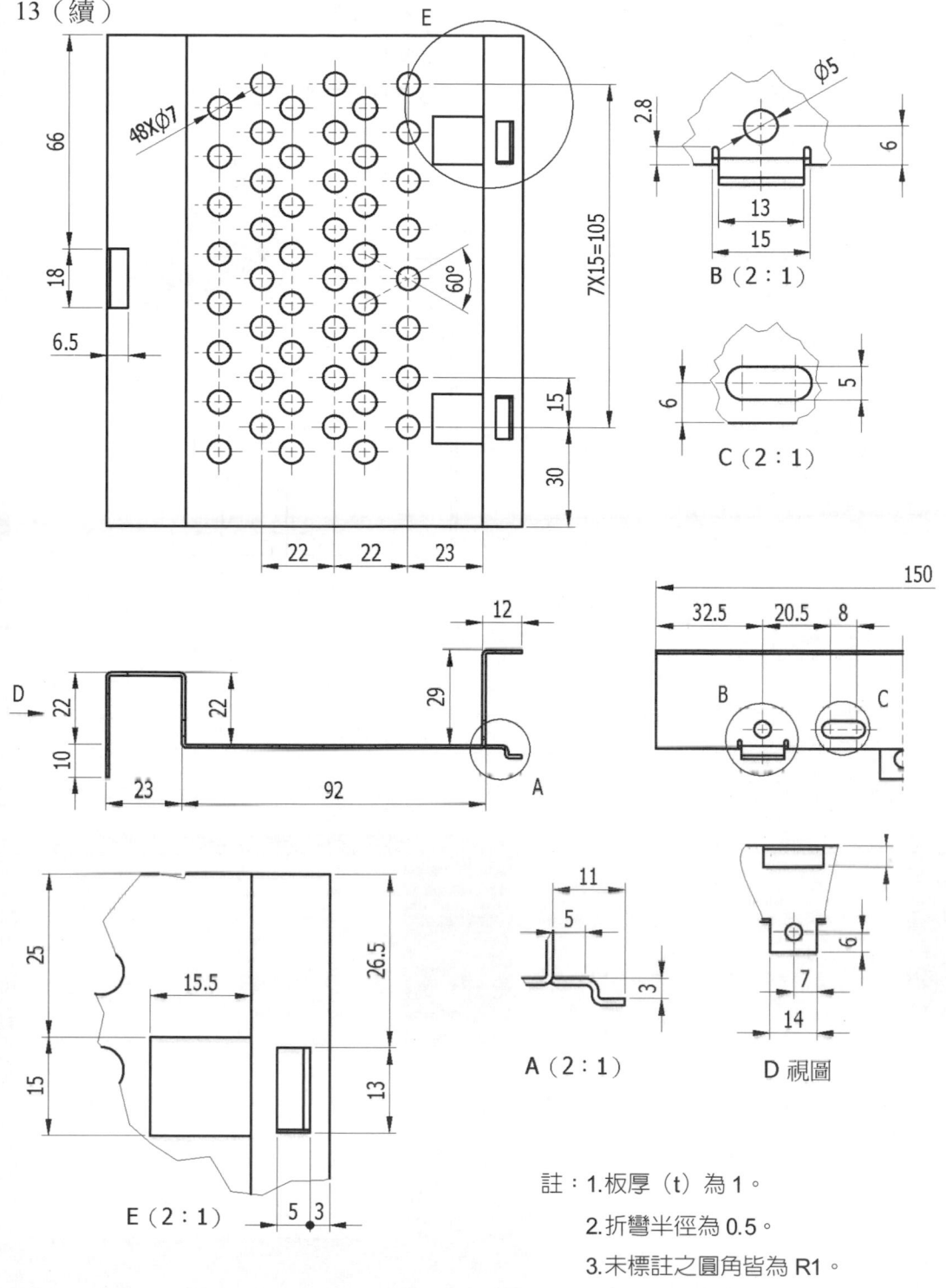

B（2：1）

C（2：1）

A（2：1）

D 視圖

E（2：1）

註：1.板厚（t）為 1。

　　2.折彎半徑為 0.5。

　　3.未標註之圓角皆為 R1。

14

註：1.板厚(t)為 1。

2.折彎半徑為 1。

3.未標註之圓角皆為 R2。

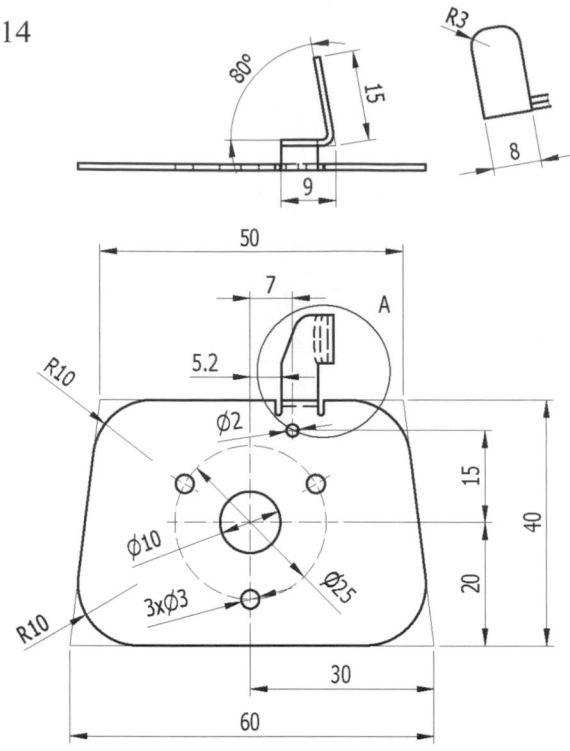

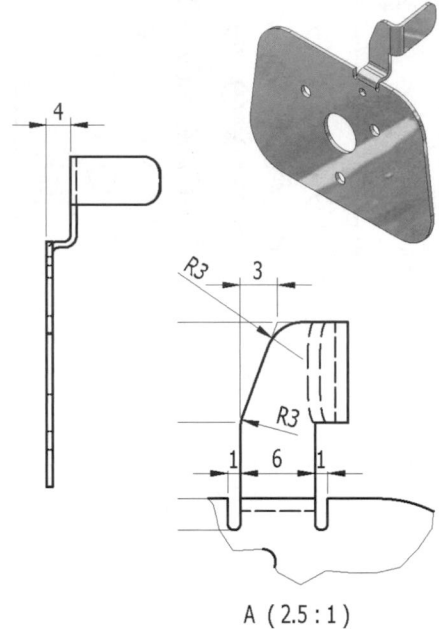

A (2.5 : 1)

Inventor Studio

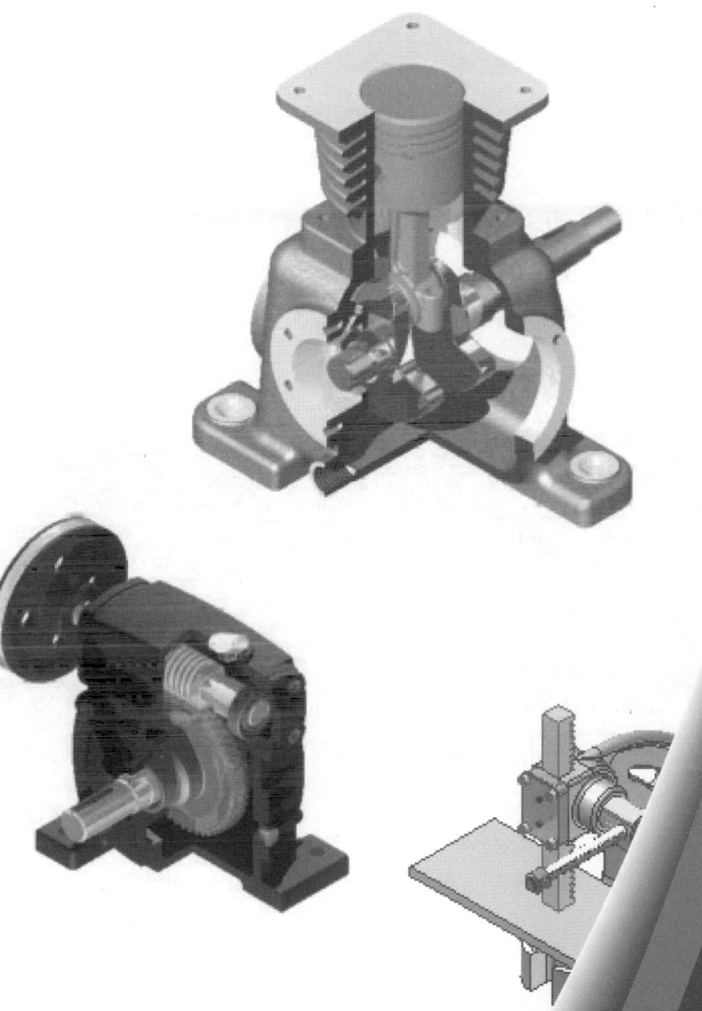

4-1　Inventor Studio 簡介

前　言

Inventor Studio 是針對 Inventor 所建立的零件以及組立件進行動畫彩現，以產生具有擬真效果的彩現圖片，在組立件部分，更可產生具有擬真效果的彩現動畫。

介面說明

Inventor Studio 是 Inventor 的內建模組，但並不是每個模組在 Inventor 系統中皆可自由切換，只有零件、鈑金及組合模組才可以切換至 Inventor Studio 模組，無論您是由下述三種模組中的哪個模組切換至 Inventor Studio 模組，皆可由如下圖所示之路徑進行切換。
即

①單擊　環境
②單擊　Inventor Studio

Inventor Studio 模組中具有擬真效果的彩現圖片，以及具有擬真效果的彩現動畫，這些效果只能應用在零件模組及組合模組。雖然 Inventor Studio 模組具有獨立的環境，但針對 Inventor 系統中的相關數據如參數的變化等，仍可完全支援相互關聯，當您將介面切換至 Inventor Studio 模組後，其呈現的環境介面如下圖所示。

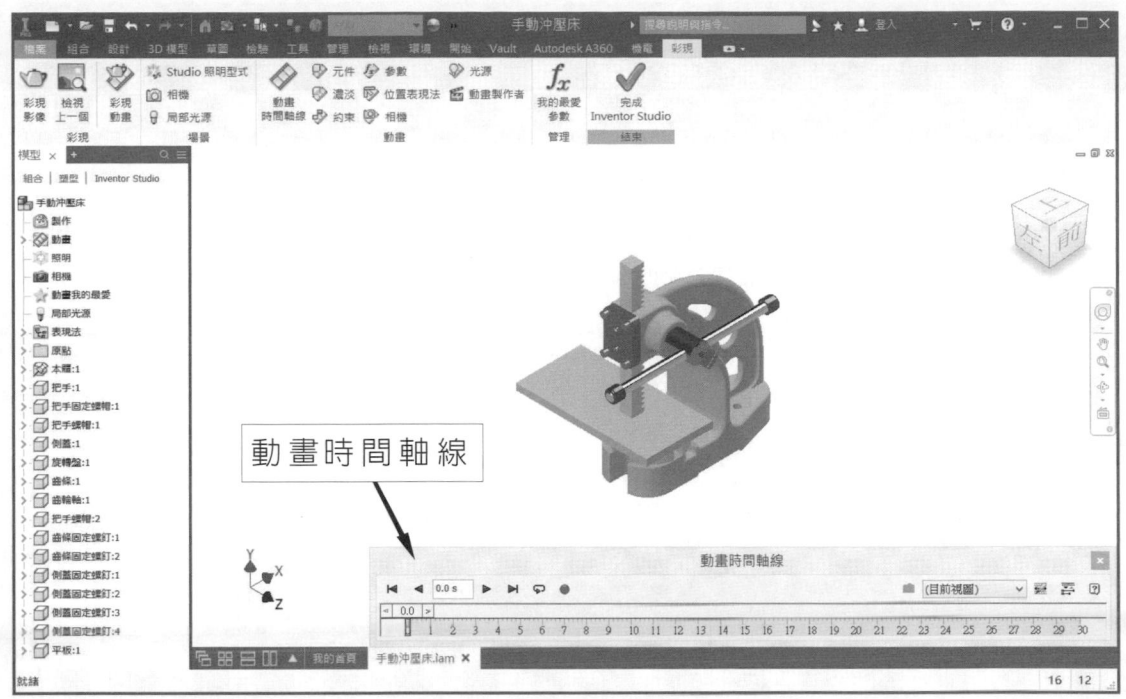

在 Inventor Studio 模組中，以功能區面板之區分，主要可分為幾大類功能，如下表所示。

分類	彩現擬真工具	說明
彩現	彩現影像　檢視上一個　彩現動畫	使用彩現頁籤的指令，可將特徵彩現成單一影像，或彩現成動畫。
場景	Studio 照明型式　相機　局部光源	使用場景頁籤指令可建立和編輯場景型式，場景型式將在彩現期間顯示，如背景幾何圖形、顏色或影像。
動畫	動畫時間軸線　元件　參數　光源　濃淡　位置表現法　約束　相機　動畫製作者	在動畫頁籤可建立動畫的顯示模式

Inventor Studio 模組雖然可由零件模組及組合件模組來切換，但其切換後的功能仍有所差別，當您由零件模組切換至 Inventor Studio 後，其動畫元件、動畫漸變、動畫約束等許多功能是無法使用的，如果您是以組合件模組切換至 Inventor Studio 時，則所有 Inventor Studio 的功能皆可使用。

4-2 照明型式

在 Inventor Studio 中，系統已預設了多種整體照明型式可使用，以利使用者可針對預設的照明型式來進行選用，更改成自己想要的型式。

指令位置

彩現 → 照明型式

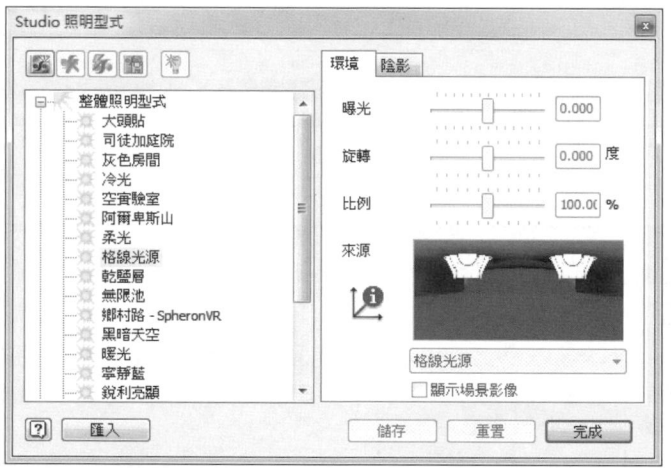

整體照明型式

場景影像	彩現影像之照明型式
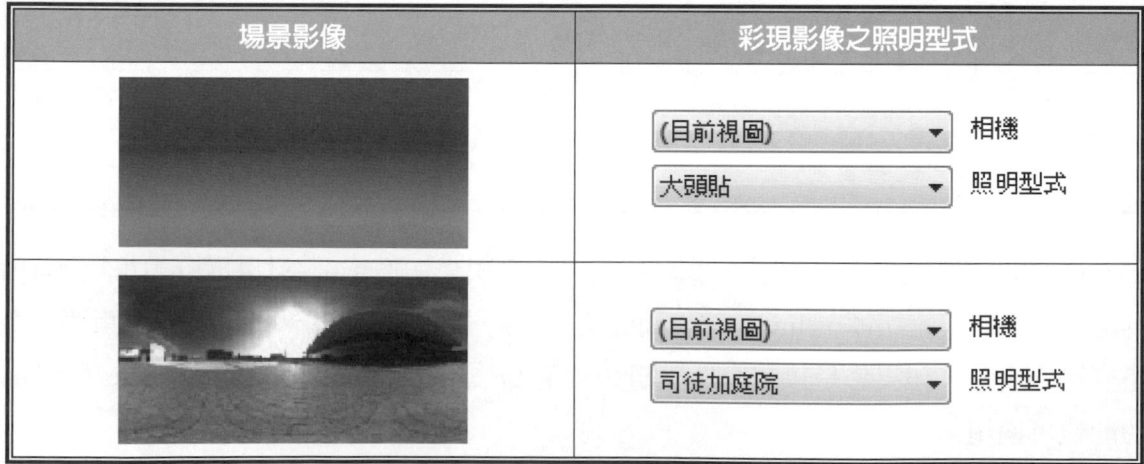	(目前視圖) ▼ 相機 大頭貼 ▼ 照明型式
	(目前視圖) ▼ 相機 司徒加庭院 ▼ 照明型式

場景影像	彩現影像之照明型式
	(目前視圖) ▼　相機 灰色房間 ▼　照明型式
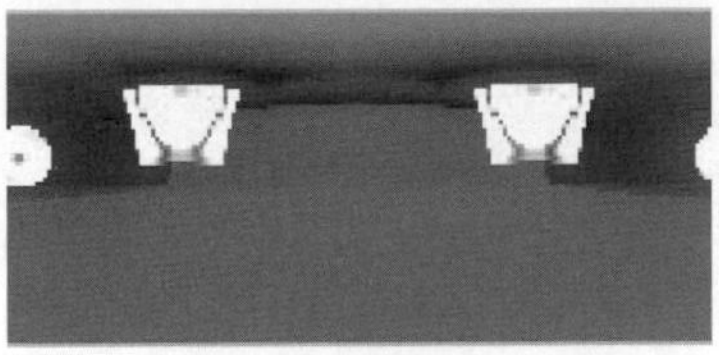	(目前視圖) ▼　相機 冷光 ▼　照明型式
	(目前視圖) ▼　相機 空實驗室 ▼　照明型式
	(目前視圖) ▼　相機 阿爾卑斯山 ▼　照明型式
	(目前視圖) ▼　相機 柔光 ▼　照明型式
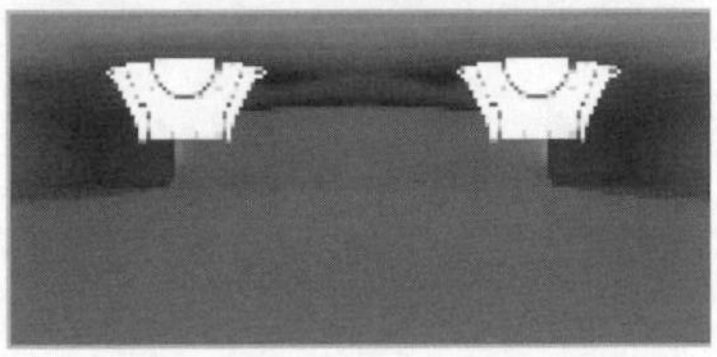	(目前視圖) ▼　相機 格線光源 ▼　照明型式

場景影像	彩現影像之照明型式
	(目前視圖) ▼ 相機 乾鹽層 ▼ 照明型式
	(目前視圖) ▼ 相機 無限池 ▼ 照明型式
	(目前視圖) ▼ 相機 鄉村路 - SpheronVR ▼ 照明型式
	(目前視圖) ▼ 相機 黑暗天空 ▼ 照明型式
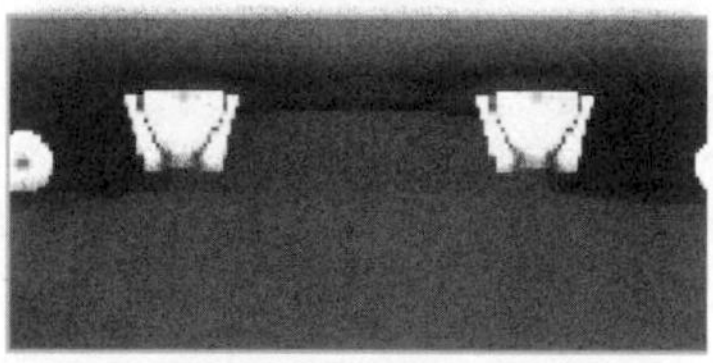	(目前視圖) ▼ 相機 暖光 ▼ 照明型式
	(目前視圖) ▼ 相機 寧靜藍 ▼ 照明型式

場景影像	彩現影像之照明型式
	(目前視圖) ▼ 相機 銳利亮顯 ▼ 照明型式
	(目前視圖) ▼ 相機 黎明時分的沙漠公路 ▼ 照明型式
	(目前視圖) ▼ 相機 簡單的房間 ▼ 照明型式
	(目前視圖) ▼ 相機 舊倉庫 ▼ 照明型式
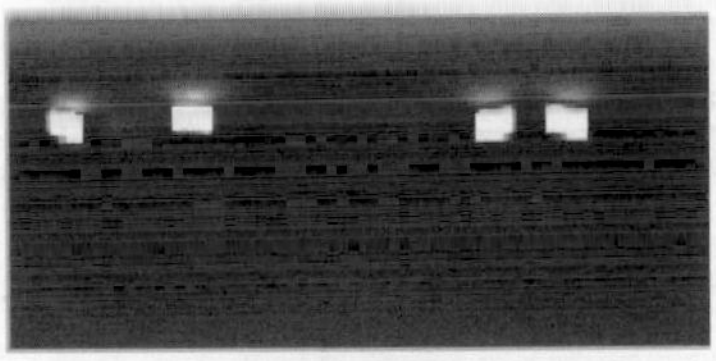	(目前視圖) ▼ 相機 邊緣亮顯 ▼ 照明型式

→ 應用實例一

1.開啓 Ch4\照明型式\彩現用虎鉗.ipt，如圖所示。

2.設定照明型式。

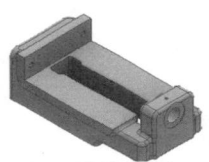

操作步驟

STEP 1

①單擊 開啟 📂 。

②開啟 Ch4\照明型式\彩現用虎鉗.ipt，如圖所示。

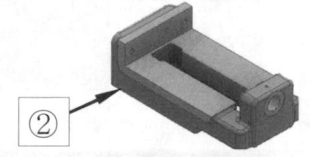

STEP 2

①單擊 環境。

②單擊 Inventor Studio。

STEP 3

①單擊 照明型式 🕤 。

②拖曳捲軸往下。

③在黎明時分的沙漠公路上單擊滑鼠右鍵。

④單擊 作用中的。

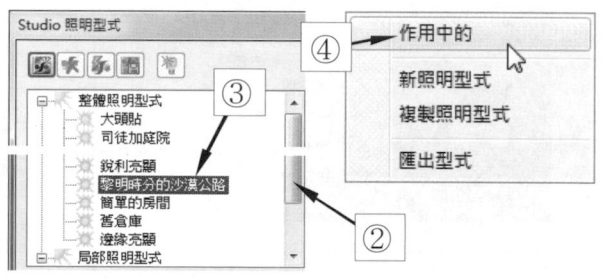

STEP 4

①單擊 新光源 🔆 。

②單擊 虎鉗平面。

③在上方路徑上按滑鼠左鍵。

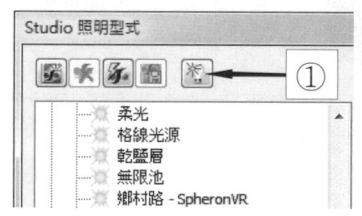

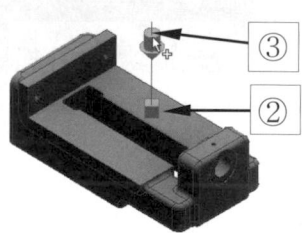

STEP ⑤

①單擊 聚光燈 。
②單擊 光照頁籤。
③顏色變更為黃色。
④輸入 100。

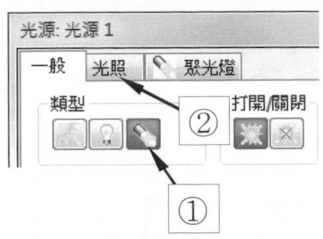

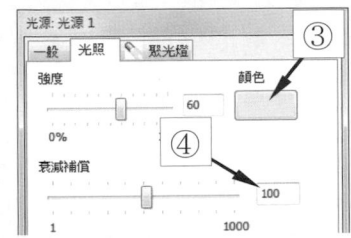

STEP ⑥

①單擊 確定 。
②單擊 完成 。

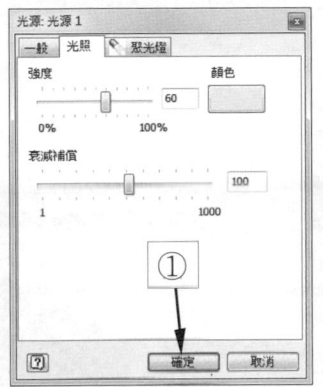

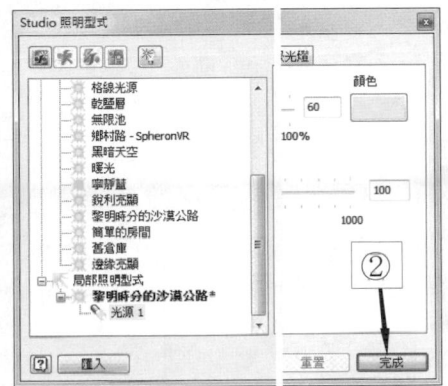

STEP ⑦

①單擊 彩現影像 。
②確認為黎明時分的沙漠公路。
③單擊 輸出頁籤。

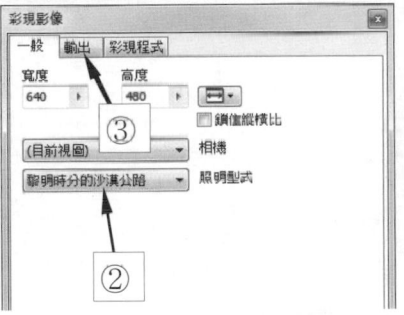

STEP ⑧

①勾選儲存彩現的影像。
②設定影像檔儲存位置。
③輸入影像檔名稱。
④設定影像儲存類型。
⑤單擊　儲存(S)　。

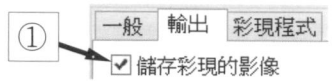

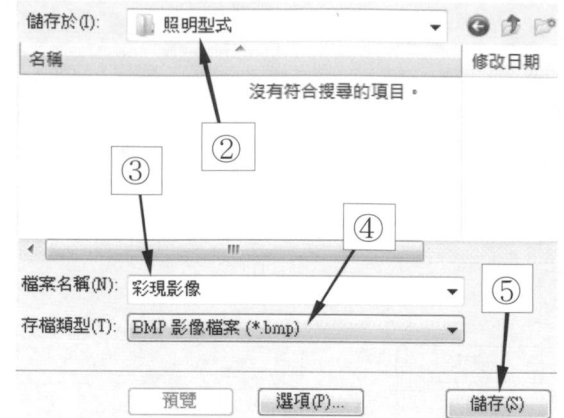

STEP ⑨

①單擊　彩現　。
②完成如圖所示彩現
　影像。
③單擊　X　。
④單擊　關閉　。

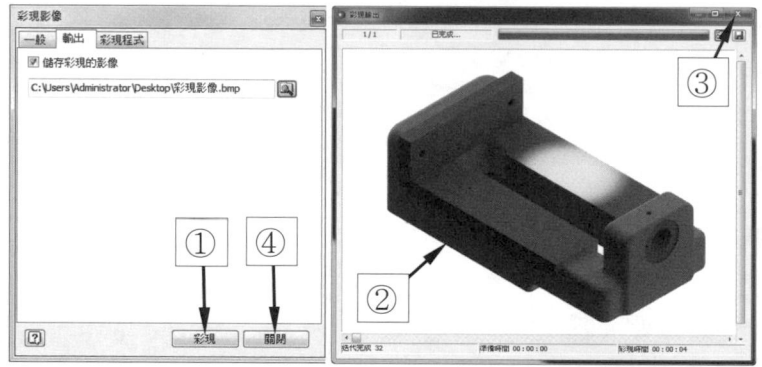

STEP ⑩

①單擊　照明型式　。
②勾選　顯示場景影像。
③單擊　儲存　。
④單擊　完成　。

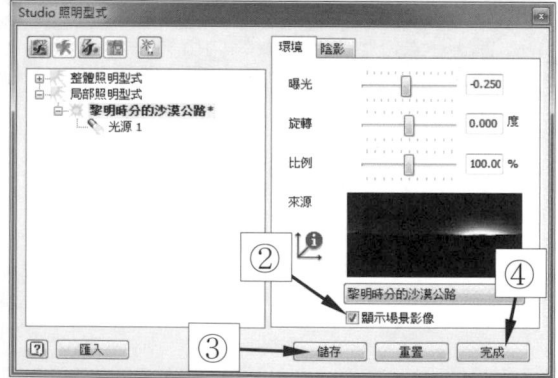

STEP 11

①單擊　彩現影像 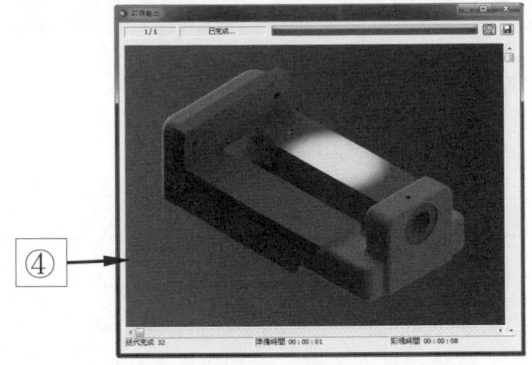。

②於輸出頁籤變更輸出影像名稱。

③單擊 [彩現]。

④完成如圖所示彩現。

4-3　相機

前言

相機的功能是提供使用者設定觀看物體方向與角度等的資訊，在 Inventor Studio 的相機功能中，除了提供靜態的相機功能外，亦提供了動態相機的功能，即「動畫相機」，此功能將在後面的章節中詳細說明。

指令位置

彩現 → 📷 相機

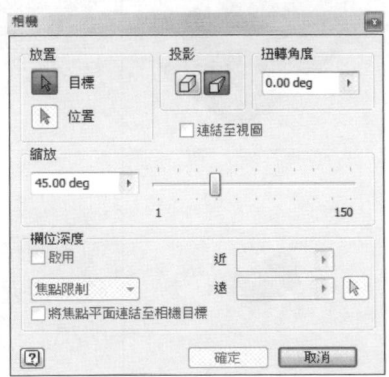

背景對話框說明

工具圖示	說明
 放置　目標　位置	設定相機的目標點及決定相機放置位置。
 投影	將視圖顯示模式設定為正投影相機模式或透視相機模式。
扭轉角度　0.00 deg	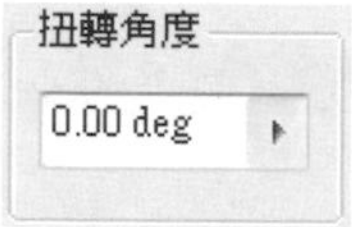  扭轉角度是設定於繞相機方向軸的旋轉角度，當扭轉角度為 0 度時的狀態。
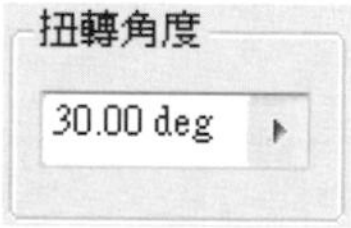 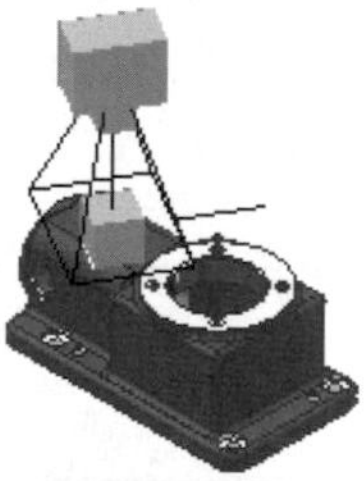 扭轉角度　30.00 deg	扭轉角度設定為 30 度時的狀態。
☑連結至視圖　1 ── 150	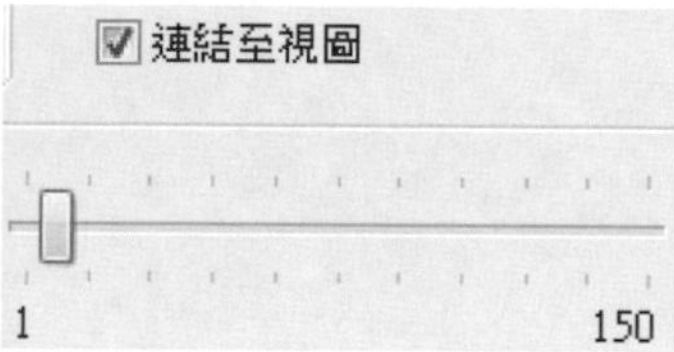  勾選連結至視圖，並且將縮放滑動棒調整至接近 1 的位置，其圖形大小如圖所示。
☑連結至視圖　1 ── 150	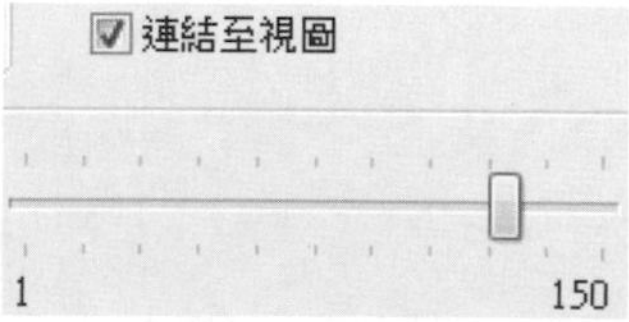  勾選連結至視圖，並且將縮放滑動棒調整至接近 150 的位置，其圖形大小如圖所示。

→ 應用實例一

1.開啟 Ch4\相機\應用實例一.ipt，如圖所示。
2.設定相機觀看視角。

操作步驟

STEP ①

①單擊 開啟 📂。
②開啟 Ch4\相機\應用實例一.ipt，如圖所示。

STEP ②

①單擊 環境。
②單擊 Inventor Studio。

STEP ③

①單擊 相機 📷。
②單擊 零件頂面。
③沿直線垂直移動游標往上，至適當位
　置後，單擊滑鼠左鍵。

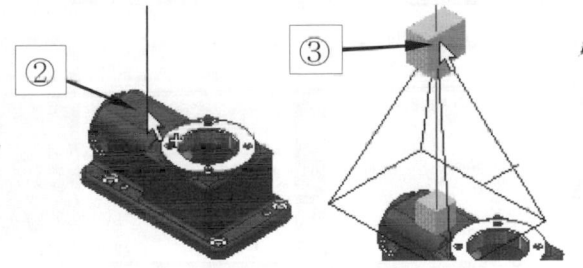

STEP ④

①單擊 正投影 📦。
②勾選 連結至視圖。
③於繪圖區單擊滑鼠右鍵。
④單擊 主視圖。

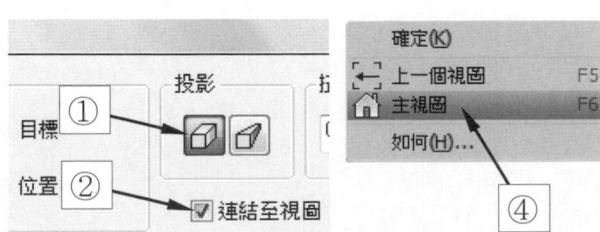

STEP ⑤

① 單擊 View Cube 左上角。
② 單擊 ┃ 確定 ┃。
③ 單擊 彩現影像 🫖。
④ 變更為「相機 1」。

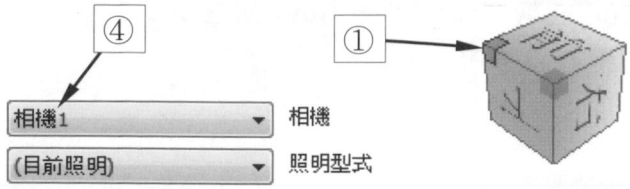

④
相機1 ▼ 相機
(目前照明) ▼ 照明型式

STEP ⑥

① 單擊 輸出頁籤。
② 勾選 儲存彩現的影像。
③ 設定影像檔儲存位置。
④ 輸入影像檔名稱。
⑤ 設定影像儲存類型。
⑥ 單擊 ┃ 儲存(S) ┃。

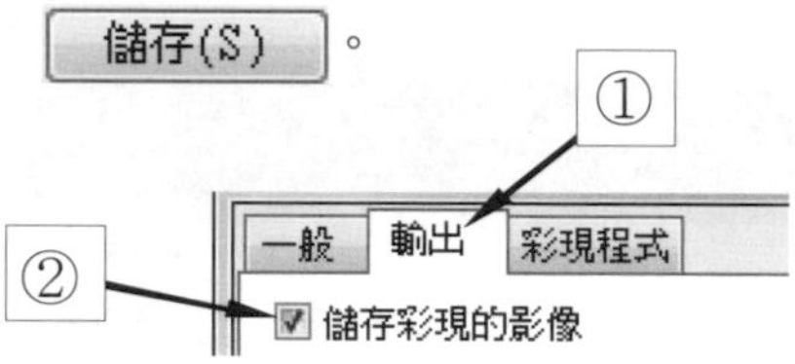

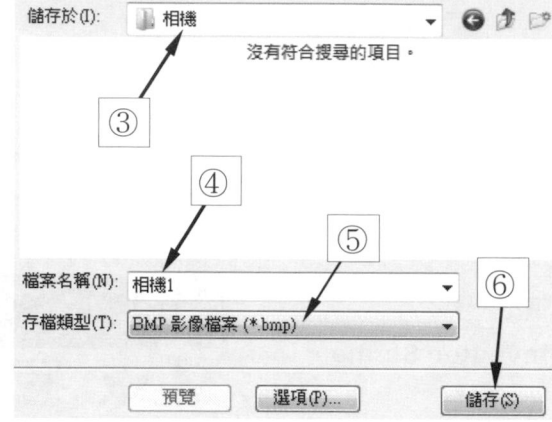

儲存於(I): 📁 相機 ▼ 🔙 ⬆ 🗔
③ 沒有符合搜尋的項目。

④

⑤

⑥

檔案名稱(N): 相機1 ▼
存檔類型(T): BMP 影像檔案 (*.bmp) ▼

預覽 選項(P)... 儲存(S)

①
一般 輸出 彩現程式
② ☑ 儲存彩現的影像

STEP ⑦

① 單擊 ┃ 彩現 ┃。
② 完成如圖所示之相機 1 彩現景像。

②

4-4　彩現影像

前　言

將使用者設定的相機、照明型式、場景型式、彩現類型等資訊進行彩現影像，其輸出的格式有 BMP、JPEG、PNG、GIF 或 TIFF 等格式。

指令位置

彩現 → 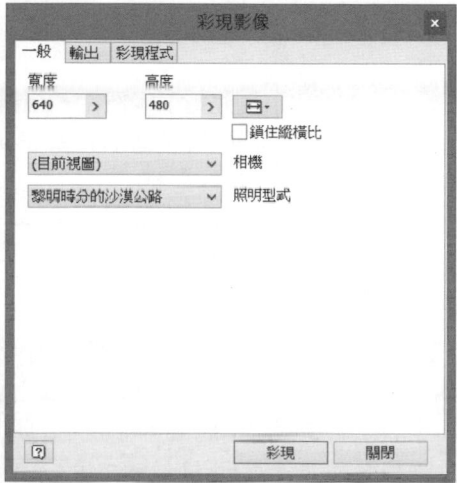 彩現影像

一般標籤下的工具圖示說明

工具圖示	說明
寬度 640　高度 480	指定動畫輸出及彩現影像輸出的寬度及高度。
作用中的視圖 320 X 240 640 X 480 800 X 600 1024 X 768 1280 X 1024 1600 X 1200 1920 X 1080	輸出寬度及高度的內定選項，若不使用內定選項，可直接於寬度及高度欄位置中輸入欲輸出的大小。

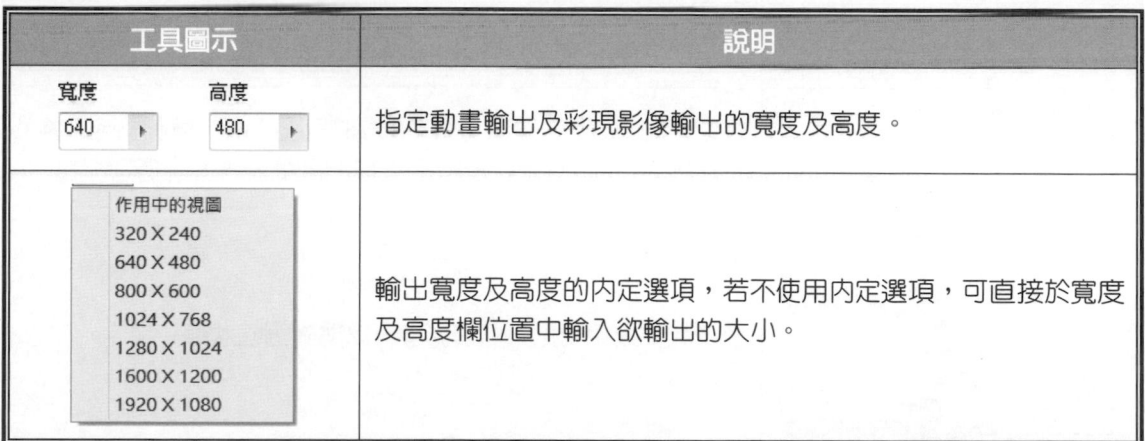

工具圖示	說明
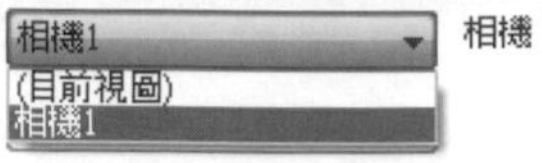 相機1 (目前視圖) 相機1　　相機	指定欲進行播放的相機，相機必須自行設定，系統並無提供多種預設相機可供挑選。
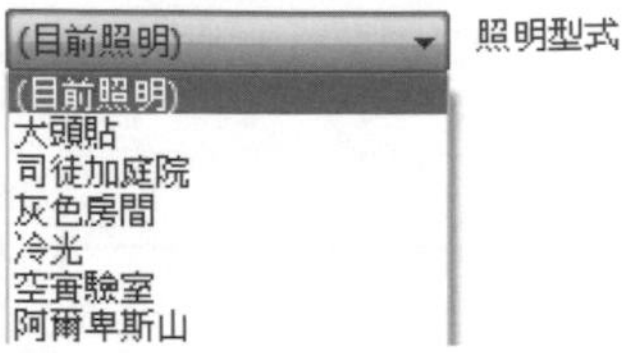 (目前照明)　　照明型式 (目前照明) 大頭貼 司徒加庭院 灰色房間 冷光 空實驗室 阿爾卑斯山	系統提供了多種預設的照明型式可供使用者挑選使用，除內定型式外，使用者亦可使用「照明型式 」，來新建符合需求的照明型式。

輸出標籤下的工具圖示說明

工具圖示	說明
 一般　輸出　彩現程式 ☑ 儲存彩現的影像 C:\Users\Administrator\Documents\影像.bmp	在此選項中使用者可設定檔案放置的位置，彩現影像檔支援的格式有 BMP、JPEG、PNG、GIF 或 TIFF 等格式。

彩現程式標籤下的工具圖示說明(僅適用於彩現影像)

工具圖示	說明
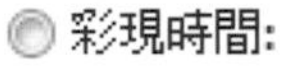 ◎ 彩現時間:	設定彩現持續的時間，在設定的時間內，系統彩現的迭代數目及產品品質與 CPU 及顯示卡有正相關。
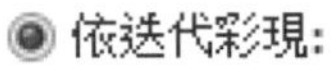 ◉ 依迭代彩現:	設定要執行迭代彩現的數目，系統的迭代彩現數目與 CPU 及顯示卡有正相關。
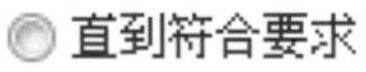 ◎ 直到符合要求	設定為無限制時間的彩現，可使用手動停止。
 照明和材料精度 模式: 高	設定系統彩現時，照明和材料的精度可分為低、草圖、高三種，系統的執行亦與 CPU 及顯示卡有正相關。
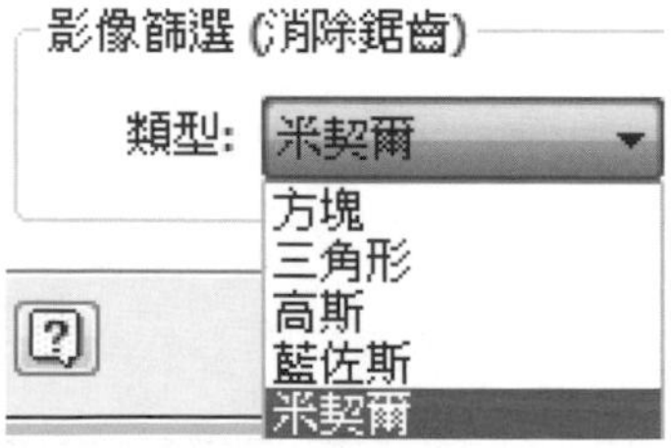 影像篩選 (消除鋸齒) 類型: 米契爾 方塊 三角形 高斯 藍佐斯 米契爾	以柔和化或銳利化來處理影像，以消除鋸齒狀態。

4-5　檢視上一個影像

前　言

當您執行此一指令後，系統即會快速的將最近一次彩現的影像顯示於畫面上，以提供使用者了解目前彩現影像的狀況。

指令位置

彩現 → 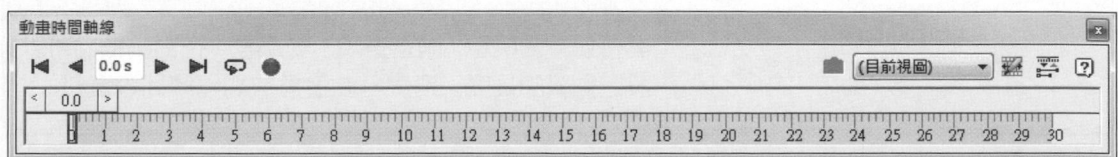 檢視上一個影像

操作步驟

→ 單擊

檢視上一個影像，即會出現最近彩現的影像，但若使用者是初次開啓 Inventor Studio，在未執行任何彩現之情況下，執行此一指令則無法顯示任何影像。

4-6　動畫時間軸線

前　言

動畫時間是以秒為單位，以秒來指定構成動畫的每個動作以及該動作的持續時間，依照所建立動畫的順序來播放動畫中的動作，在動畫時間軸內亦可指定欲播放的某個動作來進行播放。

指令位置

彩現 → 動畫時間軸線

工具圖示說明

工具圖示	名稱	說明
K	移往開始	將動畫設定為開始的位置,即將目前時間設定為零。
▶	播放動畫	播放動畫,在動畫播放期間此圖示將會變更為「停止動畫」。
■	停止動畫	停止動畫。動畫播放期間單擊此圖示,動畫即會停止,圖示將重新變更為「播放動畫」。
◀	反向播放動畫	當動畫已播放一段時間,您亦可使用反向播放動畫,來觀看動畫播放情形。
0.0 s	目前時間標記	鍵入數字按 Enter 鍵後,滑棒即會移動至您輸入的時間位置。時間標記僅接受至小數一位的輸入,表示欲以時間標記移動的最小間隔時間為十分之一秒。
▶I	移往結束	將目前播放之時間移至動畫播放的結束位置。
↻	切換重複	在連續的動畫播放迴路中重複上一個動作。系統預設的加速度為「固定速度」。
●	記錄動畫	開啟如下圖所示之「彩現動畫」對話框,您可單擊①「輸出」,再單擊② 路徑🔍,指定彩現動畫檔案欲放置的位置,並指定欲以「*.wmv 或*.avi」格式儲存動畫的彩現版本。
📷	加入相機動作	加入相機拍攝的畫面,若相機清單中未選取任何相機時,則此動作無法使用。
(目前視圖) ▾	相機清單	使用功能區面板上的相機📷功能所設定的所有相機,都將會在此相機清單中顯示出來。
🎞	動畫選項	開啟如下圖所示「動畫選項」對話框,在對話框內可以設定動畫的長度、速度、動畫播放間隔時間等資料。

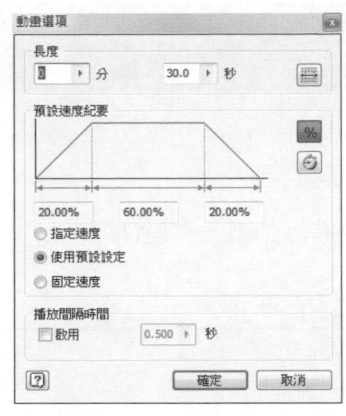

工具圖示	名稱	說明
	「展開動作編輯器」或 「收闔動作編輯器」	顯示和隱藏動畫軸線編輯器與動畫瀏覽器，展開後的動作編輯器如下圖所示。

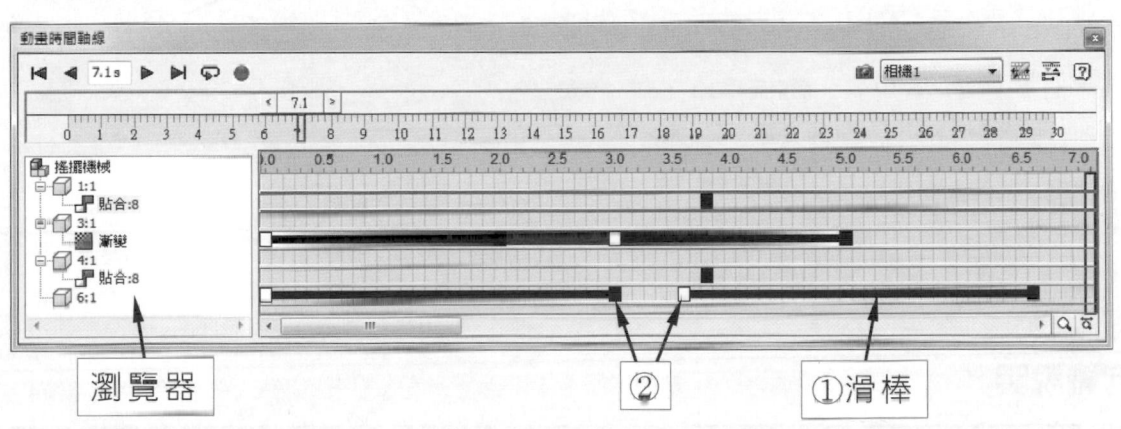

瀏覽器　　②　　①滑棒

在動作編輯器中，特徵之動作時間是以條列的方式來呈現於動作編輯器中，如上圖①所示，拖曳上圖②所示之白色或藍色控點，可調整動作時間的起始值、結束值和完成值，壓住藍色的滑棒並拖曳可將滑棒拖曳至其它位置。

4-7 三向軸元件

前 言

當您欲於 Inventor studio 模組中進行動畫元件時(移動元件)，必需使用三向軸元件來進行零件的移動、旋轉。

指令位置

本指令必需與元件搭配使用(請參考 4-9 節元件，本節僅說明三向軸元件之操作模式)，也就是說，當您執行元件指令時，則必需使用三向軸元件來移動、旋轉零件，其指令之路徑如下所示：

①單擊 動畫元件。

②單擊 欲移動的零件。

③單擊 指定位置。

④開啓如圖所示之 3D 移動/旋轉對話框。

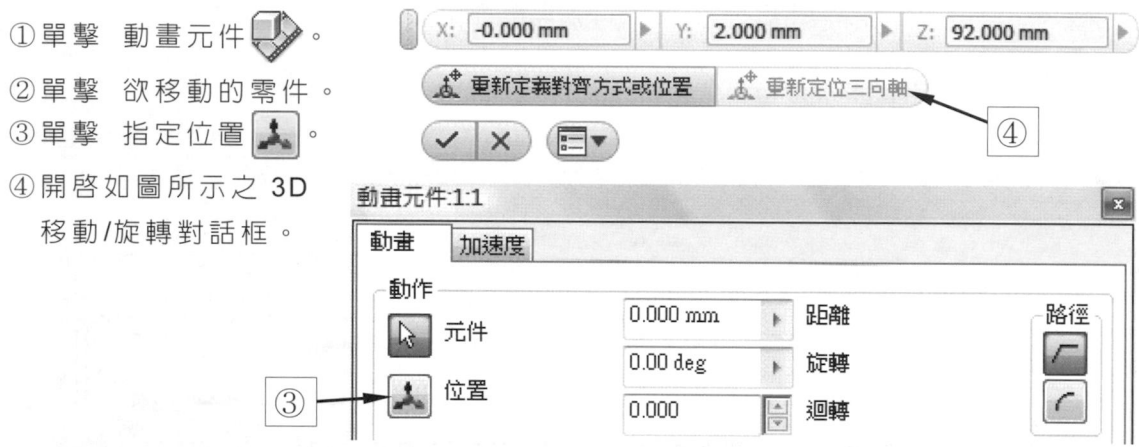

三向軸說明

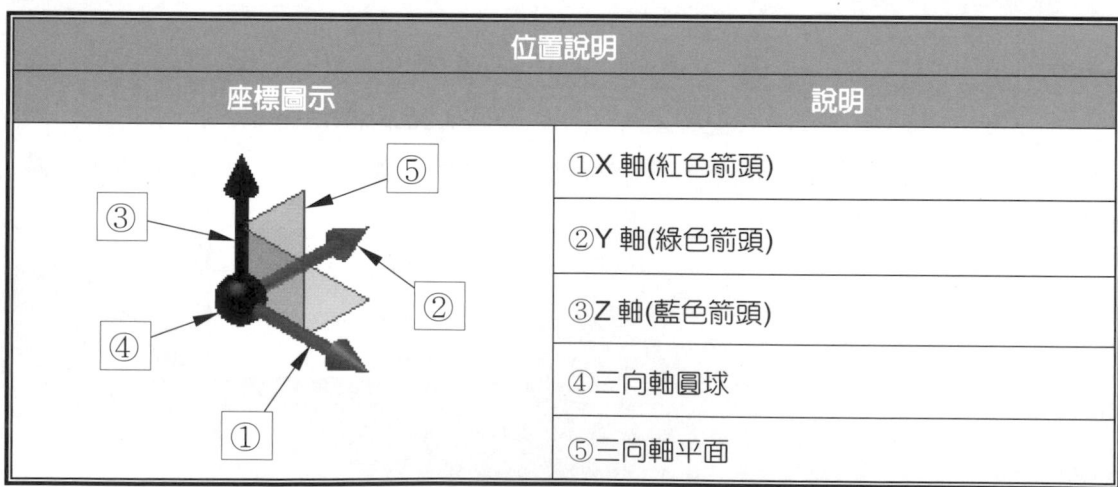

位置說明	
座標圖示	說明
	①X 軸(紅色箭頭)
	②Y 軸(綠色箭頭)
	③Z 軸(藍色箭頭)
	④三向軸圓球
	⑤三向軸平面

操作說明	
座標及游標圖示	說明
 輸入角度值 角度: 0 deg 重新定義對齊方式或位置	單擊任一方向之三向軸後，可於對話框中輸入該軸欲旋轉之角度，亦可壓住三向軸，並拖曳游標，以動態之方式旋轉該軸。
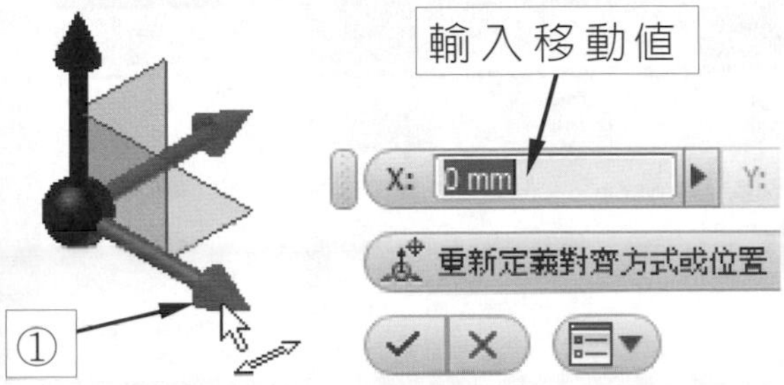 輸入移動值 X: 0 mm　Y: 重新定義對齊方式或位置 ①	單擊任一方向之圓錐箭頭後，可於對話框中輸入該軸欲移動的角度，亦可壓住該圓錐箭頭，並拖曳游標，以動態之方式移動該軸向距離。
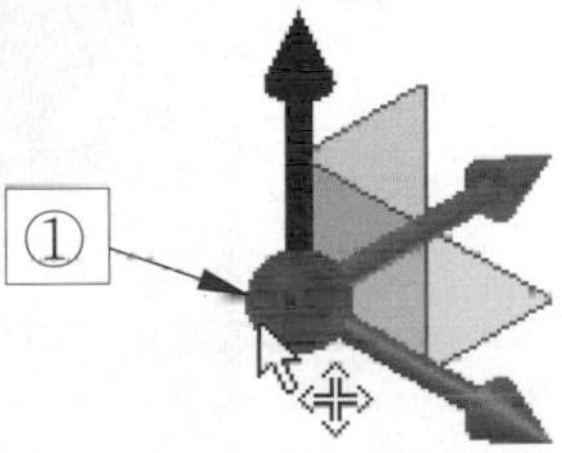 ①	拖曳三向軸圓球，可任意移動三向軸之座標位置，當您單擊三向軸圓球後，即可於對話框中分別輸入 X,Y,Z,之座標值。
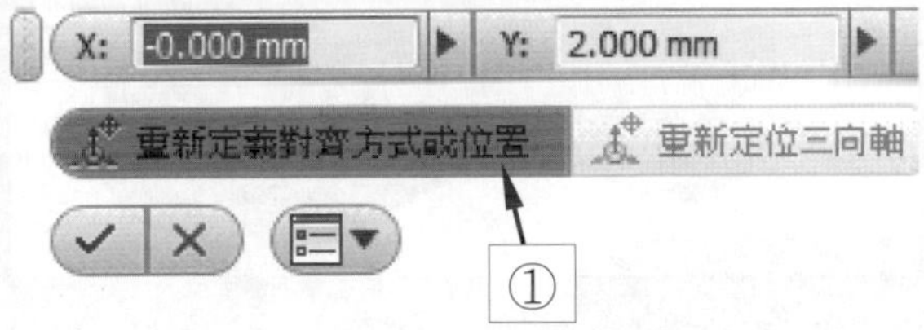 X: -0.000 mm　Y: 2.000 mm 重新定義對齊方式或位置　重新定位三向軸 ①	當您於指定位置對話框中單擊「重新定義對齊方式或位置」指令後，即可以對齊方式來建立三向軸圓球、三向軸平面、三向軸之對齊位置。

→ 應用實例一

1.本範例將以如圖所示之搖擺機構進行三向軸元件操作。
2.檔案路徑為 Ch4\三向軸元件\三向軸元件範例.iam。

操作步驟

STEP ①

①單擊 開啟。

②開啟 Ch4\三向軸元件\三向軸元件範例.iam，如圖所示。

STEP ②

①單擊 環境。

②單擊 Inventor Studio。

STEP ③

①單擊 元件。

②單擊 確定。

③單擊 搖臂

④單擊 指定位置。

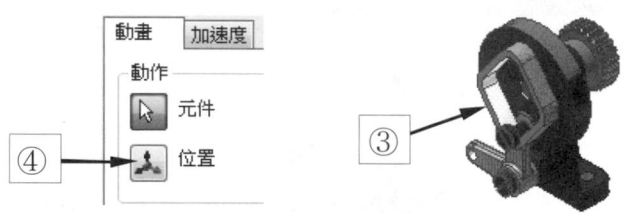

STEP ④

①單擊 重新定義對齊方式或位置

②單擊 三向軸圓球。

③單擊 特徵頂點。

④完成三向軸座標移動。

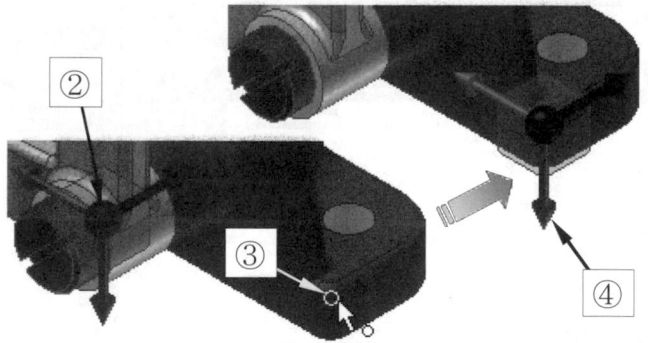

STEP ⑤

①單擊 重新定義對齊方式或
　位置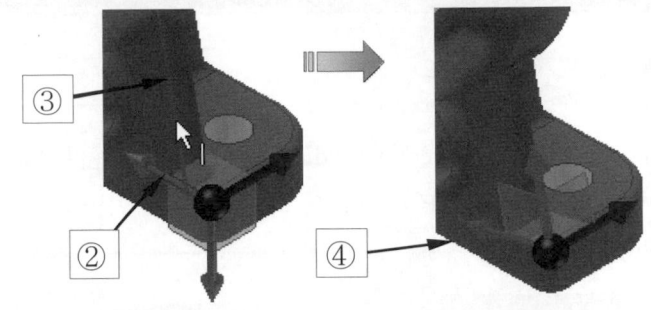
②單擊 三向軸(Y軸)。
③單擊 欲對齊的邊線或軸。
④完成三向軸座標對齊。

STEP ⑥

①單擊 重新定義對齊方式或
　位置
②單擊 三向軸平面(YZ平面)。
③單擊 欲對齊的平面。
④完成三向軸平面之對齊。

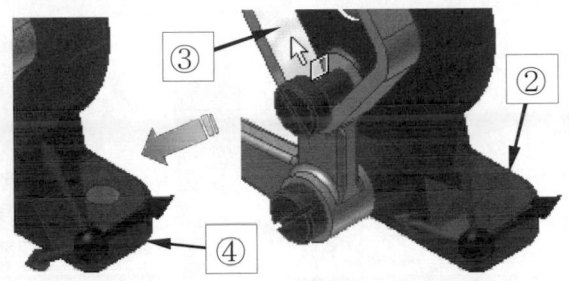

STEP ⑦

①單擊 三向軸(Z軸)。
②輸入角度值45。
③單擊 確定 。

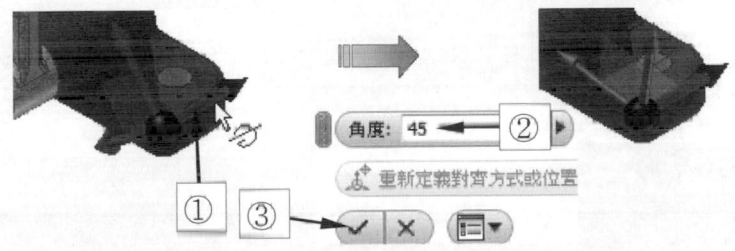

4-8 元件

前 言

本章節主要說明在 Inventor Studio 中，如何透過元件功能，使零件或組件在動畫播放時能進行移動或旋轉等動作。

指令位置

彩現 → 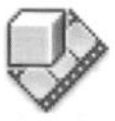 元件

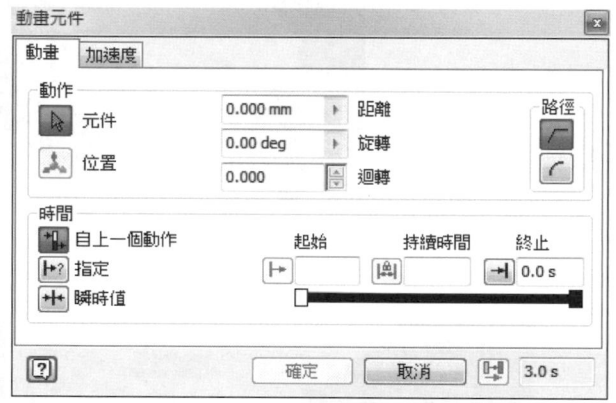

工具圖示說明

工具圖示	名稱	說明
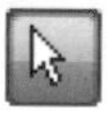	元件	選取欲建立動畫元件的零件。
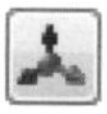	指定位置	定義三向軸之相關資料，請參考本章 4-8 節 三向軸元件。
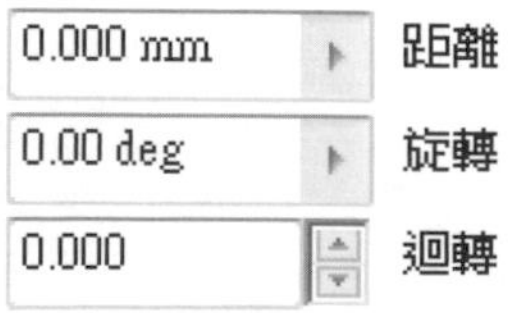 0.000 mm ▸ 距離 0.00 deg ▸ 旋轉 0.000 迴轉		當您於指定位置設定完成三向軸之相關資料後，則該資料將會在此對話框中呈現，您亦可於此對話框中直接更改相關數值。

工具圖示	名稱	說明
尖銳	尖銳	不使用連續的移動曲線(平滑)在起始值、中間值和結束值之間進行轉換。
平滑	平滑	使用連續的移動曲線(平滑)在起始值、中間值和結束值之間進行轉換。
自上一個動作	自上一個動作	此指令為系統預設的選項,指定在上一個動作結束時開始進行動畫。
指定	指定	即是使用者指定動畫起始及結束的時間。
瞬間值	瞬間值	指定動畫在某一時間進行瞬間播放。
起始 0.0 s　持續時間 0.0 s　終止 0.0 s		設定動畫播放的起始時間、持續時間及終止時間。

→ 應用實例一

1. 本範例將以 Ch4\元件\元件資料夾中的底座及上蓋作組裝,如圖所示。
2. 組裝完成後切換至 Inventor Studio 模組,並以動畫元件進行動畫製作及播放。

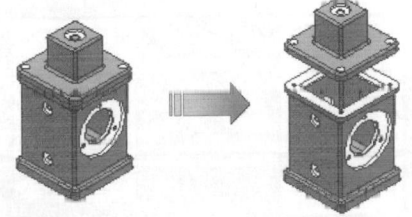

操作步驟

STEP ①

① 單擊　新建 📄。

② 雙擊　組合 🧊,開啟新的組合檔。

③ 單擊　放置 📥 → Ch4\元件\元件\底座.ipt,如圖所示。

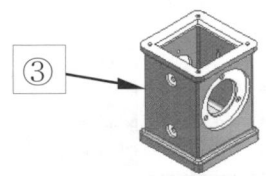

STEP ②

① 單擊　放置 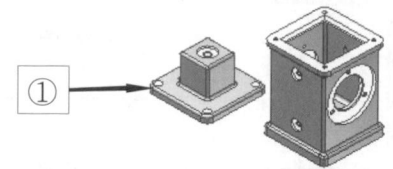 →Ch4\動畫元件\動畫元件\上蓋.ipt，如圖所示。

② 將底座固定為不動。

STEP ③

① 單擊　約束 。

② 單擊　上蓋左側平面。

③ 單擊　底座左側平面。

④ 單擊　齊平 。

⑤ 單擊　確定 。

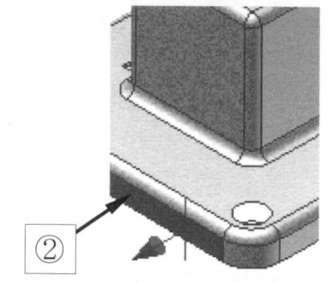
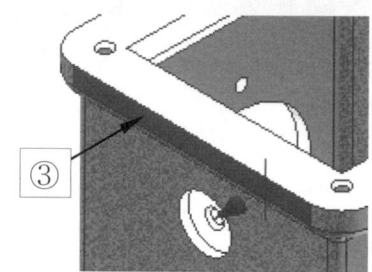

STEP ④

① 單擊　自由移動 。

② 將上蓋拖曳出底座外側。

③ 按 Esc 鍵。

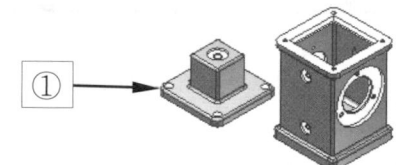

STEP ⑤

① 單擊　約束 。

② 單擊　上蓋右側平面。

③ 單擊　底座右側平面。

④ 單擊　齊平 。

⑤ 單擊　確定 。

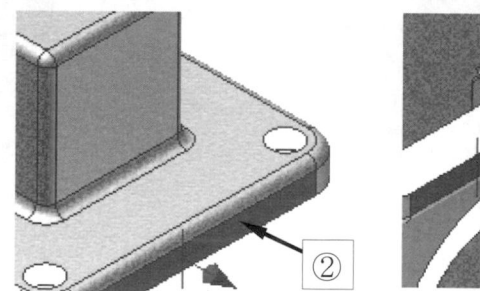

STEP ⑥

① 單擊　自由移動 。

② 將上蓋拖曳出底座外側。

③ 按 Esc 鍵。

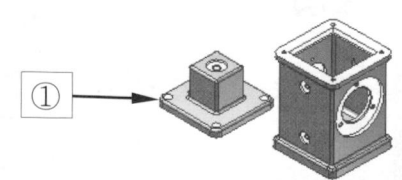

STEP 7

①單擊 自由旋轉，將上蓋旋轉至如圖所示之視角。

②按 Esc 鍵。

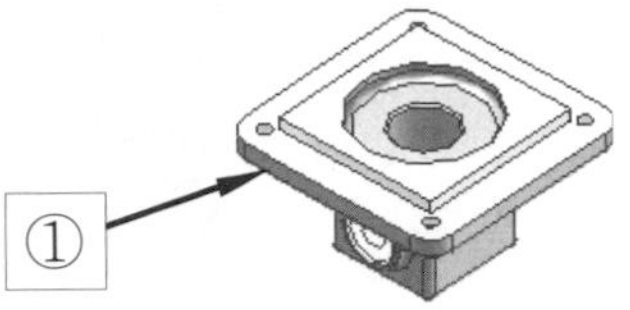

STEP 8

①單擊 置入約束。

②單擊 上蓋平面。

③單擊 底座平面。

④單擊 確定。

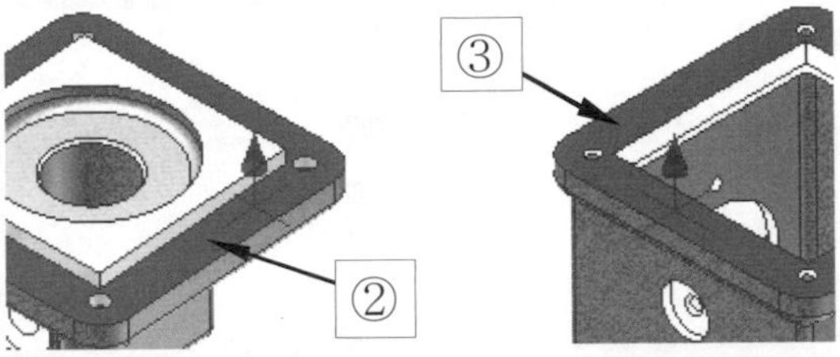

STEP 9

①展開上蓋。

②於貼合上單擊滑鼠右鍵。

③單擊 抑制。

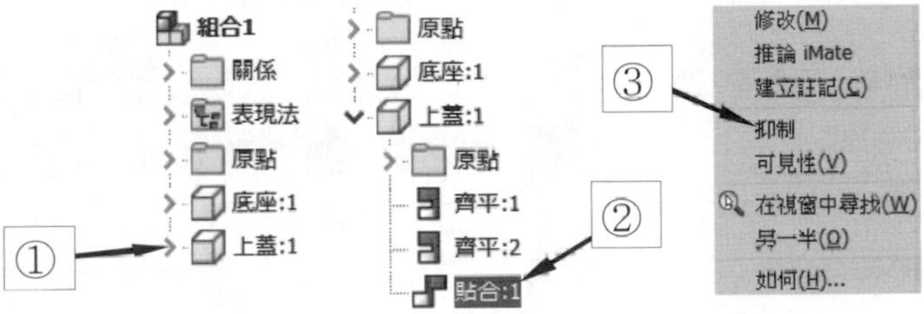

注意

步驟 9 所示是將底座與上蓋的貼合限制條件抑制，其主要目的是使組件於 Inventor Studio 中進行動畫製作時，可以正確進行播放。也就是說，製作動畫元件時，需考慮播放的零件欲往何方向移動，該方向的正垂貼合限制條件需於組立模組下先予以抑制。

STEP 10

①單擊 環境。

②單擊 Inventor Studio。

STEP ⑪

① 單擊 動畫時間軸線 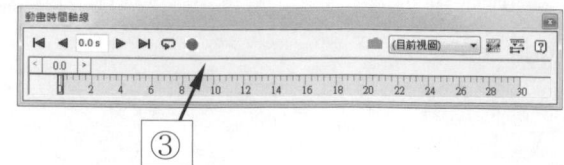。
② 單擊 [確定]。
③ 開啟動畫時間軸線。

STEP ⑫

① 單擊 元件。
② 單擊 上蓋。
③ 單擊 位置。

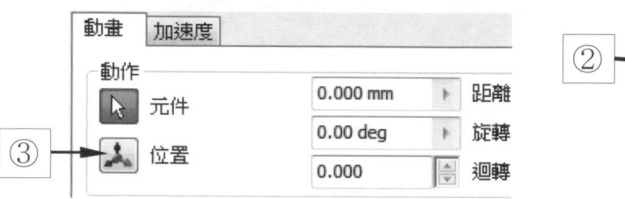

動畫	加速度		
動作			
元件	0.000 mm ▶	距離
③ → 位置	0.00 deg ▶	旋轉
	0.000 ▲▼	迴轉

STEP ⑬

① 單擊 重新定義對齊
  方式 或 位置。
② 在數值後輸入「+50」。
③ 單擊 確定 ✓。

X: 0.000 mm ▶   Y: 0.000 mm ▶   Z: 9.000+50 mm ▶ ②

重新定義對齊方式或位置 ①   重新定位三向軸

✓ ✕ ▤▼ ③

注意

當定義模式中的 X,Y,Z,已有座標值時，即表示該座標值為零件目前於系統中的座標位置，如下圖①之所示，欲移動該零件只需增加或減少座標值即可，如下圖②所示。

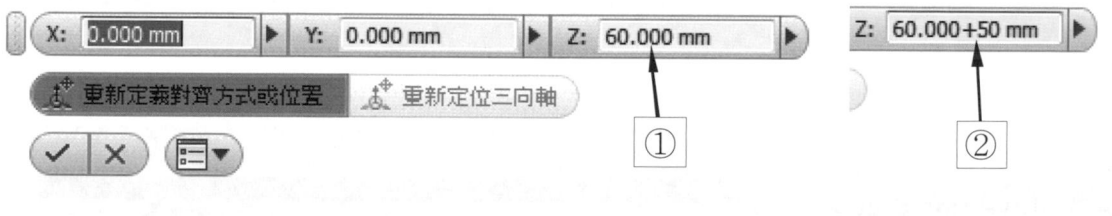

X: 0.000 mm ▶   Y: 0.000 mm ▶   Z: 60.000 mm ▶ ①   Z: 60.000+50 mm ▶ ②

重新定義對齊方式或位置   重新定位三向軸

✓ ✕ ▤▼

STEP ⑭

①顯示輸入的設定值。
②單擊 指定 。
③設定終止時間為 3。
④單擊 確定。

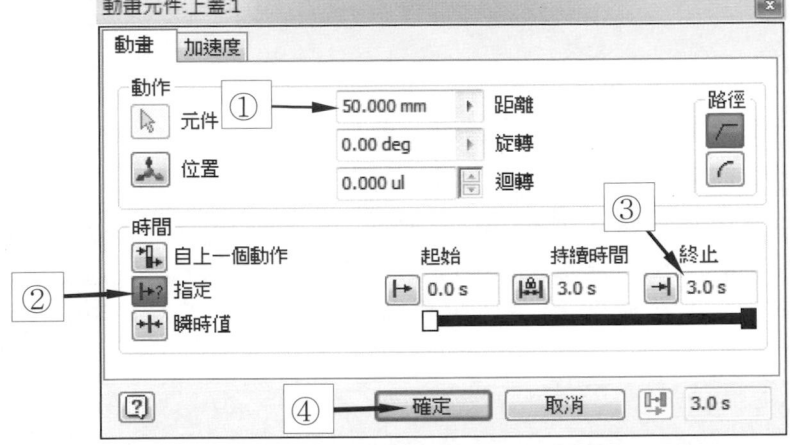

STEP ⑮

①單擊 展開動作編輯器。
②於藍色滑棒單擊滑鼠右鍵。
③單擊 快顯功能表中的鏡射。
④單擊 動畫選項 。

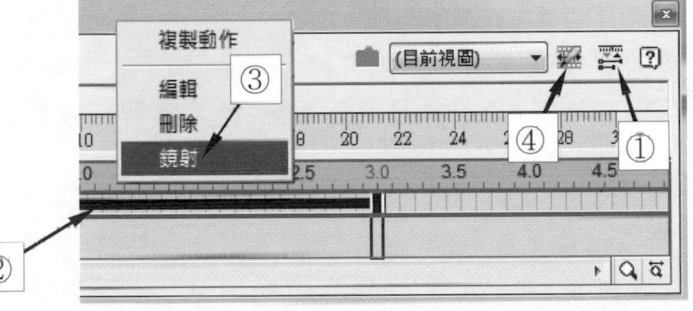

STEP ⑯

①設定數值為 6。
②單擊 適合目前的動畫 。
③單擊 確定 。

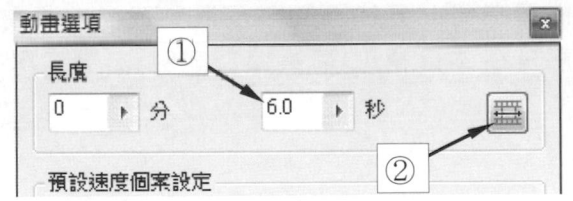

STEP ⑰

①單擊 移往開始 。
②單擊 播放動畫 。
③拖曳滑棒亦可觀看動畫
　播放狀態。

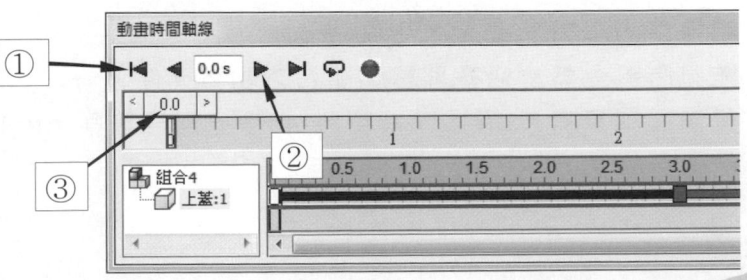

精選練習範例

例題一

1. 請將光碟目錄 Ch4\元件\精選練習範例-1
   資料夾中的檔案作組裝，如右圖所示。
2. 組裝之零件有本體、前側蓋、左側蓋。
3. 建立前側蓋及左側蓋能同時開啟及組合之動畫元件。
4. 參考解答在本資料夾\精選練習範例-1_參考解答檔案.html。

例題二

1. 請將光碟目錄 Ch4\元件\精選練習範例-2
   資料夾中的檔案作組裝，如右圖所示。
2. 組裝之零件有本體、滑動塊。
3. 建立滑動塊往復滑動之動畫元件。
4. 參考解答在本資料夾\精選練習範例-2_參考解答檔案.html。

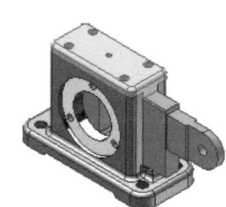

例題三

1. 請將光碟目錄 Ch4\元件\精選練習範例-3
   資料夾中的檔案作組裝，如右圖所示。
2. 組裝之零件有本體、上蓋、滑動塊。
3. 建立能同時將上蓋往上開啟及滑動塊往前滑動之動畫元件。
4. 參考解答在本資料夾\精選練習範例-3_參考解答檔案.html。

例題四

1. 請將光碟目錄 Ch4\元件\精選練習範例-4
   資料夾中的檔案作組裝，如右圖所示。
2. 組裝之零件有本體、上蓋、活塞。
3. 建立能同時將上蓋及活塞開啟與組合之動畫元件。
4. 參考解答在本資料夾\精選練習範例-4_參考解答檔案.html。

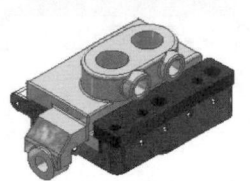

例題五

1. 請將光碟目錄 Ch4\動畫元件\精選練習範例-5
   資料夾中的檔案作組裝，如右圖所示。
2. 組裝之零件有定位板、底座、滑動座、墊片。
3. 建立能同時將滑動座往前及定位板往右之動畫元件。
4. 參考解答在本資料夾\精選練習範例-5_參考解答檔案.html。

4-9　濃淡

前　言

以濃淡指令來控制並指定零件於某一時間內的可見性，當您欲在同一時間內控制多個零件同時進行濃淡時，僅需於選取零件時加按「Ctrl」鍵，並選取多個零件即可。但若欲控制多個不同零件在不同時間內之濃淡，則必須分次執濃淡指令，方可進行多個零件於不同時間內之濃淡。

指令位置

彩現 → 濃淡

工具圖示說明

工具圖示	名稱	說明
	元件	選取欲建立濃淡的零件。
起始 100% → 終止 100%		指定濃淡開始的百分比以及濃淡結束淡出時的百分比。
	自上一個動作	此指令為系統預設的選項，指定在上一個動作結束時開始進行動畫。
	指定	即是使用者指定動畫起始及結束的時間。
	瞬間值	指定動畫在某一時間進行瞬間播放。
起始 0.0s 持續時間 0.0s 終止 0.0s		設定動畫播放的起始時間、持續時間及終止時間。

→ 應用實例一

1. 開啟 Ch4\濃淡\濃淡\升降機構.iam，如圖所示。
2. 進行動畫時間軸線設定，濃淡設定。

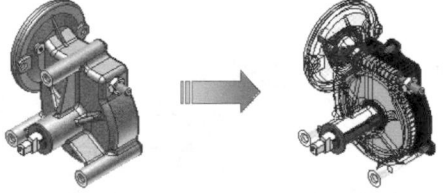

操作步驟

STEP ①

① 單擊　開啟 📂。

② 於 Ch4\濃淡\濃淡\升降機構.iam，開啟如圖所示之升降機構立體組合檔。

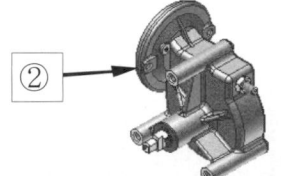

STEP ②

① 單擊　環境。
② 單擊　Inventor Studio。

STEP ③

① 單擊　動畫時間軸線 。
② 單擊　確定。
③ 開啓動畫時間軸線。

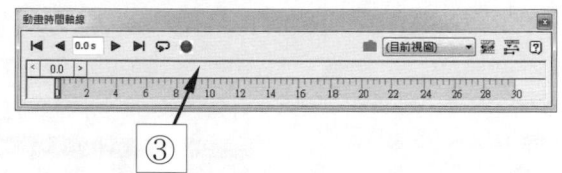

STEP ④

① 單擊　動畫選項 。

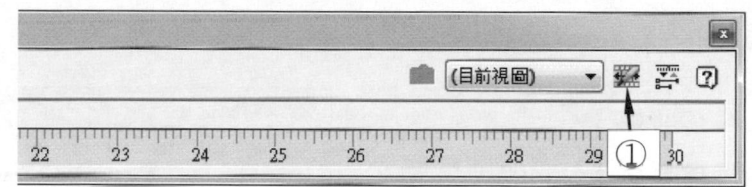

STEP ⑤

① 設定數值為 6。
② 單擊　確定。

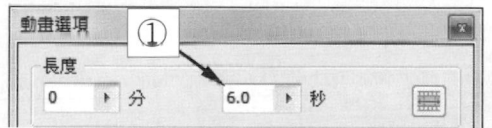

STEP ⑥ 6

① 單擊　濃淡 。
② 單擊　本體。
③ 終止變更為 10。
④ 單擊　指定 。
⑤ 終止時間變更為 3。
⑥ 單擊　確定。

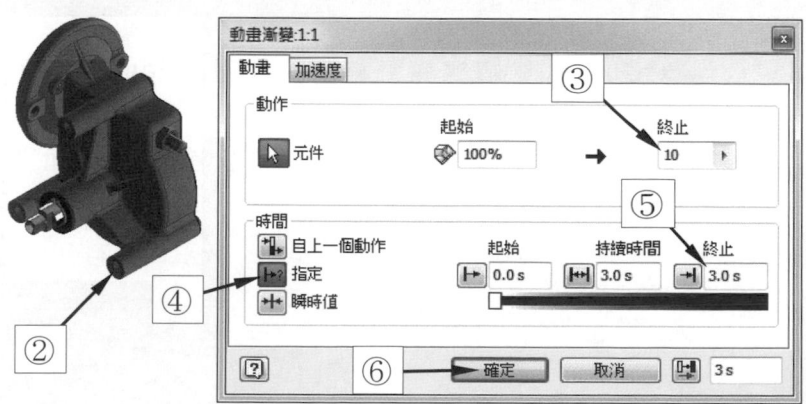

STEP ⑦

①單擊 展開/收闔動作編輯器 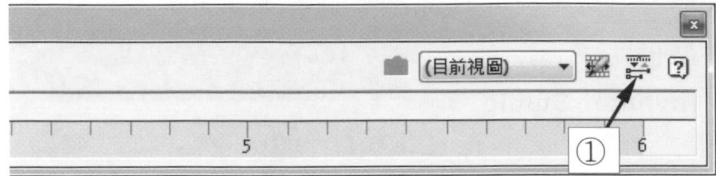。

STEP ⑧

①於動畫時間列上單擊滑鼠右鍵。

②單擊 鏡射。

③單擊 展開/收闔動作編輯器 。

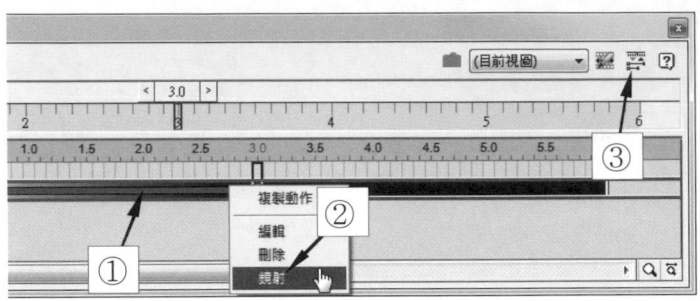

STEP ⑨

①單擊 移往開始 。

②單擊 播放動畫 ，即可觀看濃淡效果。

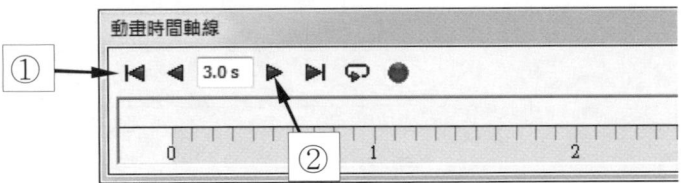

🖉 **精選練習範例**

例題一

1. 開啓光碟目錄 Ch4\濃淡\精選練習範例-1\電磁閥.iam，以如圖①所示之本體進行濃淡練習。

2. 參考解答在本資料夾\精選練習範例-1_參考解答檔案.html。

例題二

1. 開啓光碟目錄 Ch4\濃淡\精選練習範例-2\車床進刀停止器
.iam，以如圖①所示之本體進行濃淡練習。
2. 參考解答在本資料夾\精選練習範例-2_參考解答檔案.html。

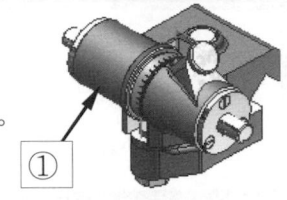

例題三

1. 開啓光碟目錄 Ch4\濃淡\精選練習範例-3\氣壓閥.iam，以如
圖①所示之本體進行濃淡練習。
2. 參考解答在本資料夾\精選練習範例-3_參考解答檔案.html。

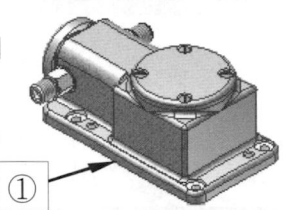

例題四

1. 開啓光碟目錄 Ch4\濃淡\精選練習範例-4\鑽模夾具.iam，以
如圖①所示之本體進行濃淡練習。
2. 參考解答在本資料夾\精選練習範例-4_參考解答檔案.html。

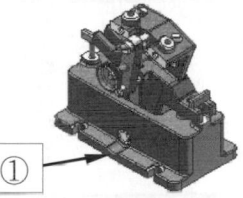

例題五

1. 開啓光碟目錄 Ch4\濃淡\精選練習範例-5\打氣泵.iam，以如
圖①所示之本體進行濃淡練習。
2. 參考解答在本資料夾\精選練習範例-5_參考解答檔案.html。

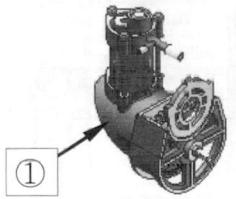

4-10 約束

前　言

動畫約束僅可於組合件中使用，是依據組合件中的限制條件，在 Inventor Studio 進行動畫約束播放，組合件中若有次組立件之配合，則進行動畫約束播放時，該次組立件將會整組移動。

指令位置

彩現 →  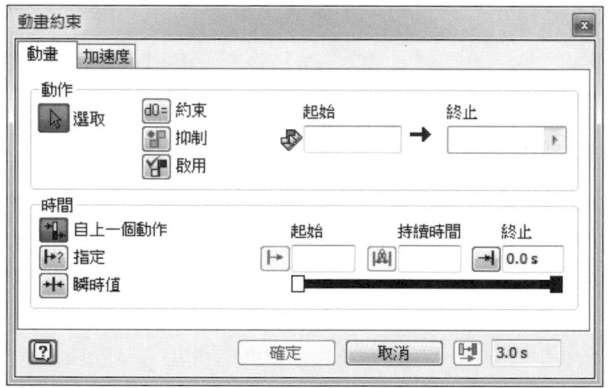 約束

工具圖示說明

工具圖示	名稱	說明
	元件	選取欲建立動畫約束的零件，如限制條件等。
 d0=	指定約束值	指定動畫約束條件的起始值與終止值。
	抑制	抑制約束條件
	啟用	啟用約束條件
 起始 0.000 mm → 終止 0.000 mm		指定動畫約束條件的起始時間與終止時間。

工具圖示	名稱	說明
⊞	自上一個動作	此指令為系統預設的選項，指定在上一個動作結束時開始進行動畫。
⊞?	指定	即是使用者指定動畫起始及結束的時間。
⊞	瞬間值	指定動畫在某一時間進行瞬間播放。
起始　　　持續時間　　　終止 ⊢ 0.0 s　　⧆ 0.0 s　　⊣ 0.0 s		設定動畫播放的起始時間、持續時間及終止時間。

→ 應用實例一

1. 組合次組立件，Ch4\約束\活動虎鉗。
2. 進行約束及動畫播放設定。
3. 參考解答在 Ch4\約束\活動虎鉗\活動虎鉗
   參考解答.html

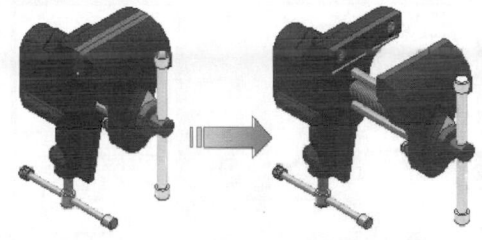

操作步驟

STEP ①

① 單擊 組合🧱，開啟新組合檔。

② 單擊 放置📥。

③ 開啟 Ch4\約束\活動虎鉗\固定組
   .iam，如圖所示。

STEP ②

① 單擊 放置📥。

② 開啟 Ch4\約束\活動虎鉗\活動組.iam，如圖所示。

③ 按 Esc 鍵。

④ 將固定組固定為不動。

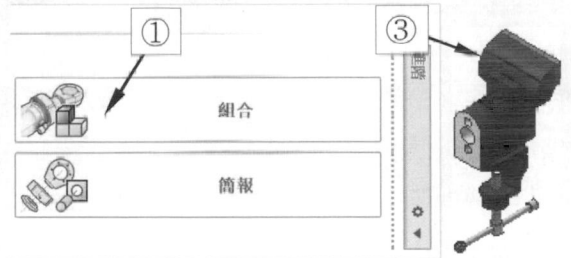

STEP ③

① 單擊 約束 。

② 單擊 圓孔。

③ 單擊 圓孔。

④ 單擊 確定 。

⑤ 將活動組拖曳至固定組外。

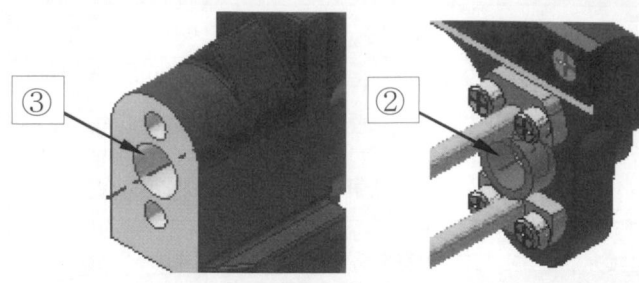

STEP ④

① 單擊 約束 。

② 單擊 圓柱。

③ 單擊 圓孔。

④ 單擊 套用 。

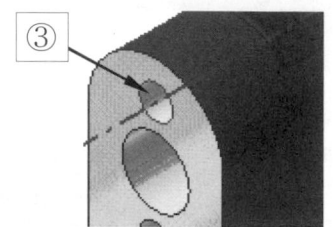
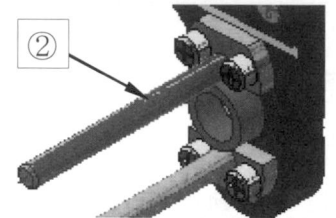

STEP ⑤

① 單擊 活動件平面。

② 單擊 ViewCube 右上角。

③ 單擊 固定件平面。

④ 單擊 確定 。

⑤ 按 F6 鍵。

STEP ⑥

① 單擊 放置 。

② 開啓 Ch4\約束\活動虎鉗\螺桿組
.iam，如圖所示。

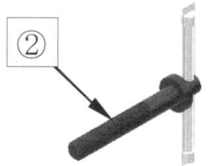

STEP ⑦

①單擊　ViewCube 右上角。

②單擊　約束▗▙。

③單擊　圓柱面。

④單擊　圓孔面。

⑤單擊　┃　確定　┃。

⑥將螺桿組拖曳至活動組外。

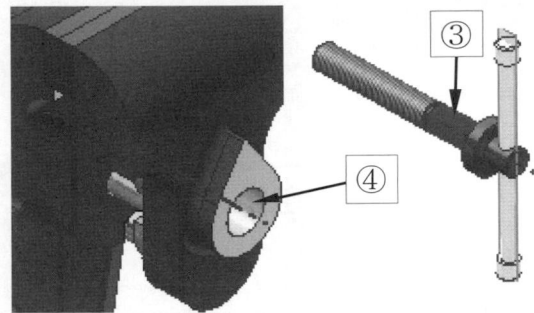

STEP ⑧

①單擊　約束▗▙。

②單擊　活動組平面。

③單擊　ViewCube　左上角。

④單擊　螺桿組平面。

⑤單擊　┃　確定　┃。

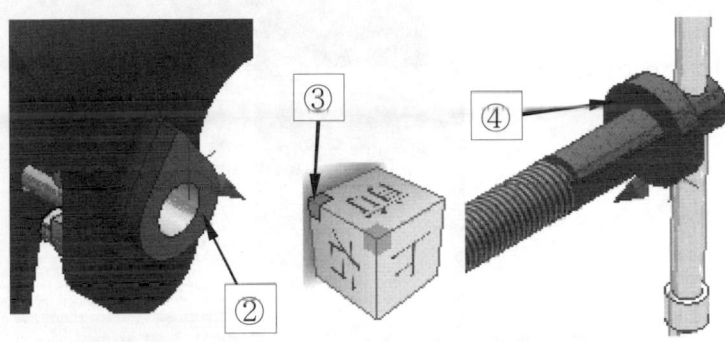

STEP ⑨

①單擊　約束▗▙。

②單擊　角度▵。

③單擊　活動組側面。

④單擊　螺桿組基準平面。

⑤單擊　無向角▧。

⑥單擊　┃　確定　┃。

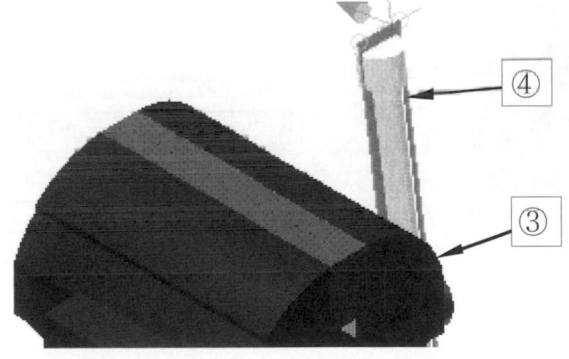

STEP ⑩

①單擊 View Cube 右上角。

②於 View Cube 單擊滑鼠右鍵。

③單擊 佈滿視圖。

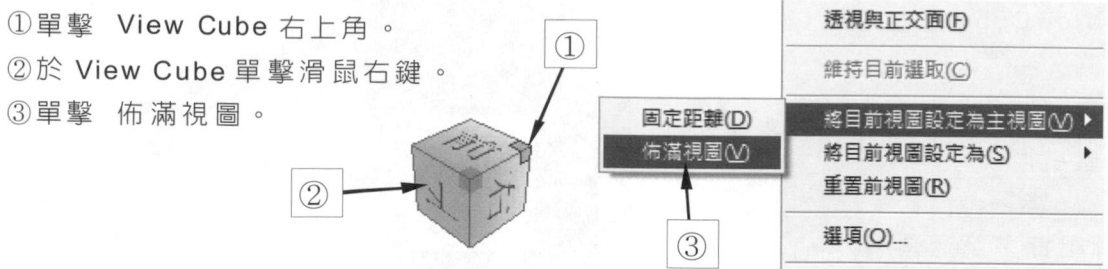

STEP ⑪

①單擊 環境。

②單擊 Inventor Studio。

STEP ⑫

①單擊 動畫時間軸線 。

②單擊 確定 。

③開啟動畫時間軸線。

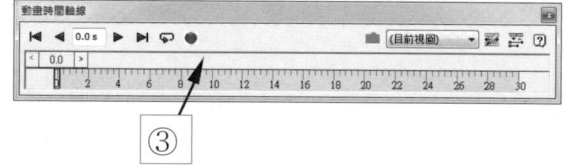

STEP ⑬

①單擊 動畫選項 。

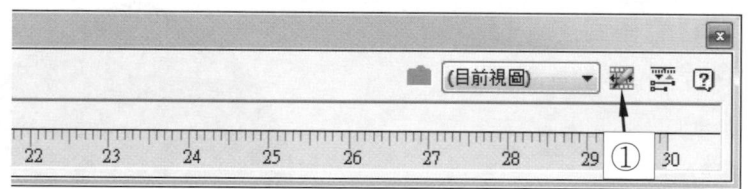

STEP ⑭

①輸入動畫長度為 8 秒。

②單擊 確定 。

③單擊 展開動作編輯器 ，展開編輯器。

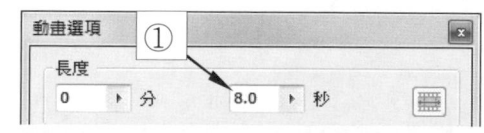

STEP ⑮

① 單 擊　約 束　。

② 展 開　活 動 組 。

③ 單 擊　貼 合 3 。

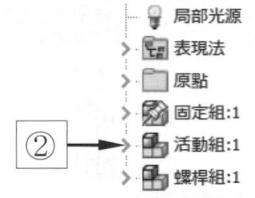

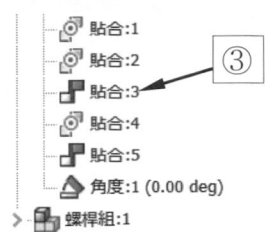

STEP ⑯

① 輸 入 終 止 距 離 50 。

② 單 擊　指 定　。

③ 輸 時 間 4 秒 。

④ 單 擊　　確 定　　。

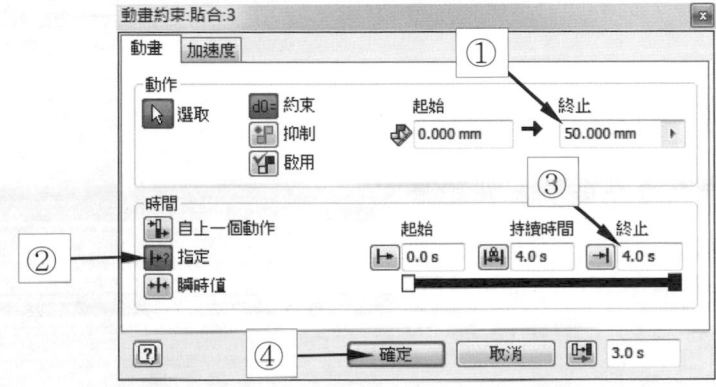

STEP ⑰

① 於 動 畫 時 間 列 上 單 擊

　滑 鼠 右 鍵 。

② 單 擊　鏡 射 。

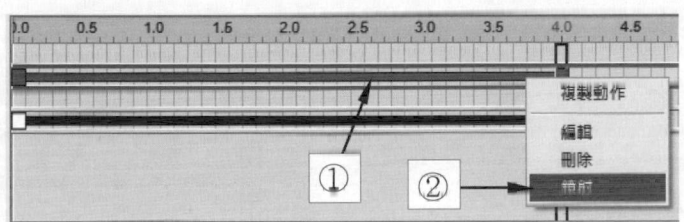

STEP ⑱

① 單 擊　約 束　。

② 單 擊　活 動 組 下 的 角 度 約 束 條 件 。

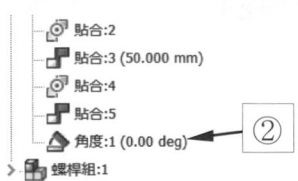

STEP ⑲

① 輸入終止角度 360*10。

② 單擊 指定 ▶?。

③ 輸入終止時間 4 秒。

④ 單擊 [確定]。

註：角度值前加入「-」符號，
　　 可改變軸的旋轉方向。

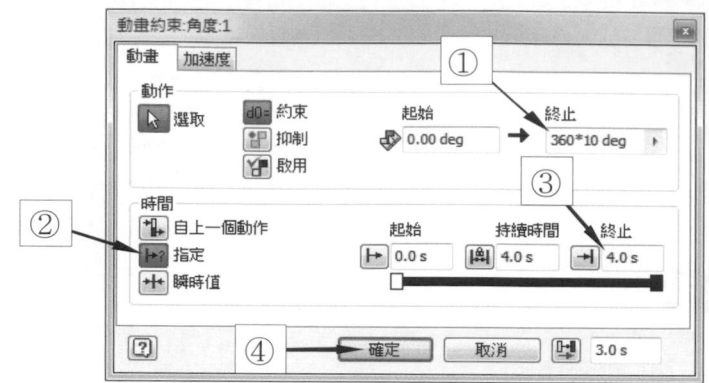

STEP ⑳

① 於角度動畫時間列上單擊滑
　 鼠右鍵。

② 單擊 鏡射。

③ 單擊 收闔動作編輯器 ⟘,
　 闔上編輯器。

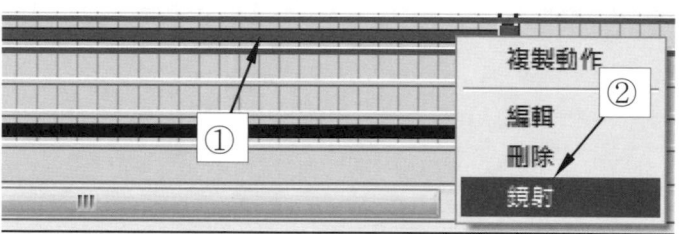

STEP ㉑

① 單擊 移往開始 ◄◄。

② 單擊 播放動畫 ▶,即可觀
　 看動畫約束效果。

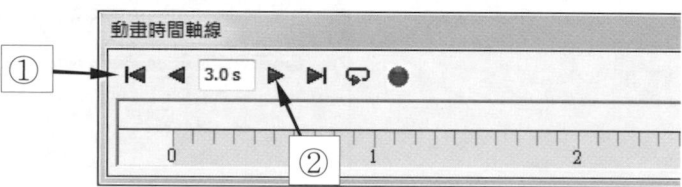

→ 應用實例二

1. 開啓 Ch4\約束\水平擺動台\水平擺動台.iam。

2. 進行動畫約束及動畫播放設定。

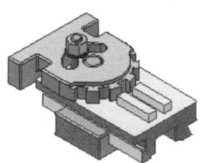

操作步驟

STEP ❶

①單擊　開啟 📂。

②開啟　Ch4\約束\水平擺動台\水平擺動台.iam。

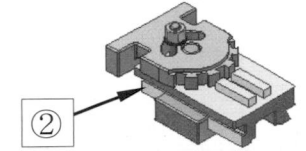

STEP ❷

①單擊　環境。

②單擊　Inventor Studio。

STEP ❸

①單擊　動畫時間軸線 🎞️。

②單擊　[　確定　]。

③開啟動畫時間軸線。

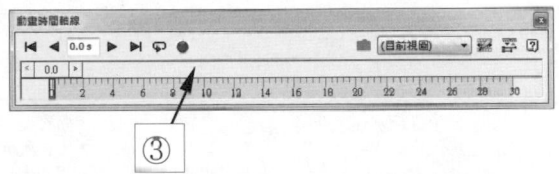

STEP ❹

①單擊　動畫選項 🖼️。

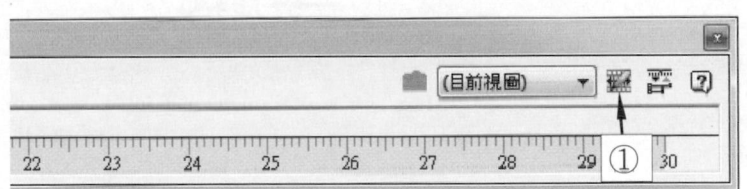

STEP ❺

①輸入動畫長度為 33.5 秒。

②單擊　[　確定　]。

③單擊　展開動作編輯器 🚌，展開編輯器。

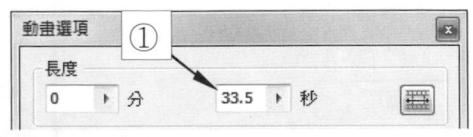

STEP ⑥

①單擊 約束 。

②展開 鳩尾座。

③單擊 齊平:1。

STEP ⑦

①輸入 終止 距離 -90。

②單擊 指定 。

③輸入 終止 時間 2 秒。

④單擊 確定 。

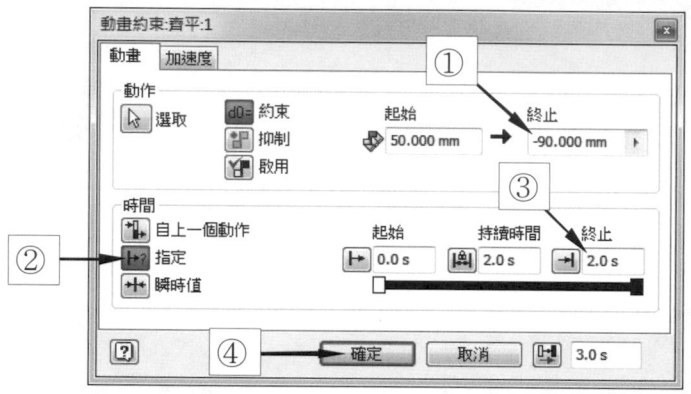

STEP ⑧

①單擊 約束 。

②展開 螺帽。

③單擊 貼合 11。

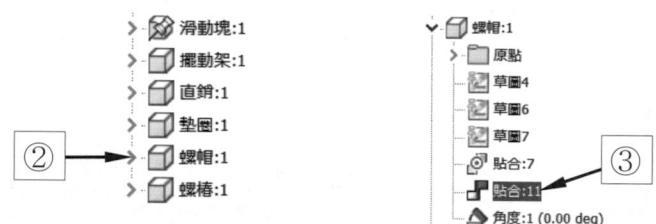

STEP ⑨

①輸入 終止 距離 15。

②單擊 指定 。

③輸入 起始 時間 2 秒。

④輸入 終止 時間 4 秒

⑤單擊 確定 。

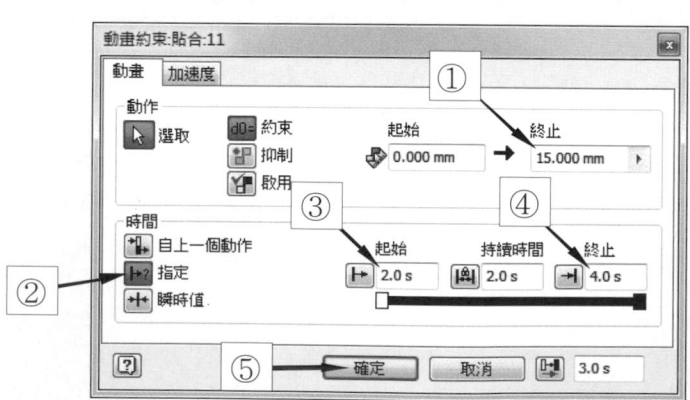

STEP ⑩

① 單擊　約束 🔲。

② 單擊　角度。

③ 輸入終止角度值 540。

④ 單擊　指定 ▶?。

⑤ 輸入起始值 2。

⑥ 輸入終止值 4。

⑦ 單擊　確定。

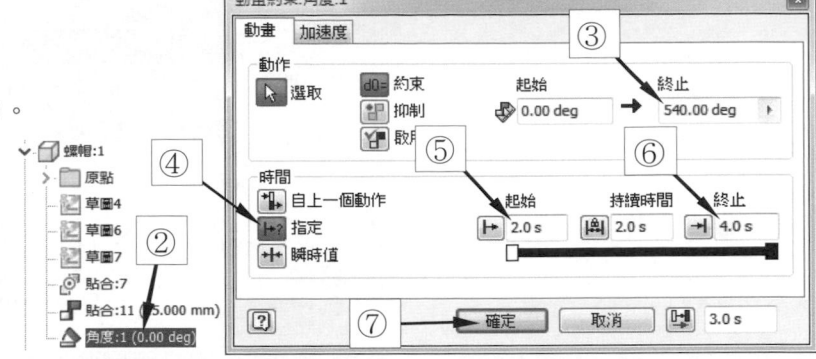

STEP ⑪

① 單擊　約束 🔲。

② 單擊　貼合 11。

③ 輸入終止值 50。

④ 單擊　指定 ▶?。

⑤ 輸入起始值 4.5。

⑥ 輸入終止值 6。

⑦ 單擊　確定。

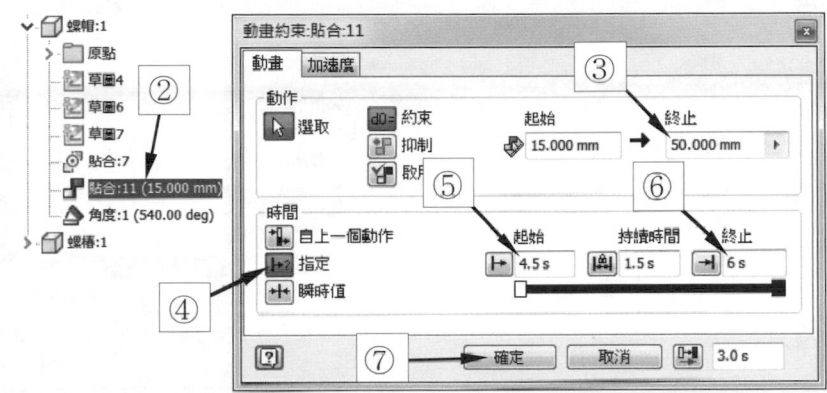

STEP ⑫

① 單擊　約束 🔲。

② 展開　墊圈。

③ 單擊　貼合 10。

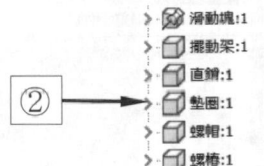

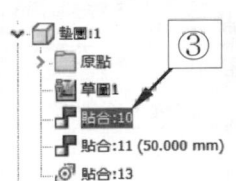

STEP ⑬

①輸入終止值 50。
②單擊 指定 ⟦→?⟧。
③輸入起始值 4.5。
④輸入終止值 6。
⑤單擊 ⟦ 確定 ⟧。

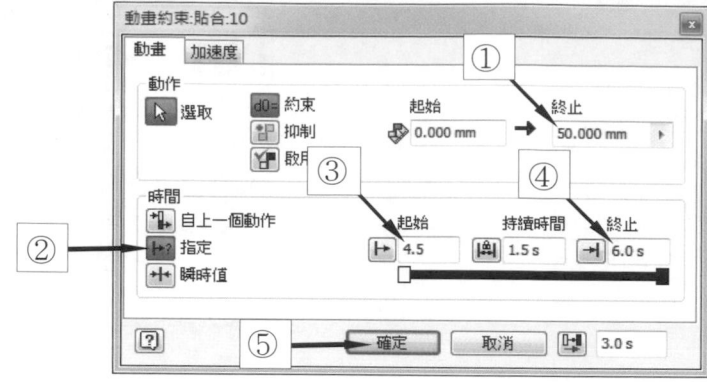

STEP ⑭

①單擊 約束 ⟧。
②展開 擺動架。
③單擊 角度 2。

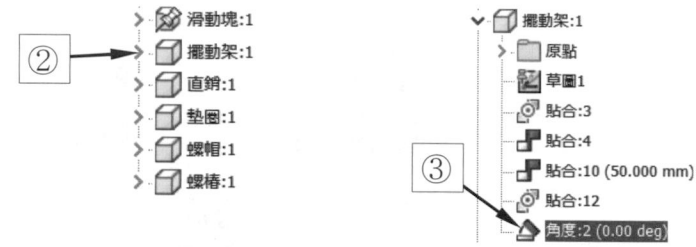

STEP ⑮

①輸入終止角度 60。
②單擊 指定 ⟦→?⟧。
③輸入起始值 6。
④輸入終止值 8。
⑤單擊 ⟦ 確定 ⟧。

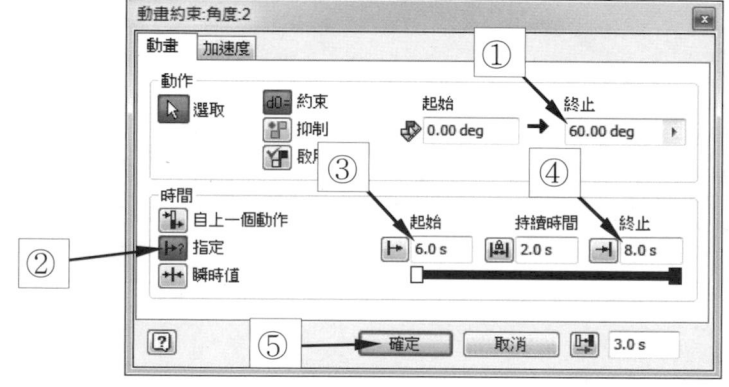

STEP ⑯

①於擺動架之角度時
　間軸上單擊滑鼠右
　鍵。
②單擊 鏡射。

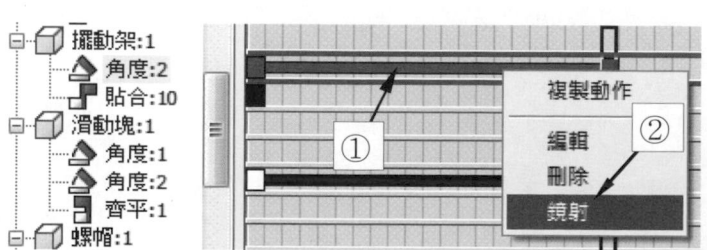

STEP 17

①於鏡射後之角度 2 時間軸
　上單擊滑鼠左鍵。
②單擊　滑鼠右鍵。
③單擊　編輯。

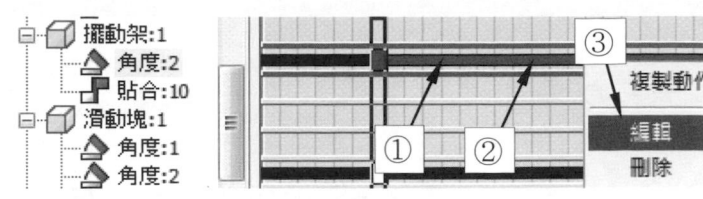

注意

零件之約束條件是約束零件與零件之間的關係，因此時間軸上的動畫軸線經建立或鏡射
後，皆會在兩個零件的時間軸上呈現，當某一時間軸線被鏡射後，若欲即刻編輯該鏡射
後的時間軸時，則需先以滑鼠左鍵點取該時間軸線，方可於該時間軸上單擊右鍵進入編
輯。

STEP 18

①輸入 終止角度 -60。
②單擊　指定 ▸?。
③輸入 終止值 12。
④單擊　　確定　。

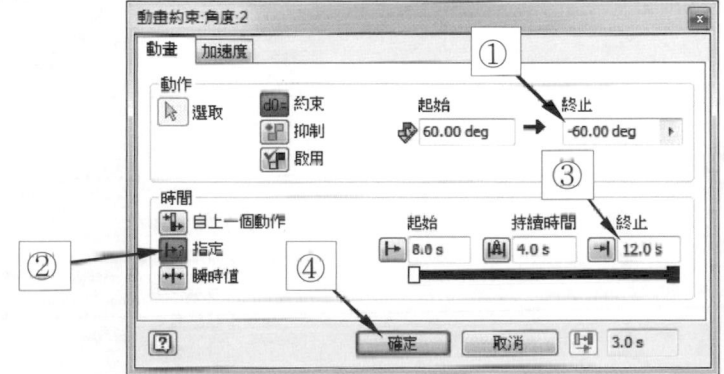

STEP 19

①於擺動架之角度時
　間軸上單擊滑鼠右
　鍵。
②單擊　鏡射。

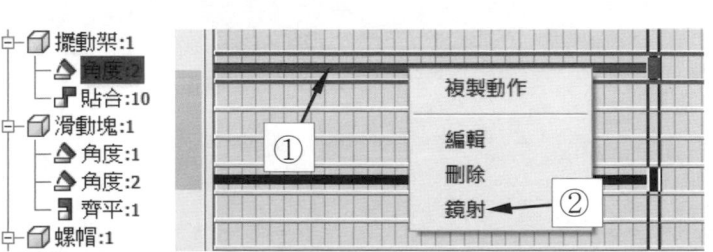

STEP 20

① 於鏡射後之角度 2
　時間軸上單擊滑鼠
　左鍵。
② 單擊 滑鼠右鍵。
③ 單擊 編輯。

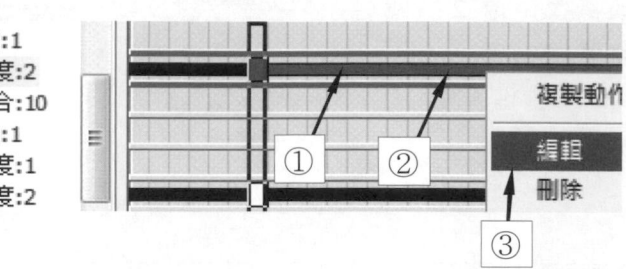

STEP 21

① 更改終止角度為 0。
② 更改終止值為 14。
③ 單擊 確定。

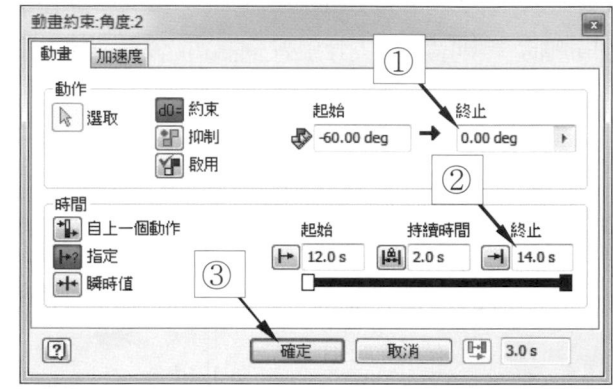

STEP 22

① 單擊 約束。
② 展開 擺動架。
③ 單擊 貼合 4。

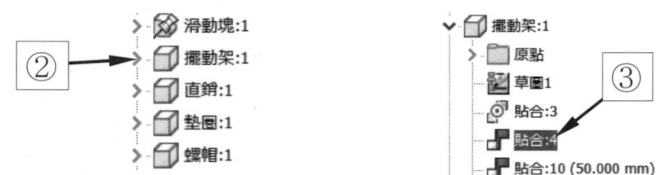

STEP 23

① 輸入終止值 70。
② 單擊 指定。
③ 輸入起始值 14。
④ 輸入終止值 16。
⑤ 單擊 確定。

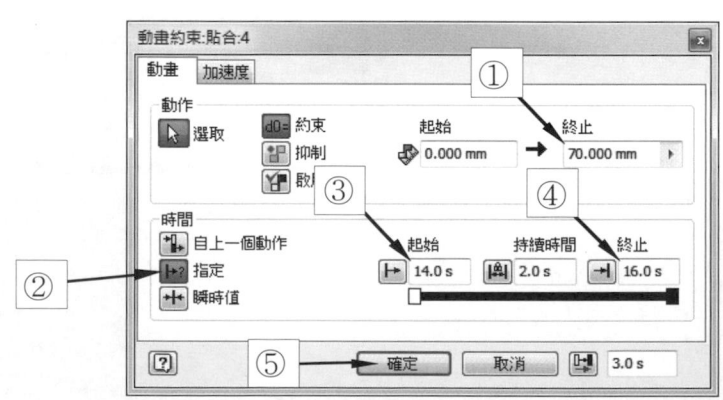

STEP ㉔

①於貼合 4 的時間軸上單擊滑
　鼠右鍵。

②單擊　鏡射。

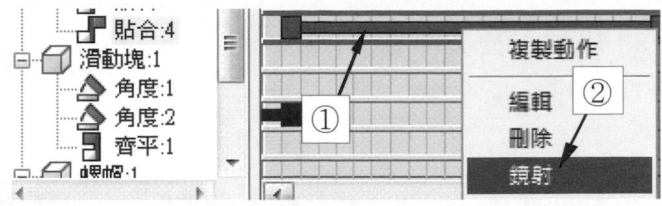

STEP ㉕

①於擺動架之角度 2 時間軸上
　單擊滑鼠右鍵。

②單擊　鏡射。

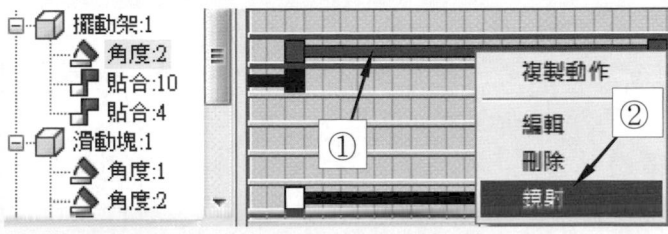

STEP ㉖

①於鏡射後之角度時間軸上單擊滑鼠
　左鍵後，再單擊右鍵。

②單擊　編輯。

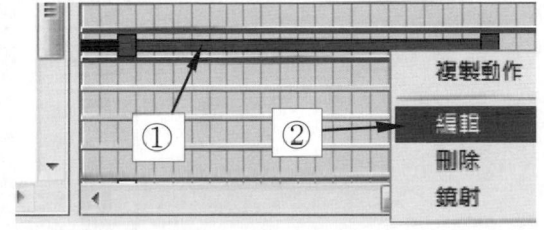

STEP ㉗

①輸入起始值 18。

②輸入終止值 20。

③單擊　[　確定　]。

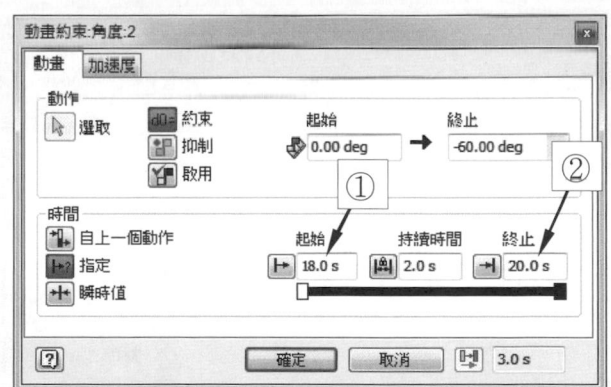

STEP 28

①於上一步驟完成的時間軸上
　單擊滑鼠右鍵。
②單擊 鏡射。

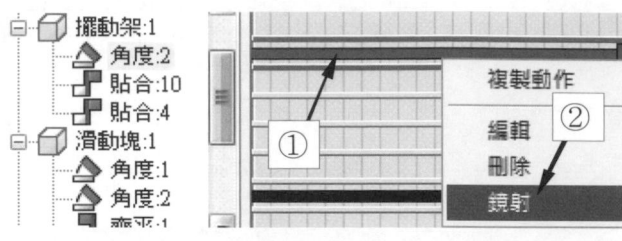

STEP 29

①於鏡射後之角度時間軸上單擊滑鼠
　左鍵後，再單擊右鍵。
②單擊 編輯。

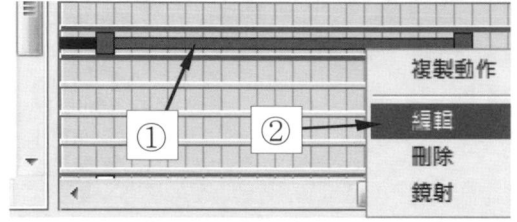

STEP 30

①輸入終止角度 60。
②輸入終止值 24。
③單擊　確定。

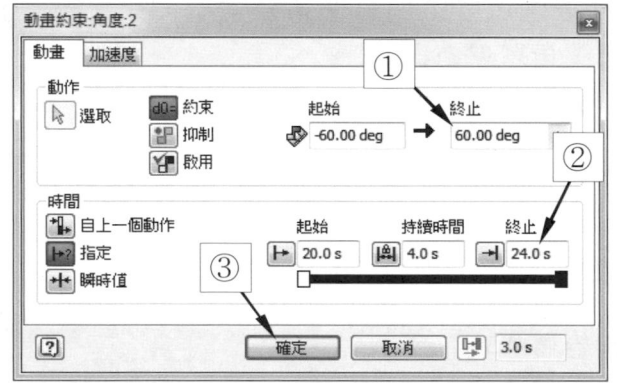

STEP 31

①於上一步驟完成的時間軸上
　單擊滑鼠右鍵。
②單擊 鏡射。

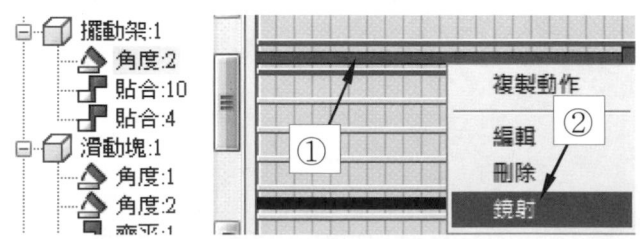

STEP 32

①於鏡射後之角度時間軸上單擊滑鼠
　左鍵後，再單擊右鍵。
②單擊　編輯。

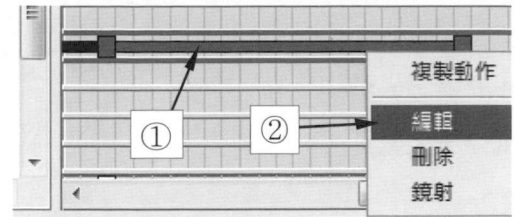

STEP 33

①輸入終止角度 0。
②輸入終止值 26。
③單擊　　確定　。

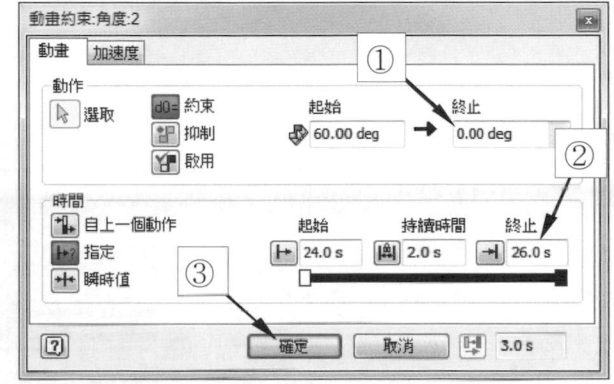

STEP 34

①於墊圈之貼合 10 時間軸上
　單擊滑鼠右鍵。
②單擊　鏡射。

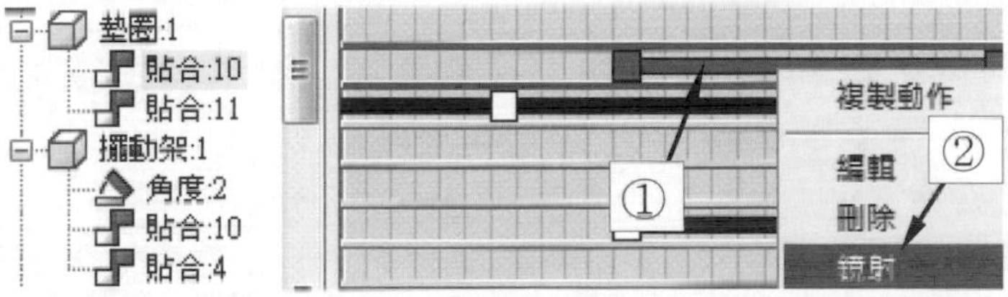

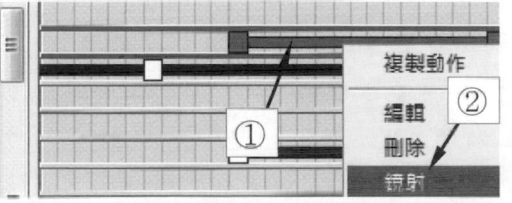

STEP 35

①於鏡射後之貼合 10 時
　間軸上單擊滑鼠左鍵
　後，再單擊右鍵。
②單擊　編輯。

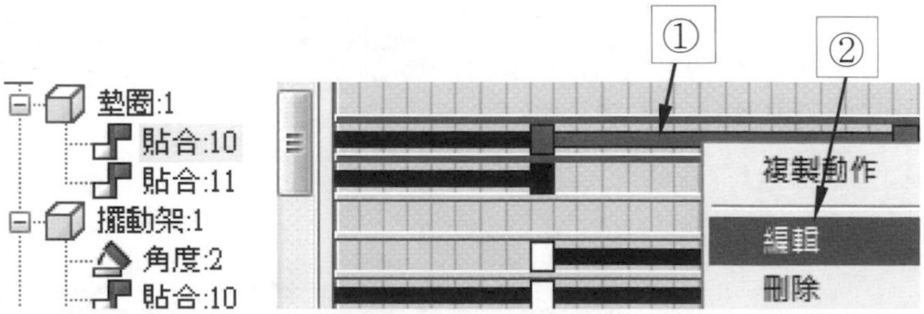

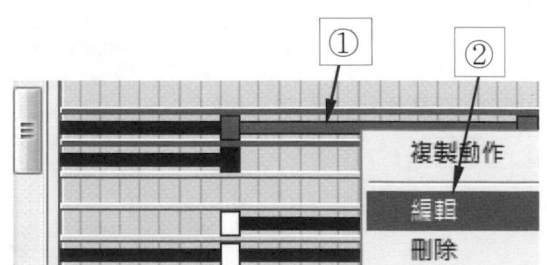

STEP 36

①輸入起始值 26。
②輸入終止值 27.5。
③單擊 [確定]。

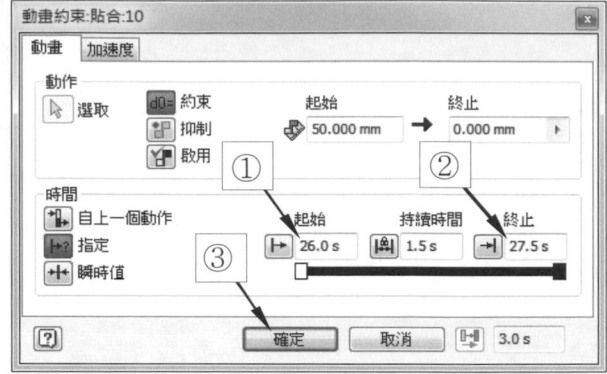

STEP 37

①於螺帽之貼合 11 時
間軸上單擊滑鼠右
鍵。
②單擊 鏡射。

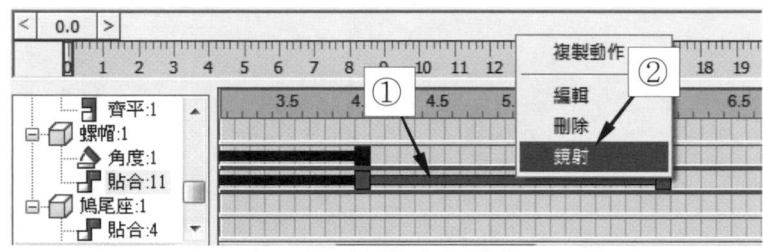

STEP 38

①於鏡射後之貼合:11 時間軸上單擊滑鼠
左鍵後,再單擊右鍵。
②單擊 編輯。

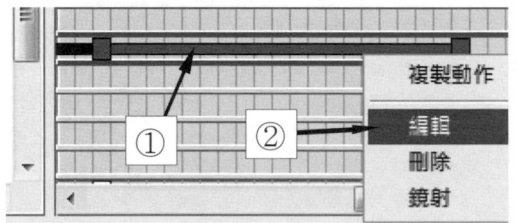

STEP 39

①輸入起始值 27.5。
②輸入終止值 29.5。
③單擊 [確定]。

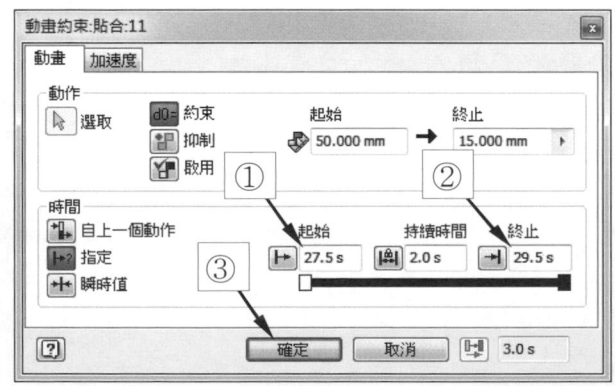

STEP 40

①於上一步驟完成的
　時間軸上單擊滑鼠
　右鍵。
②單擊 複製動作。

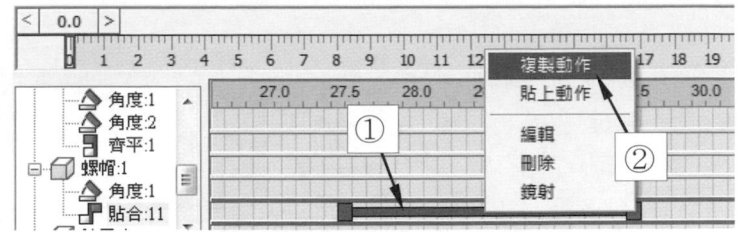

STEP 41

①於同一時間軸上空白處單擊滑鼠右鍵。
②單擊 貼上動作。

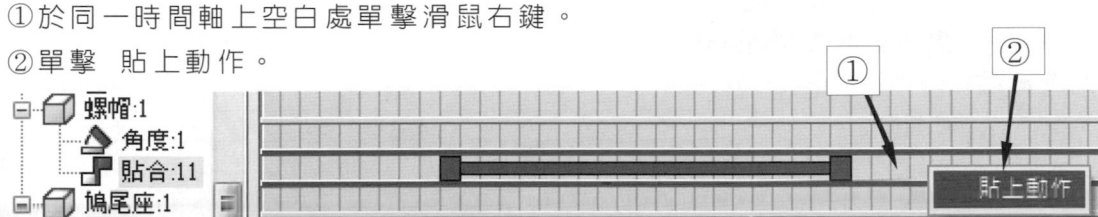

STEP 42

①於貼上後之時間軸上單擊
　滑鼠左鍵。
②單擊 滑鼠右鍵。
③單擊 編輯。

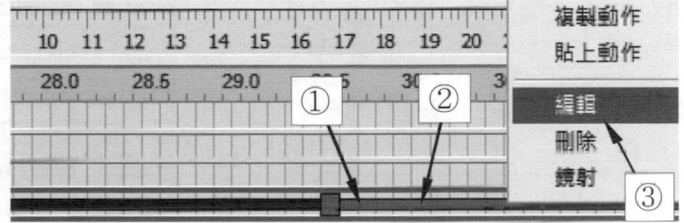

STEP 43

①輸入終止值 0。
②單擊 確定 。

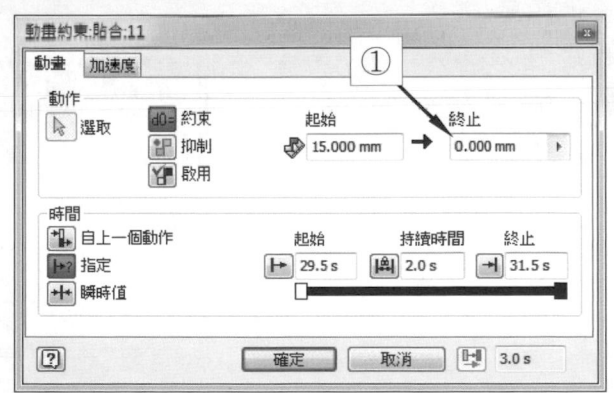

STEP 44

①於螺帽之角度 1 時間軸
　上單擊滑鼠右鍵。
②單擊 複製動作。

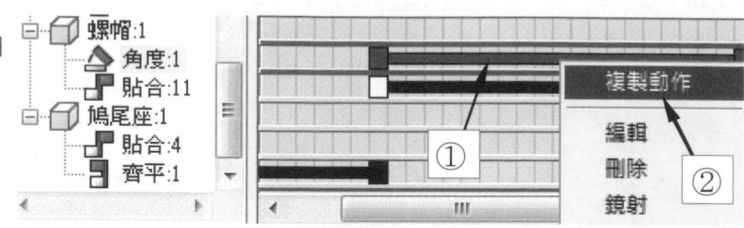

STEP 45

①於同一時間軸上空白處單擊滑鼠右鍵。
②單擊 貼上動作。

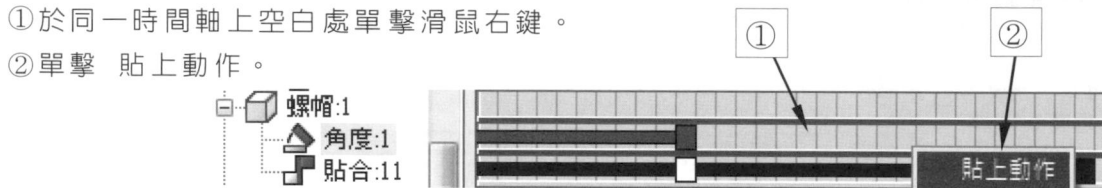

STEP 46

①於貼上後之時間軸上
　單擊滑鼠左鍵。
②單擊 滑鼠右鍵。
③單擊 編輯。

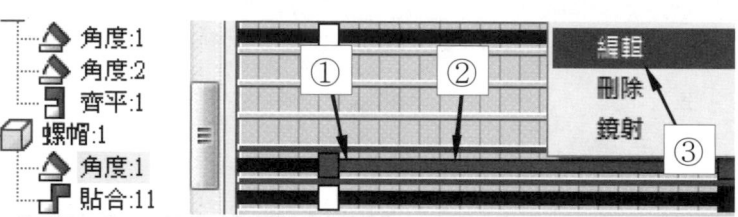

STEP 47

①輸入 終止角度值-0。
②輸入 起始值 29.5。
③輸入 終止值 31.5。
④單擊　確定　。

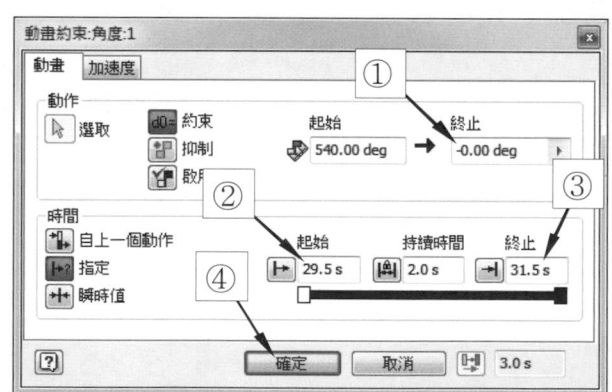

STEP 48

①於鳩尾座:1 的齊平:1 時間軸
　上單擊滑鼠右鍵。
②單擊　複製動作。

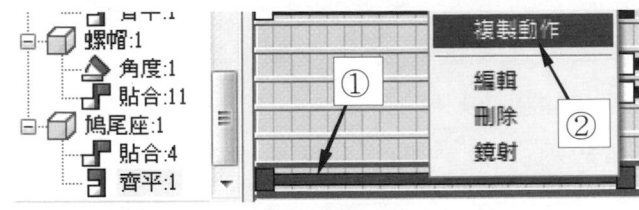

STEP 49

①於同一時間軸上空白處單擊滑鼠右鍵。
②單擊　貼上動作。

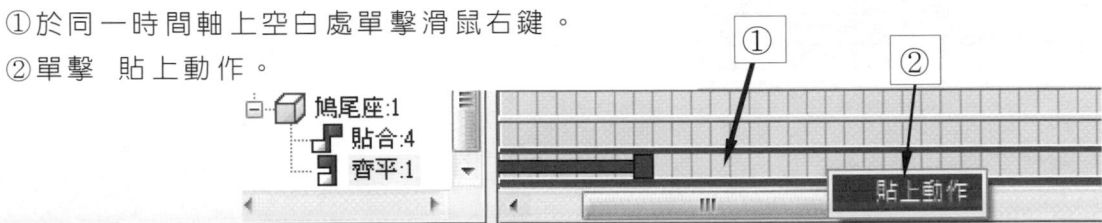

STEP 50

①於貼上後之時間軸上
　單擊滑鼠左鍵。
②單擊　滑鼠右鍵。
③單擊　編輯。

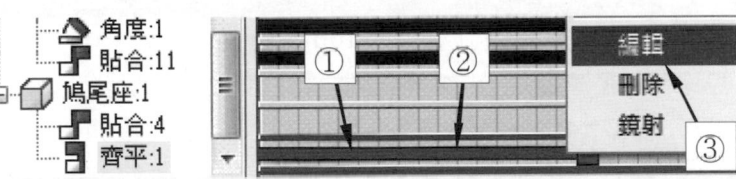

STEP 51

①輸入終止值 50。
②輸入起始值 31.5。
③輸入終止值 33.5。
④單擊　　確定　　。

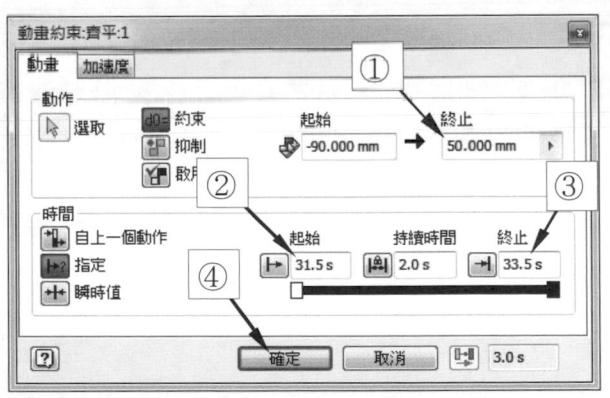

STEP 52

①單擊 收闔動作編輯器 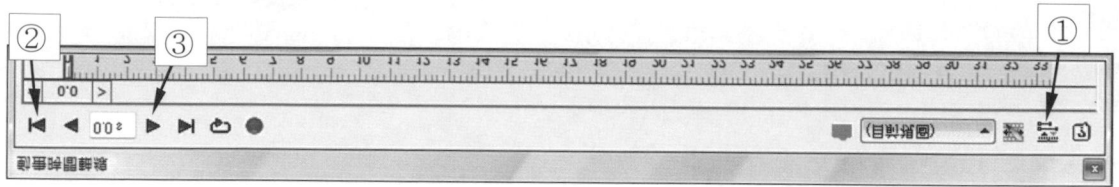，收闔編輯器。

②單擊 移往開始 ⏮ 。

③單擊 播放動畫 ▶ ，即可觀看動畫約束效果。

精選練習範例

例題一

1. 組合輕負荷螺旋千斤頂並建立 Studio 動畫
   Ch4\約束\精選練習範例-1\將三個零件作組合。
2. 參考解答在 Ch4\約束\精選練習範例-1\精選練習範例
   -1_輕負荷螺旋千斤頂\精選練習範例-1_輕負荷螺旋千
   斤頂.html。

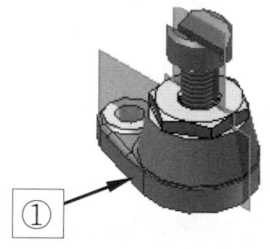

① →

例題二

1. 開啟旋轉支座組合檔，如右圖所示，並以動畫約
   束指令建立動畫。
   Ch4\約束\旋轉支座\旋轉支座.iam。
2. 參考解答在 Ch4\約束\旋轉支座\旋轉支座\旋轉支
   座.html。

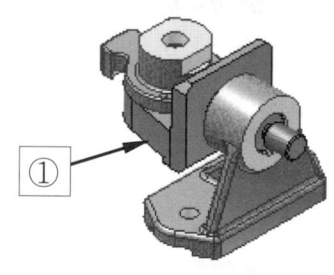

① →

4-11 參數

前言

在 Inventor Studio 中可驅動的參數有「模型參數」及「使用者參數」，模型參數是建立模型特徵時所產生的參數，使用者參數則是使用者依需求所加入的參數，依使用者建立動畫的需求，於 Inventor Studio 中針對不同的參數進行動畫驅動。

指令位置

彩現 → *fx* 參數

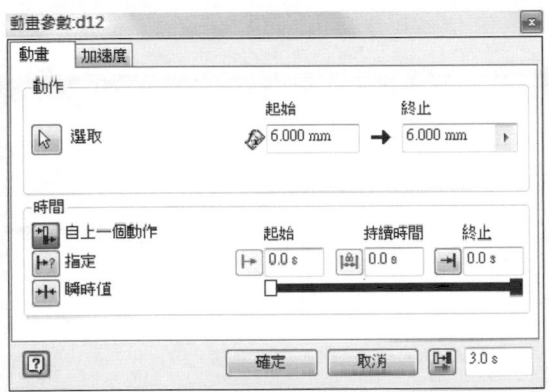

工具圖示說明

工具圖示	名稱	說明
選取	選取	選取欲建立動畫參數的參數。
起始 6.000 mm → 終止 6.000 mm		指定動畫參數條件的起始動作與終止動作。
自上一個動作	自上一個動作	此指令為系統預設的選項，指定在上一個動作結束時開始進行動畫。
指定	指定	即是使用者指定動畫起始及結束的時間。
瞬間值	瞬間值	指定動畫在某一時間進行瞬間播放。
起始 0.0 s 持續時間 0.0 s 終止 0.0 s		設定動畫播放的起始時間、持續時間及終止時間。

→ 應用實例一

1. 開啟 Ch4\參數\應用實例一\應用實例一.ipt，如下圖所示。
2. 進行參數設定及動畫參數播放設定。
3. 參考解答在 Ch4\參數\應用實例一\應用實例一.html。

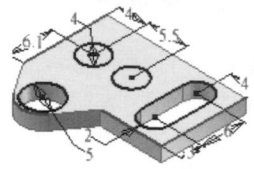  

註：本範例使用「模型參數」及「使用者參數」進行動畫參數播放。

操作步驟

STEP ①

① 單擊 開啟 📂。
② 開啟 Ch4\參數\應用實例一\應用實例一.ipt，
　 如圖所示。

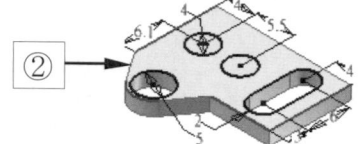

STEP ②

① 單擊 管理。
② 單擊 參數。

STEP ③

① 單擊 加入數值。
② 輸入 q1。
③ 單擊 方程式對話框並輸入
　 2，再按 Enter 鍵。

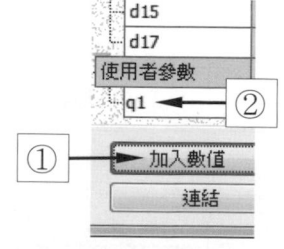 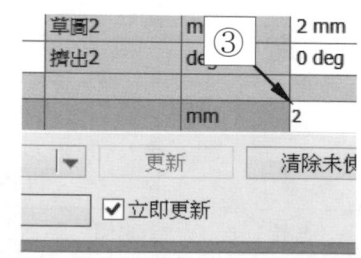

STEP ④

① 單擊　加入數值。
② 輸入　q2。
③ 單擊方程式對話框並輸入
　　8，再按 Enter 鍵。

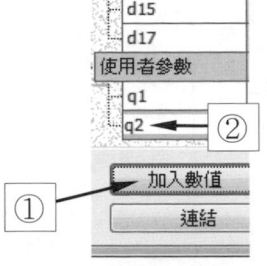

STEP ⑤

① 拖曳視窗右邊捲軸，以
　　預覽參數。
② 勾選 d12、d13 右邊的
　　匯出參數選項。
③ 單擊 完成 。

STEP ⑥

① 單擊　3D 模型。
② 單擊　擠出。

STEP ⑦

① 單擊　圓形區域。
② 單擊　箭頭。
③ 單擊　列示參數。

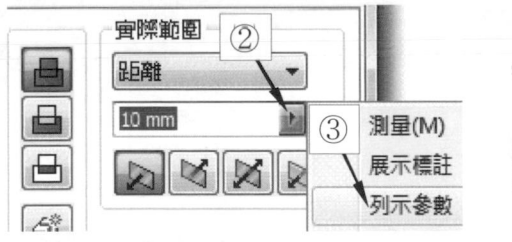
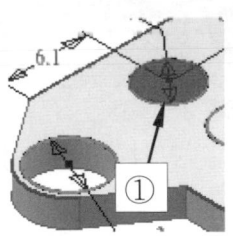

STEP ⑧

① 單擊 q2。
② 單擊 確定 。

STEP ⑨

① 單擊 擠出 。
② 單擊 圓形區域。
③ 單擊 箭頭。
④ 單擊 列示參數。

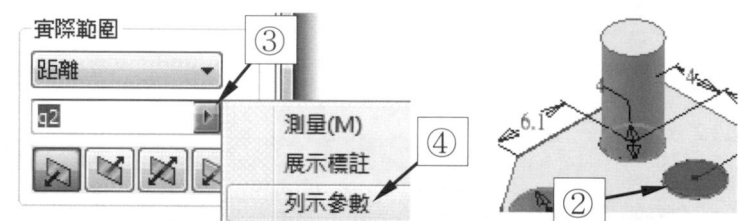

STEP ⑩

① 單擊 q1。
② 單擊 確定 。

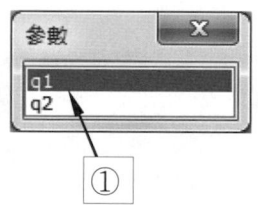

STEP ⑪

① 於草圖 2 上單擊 滑鼠右鍵。
② 單擊 可見性，將草圖隱藏。

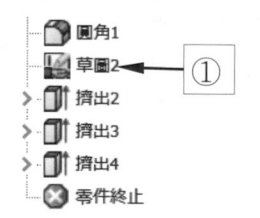
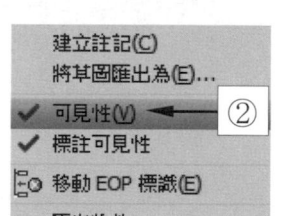

STEP 12

①單擊　環境。
②單擊　Inventor Studio。

STEP 13

①單擊　動畫時間軸線 。
②單擊　確定 。
③開啟動畫時間軸線。

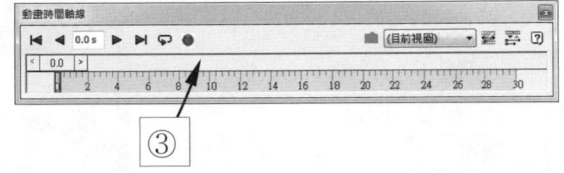

STEP 14

①單擊　動畫選項 。

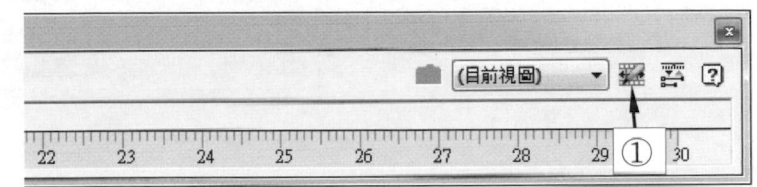

STEP 15

①設定數值為 6。
②單擊　確定 。

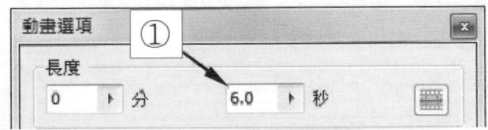

STEP 16

①單擊　參數我的最愛 f_x。
②勾選 d12、d13、q1、q2 右邊的選項。
③單擊　確定 。

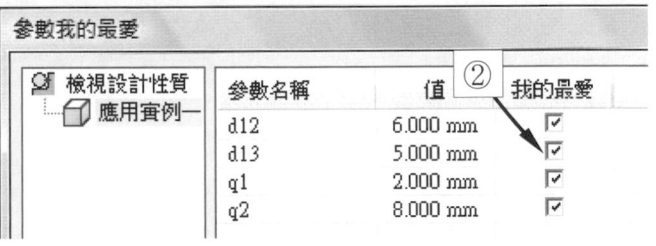

STEP ⑰

①展開動畫我的最愛。

②於 d12 上單擊滑鼠右鍵。

③單擊 動畫參數。

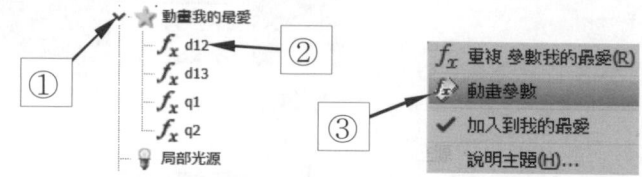

STEP ⑱

①輸入終止距離 1。

②單擊 指定 。

③輸入終止時間 2 秒。

④單擊 確定 。

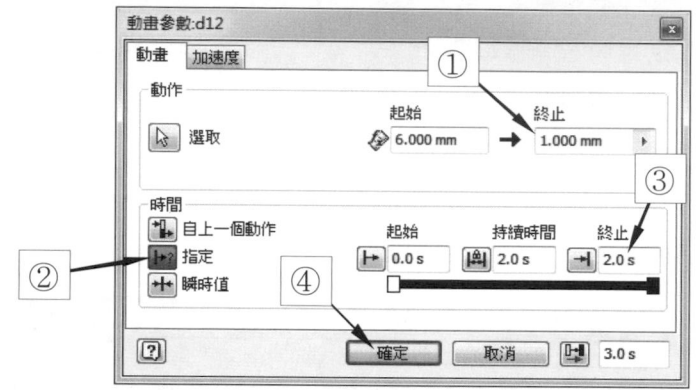

STEP ⑲

①單擊 展開動作編輯器。

②於 d12 動畫時間列上單擊滑鼠右鍵。

③單擊 鏡射。

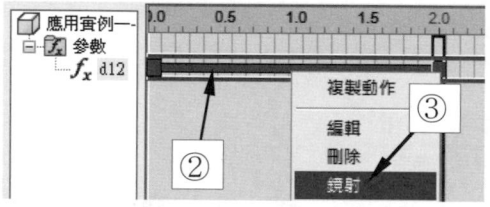

STEP ⑳

①於鏡射後的時間列上
單擊滑鼠右鍵。

②單擊 編輯。

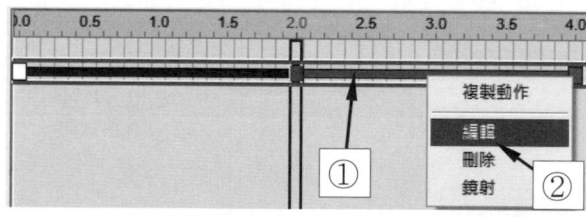

STEP 21

①將起始時間設為 4。
②將終止時間設為 6。
③單擊 確定 。

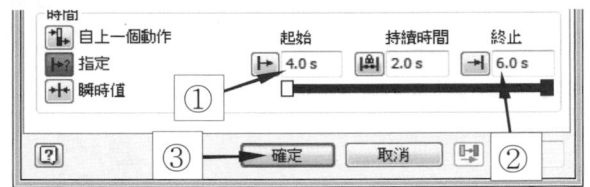

STEP 22

①於 d13 上單擊滑鼠右鍵。
②單擊 動畫參數。

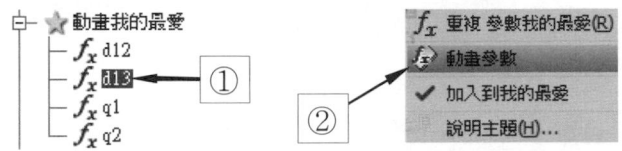

STEP 23

①輸入終止距離 1。
②單擊 指定 ▶? 。
③輸入終止時間 0.5 秒。
④輸入起始時間 2.5 秒。
⑤單擊 確定 。

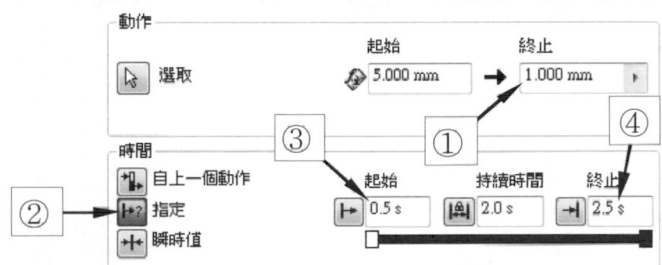

STEP 24

①於 d13 動畫時間列上單
擊滑鼠右鍵。
②單擊 鏡射。

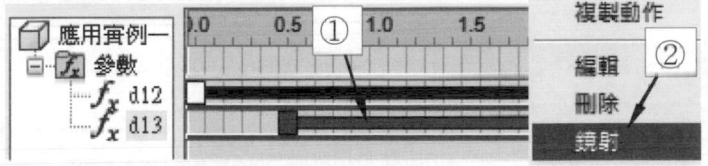

STEP 25

①於鏡射後的時間列上
單擊滑鼠右鍵。
②單擊 編輯。

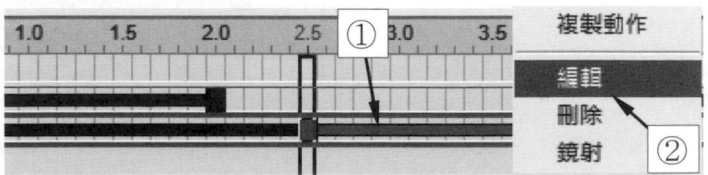

STEP 26

①將起始時間設為 3.5。
②將終止時間設為 5.5。
③單擊　確定　。

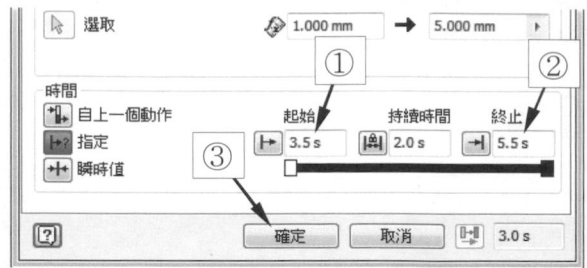

STEP 27

①於 q1 上單擊滑鼠右鍵。
②單擊 動畫參數。

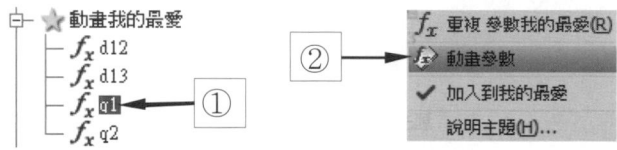

STEP 28

①輸入終止距離 8。
②單擊 指定 ▶?。
③輸入終止時間 3 秒。
④單擊　確定　。

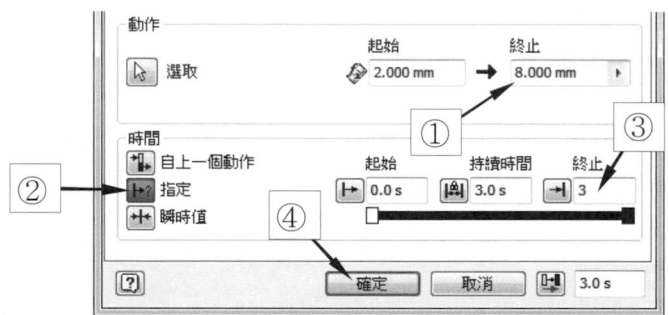

STEP 29

①於 q1 動畫時間列上
　單擊滑鼠右鍵。
②單擊 鏡射。

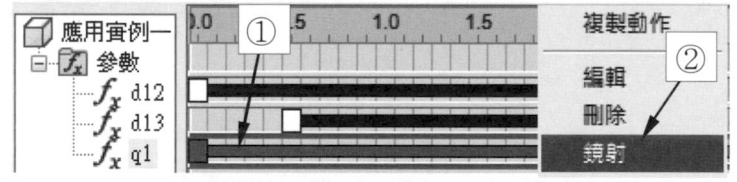

STEP 30

①於 q2 上單擊滑鼠右鍵。
②單擊 動畫參數。

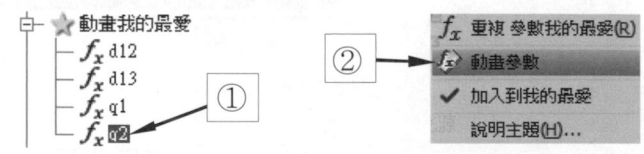

STEP 31

①輸入終止距離 2。
②單擊　指定。
③輸入終止時間 3 秒。
④單擊　確定。

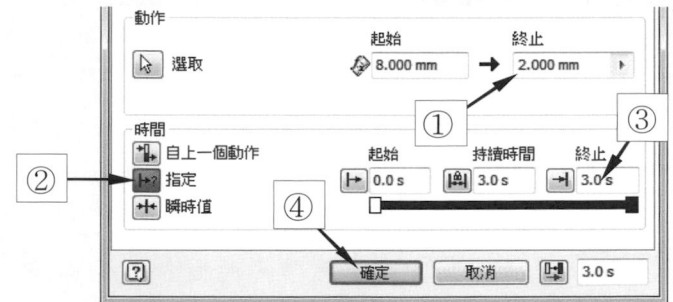

STEP 32

①於 q2 動畫時間列上
　單擊滑鼠右鍵。
②單擊　鏡射。

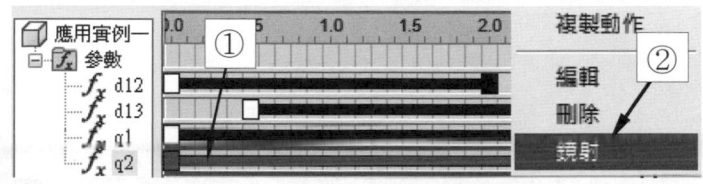

STEP 33

①單擊　收闔動作編輯器，收闔編輯器。
②單擊　移往開始。
③單擊　播放動畫，觀看動畫。

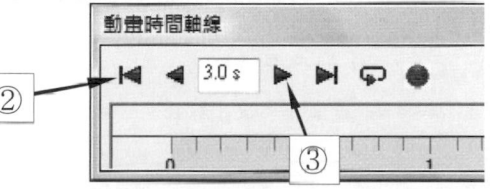

精選練習範例

例題一

1. 開啟光碟目錄 Ch4\參數\精選練習範例-1\精選練習範例-1.ipt，如右圖所示。
2. 以模型參數 d0、d2 製作動畫參數，時間長度可設定為 6 秒。
3. 參考解答在 Ch4\參數\精選練習範例-1\精選練習範例-1\精選練習範例-1.html。

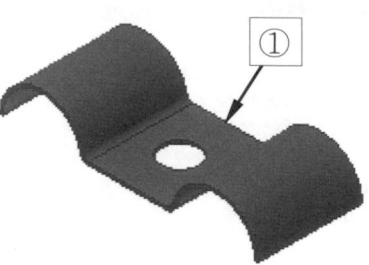

例題二

1. 開啟光碟目錄 Ch4\參數\精選練習範例-2\精選練習範例-2.ipt，如右圖所示。
2. 以模型參數 d2、d3 製作動畫參數，時間長度可設定為 6 秒。
3. 參考解答在 Ch4\參數\精選練習範例-2\精選練習範例-2\精選練習範例-2.html。

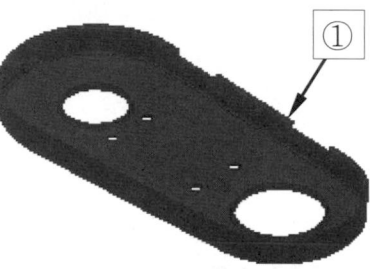

例題三

1. 開啟光碟目錄 Ch4\參數\精選練習範例-3\精選練習範例-3.ipt，如右圖所示。
2. 以模型參數 d3、d11、d14 製作動畫參數，時間長度可設定為 6 秒。
3. 參考解答在 Ch4\參數\精選練習範例-3\精選練習範例-3\精選練習範例-3.html。

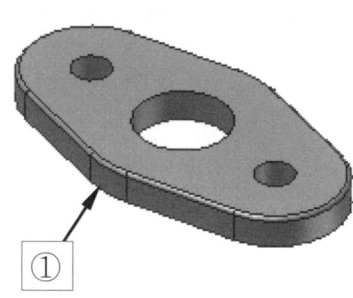

4-12 動畫相機

前　言

相機的主要用意是讓使用者在進行 Inventor Studio 動畫播放時能設定欲觀看動畫播放的視角，而動畫相機則可讓您以動態的方式如旋轉、放大及縮小等來觀看這些設定的視角。

指令位置

彩現 → 動畫相機

工具圖示說明

工具圖示	名稱	說明
 相機1　定義		定義某一相機的放置位置及相機觀看物件視角的遠近等。
	清晰的路徑	在起始值、中間值和結束值之間使用直線路徑方式進行轉換。
	平滑路徑	在起始值、中間值和結束值之間是使用連續的平滑路徑方式來進行轉換。
	自上一個動作	此指令為系統預設的選項，指定在上一個動作結束時開始進行動畫。

工具圖示	名稱	說明
▶?	指定	即是使用者指定動畫起始及結束的時間。
▶▶	瞬間值	指定動畫在某一時間進行瞬間播放。
起始 0.0s　持續時間 0.0s　終止 0.0s		設定動畫播放的起始時間、持續時間及終止時間。

→ 應用實例一

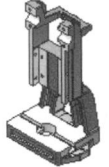

1. 開啟 Ch4\動畫相機\應用實例一.ipt。
2. 進行相機及動畫相機建立。
3. 參考解答在 Ch4\動畫相機\動畫相機\動畫相機.html。

操作步驟

STEP 1

① 單擊 開啟 📂。

② 開啟 Ch4\動畫相機\應用實例一.ipt，如圖所示。

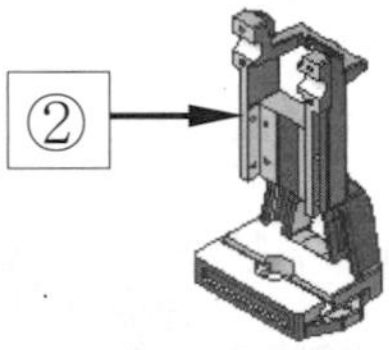

STEP 2

① 單擊 環境。

② 單擊 Inventor Studio。

STEP ③

①單擊　動畫時間軸線 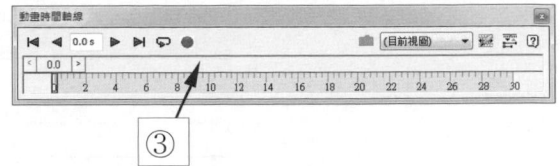。
②單擊　確定 。
③開啟動畫時間軸線。

STEP ④

①單擊　展開動作編輯器。
②單擊　動畫選項 。

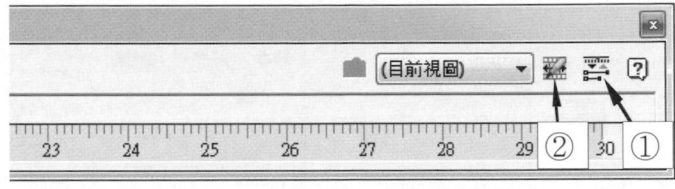

STEP ⑤

①設定數值為 7。
②單擊　確定 。

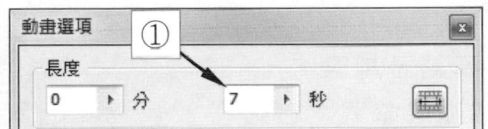

STEP ⑥

①單擊　相機 。
②單擊　特徵平面。
③沿垂直線往上移動至適當位置後
　單擊滑鼠左鍵。

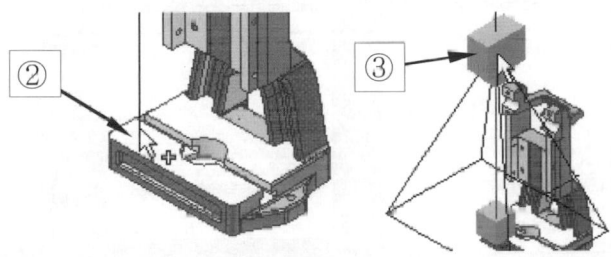

STEP ⑦

①勾選　連結至視圖。
②單擊　正投影 。
③輸入 60。
④單擊　確定 ，並按 F6 鍵。

STEP ⑧

①單擊 箭頭。

②單擊 相機 1，以切換至
　已設定的相機。

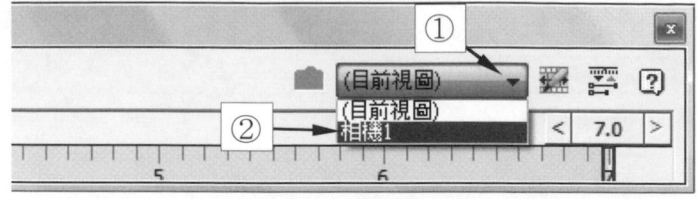

STEP ⑨

①單擊 動畫相機 。

②單擊 定義 。

STEP ⑩

①勾選 連結至視圖。

②於繪圖區單擊滑鼠右鍵。

③單擊 主視圖。

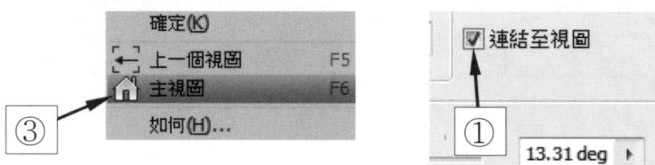

STEP ⑪

①捲動滾輪，將特徵適當方
　大，如圖所示。

②單擊 確定 。

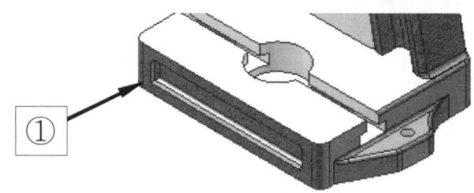

STEP ⑫

①單擊 指定 。

②輸入 終止時間 2 秒。

③單擊 確定 。

STEP 13

①於動畫時間列上單擊
　滑鼠右鍵。
②單擊　鏡射。

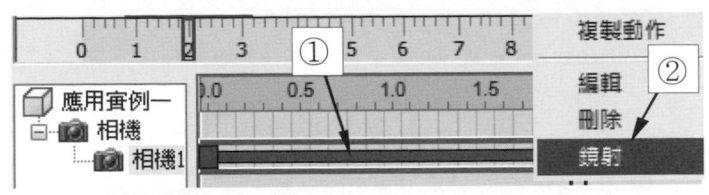

STEP 14

①於鏡射後的時間列上
　單擊滑鼠右鍵。
②單擊　編輯。

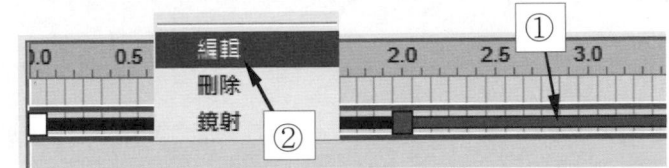

STEP 15

①將起始時間設為 5。
②將終止時間設為 7。
③單擊　確定　。

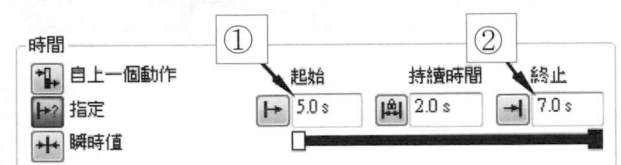

STEP 16

①單擊　動畫相機。
②單擊　定義。

STEP 17

①勾選　連結至視圖。
②於繪圖區單擊滑鼠右鍵。
③單擊　主視圖。

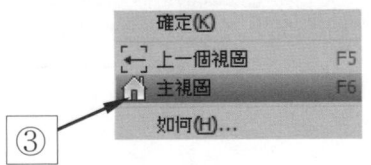
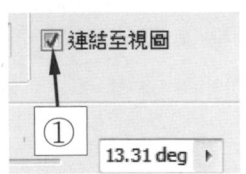

STEP ⑱

①單擊 ViewCube 左上角。
②捲動滾輪，將特徵適當放大，
　如圖所示。
③單擊 ［ 確定 ］。

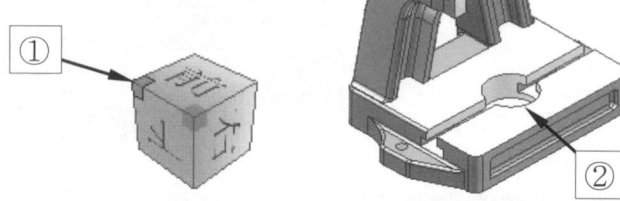

STEP ⑲

①單擊 指定 ▶?。
②輸入 終止 時間 2 秒。
③輸入 終止 時間 3.4 秒。
④單擊 ［ 確定 ］。

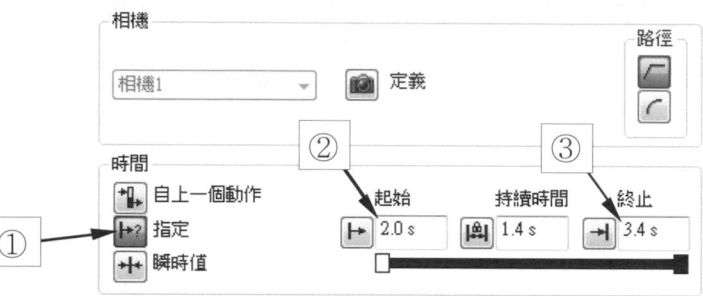

STEP ⑳

①於之前建立的動畫時間列
　上單擊滑鼠右鍵。
②單擊 鏡射。

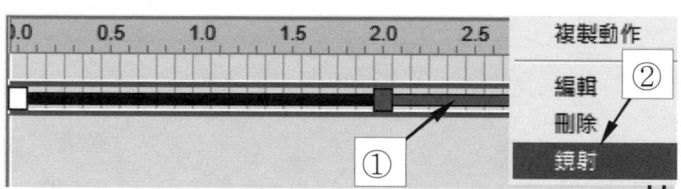

STEP ㉑

①單擊 收闔動作編輯器 ，收闔編輯
　器。
②單擊 移往開始 ◀。
③單擊 播放動畫 ▶，觀看動畫。

精選練習範例

例題一

1. 開啓光碟目錄 Ch4\動畫相機\精選練習範例-1\精選練習範例-1.ipt，如右圖所示。
2. 請自行建立相機及動畫相機設定。

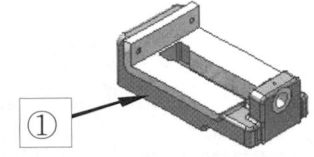

例題二

1. 開啓光碟目錄 Ch4\動畫相機\精選練習範例-2\精選練習範例-2.ipt，如右圖所示。
2. 請自行建立相機及動畫相機設定。

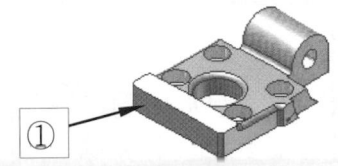

例題三

1. 開啓光碟目錄 Ch4\動畫相機\精選練習範例-3\精選練習範例-3.ipt，如右圖所示。
2. 請自行建立相機及動畫相機設定。

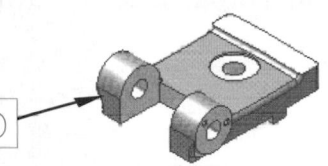

例題四

1. 開啓光碟目錄 Ch4\動畫相機\精選練習範例-4\精選練習範例-4.ipt，如右圖所示。
2. 請自行建立相機及動畫相機設定。

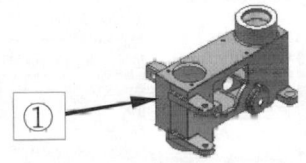

例題五

1. 開啓光碟目錄 Ch4\動畫相機\精選練習範例-5\精選練習範例-5.ipt，如右圖所示。
2. 請自行建立相機及動畫相機設定。

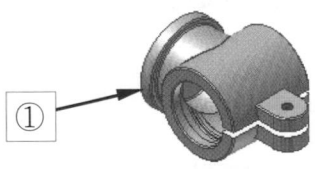

4-13 彩現動畫

前言

彩現動畫是將使用者在 Inventor Studio 所建立的動畫設定以動態的方式來建立影像彩現，由彩現動畫所建立的動態影像彩現，其所執行的時間將視使用者所設定的相關資料而定，主要有輸出畫面大小、時間的長短、消除鋸齒、格式等。

指令位置

彩現 → 彩現動畫

一般標籤下的工具圖示說明

工具圖示	說明
寬度　640　▶　　高度　480　▶	指定動畫輸出及彩現影像輸出的寬度及高度。
⬌▾　作用中的視圖　320 X 240　640 X 480　800 X 600　1024 X 768	輸出寬度及高度的內定選項，若不使用內定選項，可直接於寬度及高度欄位置中輸入欲輸出的大小。
相機1　▾　相機　(目前視圖)　相機1	指定欲進行播放的相機，相機必須自行設定，系統並無提供多種預設相機可供挑選。
大頭貼　▾　照明型式　(目前照明)　大頭貼　司徒加庭院　灰色房間　冷光　空實驗室　阿爾卑斯山　柔光　格線光源　乾鹽層　無限池　鄉村路 - SpheronVR　黑暗天空	系統提供了多種預設的照明型式可供使用者挑選使用，除內定型式外，使用者亦可使用「照明型式 ☼ 」，來新建符合需求的照明型式。

輸出標籤下的工具圖示說明

工具圖示	說明
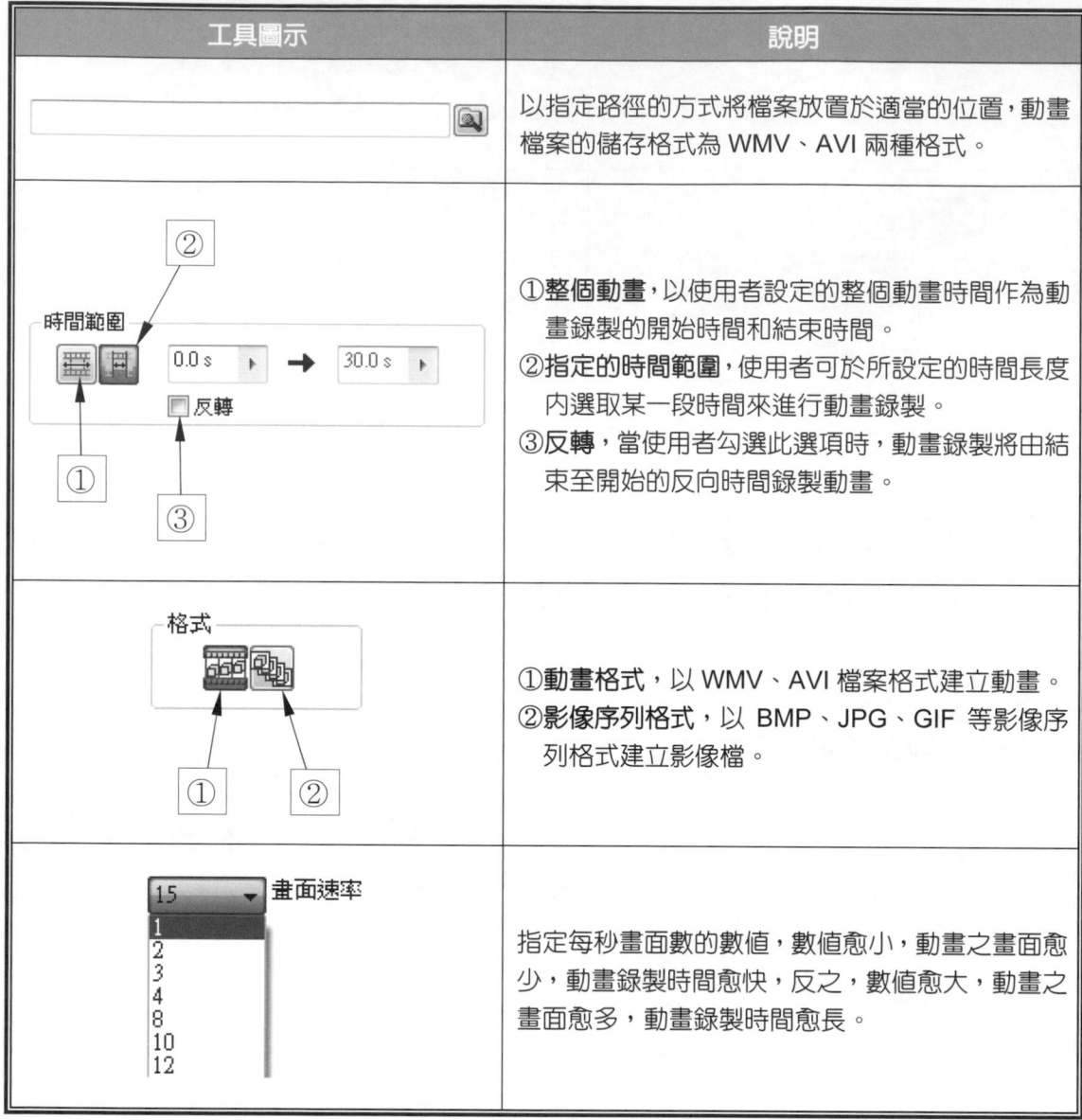	以指定路徑的方式將檔案放置於適當的位置，動畫檔案的儲存格式為 WMV、AVI 兩種格式。
	①**整個動畫**，以使用者設定的整個動畫時間作為動畫錄製的開始時間和結束時間。 ②**指定的時間範圍**，使用者可於所設定的時間長度內選取某一段時間來進行動畫錄製。 ③**反轉**，當使用者勾選此選項時，動畫錄製將由結束至開始的反向時間錄製動畫。
	①**動畫格式**，以 WMV、AVI 檔案格式建立動畫。 ②**影像序列格式**，以 BMP、JPG、GIF 等影像序列格式建立影像檔。
	指定每秒畫面數的數值，數值愈小，動畫之畫面愈少，動畫錄製時間愈快，反之，數值愈大，動畫之畫面愈多，動畫錄製時間愈長。

彩現程式標籤下的工具圖示說明：

如 4-5 節彩現影像說明。

→ 應用實例一

1. 開啟光碟目錄 Ch4\彩現動畫\應用實例一\閘閥.iam。
2. 切換至 Studio 製作彩現動畫。
3. 參考解答在 Ch4\彩現動畫\應用實例一\閘閥\閘閥.html。

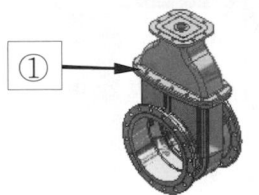

操作步驟

STEP 1

① 單擊　開啟 📂 。
② 開啟　Ch4\彩現動畫\應用實例一\閘閥.iam。

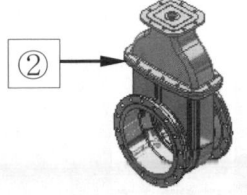

STEP 2

① 單擊　環境。
② 單擊　Inventor Studio。

STEP 3

① 單擊　彩現動畫 。
② 單擊　輸出。
③ 單擊　整個動畫 。
④ 單擊　路徑 。

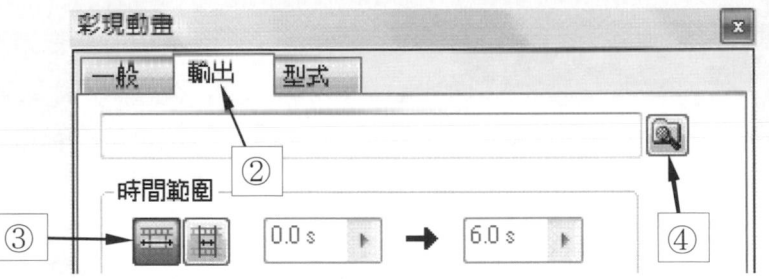

STEP ④

① 指定欲放置檔案的路徑。
② 輸入檔名。
③ 選取欲儲存的檔案類型。
④ 單擊 **儲存(S)**。
⑤ 單擊 **彩現**。
⑥ 單擊 **確定**。

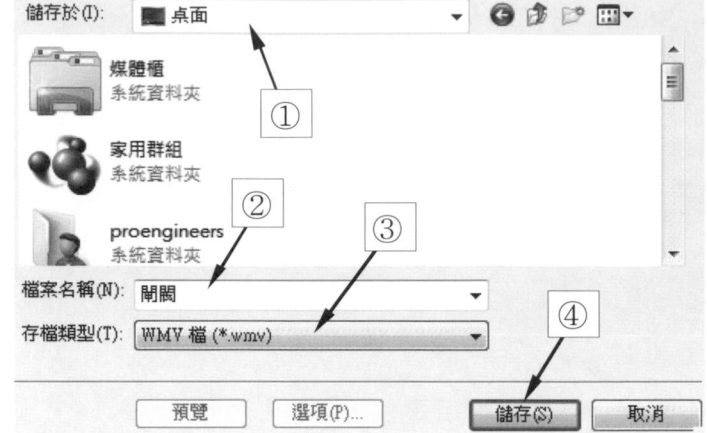

STEP ⑤

① 完成如圖所示。
② 單擊 儲存彩現的影像 📁，可將畫面以影像檔格式儲存。

精選練習範例

例題一

1. 開啓光碟目錄 Ch4\彩現動畫\精選練習範例-1\精選練習範例-1.ipt，如右圖所示。
2. 將系統切換至 Inventor Studio 模式，執行彩現動畫及相關設定。
3. 參考解答在 Ch4\彩現動畫\精選練習範例-1\精選練習範例-1\精選練習範例-1.html。

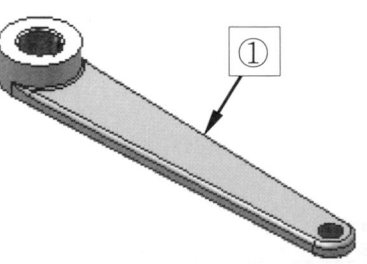

例題二

1. 開啓光碟目錄 Ch4\彩現動畫\精選練習範例-2\
   閥組.iam，如右圖所示。
2. 將系統切換至 Inventor Studio 模式，執行彩現
   動畫及相關設定。
3. 參考解答在 Ch4\彩現動畫\精選練習範例-2\閥
   組\閥組.html。

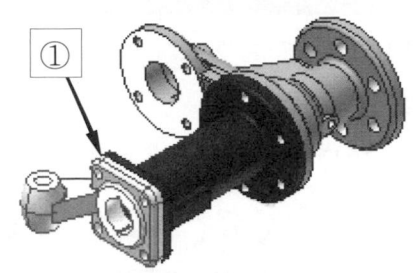

例題三

1. 開啓光碟目錄 Ch4\彩現動畫\精選練習範例-3\精
   選練習範例-3.ipt，如右圖所示。
2. 將系統切換至 Inventor Studio 模式，執行彩現動
   畫及相關設定。
3. 參考解答在 Ch4\彩現動畫\精選練習範例-3\精選
   練習範例-3\精選練習範例-3.html。

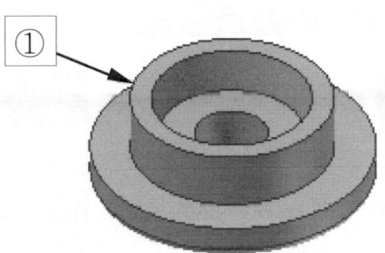

例題四

1. 開啓光碟目錄 Ch4\彩現動畫\精選練習範例
   -4\搖臂.ipt，如右圖所示。
2. 將系統切換至 Inventor Studio 模式，執行
   彩現動畫及相關設定。
3. 參考解答在 Ch4\彩現動畫\精選練習範例
   -4\搖臂\搖臂.html。

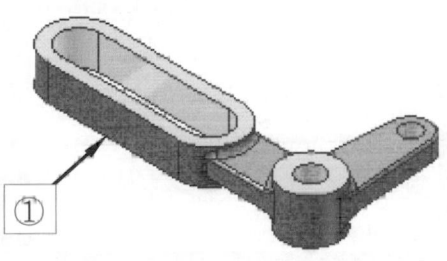

例題五

1. 開啓光碟目錄 Ch4\彩現動畫\精選練習範例
   -5\頂桿.ipt，如右圖所示。
2. 將系統切換至 Inventor Studio 模式，執行彩
   現動畫及相關設定。
3. 參考解答在 Ch4\彩現動畫\精選練習範例-5\
   頂桿\頂桿.html。

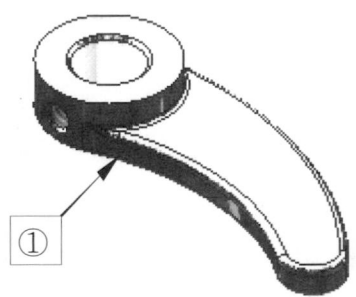

4-14 綜合應用實例一

本範例將以下圖所示之手動沖壓床為例，綜合示範 Inventor Studio 相關指令之應用。

1. 開啟 Ch4\綜合範例練習\手動沖壓床\手動沖
   壓床.iam。
2. 進行 Studio 相關動畫指令設定及畫播。
3. 參考解答在 Ch4\綜合範例練習\手動沖壓床\
   手動沖壓床\手動沖壓床.html。

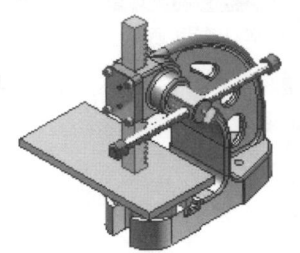

操作步驟

STEP 1

① 單擊 開啟 📂。
② 開啟 Ch4\綜合範例練習\手動沖壓床\手動
   沖壓床.iam，如圖所示。

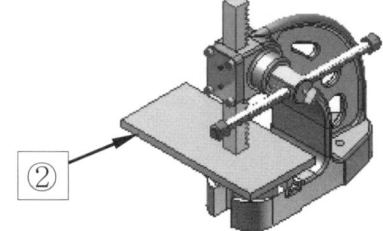

STEP 2

① 於平板上單擊滑鼠右鍵。
② 單擊 編輯。

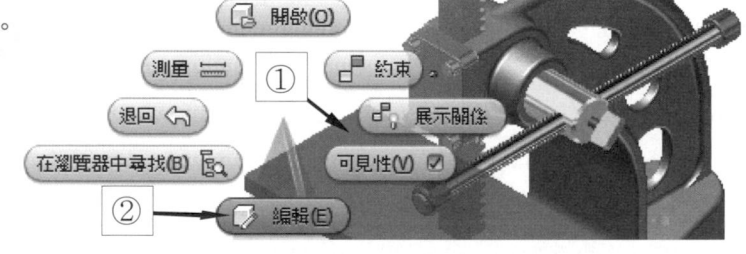

STEP 3

① 單擊 平板頂面。
② 單擊 建立草圖。
③ 按 F6 鍵。

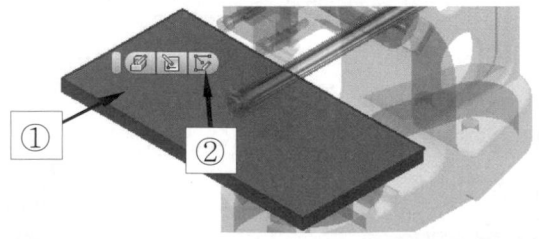

STEP ④

① 單擊　投影幾何圖形 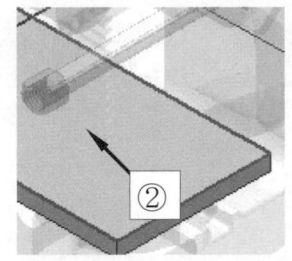。

② 單擊　齒條底部四個邊。

③ 完成四個邊投影至平板頂部。

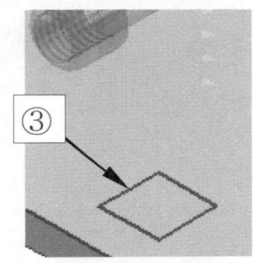

STEP ⑤

① 單擊　矩形二點 。

② 繪製兩個任意大小之矩形。

③ 單擊　相等 $=$ 。

④ 約束剛繪製的矩形與右邊的矩形相等。

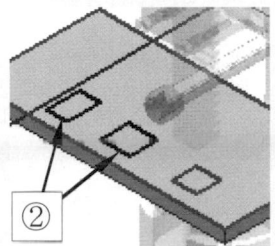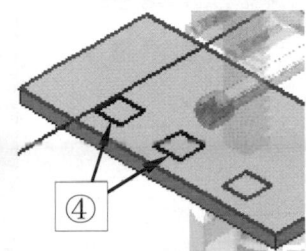

STEP ⑥

① 單擊　共線約束 。

② 單擊　矩形邊線 A、B。

③ 單擊　矩形邊線 A、C。

④ 按 Esc 鍵。

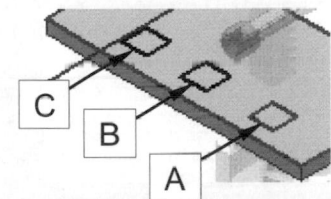

STEP ⑦

① 單擊　標註 。

② 標註矩形與矩形間之尺寸，如圖所示，並將數值修改為 50。

③ 單擊　完成草圖

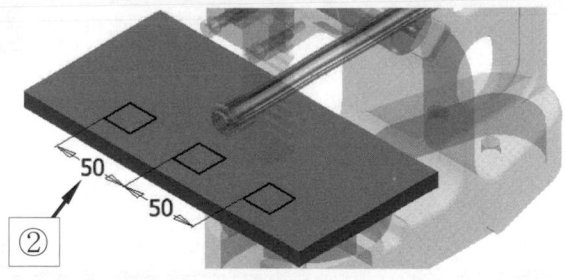

STEP ⑧

① 單擊 管理。
② 單擊 參數 fx。

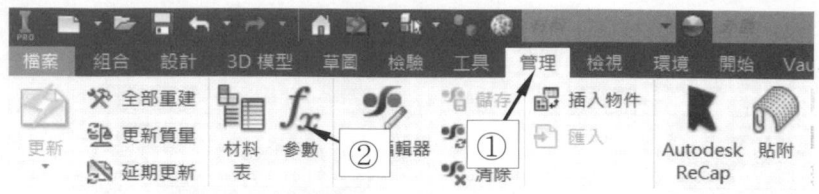

STEP ⑨

① 單擊 加入數值。
② 輸入 q1。
③ 單擊 方程式對話框。
④ 輸入 0.01。
⑤ 按 Enter 鍵。

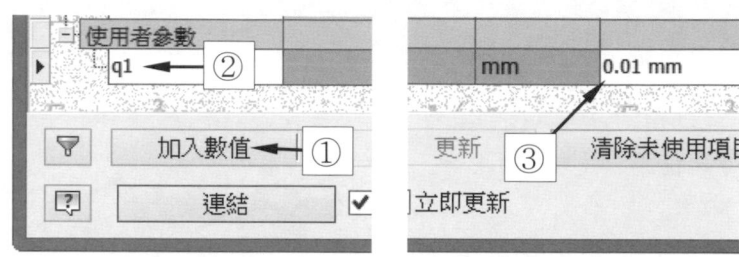

STEP ⑩

① 依序建立「q2」、「q3」，方程式
　數值皆為「0.01」。
② 單擊 完成。

使用者參數			
q1		mm	0.01 mm
q2		mm	0.01 mm
q3		mm	0.01 mm

STEP ⑪

① 單擊 3D 模型。
② 單擊 擠出。

STEP ⑫

① 單擊 矩形區域。
② 單擊 箭頭。
③ 單擊 列示參數。

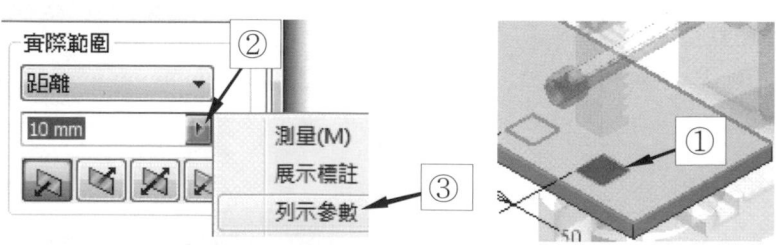

STEP ⑬

① 單擊 q1。
② 單擊 切割 ⊟。
③ 單擊 方向 2 ◪。
④ 單擊 確定 。

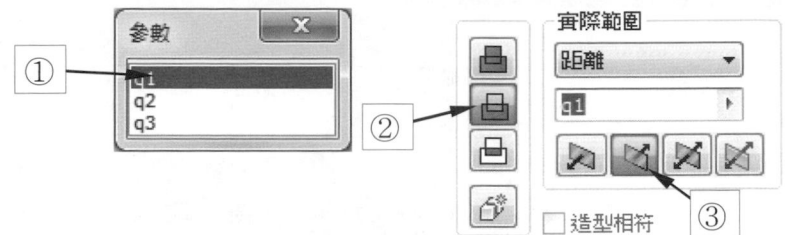

STEP ⑭

① 展開最下方的擠出特徵。
② 於草圖上單擊滑鼠右鍵。
③ 單擊 共用草圖。

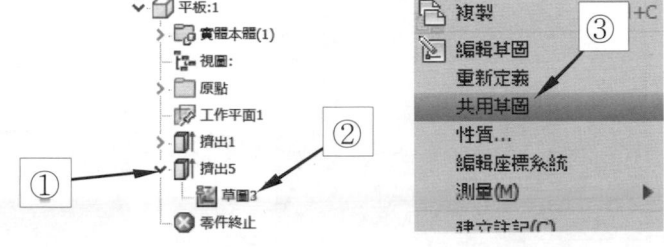

STEP ⑮

① 單擊 擠出。
② 單擊 矩形區域。
③ 單擊 箭頭。
④ 單擊 列示參數。

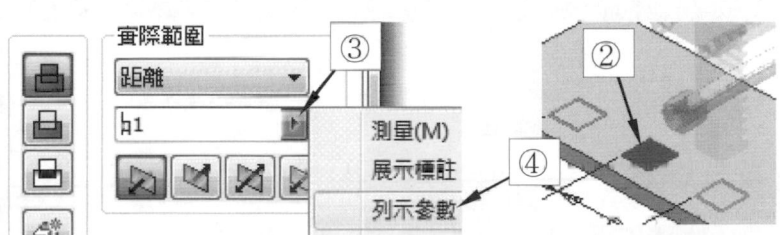

STEP ⑯

① 單擊 q2。
② 單擊 方向 2 ◪。
③ 單擊 切割 ⊟。
④ 單擊 確定 。

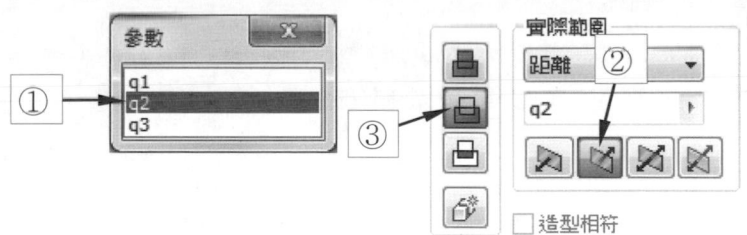

STEP ⑰

① 單擊 擠出 。

② 單擊 矩形區域。

③ 單擊 箭頭。

④ 單擊 列示參數。

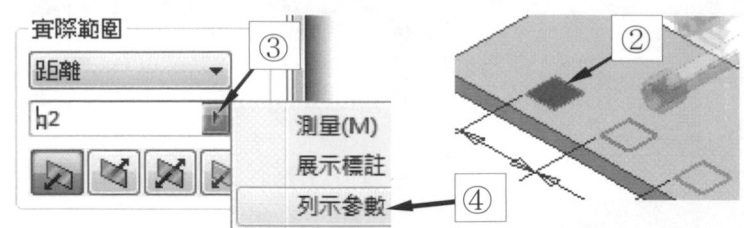

STEP ⑱

① 單擊 q3。

② 單擊 方向 2 。

③ 單擊 切割 。

④ 單擊 確定 。

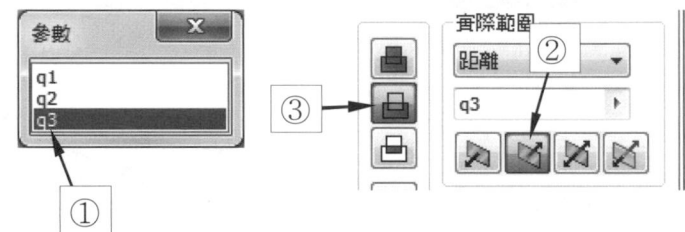

STEP ⑲

① 於草圖 3 上單擊 滑鼠右鍵。

② 單擊 可見性，取消可見性。

③ 單擊 返回 。

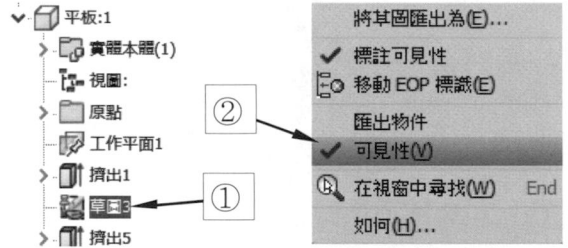

STEP ⑳

① 於平板下的齊平 3 上單擊滑鼠右鍵。

② 單擊 抑制，以將平板與本體之右側齊平約束條件抑制。

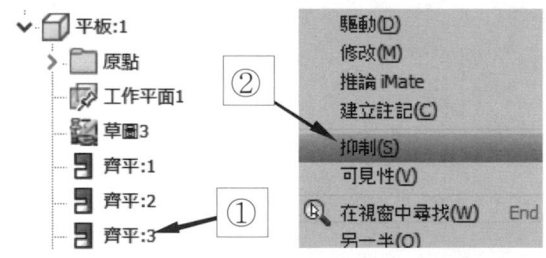

STEP 21

①單擊　環境。
②單擊　Inventor Studio。

STEP 22

①單擊　動畫時間軸線 ◆。
②單擊　　確定　。
③開啟動畫時間軸線。

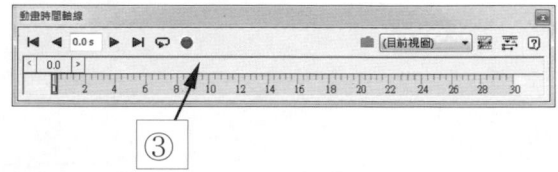

STEP 23

①單擊　動畫選項 ◆。

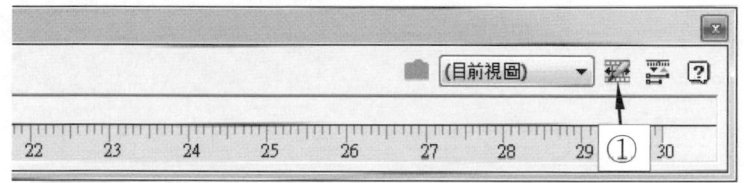

STEP 24

①輸入動畫長度為 18 秒。
②單擊　　確定　。
③單擊　展開動作編輯器 ◆，以
　展開編輯器。

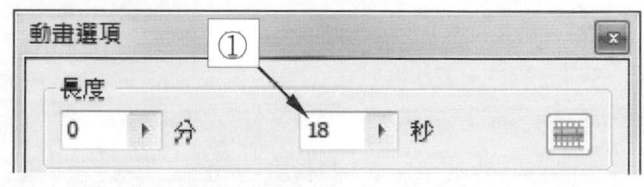

STEP 25

①單擊　約束 ◆。
②展開　齒輪軸。
③單擊　角度。

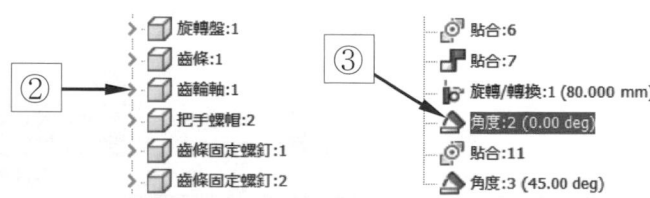

STEP 26

① 輸入 終止距離 150。
② 單擊 指定 ⊞? 。
③ 輸入 終止時間 3 秒。
④ 單擊 確定 。

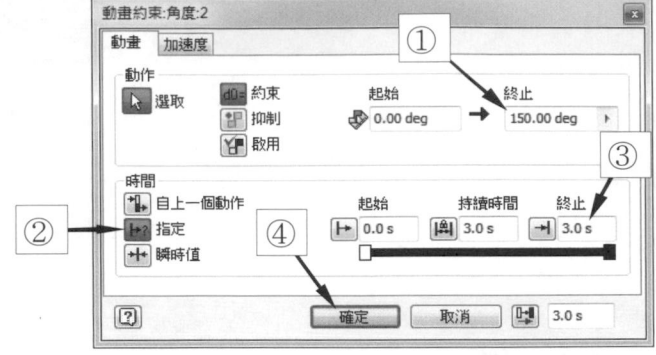

STEP 27

① 於上一步驟完成的時間軸上
　單擊滑鼠右鍵。
② 單擊 鏡射。

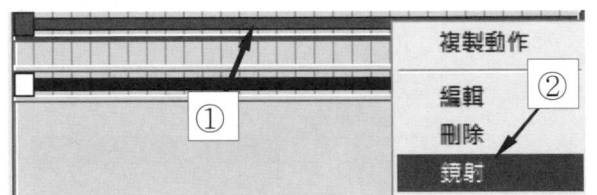

STEP 28

① 繼續於鏡射後的時間軸
　上單擊滑鼠右鍵。
② 單擊 鏡射。
③ 共執行 5 次鏡射，總時
　間長度為 18 秒，如圖
　所示。

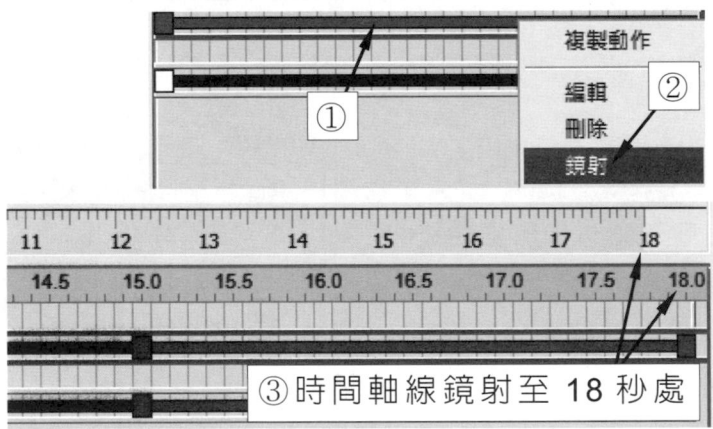

③時間軸線鏡射至 18 秒處

STEP 29

① 單擊 我的最愛參數 f_x 。
② 單擊 平板特徵。
③ 勾選 q1、q2、q3。
④ 單擊 確定 。

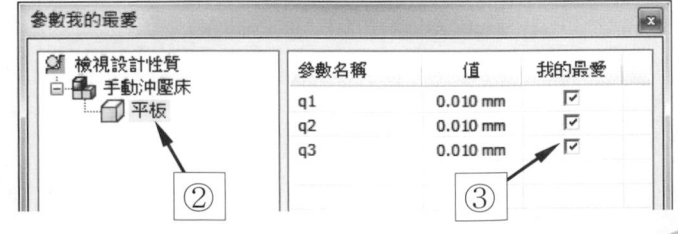

STEP 30

①單擊　參數 𝑓𝒙。

②展開動畫我的最愛。

③單擊　q1。

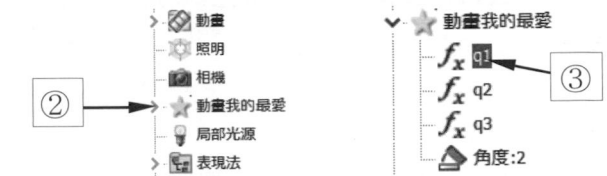

STEP 31

①輸入終止距離 50。

②單擊　指定 ▶?。

③輸入起始時間 3 秒。

④輸入終止時間 3.2 秒

⑤單擊　　確定　　。

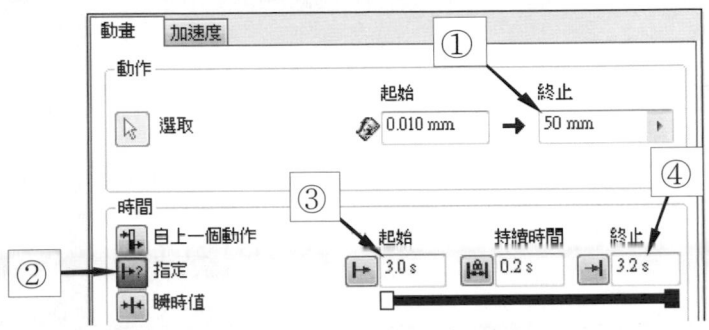

STEP 32

①單擊　參數 𝑓𝒙。

②單擊　q2。

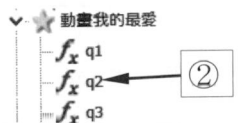

STEP 33

①輸入終止距離 50。

②單擊　指定 ▶?。

③輸入起始時間 9 秒。

④輸入終止時間 9.2 秒

⑤單擊　　確定　　。

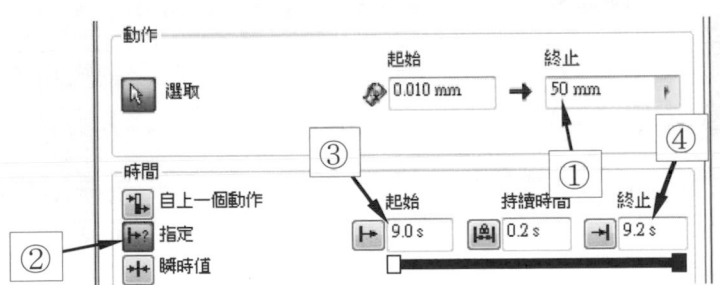

STEP 34

①單擊　參數 𝑓𝒙。

②單擊　q3。

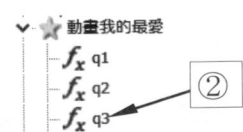

STEP 35

①輸入終止距離 50。
②單擊 指定 ⊬? 。
③輸入起始時間 15 秒。
④輸入終止時間 15.2 秒。
⑤單擊 **確定** 。

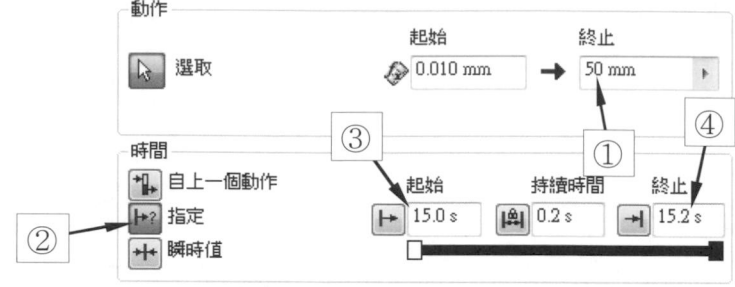

STEP 36

①單擊 元件 。
②單擊 平板。
③單擊 指定位置。

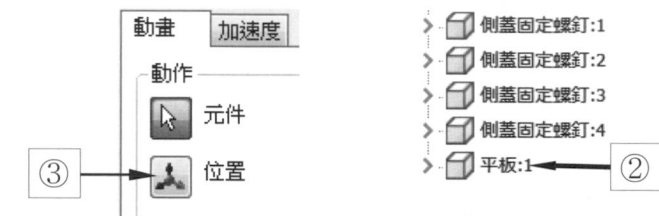

STEP 37

①單擊 重新定義對齊方式
　或位置。
②於數字後輸入「+50」。
③單擊 確定 ✔ 。

STEP 38

①單擊 指定開始時間 ⊬? 。
②設定為 4。
③設定為 4.5。
④單擊 **確定** 。

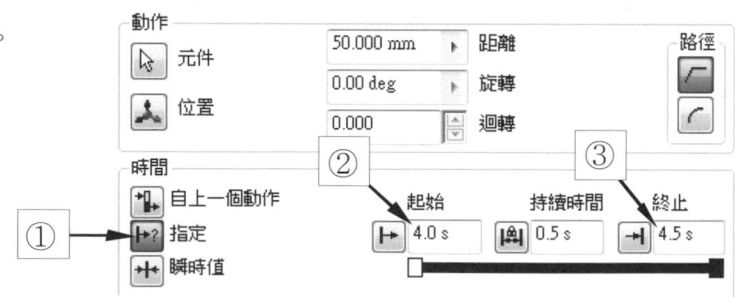

STEP 39

① 單擊 元件 。
② 單擊 平板。
③ 單擊 指定位置。

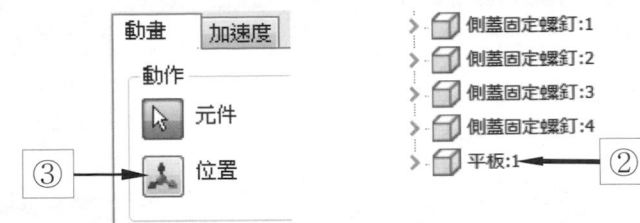

STEP 40

① 單擊 重新定義對齊方式
　或位置。
② 於數字後輸入「+50」。
③ 單擊 確定 。

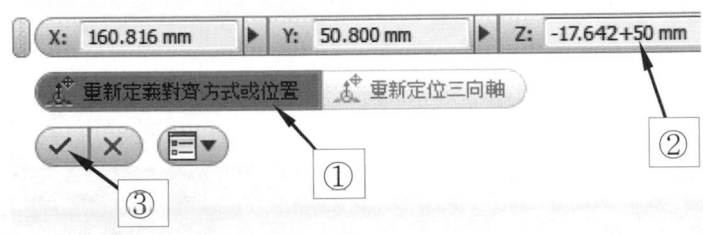

STEP 41

① 單擊 指定開始時間 。
② 設定為 10。
③ 設定為 10.5。
④ 單擊 確定 。
⑤ 單擊 移往開始 。

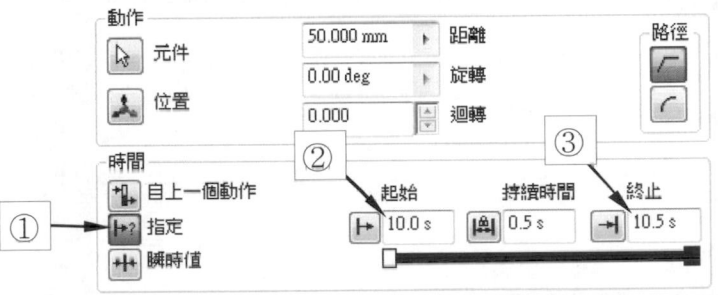

STEP 42

① 單擊 相機 。
② 於平板上單擊滑鼠左鍵。
③ 沿垂直往上移動至適當位置再
　單擊滑鼠左鍵。

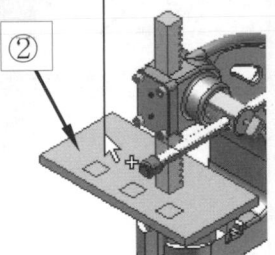

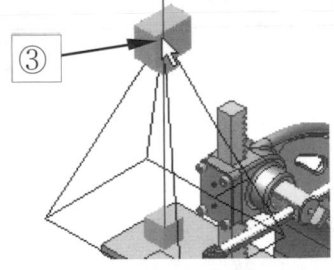

STEP 43

①單擊 正投影。
②勾選 連結至視圖。
③於繪圖區單擊滑鼠右鍵。
④單擊 主視圖。
⑤單擊 確定。

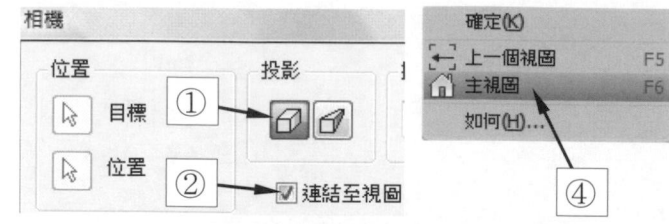

STEP 44

①單擊 動畫箭頭。
②單擊 相機 1。

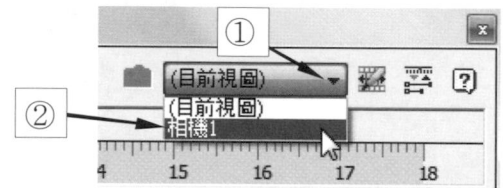

STEP 45

①單擊 動畫相機。
②單擊 相機定義。
③勾選 連結至視圖。

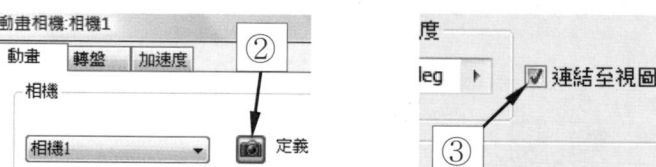

STEP 46

①單擊 ViewCube 左上角。
②將平板適當放大。
③單擊 確定。

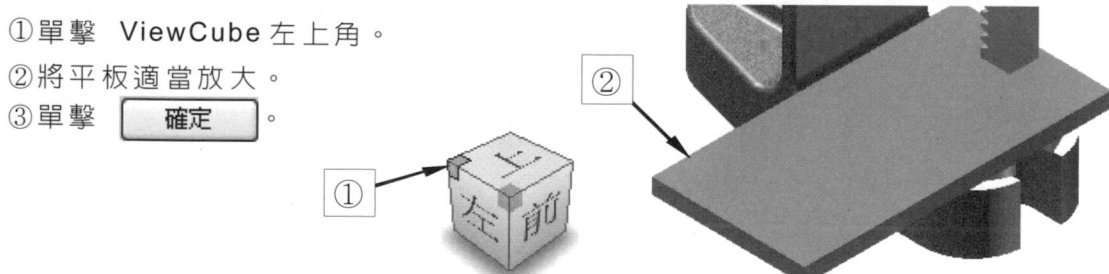

STEP 47

① 單擊 指定開始時間 。
② 設定為 9。
③ 設定為 10。
④ 單擊　確定　。

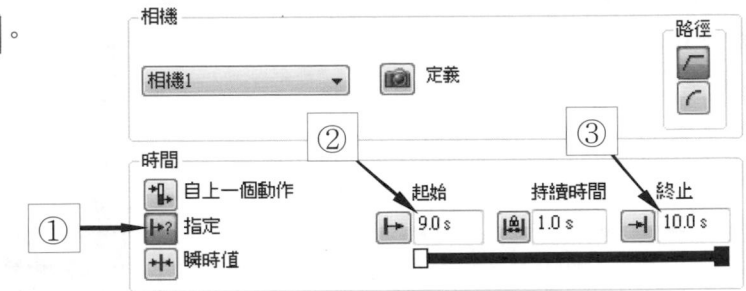

STEP 48

① 單擊 動畫相機 。
② 單擊 相機定義 。
③ 勾選 連結至視圖。

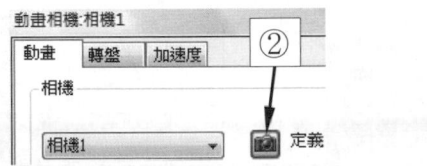 

STEP 49

① 於繪圖區單擊滑鼠右鍵。
② 單擊 主視圖。
③ 單擊　確定　。

STEP 50

① 單擊 指定開始時間 。
② 設定為 17。
③ 設定為 18。
④ 單擊　確定　。

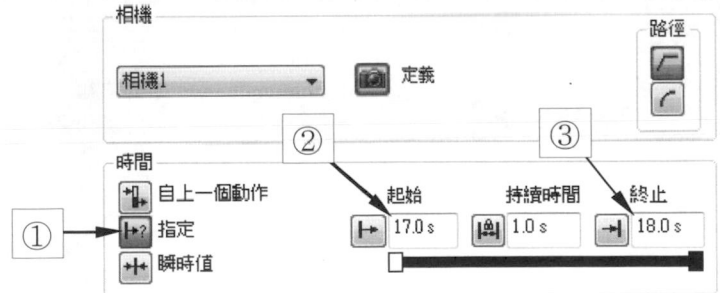

STEP 51

① 單擊 濃淡 。
② 單擊 瀏覽器中的本體 1。

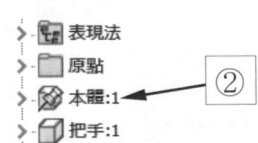

STEP 52

①設定為 10。
②單擊 指定開始時間 ⊩?。
③設定為 3。
④設定為 10。
⑤單擊 確定 。

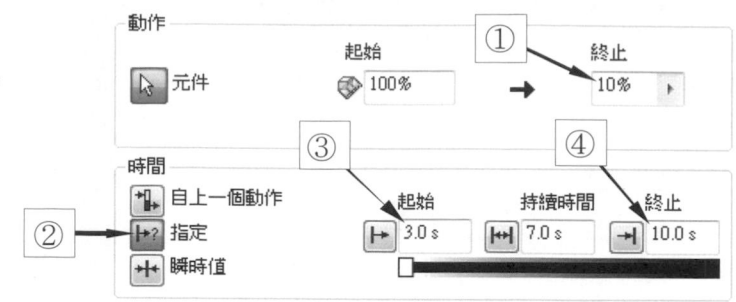

STEP 53

①於本體下的漸變
時間列上單擊滑
鼠右鍵。
②單擊 鏡射。

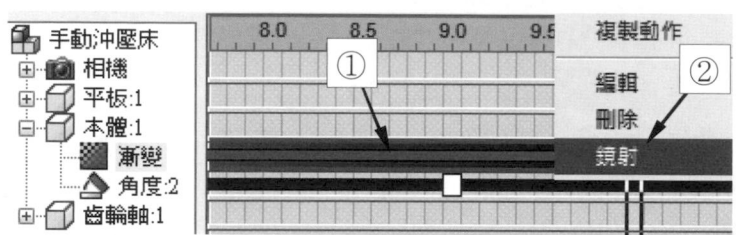

STEP 54

①單擊 濃淡 。
②單擊 瀏覽器中的側蓋 1。

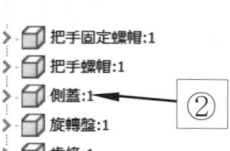

STEP 55

①設定為 10。
②單擊 指定開始時間 ⊩?。
③設定為 3。
④設定為 10。
⑤單擊 確定 。

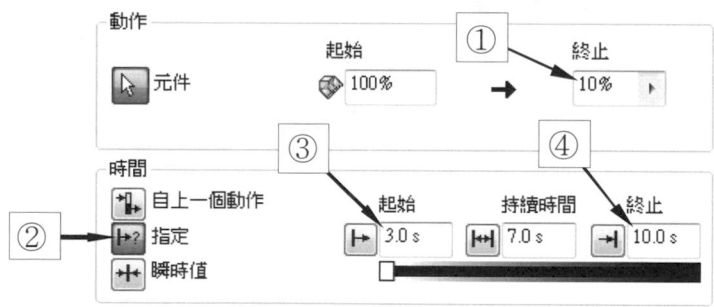

STEP 56

① 於 測 蓋 下 的 漸 變
　時 間 列 上 單 擊 滑
　鼠 右 鍵。

② 單 擊　鏡 射。

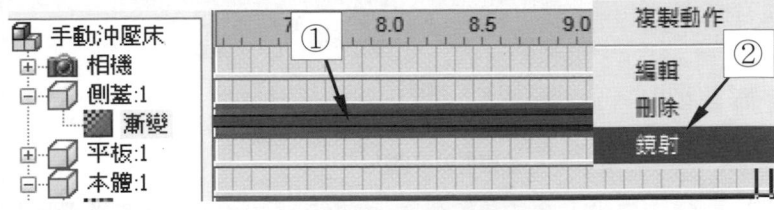

STEP 57

① 單 擊　收 闔 動 作 編 輯 器 ，收 闔 編 輯
　器。

② 單 擊　移 往 開 始　。

③ 單 擊　播 放 動 畫　，觀 看 動 畫。

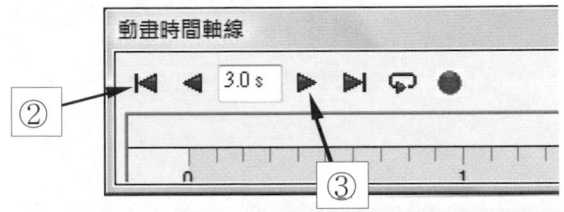

STEP 58

① 單 擊　彩 現 動 畫 。

② 單 擊　箭 頭。

③ 單 擊　320x240，以 使 彩
　現 視 窗 縮 小。

STEP 59

① 單 擊　輸 出。

② 單 擊　路 徑　。

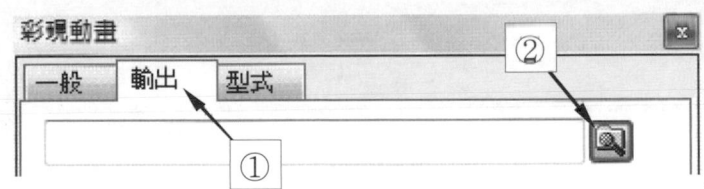

STEP 60

①設定儲存位置。
②輸入檔名。
③變更存檔類型。
④單擊　儲存(S)　。

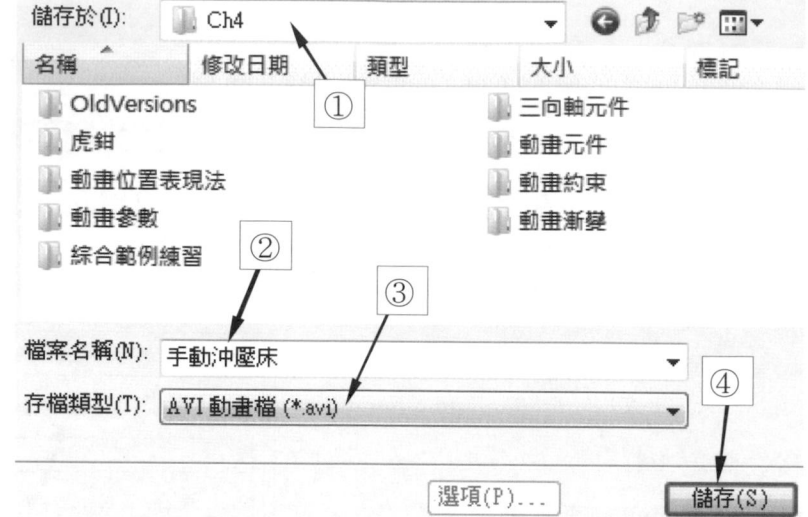

STEP 61

①單擊　整個動畫 圖示。
②單擊　箭頭。
③單擊　20。
④單擊　彩現　。
⑤單擊　確定　。

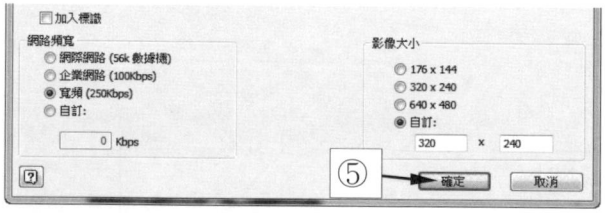

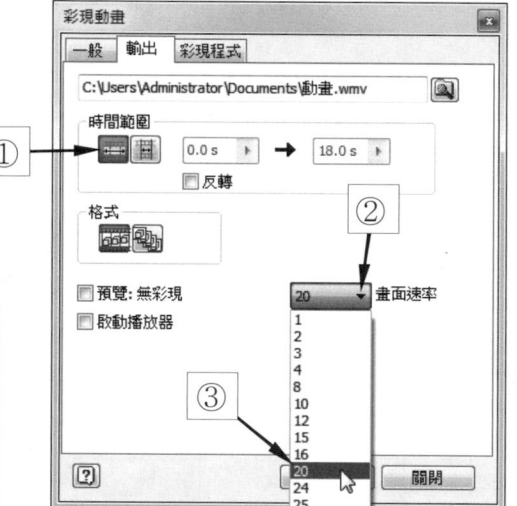

STEP 62

①完成彩現動畫輸出。
②單擊　關閉 X　。
③單擊　關閉　。

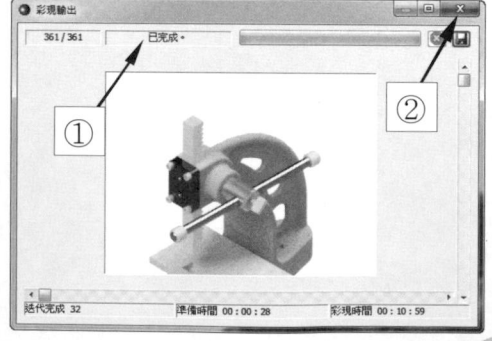

精選練習範例

例題一

1. 開啟光碟目錄 Ch4\綜合範例練習\精選練習範例-1\精選練習
   範例-1.iam，如右圖所示。
2. 請依組合圖進行 Studio 動畫製作。
3. 若使用者不使用本書提供之組合檔，亦可依資料夾內之零件
   先進行組合後，再練習 Studio 動畫製作。

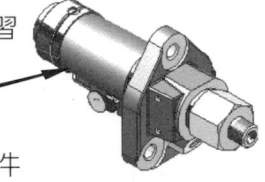

例題二

1. 開啟光碟目錄 Ch4\綜合範例練習\精選練習範例-2\精選練習
   範例-2.iam，如右圖所示。
2. 請依組合圖進行 Studio 動畫製作。
3. 若使用者不使用本書提供之組合檔，亦可依資料夾內之零件
   先進行組合後，再練習 Studio 動畫製作。

例題三

1. 開啟光碟目錄 Ch4\綜合範例練習\精選練習範例-3\精選練習
   範例-3.iam，如右圖所示。
2. 請依組合圖進行 Studio 動畫製作。
3. 若使用者不使用本書提供之組合檔，亦可依資料夾內之零件
   先進行組合後，再練習 Studio 動畫製作。

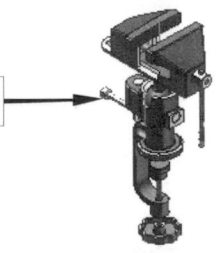

例題四

1. 開啟光碟目錄 Ch4\綜合範例練習\精選練習範例-4\精選練習
   範例-4.iam，如右圖所示。
2. 請依組合圖進行 Studio 動畫製作。
3. 若使用者不使用本書提供之組合檔，亦可依資料夾內之零件
   先進行組合後，再練習 Studio 動畫製作。

應力分析

5-1　應力分析入門

　　Autodesk Inventor Professional 應力分析是 Autodesk Inventor 零件與板金環境下的應用軟體，透過此一軟體可以用來分析機械零件設計之應力，及其相關資訊。

5-1-1　應力分析工具的使用

　　Autodesk Inventor Professional 應力分析提供的工具可使您在 Autodesk Inventor 模型上決定結構設計效能，其中包括向零件置入負載、約束，以及經由計算所產生的應力、變形、安全係數與共振頻率模式等工具。

　　使用 Autodesk Inventor Professional 應力分析工具，您可以進行下列工作：

1. 零件的應力分析與頻率分析。

2. 將力、壓力、力矩、承載或本體負載設定至零件的面、邊或頂點。

3. 將固定的或非零的位移限制條件設定至模型上。

4. 當零件經由多個參數式設計變更後可經由其所產生的影響進行評估。

5. 可檢視變形、等效應力、安全係數及共振頻率模式的分析結果。

6. 經由設計變更後的特徵(如加入圓角或肋)，重新進行分析，以得到新的解決方案。

7. 產生可儲存為 HTML 格式的工程設計報表。

5-1-2　應力分析的價值

　　善用 Autodesk Inventor Professional 應力分析，除了可縮短設計時程，協助您在短時間內將產品推向市場外，也可以提高設計的可靠性與設計的質量。

　　Inventor 的應力分析可以幫助您達到以下目標：

1. 檢核零件的剛度或者頻率特性，以確保零件不會出現不適當的斷裂或變形。

2. 在設計的初期階段，進行擬真分析可以提前得到可能的結果，進而降低早期階設進行重新設計的成本。

3. 確定是否能以更節約成本的方式重新設計零件，且在預期的使用中依然仍夠達到滿意的效果。

5-2 邊界條件

在 Autodesk Inventor Professional 應力分析中，所謂的邊界條件係指如材料選擇、指定力的大小以及固定約束、無摩擦約束等條件。在此章節中將說明如何使用邊界條件。

5-2-1 材料

欲進行應力分析，必須先爲零件指定適當材料，Inventor 系統提供使用者可快速的選擇及刪除指定的材料，亦可自行新建材料定義其相關屬性，當您爲零件指定適當材料後，即可以執行「應力分析更新」工具。

◉ 5-2-1-1 指定材料

材料的選取可由功能區中的指定 ⚛，及瀏覽器中的材料選項進入選取，如下圖 A 所示。

當進入指定材料對話框後，在這對話框中除了可選取系統提供的材質外，亦可使用材料編輯器自行建立新材料。

選擇材料操作方式一

STEP ①

①單擊 開啟 指令，以開啟練習檔案 → Ch5\材料
\選擇材料.ipt，如圖所示。

STEP ②

①單擊 環境。
②單擊 應力分析。

STEP ③

① 單擊　建立研究。

STEP ④

① 單擊　指定。
② 進 入 指 定 材 料 對 話
　 框，如圖所示。

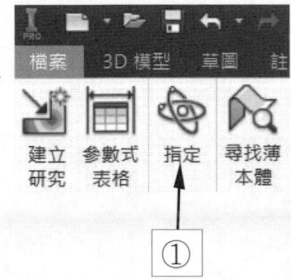

選擇材料操作方式二

STEP ①

① 於瀏覽器的材料名稱上
　 單擊滑鼠右鍵。
② 單擊　指定材料。

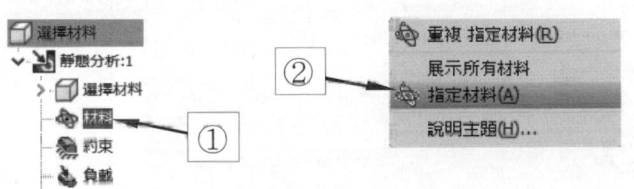

STEP ②

① 經由上述步驟後，進入指定
　 材料的對話框。

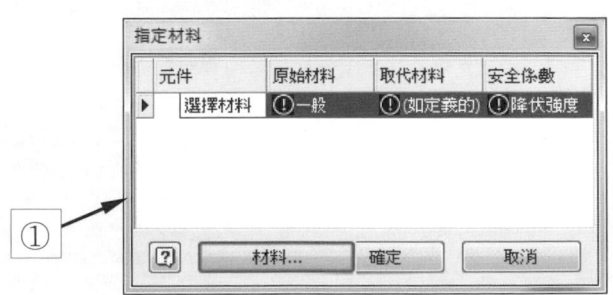

◎ 5-2-1-2　材料的新建、編輯、刪除

當您於 Autodesk Inventor Professional 應力分析的材料選單中無法找到您要的材料時，即可利用新建、編輯、刪除的方式來建立合適的材料選項。

新建、編輯、刪除材料

新建或編輯材料選項時，須注意下列事項：

1. 材料之「楊氏係數」必須大於 0。
2. 材料之「蒲松氏比」必須介於 0 和 0.5 之間，但不等於 0.5。
3. 材料之「材料密度」或「降伏強度」必須大於 0。

操作步驟

STEP ❶

① 單擊 指定。
② 單擊 材料。

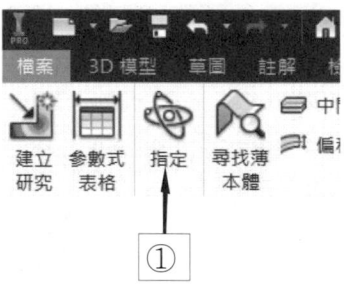
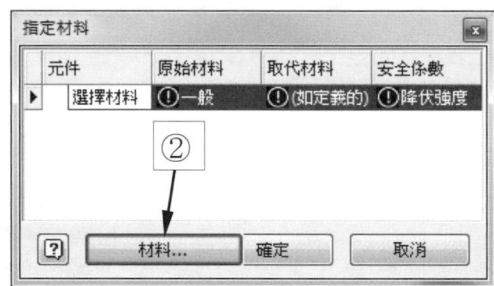

STEP ❷

① 單擊 在文件中建立新材料。

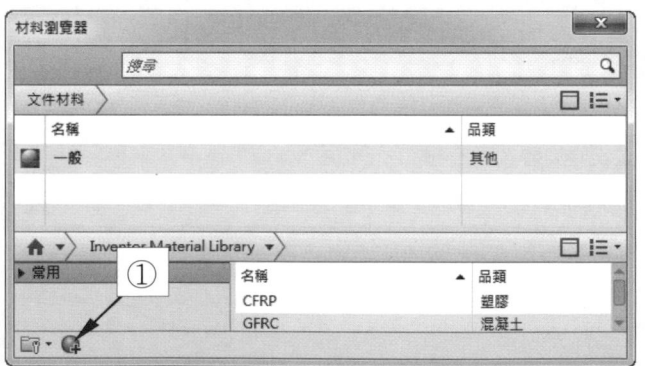

STEP ③

①輸入名稱。
②單擊　外觀標籤，設定材料外觀顯示模式。
③單擊　實體標籤，根據需要設定材料參數。
④單擊　　確定　　。

  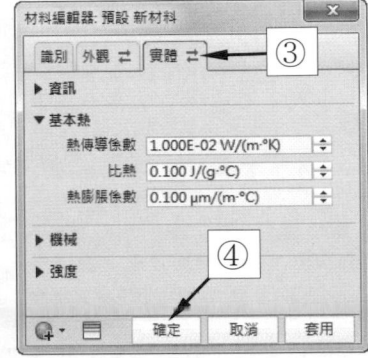

STEP ④

①完成新建的材料，將顯示在材
　料瀏覽器中。
②若欲刪除、編輯則在該材料名
　稱上單擊滑鼠右鍵，再選取刪
　除或編輯即可。

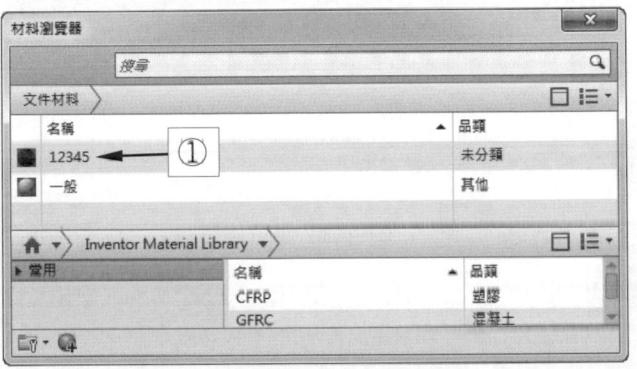

5-2-2 固定約束

前言：以固定約束指令約束零件、可選取零件的面、邊或者是頂點來套用固定約束條件。

指令位置

應力分析 →  固定約束

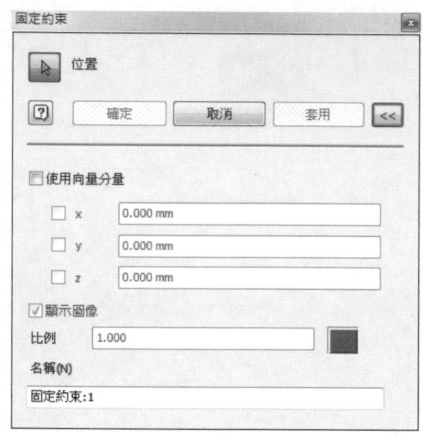

操作步驟

STEP ①

① 單擊 開啟 📂 指令，以開啟練習檔案 → Ch5\
固定約束\固定約束.ipt，如圖所示。

STEP ②

① 單擊 環境。
② 單擊 應力分析。

STEP ③

① 單擊　固定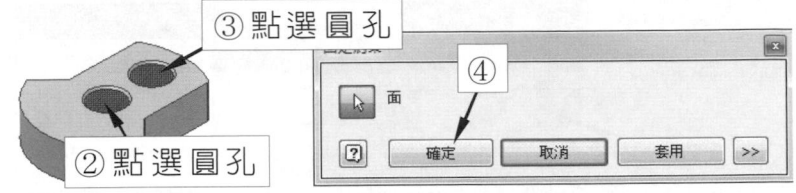

② 單擊　圓孔。

③ 單擊　圓孔

④ 單擊　確定 。

③ 點選圓孔

④

面

確定　　取消　　套用　　>>

② 點選圓孔

5-2-3　銷約束 [◎]

前言：銷約束適用在圓柱面與曲面上。套用銷約束，可以防止圓柱面在徑向、軸向或切線方向的組合方向移動或變形。

指令位置

　　　應力分析 →　[◎]　銷約束

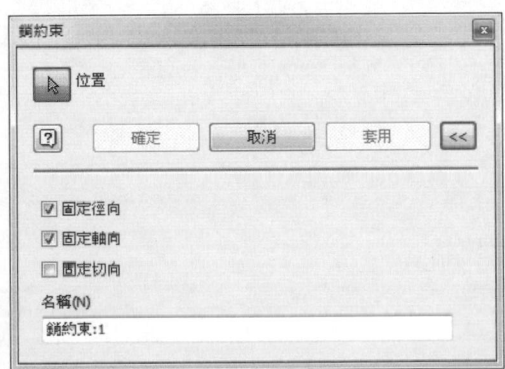

銷約束

位置

? 　確定　　取消　　套用　　<<

☑ 固定徑向
☑ 固定軸向
☐ 固定切向
名稱(N)
銷約束:1

操作步驟

STEP ①

① 單擊　開啟 指令，以開啟練習檔案　→　Ch5\銷約束\銷約束.ipt，如圖所示。

STEP 2

①單擊 環境。

②單擊 應力分析。

STEP 3

①單擊 銷 。

②單擊 圓柱。

③單擊 確定 。

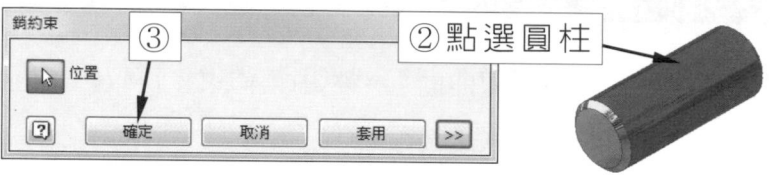

②點選圓柱

5-2-4 無摩擦約束

前言：無摩擦約束適用在零件中定義的平面或曲面。無摩擦約束可防止表面在相對於表面
的正垂方向移動或變形。

指令位置

應力分析 → 無摩擦約束

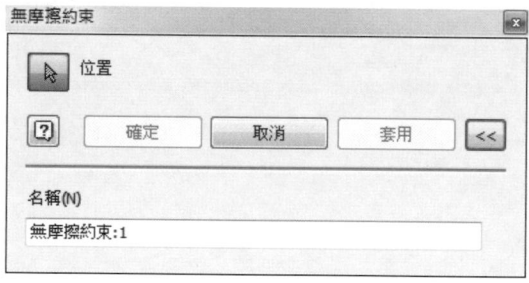

操作步驟

STEP 1

①單擊 開啟 指令，以開啟練習檔案 → Ch5\無摩
擦約束\無摩擦約束.ipt，如圖所示。

STEP ②

① 單擊 環境。
② 單擊 應力分析。

STEP ③

① 單擊 無摩擦。
② 單擊 曲面表面。
③ 單擊 確定。

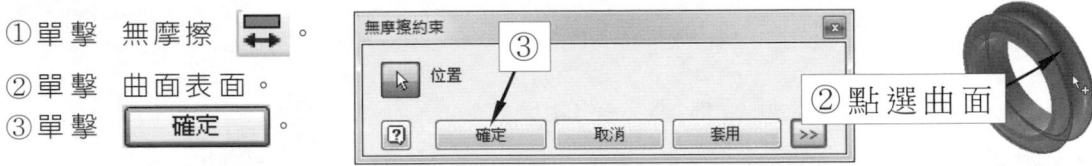

② 點選曲面

5-2-5 力

前言： 力的大小可以套用在零件的面、邊或頂點上，當零件套用了力的大小與合適的約束條件後，即可進行零件的分析，以測量該零件在受力後的狀態。

(指令位置)

應力分析 → ⬇⬇ 力

力			
▶ 位置	▶ ✕ 方向		
大小	0.000 N		
?	確定 取消 套用 <<		
☐ 使用向量分量			
Fx	0.000 N		
Fy	0.000 N		
Fz	0.000 N		
☑ 顯示圖像			
比例	1.000		
名稱(N)	力:1		

→ 應用實例一

相關條件

1. 材料：鑄鐵
2. 力：10N

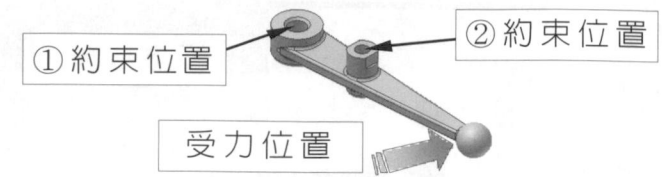

① 約束位置　② 約束位置

受力位置

操作步驟

STEP ①

① 單擊 開啟 📁 指令，以開啟練習檔案 → Ch5\力\ 撥桿.ipt，如圖所示。

STEP ②

① 單擊 環境。
② 單擊 應力分析。

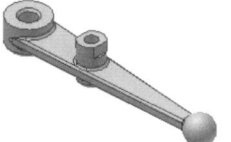

STEP ③

① 單擊 建立研究。

STEP ④

① 單擊 指定。
② 單擊 取代材料對話框。

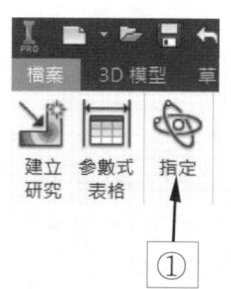

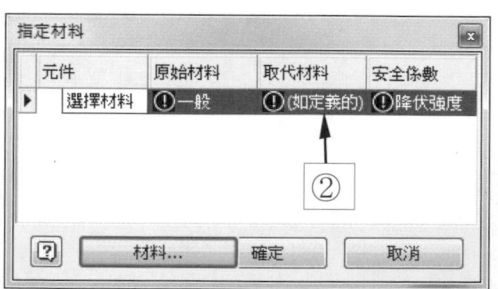

元件	原始材料	取代材料	安全係數
選擇材料	⚠ 一般	⚠ (如定義的)	⚠ 降伏強度

STEP ⑤

①單擊 箭頭。
②拖曳捲軸往下。
③選取「鐵、鑄造」。
④單擊 ▐ 確定 ▐。

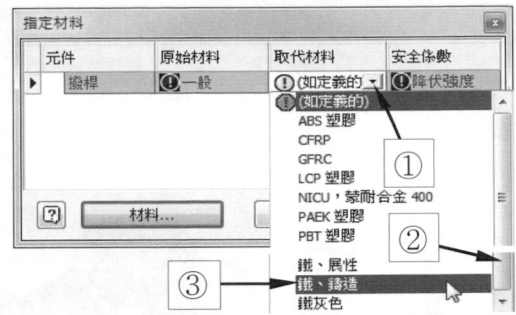

STEP ⑥

①單擊 固定 ⌐ᵀ。
②單擊 圓孔。
③單擊 圓孔。
④單擊 ▐ 確定 ▐。

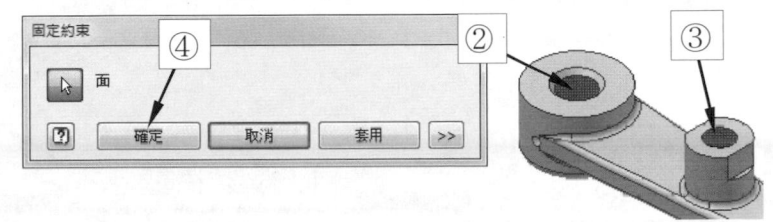

STEP ⑦

①單擊 力 ↓↓。
②單擊 圓球，以確定施力位置。
③單擊 箭頭，以選取力的方向。
④單擊 特徵邊線，以定義力的方向。
⑤於對話框輸入力的大小為 10N。
⑥單擊 ▐ 確定 ▐，完成力的定義。

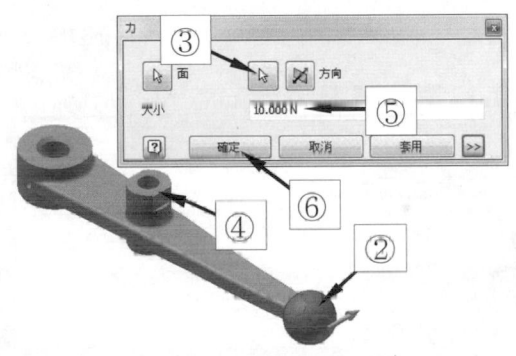

STEP ⑧

①單擊 模擬。
②單擊 執行。

完成應力分析，如下圖所示。

STEP ⑨

① 展 開 約 束 。

② 於 固 定 約 束 上 單 擊 滑 鼠 右
鍵 。

③ 單 擊 編輯固定約束。

STEP ⑩

① 按 住 「Ctrl」 鍵 。

② 於 右 側 圓 孔 單 擊 左 鍵 ， 以 取 消 約 束 。

③ 單 擊 ▢ 確定 ▢ 。

STEP ⑪

① 展 開 負 載 。

② 於 力 上 單 擊 滑 鼠 右 鍵 。

③ 單 擊 編輯力負載。

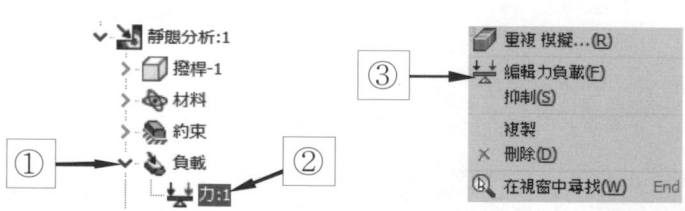

STEP ⑫

①大小數值改為 20。

②單擊 ┃ 確定 ┃，完成力大小的編輯。

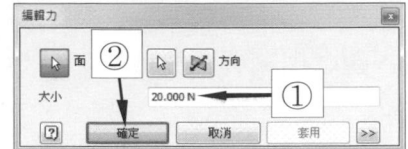

STEP ⑬

①單擊 模擬。

②單擊 執行。

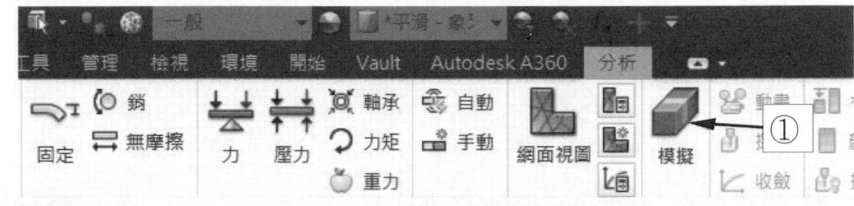

完成應力分
析，如右圖
所示。

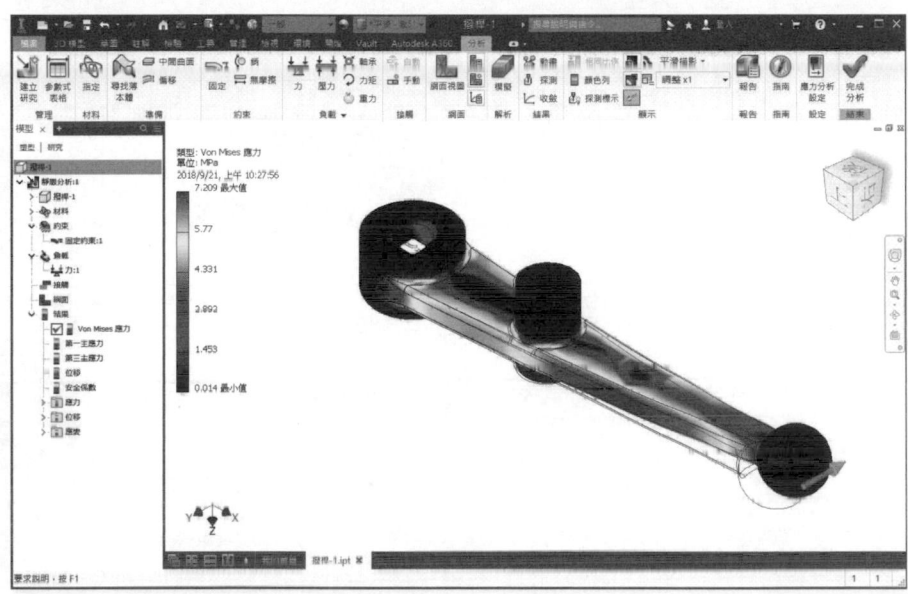

精選練習範例

請依下列各題之相關資訊完成應力分析。

例題一

→ 相關資訊

1.Ch5\力\撥桿.ipt
2.材料：鑄鐵
3.力：20N

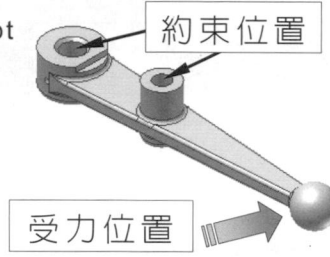

約束位置

受力位置

例題二

→ 相關資訊

1.Ch5\力\活塞.ipt
2.材料：碳鋼
3.力：30N

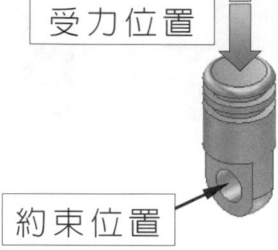

受力位置

約束位置

例題三

→ 相關資訊

1.Ch5\力\支架.ipt
2.材料：碳鋼
3.力：10N
4.約束位置請選取支架底面

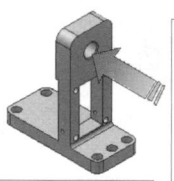

受力位置

約束位置

例題四

→ 相關資訊

1.Ch5\力\
　連桿.ipt
2.材料：碳鋼
3.力：5N
4.約束位置請選取大圓孔

約束位置　受力位置

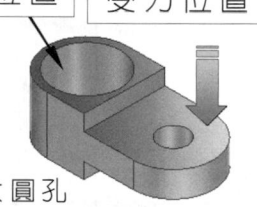

例題五

→ 相關資訊

1.Ch5\力\
　底座.ipt
2.材料：鑄鐵
3.力：5N
4.約束位置請選取底部三個平面

受力位置為圓端面

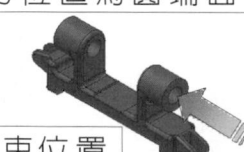

約束位置

例題六

→ 相關資訊

1.Ch5\力\
　手柄.ipt
2.材料：碳鋼
3.力：10N
4.約束位置請選取大圓柱底面

受力位置選圓球

約束位置
選圓柱底面

5-2-6　壓力

前言：壓力的大小可以套用在零件的平面或曲面上，當零件套用了壓力的大小與合適的約束條件後，即可進行零件的分析，以測量該零件在受壓力後的狀態。

指令位置

應力分析 → ↕↕壓力

→ 應用實例一

相關條件
1.材料：鑄鐵
2.壓力：5MPa

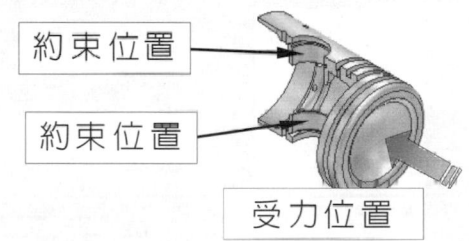

約束位置

約束位置

受力位置

操作步驟

STEP 1

①單擊　開啟 📂 指令，以開啟練習檔案 → Ch5\壓力
\活塞.ipt，如圖所示。

STEP 2

①單擊　環境。
②單擊　應力分析。

STEP ③

①單擊 建立研究。

STEP ④

①單擊 指定。
②單擊 取代材料對話框。

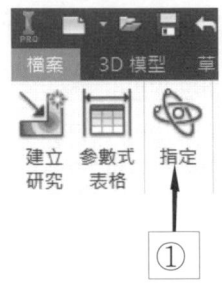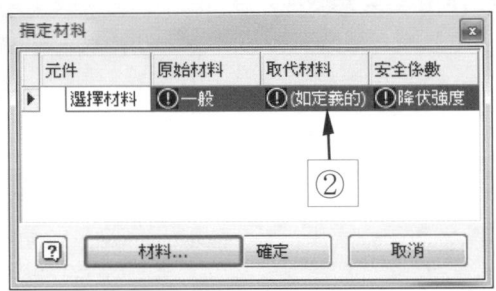

STEP ⑤

①單擊 箭頭。
②拖曳捲軸往下。
③選取「鐵、鑄造」。
④單擊 ▢ 確定 ▢。

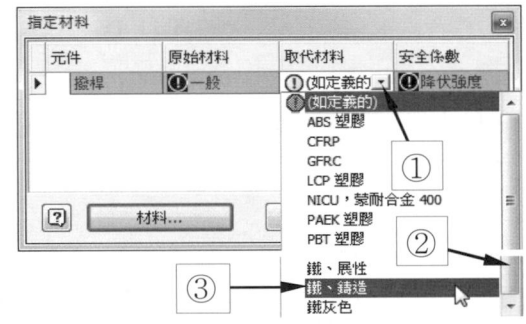

STEP ⑥

①單擊 固定 指令。
②單擊 上圓孔。
③單擊 下圓孔。
④單擊 ViewCube 下方區塊。

⑤單擊 圓孔，確定約束範圍。
⑥單擊 圓孔，確定約束範圍。
⑦按鍵盤的「F6」鍵，以轉成
　等角視圖。
⑧單擊 ▢ 確定 ▢。

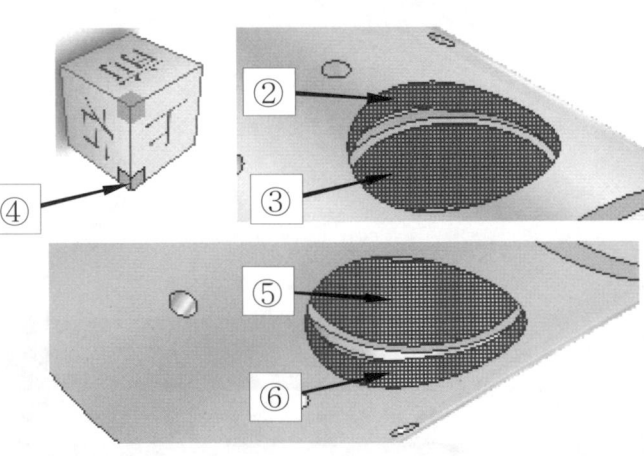

STEP ⑦

① 單擊　壓力 ⬍。
② 單擊　曲面 A,B,C,D。
③ 輸入數值「5」。
④ 單擊　確定　。

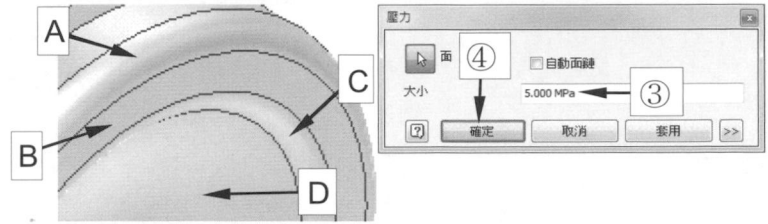

STEP ⑧

① 單擊　模擬。
② 單擊　執行。

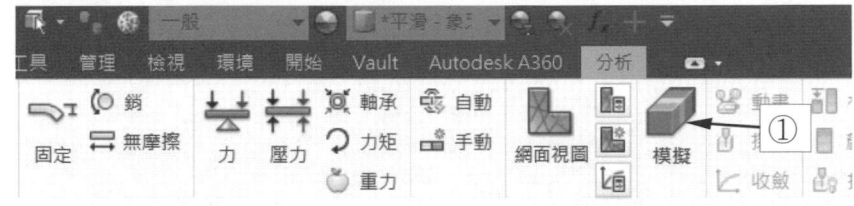

STEP ⑨

① 完成應力分析，如
　 右圖所示。
② 單擊　邊界條件，可
　 關閉箭頭顯示。

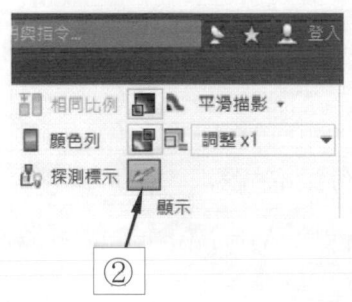

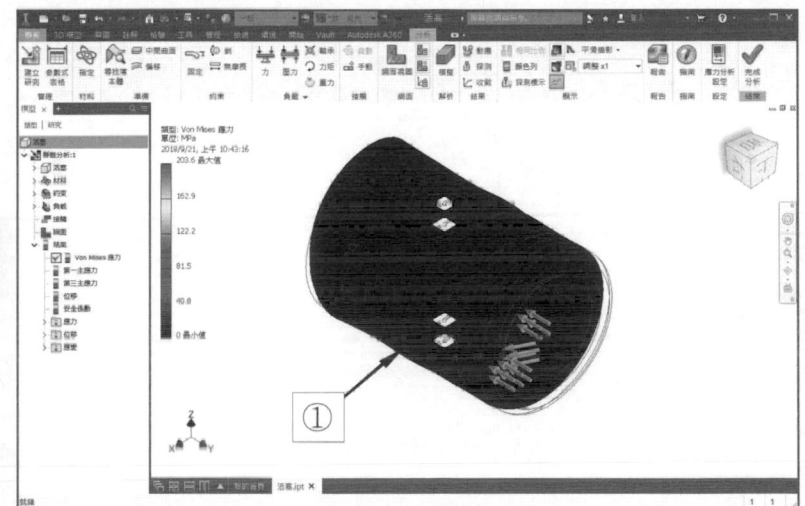

精選練習範例

例題一

→ **相關資訊**

1.Ch5\壓力\活塞柱.ipt
2.材料：鍛鋼
3.壓力：1MPa
4.約束位置請選圓孔。

受力位置　約束位置

例題二

→ **相關資訊**

1.Ch5\壓力\活塞-1.ipt
2.材料：合金鋼
3.壓力：2MPa
4.約束位置請選圓孔。

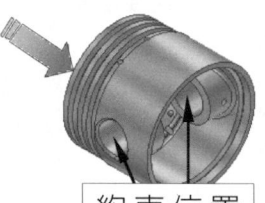

受力位置　約束位置

例題三

→ **相關資訊**

1.Ch5\壓力\沖頭.ipt
2.材料：合金鋼
3.壓力：1MPa
4.約束位置請選橢圓槽孔內側。

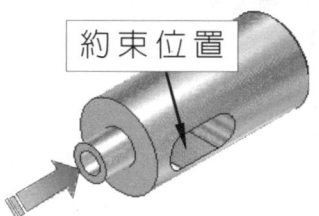

約束位置

受力位置
為軸端面

例題四

→ 相關資訊

1. Ch5\壓力\頂桿.ipt
2. 材料：合金鋼
3. 壓力：0.5MPa
4. 約束位置請選兩側小圓孔。

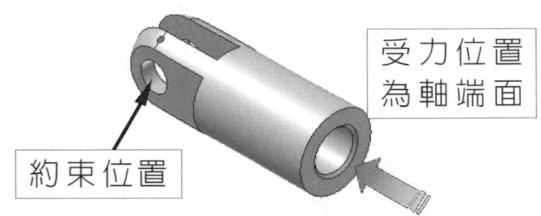

受力位置
為軸端面

約束位置

例題五

→ 相關資訊

1. Ch5\壓力\連桿.ipt
2. 材料：鍛鋼
3. 壓力：1MPa
4. 約束位置請選小圓孔及大圓孔內側。

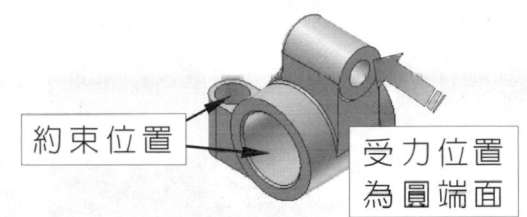

約束位置

受力位置
為圓端面

5-2-7　軸承負載

前言：軸承負載的操作方式與力相同，力的大小是套用在零件的面、邊或頂上，而軸承負載則是套用在圓柱面上，您可以在零件上套用軸承負載，驗證該零件，測量其在套用負載下的狀態。

指令位置

應力分析　→　軸承負載

→ 應用實例一

相關條件

1.材料：合金鋼

2.軸承負載：100N

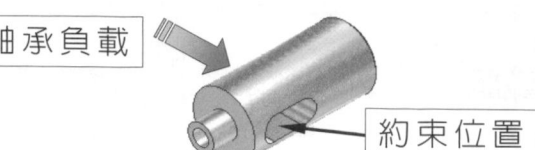

軸承負載

約束位置

操作步驟

STEP ①

①單擊 開啟 📂 指令，以開啟練習檔案 → Ch5\軸承
負載\軸承負載.ipt，如圖所示

STEP ②

①單擊 環境。

②單擊 應力分析。

STEP ③

①單擊 建立研究。

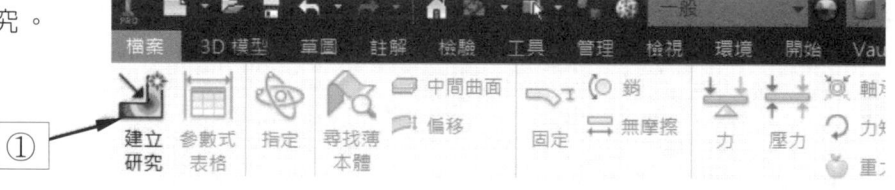

STEP ④

①單擊 指定。

②單擊 取代材料對話框。

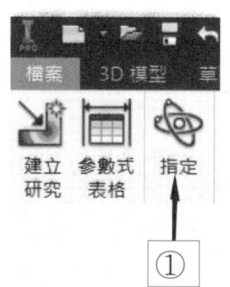

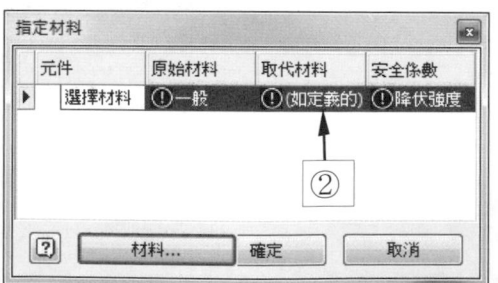

STEP ⑤

① 單擊 箭頭。
② 拖曳 捲軸 往下。
③ 選取「鋼、合金」。
④ 單擊 ▢確定▢ 。

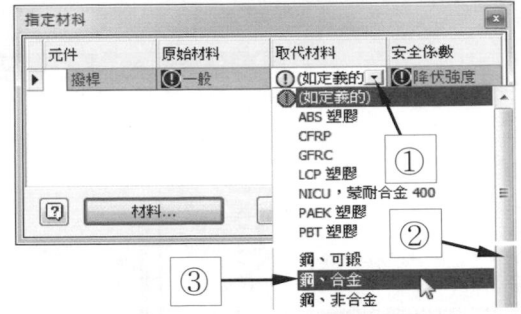

STEP ⑥

① 單擊 固定 ⬛ᴵ 指令。
② 單擊 平面,確定約束範圍。
③ 單擊 確定,完成固定約束。

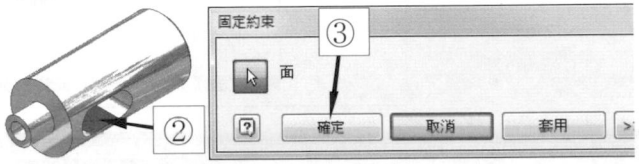

STEP ⑦

① 單擊 軸承 ⬛ 。
② 單擊 圓柱面。
③ 於對話框輸入負載的大小為 100N。
④ 單擊 ▢確定▢ ,完成負載的定義。

STEP ⑧

① 單擊 模擬。
② 單擊 執行。

STEP ❾

① 完成應力分析，如
　右圖所示。

② 單擊 邊界條件，可
　關閉箭頭顯示。

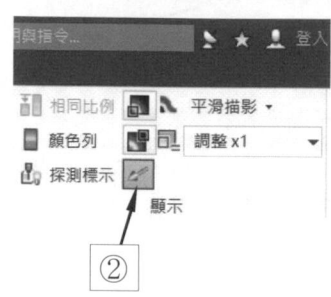

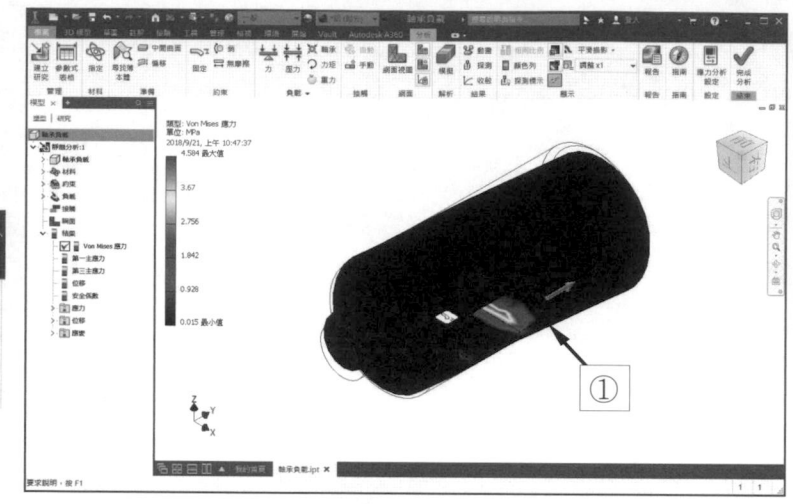

5-2-8 力矩 ⟳

前言：力矩可以套用在零件的多個面上。如果在定義力矩時選取了多個曲面，則將在所有
　　　選取的曲面上分配大小。在零件上套用力矩，以測量其在套用力矩後的狀態。

指令位置

　　　應力分析 → ⟳ 力矩

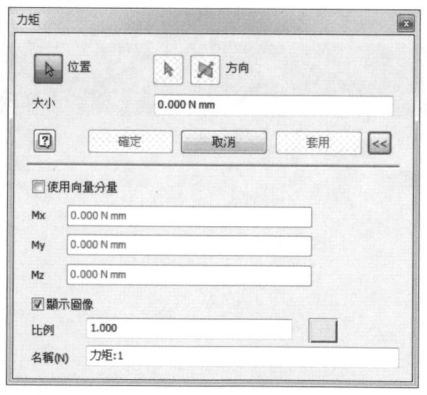

→ 應用實例一

相關條件
1.材料：碳鋼
2.力矩：100N-mm
3.方向：逆時針

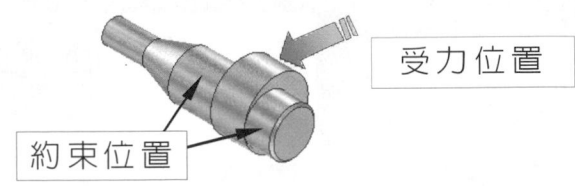

受力位置

約束位置

操作步驟

STEP ①

① 單擊 開啟 📂 指令，以開啟練習檔案 → Ch5\力矩

　　\往復機構用偏心軸.ipt，如圖所示

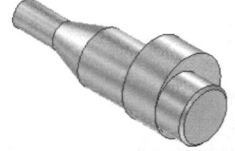

STEP ②

① 單擊 環境。
② 單擊 應力分析。

STEP ③

① 單擊 指定。
② 單擊 取代材料對話框。

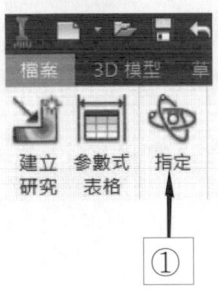

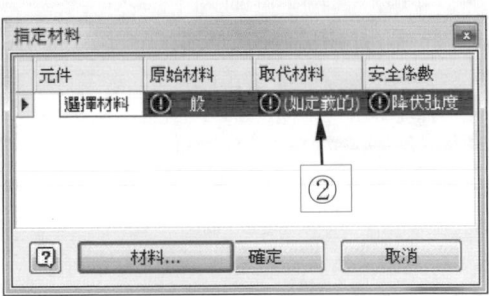

STEP ④

① 單擊 箭頭。

② 拖曳捲軸往下。

③ 選取「鋼、合金」。

④ 單擊 確定 。

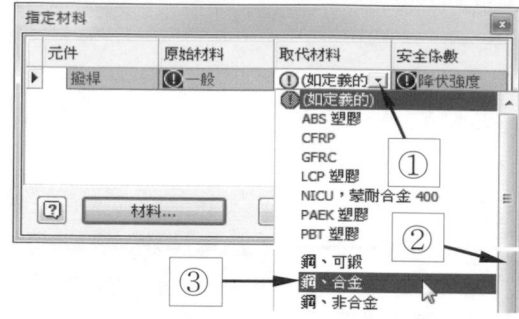

STEP ⑤

① 單擊 固定 指令。

② 單擊 左邊圓柱曲面。

③ 單擊 右邊圓柱曲面。

④ 單擊 確定 ，完成約束條件設定。

STEP ⑥

① 單擊 力矩 。

② 單擊 中間圓柱曲面。

③ 單擊 方向箭頭。

④ 單擊 中間圓柱右側端面。

⑤ 單擊 翻轉力矩圖示 。

⑥ 輸入力矩大小數值為 100。

⑦ 單擊 確定 。

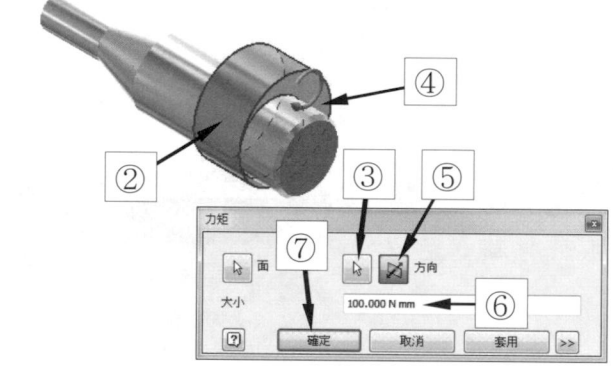

STEP ⑦

① 單擊 模擬。

② 單擊 執行。

STEP 8

完成應力分析，如右圖
所示。

精選練習範例

例題一

➜ 相關資訊

1. Ch5\力矩\衝床偏心軸.ipt
2. 材料：鍛鋼
3. 力矩：50N-mm
4. 方向：逆時針
5. 約束位置請選兩側。

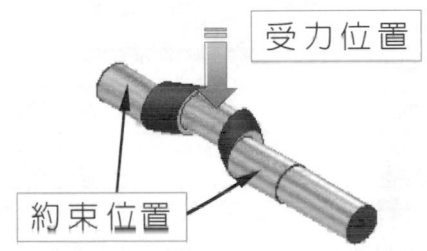

受力位置

約束位置

例題二

➜ 相關資訊

1. Ch5\力矩\懸臂樑.ipt
2. 材料：鍛鋼
3. 力矩：30N-mm
4. 方向：順時針
5. 約束位置請選取方形特徵背面。

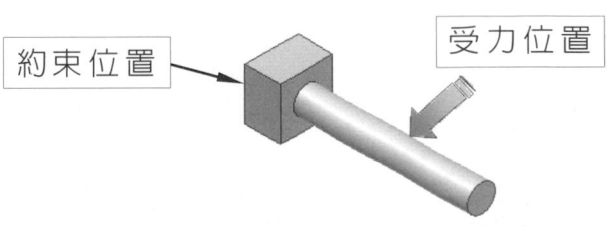

約束位置

受力位置

例題三

→ 相關資訊

1. Ch5\力矩\上下傳動用偏心軸.ipt
2. 材料：碳鋼
3. 力矩：60N-mm
4. 方向：逆時針
5. 約束位置選軸兩側。

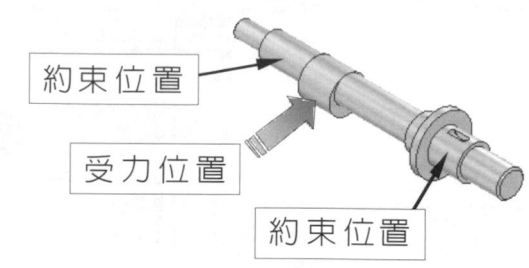

約束位置
受力位置
約束位置

例題四

→ 相關資訊

1. Ch5\力矩\曲柄軸.ipt
2. 材料：鍛鋼
3. 力矩：50N-mm
4. 方向：順時針
5. 約束位置請選曲柄軸兩側。

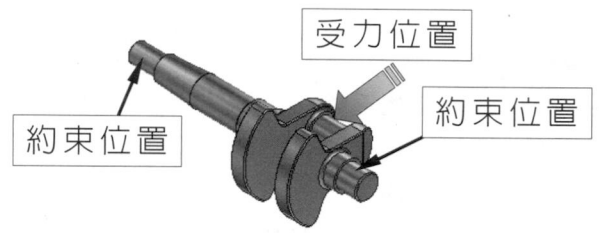

受力位置
約束位置
約束位置

例題五

→ 相關資訊

1. Ch5\力矩\偏心軸.ipt
2. 材料：鑄鋼
3. 力矩：30N-mm
4. 方向：逆時針
5. 約束位置請選中間圓孔。

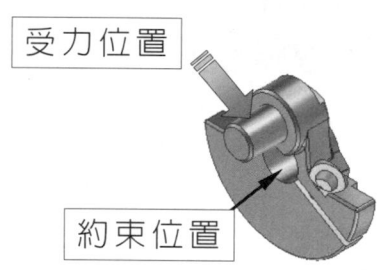

受力位置
約束位置

5-2-9　本體

前言：在零件上套用本體負載，並分析該零件，以測量其在套用負載後的狀態。套用本體負載後可以啟用加速度與旋轉速率，以測量線性加速的結構效果與固定速率旋轉零件的結構效果。

指令位置

應力分析 → 本體

→ 應用實例一

相關條件
1. 材料：鑄鐵
2. 方向：朝向內部
3. 加速度：100 m/s^2

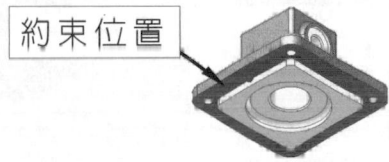

約束位置

操作步驟

STEP ①

① 單擊　開啟 指令，以開啟練習檔案　→　Ch5\本體
負載\本體負載 1.ipt，如圖所示。

STEP ②

① 單擊 環境。

② 單擊 應力分析。

STEP ③

① 單擊 固定 指令。

② 單擊 ViewCube 中下區域。

③ 單擊 零件底部平面。

④ 單擊 確定，完成約束條件設定。

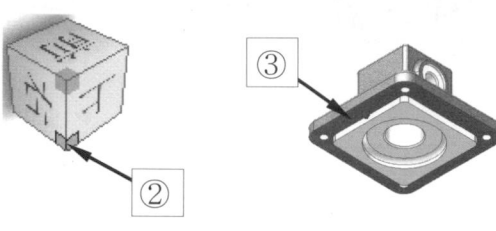

STEP ④

① 單擊 本體。

② 勾選啟用線性加速度。

③ 單擊 。

④ 單擊 內部底面。

⑤ 設定為 100。

⑥ 單擊 確定。

⑦ 按 F6 鍵。

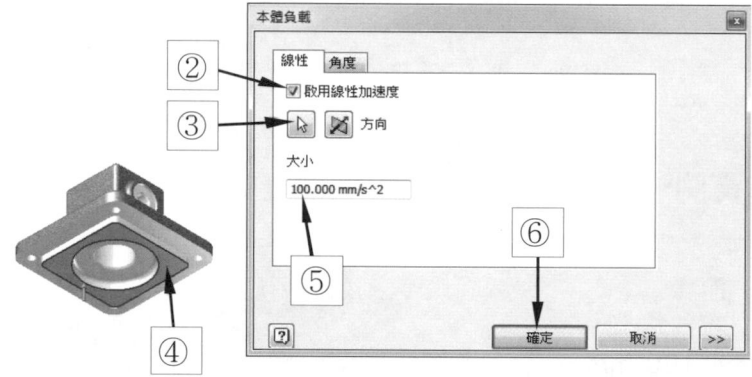

STEP ⑤

① 單擊 模擬。

② 單擊 執行。

STEP ⑥

完成應力分析，如右圖所
示。

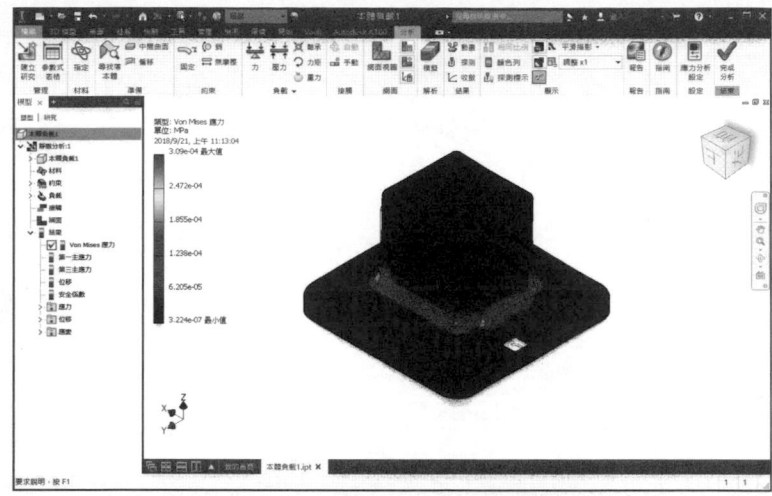

→ 應用實例二

相關條件
1. 材料：鍛鋼
2. 方向：朝向內部
3. 加速度：100m/s² （往下）
4. 旋轉速率：20 deg/s（順時鐘）

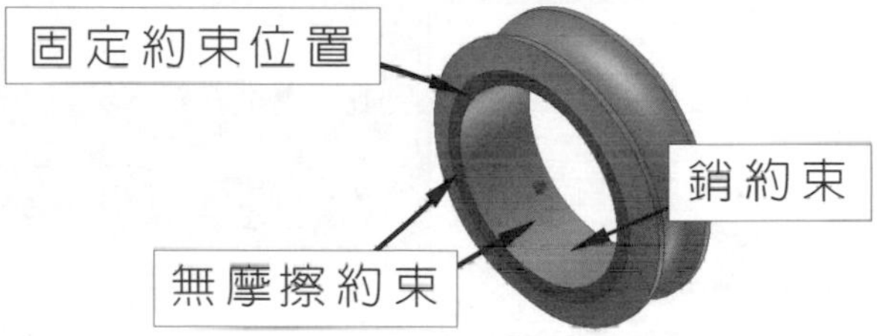

固定約束位置

銷約束

無摩擦約束

操作步驟

STEP ①

①單擊 開啟 指令，以開啟練習檔案 → Ch5\本體
負載\本體負載 2.ipt，如圖所示。

STEP ②

①單擊 環境。
②單擊 應力分析。

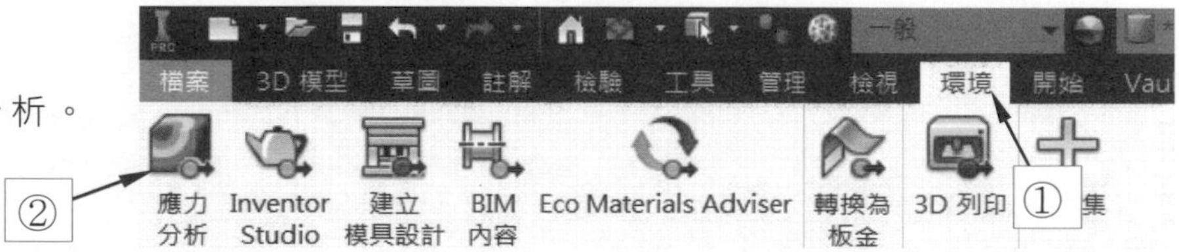

② 應力 Inventor 建立 BIM Eco Materials Adviser 轉換為 3D 列印 ① 集
分析 Studio 模具設計 內容 板金

STEP ③

① 單擊 固定 ⬛I。
② 單擊 零件左側平面。
③ 單擊 ▮ 確定 ▮，完成約束條件設定。

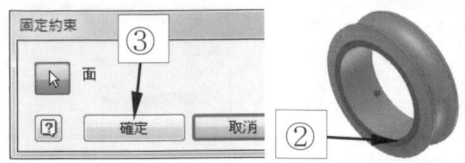

STEP ④

① 單擊 銷 ◖◌。
② 單擊 零件內側圓柱面。
③ 單擊 ▮ 確定 ▮，完成約束條件設定。

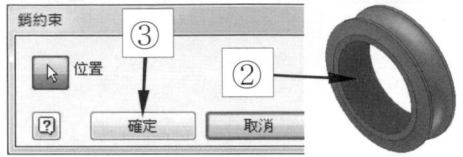

STEP ⑤

① 單擊 無摩擦 ⬌。
② 單擊 左側平面。
③ 單擊 零件內側圓柱面。
④ 單擊 ▮ 確定 ▮，完成約束條件設定。

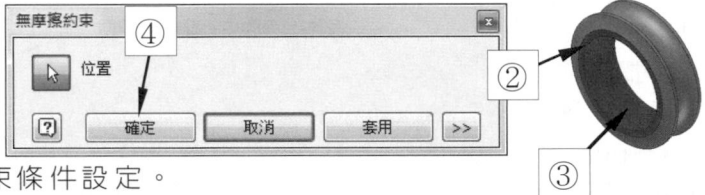

STEP ⑥

① 單擊 本體 📦 指令。
② 勾選 啟用線性加速度。
③ 單擊 🔲。
④ 單擊 外圓柱面。
⑤ 設定為 100。
⑥ 單擊 角度頁籤。

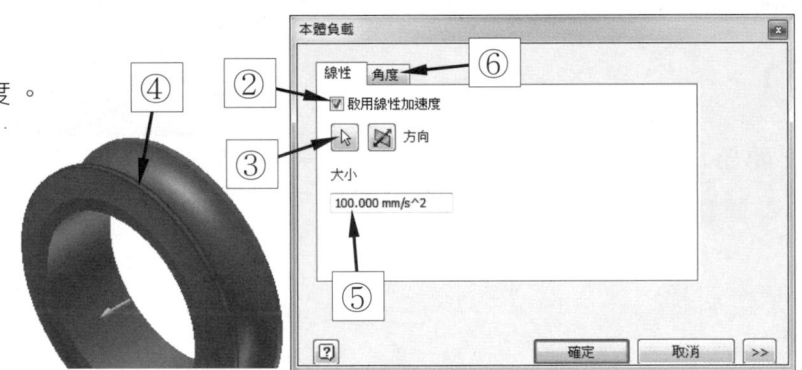

⑦勾選　啟用角速度和加速度。

⑧單擊　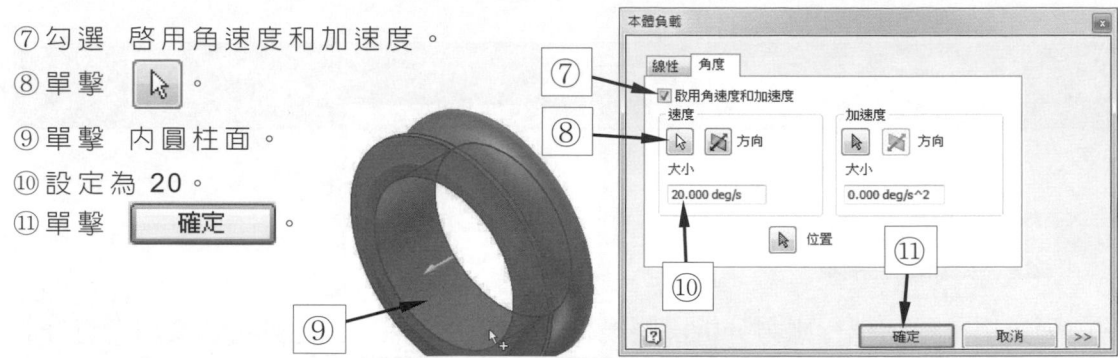。

⑨單擊　內圓柱面。

⑩設定為 20。

⑪單擊　確定 。

STEP 7

①單擊　模擬。

②單擊　執行。

STEP 8

完成應力分析，如右圖所示。

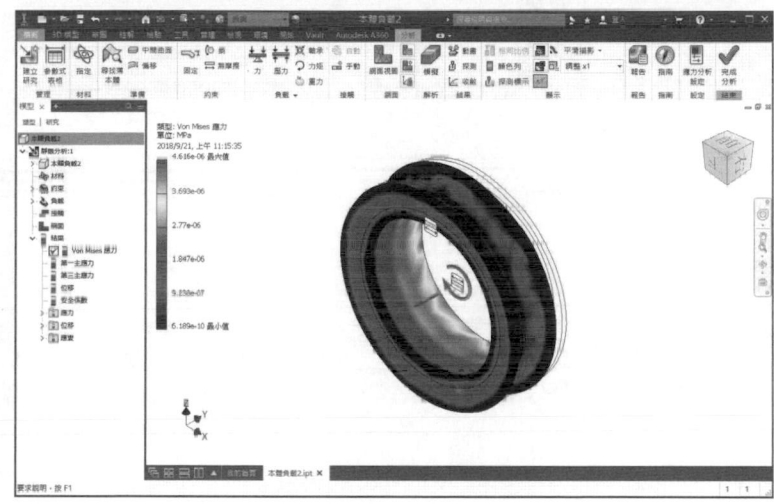

5-3 檢視結果視覺化

5-3-1 顏色列

前言：顏色列是用來顯示執行應力分析模擬後的一個展示結果。顏色列可依使用者喜好設定放置於繪圖區的上方、下方、左側、右側。

指令位置

應力分析 → 顏色列

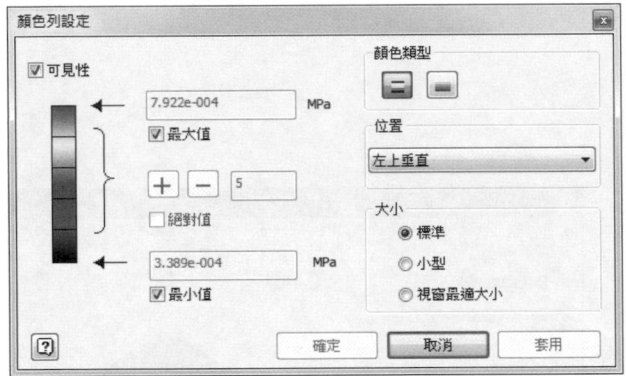

選項說明

下列檔案可由 **Ch5\顏色列\樑.ipt** 開啟，切換至應力分析模組，再執行模擬指令，即可執行顏色列。

顏色列設定：增加或刪減分析結果顯示的顏色數量。

選項設定	說明
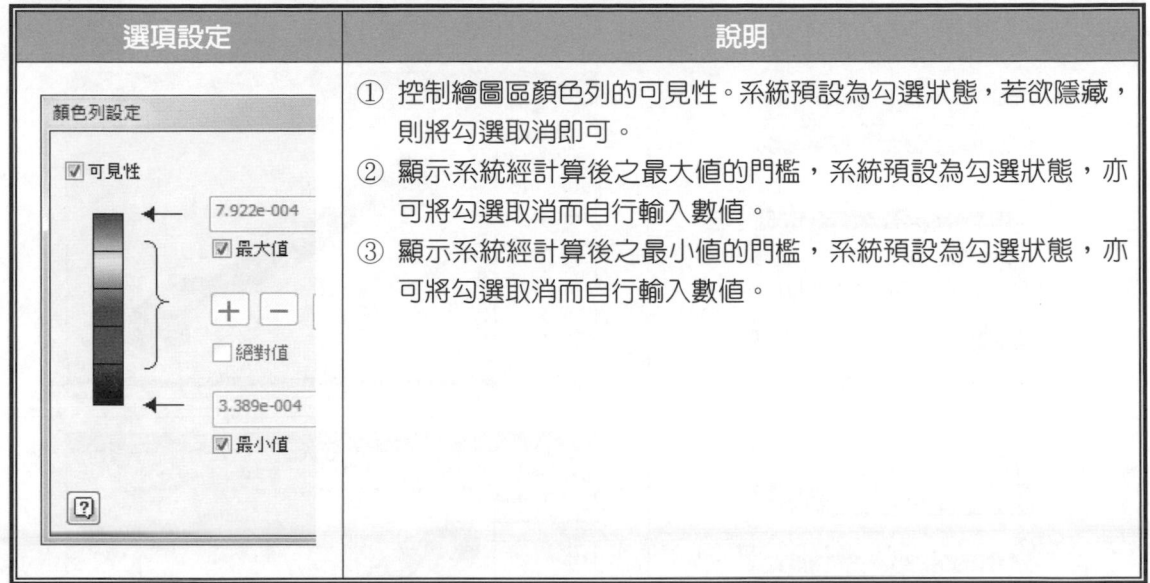	① 控制繪圖區顏色列的可見性。系統預設為勾選狀態，若欲隱藏，則將勾選取消即可。 ② 顯示系統經計算後之最大值的門檻，系統預設為勾選狀態，亦可將勾選取消而自行輸入數值。 ③ 顯示系統經計算後之最小值的門檻，系統預設為勾選狀態，亦可將勾選取消而自行輸入數值。

顏色類型：控制分析結果以彩色或黑白方式顯示。

選項設定	運算結果
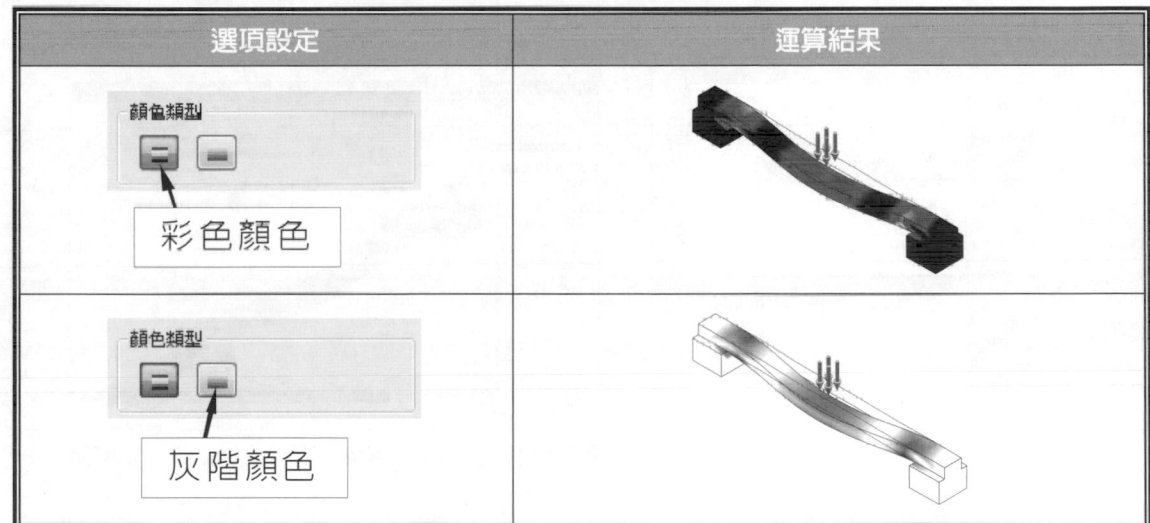	

位置：控制分析數據及顏色列的方置位置，可選擇在繪圖區的上、下左、右位置顯示。

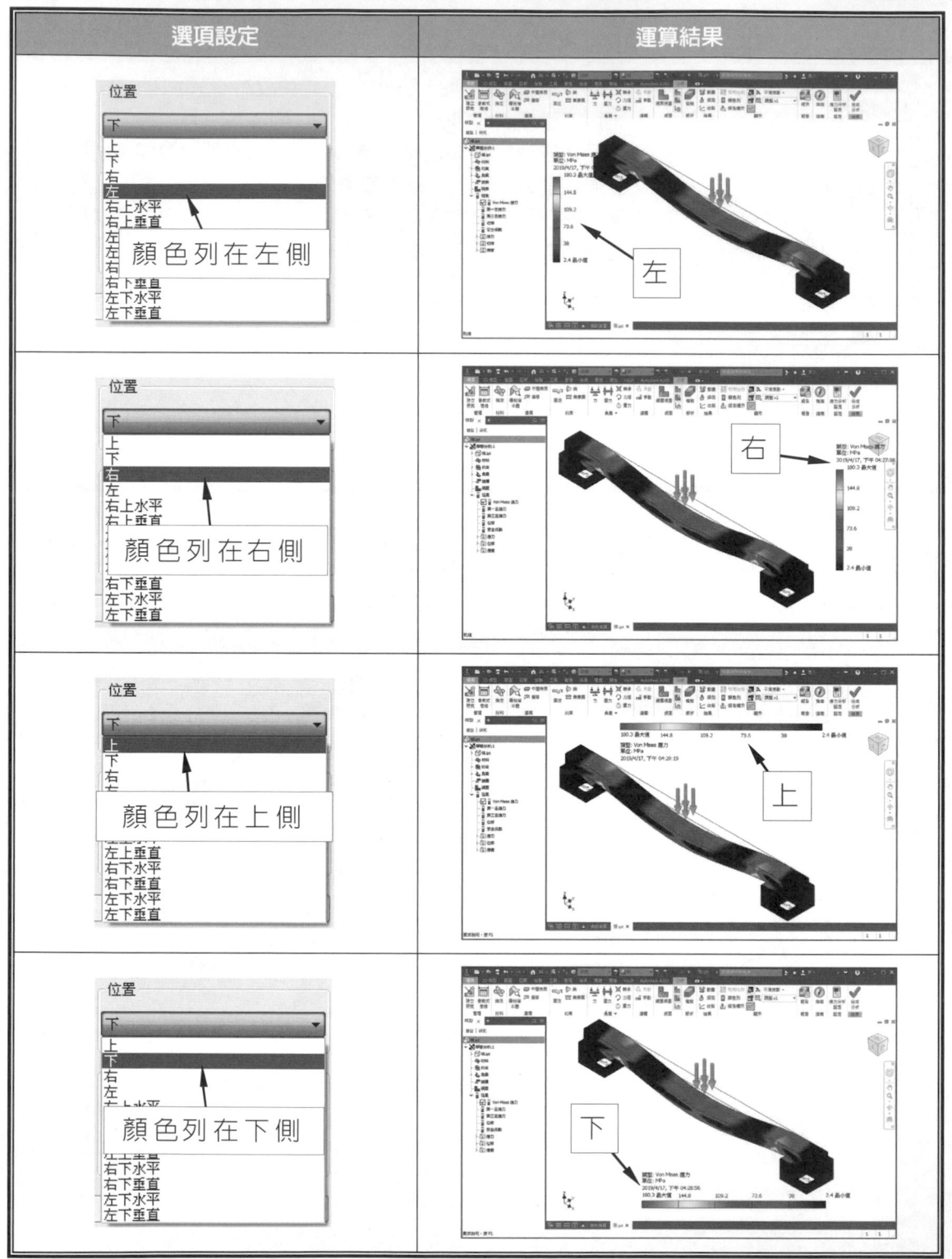

◗ 大小：控制顏色列精簡或適當充滿螢幕來顯示。

選項設定	運算結果
大小 ⦿ 標準 ◯ 小型 ◯ 視窗最適大小	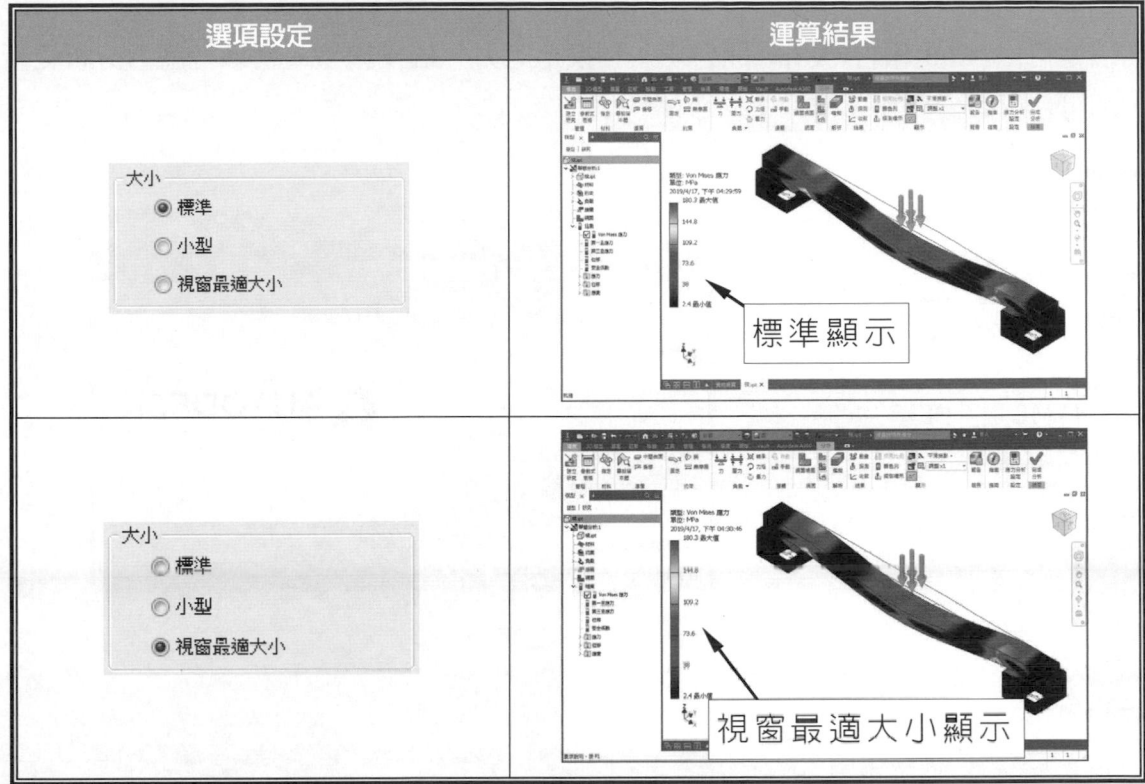 標準顯示
大小 ◯ 標準 ◯ 小型 ⦿ 視窗最適大小	視窗最適大小顯示

5-3-2　報告

前言：用以產生應力分析模擬報告，如下所示之報告對話框中分為四個頁籤，使用者可經由這四個頁籤中設定相關資訊，再產生報告。

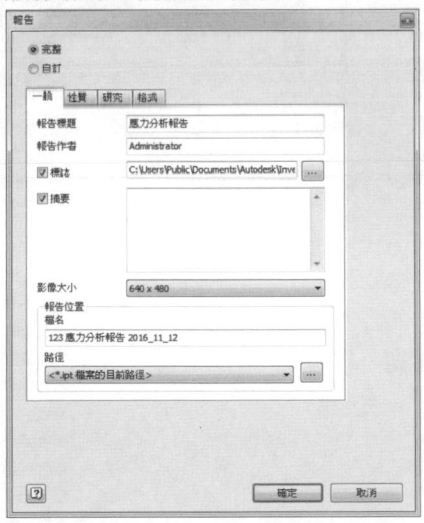

指令位置

應力分析 → 報告

操作步驟

下列檔案可由 **Ch5\報告\樑.ipt** 開啟 → 切換至應力分析模組 → 再執行應力分析更新指令，即可執行報告。

STEP ①

①單擊 報告。

②單擊 ┌ 確定 ┐。

③經計算後，系統以預設之 HTML 格式產生報告，如右圖所示。

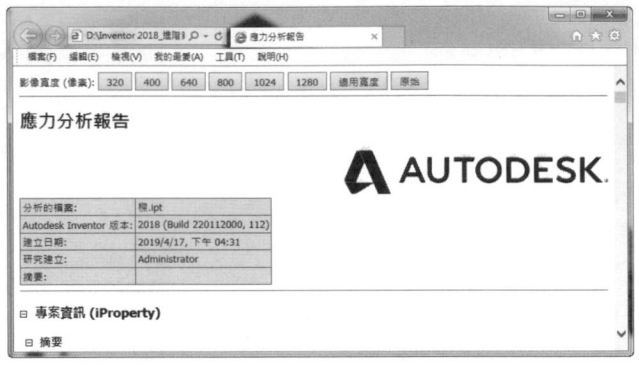

STEP ②

①拖曳捲軸往下即可查看報告列示的分析相關資料。

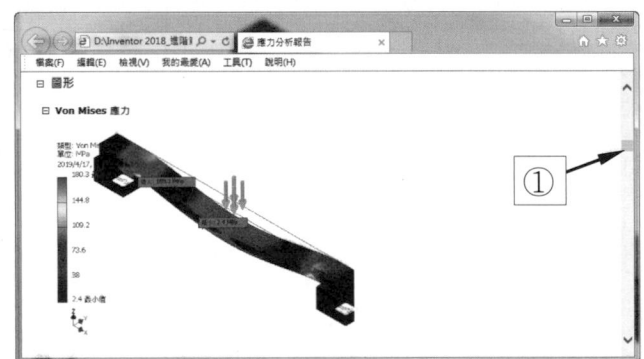

STEP ③

①單擊 下拉式功能表的檔案。

②單擊 另存新檔，以儲存檔案，存檔後之副檔名為「.htm」，即為 HTML 格式。

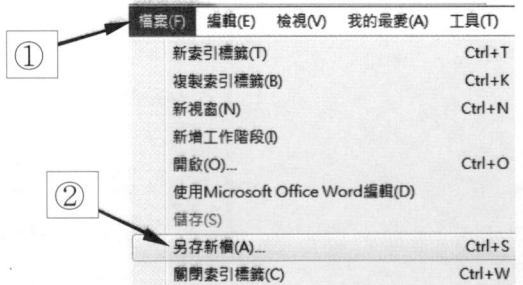

5-3-3　動畫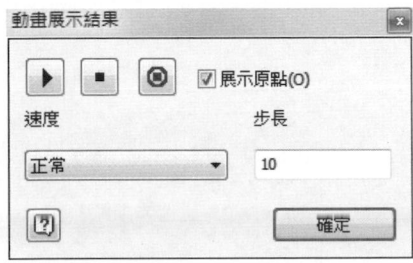

前言：使用「動畫展示結果」，可使您動態觀看分析零件各階段的變形結果，亦可將安全
係數、變形及頻率下的應力等製作成動畫。

指令位置

應力分析 → 🎬 動畫

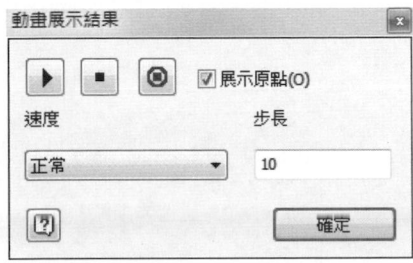

操作步驟

下列檔案可由 **Ch5\動畫展示結果\懸臂樑.ipt 開啟** → 切換至應力分析模組 → 再執行模
擬，即可執行動畫展示結果。

STEP ①

① 單擊　動畫🎬。

② 單擊　播放 ▶ 指令，即
　 可動態觀看各階段的變
　 形結果。

③ 單擊　　確定　　，完成動
　 態瀏覽。

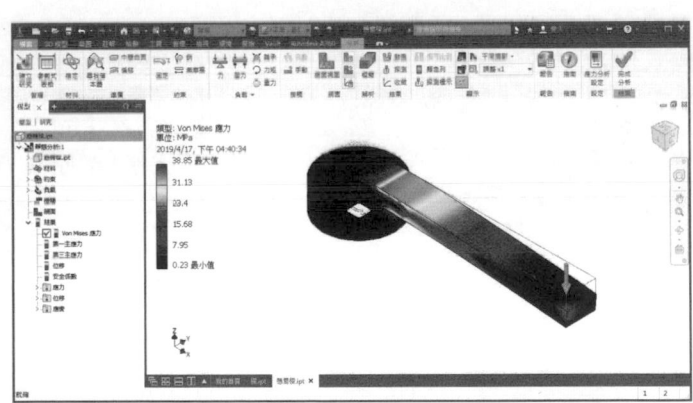

STEP ②

① 單擊 動畫 。

② 單擊 箭頭，以展開動畫
　速度選項。

③ 單擊 慢速 選項。

④ 單擊 錄製指令。

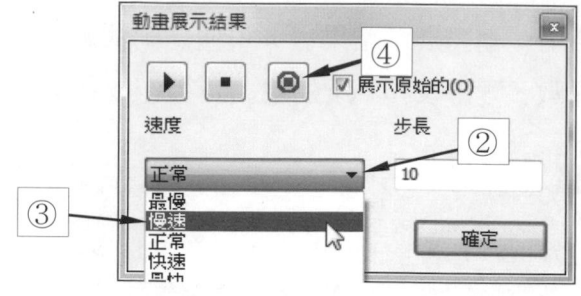

STEP ③

① 選取檔案欲儲存的位
　置。

② 輸入檔名。

③ 單擊　存檔(S)　。

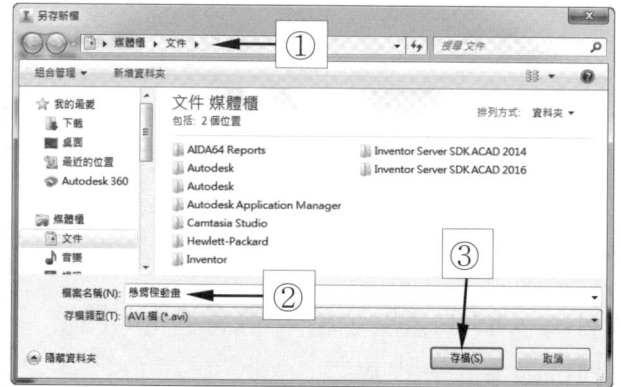

STEP ④

① 選取壓縮程式。

② 拖曳捲軸，以決定壓縮品質。

③ 單擊　確定　。

④ 單擊　確定　，完成動畫錄製。

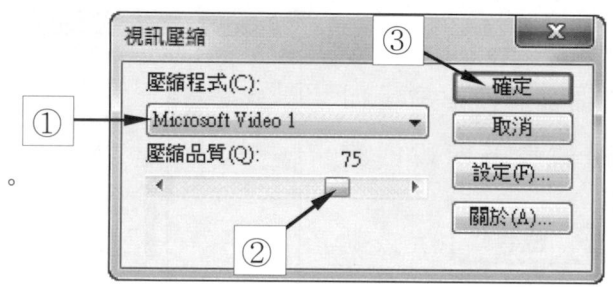

動力學模擬

6-1 動力學模擬簡介

前言

動力學模擬是 Inventor 的一個應用模組，主要功能是針對組合件產品進行模擬與分析，進而了解組件在進行機構運動時，會不會有零件干涉的現象，並由動力學模擬了解，機構之運動是否達到預期的效果。

6-1-1 建立動力學模擬的基本流程

使用 Inventor 進行動力學模擬時，最重要的是要先確認組合件產品中有哪些零件是固定不動，哪些零件是可以運動，可運動零件之間是如何連接、自由度為何，其運動方式為何。如下圖所示之蝸桿蝸輪機構中，即可分為下列兩類：

1. 固定不動的零件：本體、前蓋、側蓋、螺栓等。
2. 可運動的零件：蝸輪組及蝸桿組。

蝸桿組是由軸兩端的滾珠軸承所支撐，蝸輪組亦是由軸兩端的滾珠軸承支撐，但此機構是以蝸桿為主動件，經由蝸桿旋轉後帶動蝸輪，進而將動力由蝸輪組傳遞出去。

蝸桿蝸輪立體組合圖	固定不動的零件(本體、前蓋、側蓋、螺栓等)	
	可動件(蝸輪組)	可動件(蝸桿組)

　　有了上述的基本認識後，即可開始進行零件的建立、組裝，並依下列步驟來進行動力學模擬。

操作步驟

STEP ①

建立能夠作為單一剛體移動的組合件，即是將固定不動之零件先組裝成同一組合件，如上圖蝸桿蝸輪所示，將本體、前蓋、側蓋、螺栓等零件組成同一組件。

STEP ②

將機構中的可動件一一組合在一起，如上圖所示之蝸輪組及蝸桿組，使其在動力學模擬時能同時運動。

STEP ③

將固定不動的零件與可動件以次組立件的方式置入欲進行動力學模擬的組合件中，再將各次組件組合後即可進行模擬，如下圖所示。

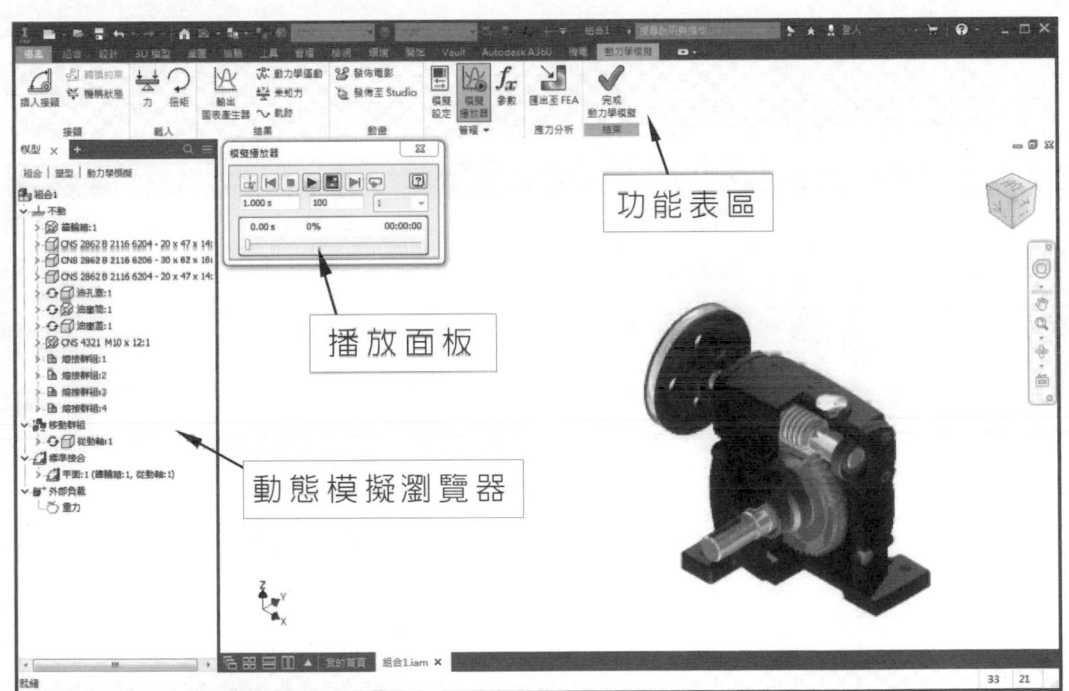

STEP ④

單擊下圖所示①②，即可進入動力學模擬模組。

注意

1. 以次組立件置入另一組合件時，在動力學模擬時會全部一起運動，即形成為單一剛體。
2. 所謂次組立，即是將一組立件置入另一組立件之中，此被置入的組立件即稱之為次組立件。
3. 欲進行動力學模擬的機構，亦可於同一組立件檔組合後，直接切換至動力學模擬模組進行動力學模擬。

STEP ⑤

在進行動力學模擬之前，請先將游標移動至可動件之組件上，並拖曳該次組件使其旋轉，以測試該次組件之組裝是否正確，以及該機構之運動方式是否符合預期。

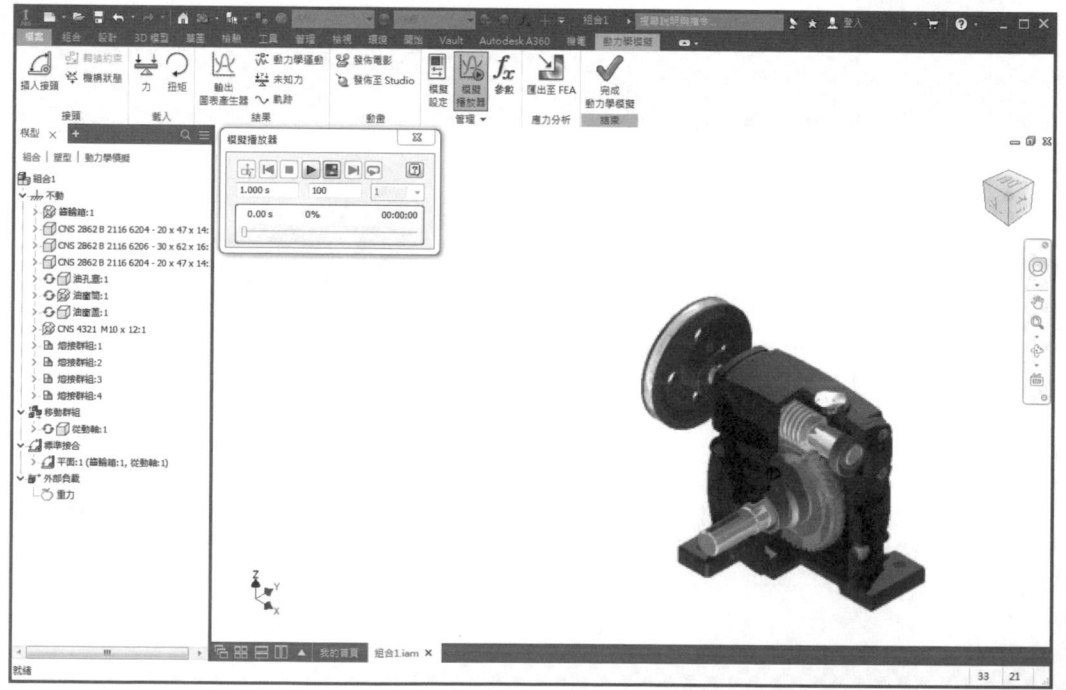

STEP ⑥

當您進入動力學模擬模組後，Inventor 系統將自行轉換組合約束，此時轉換組合約束 ，於工具列上的圖示為 灰階，如下圖①所示。

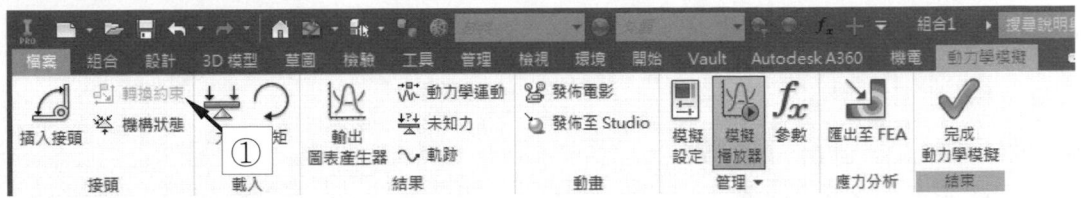

STEP ⑦

若您系統內定的自動轉換組合約束，其自動轉換後的接頭狀態未能符合您的預期，即可單擊 模擬設定 ，取消自動更新轉換的接頭，如下圖①所示，再單擊 插入接頭 ，出現如下圖②所示之對話框，即可自行手動組裝接頭。

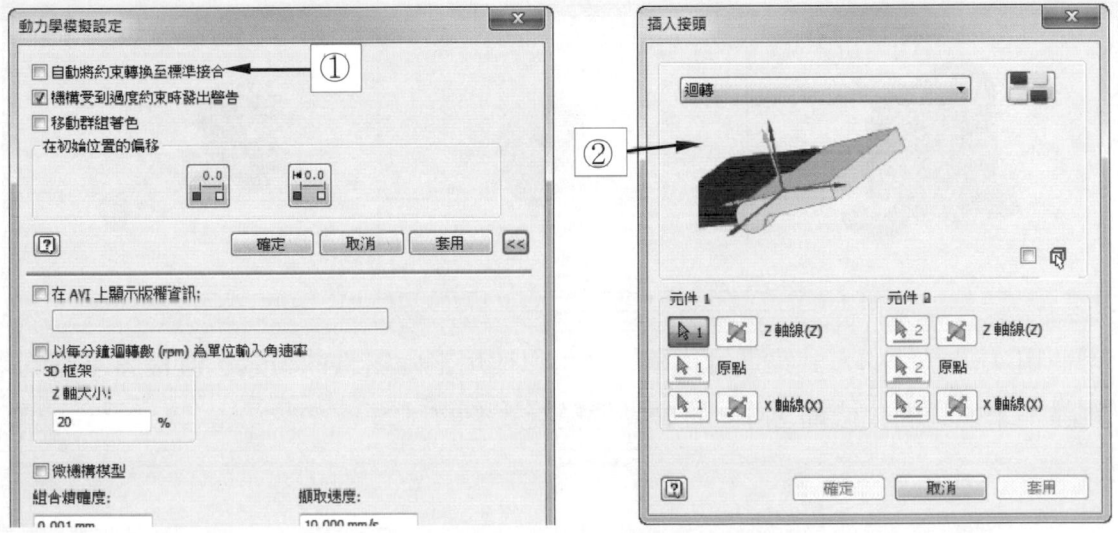

STEP ⑧

先前之步驟皆完成後，即可進行動態模擬，單擊模擬播放器面板中的 ▶ 及 即可觀看動態模擬結果。

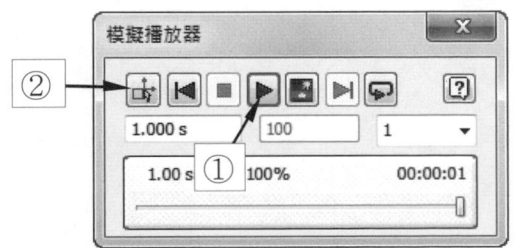

6-1-2 動力學模擬的基本概念

　　為使進行動力學模擬時能更快、更有效的進行模擬，在進入動力學模擬模組，加入接頭與力的前後，應思考下列問題。

1. 組合與模擬的目的為何？
2. 動力學模擬的基礎元件為何？
3. 盡可能的簡化組合機構。

例如：您要研究的是如下圖所示的蝸桿蝸輪減速機，則必須先建立能夠作為單一剛體的次組合件，如同蝸輪組及蝸桿組等。這樣可使得欲進行動力學模擬的零件更加易於建立與管理，對整體效能的提升相當有幫助。

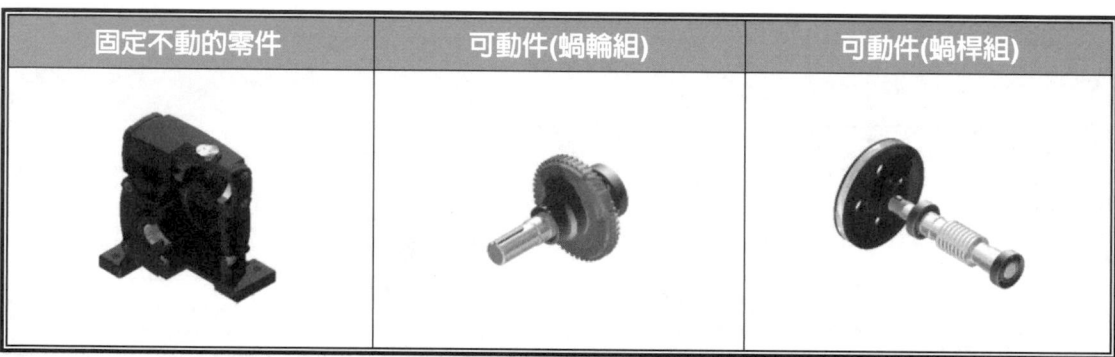

固定不動的零件	可動件(蝸輪組)	可動件(蝸桿組)

若您不使用次組立件的方式來進行模擬，亦可以使用刪除零件的方式，直接將不需的零件予以刪除，來達到簡化機構零件，提升動態模擬效率的目的。

6-2　動力學模擬使用者介面

　　Autodesk Inventor Simulation 僅接受 Autodesk Inventor 組合檔「.iam」，因此，欲進行動力學模擬作業時，必須先建立或開啓組立檔，再由下拉式功能表單擊應用程式→動態模擬進入動態模擬模組，進入動力學模擬模組後，其畫面如下圖所示。

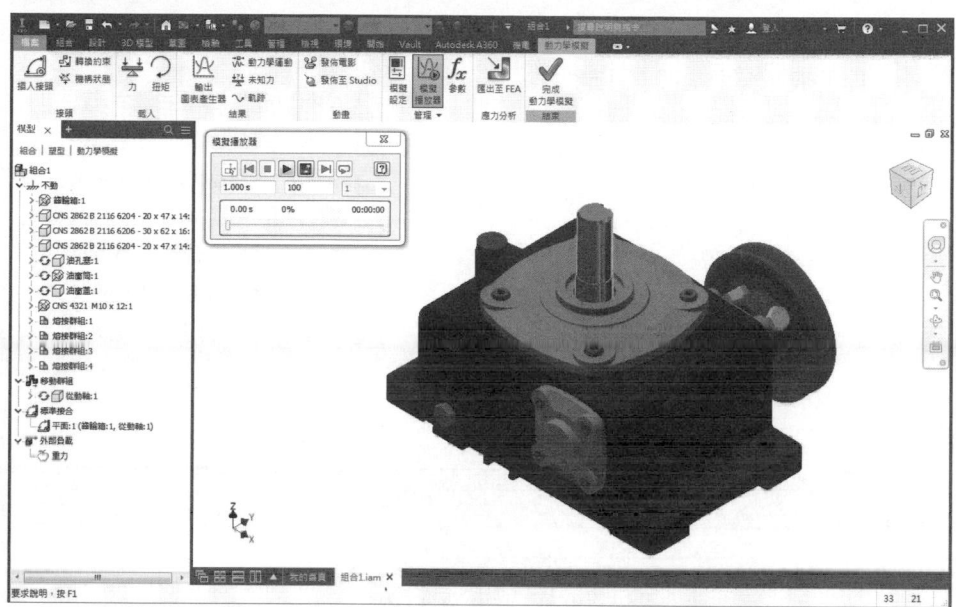

動力學模擬工具列之類別

工具列	插入接頭 / 轉換約束 / 機構狀態 接頭	力　扭矩 載入	輸出 圖表產生器 / 動力學運動 / 未知力 / 軌跡 結果
類別	定義機構的負載條件	指定載入的力或扭矩	圖表等資訊設定
工具列	發佈電影 / 發佈至 Studio 動畫	模擬設定 / 模擬播放器 / 參數 管理 ▼	匯出至 FEA 應力分析
類別	發佈至影片或動畫檔案	模擬相關參數設定	匯出至應力分析

動力學模擬瀏覽器的架構

1. 開啓動力學模擬模組後，最初時，所有零件皆顯示在不動群組中，如右圖所示。

2. 建立接頭後，各個接頭將根據該接頭之類別，顯示在適當群組中，如右圖所示。

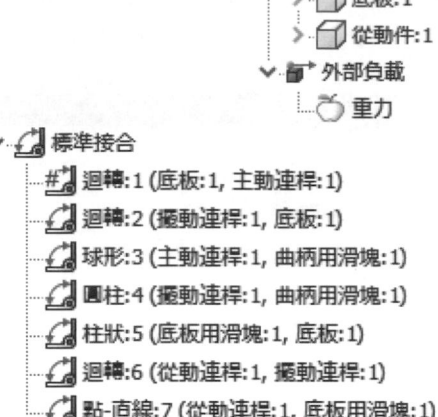

模擬播放器面板

圖示	說明
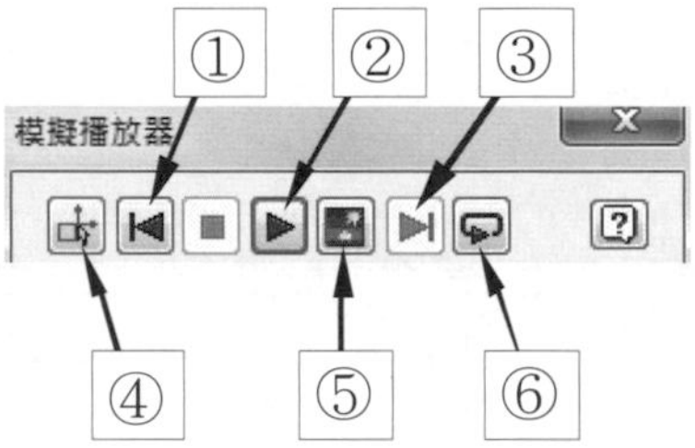 ① ② ③ 模擬播放器 ④ ⑤ ⑥	① 回轉至模擬的起始處。 ② 執行或重播模擬。 ③ 前進到模擬的結尾。 ④ 建構模式，回到未執行模擬時的狀態。 ⑤ 在模擬期間停用螢幕重新整理，系統預設為在視窗中顯示模擬動作，若您不想於動態模擬時看到模擬動作顯示在視窗中，單擊此圖示即可，這也可以縮短系統實際模擬的時間。 ⑥ 不斷循環播放目前的模擬。
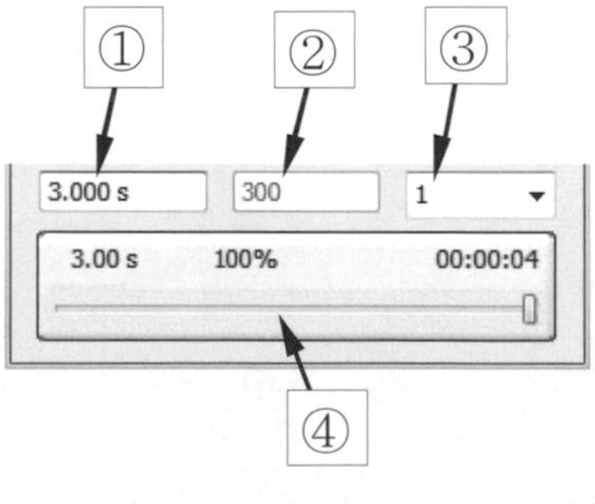 ① ② ③ 3.000 s 300 1 3.00 s 100% 00:00:04 ④	① 最終時間值，輸入欲執行模擬的總時間。 ② 影像數，設定動態模擬過程儲存的影像數，系統預設為 100 個影像，最大可設定為 50 萬個影像。 ③ 篩選，當您只要顯示部分抓取的影像時，即可在「篩選」對話框中選取要顯示的影像數，例如，要每 5 個影像顯示 1 個，則輸入 5，要每 10 個影像顯示 1 個，則輸入 10，系統內定為 1，即是顯示每個影像。 ④ 動態模擬時間軸，主要顯示「模擬時間」、「已完成模擬的百分比」、「計算所用的實際時間」。

6-3　動力學模擬設定

前　言

設定自動將約束轉換至標準接合、在初始位置的偏移、將 FEA 匯出至、在 AVI 上顯示版權資訊等，在此所作的相關選項設定，將套用至整個動力學模擬作業。

指令位置

工具列圖示：

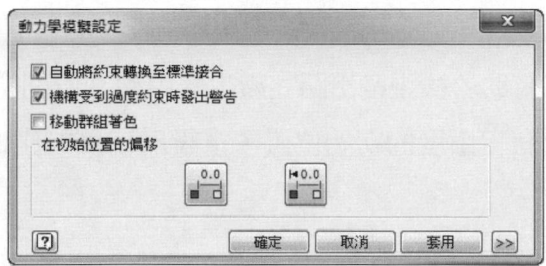

▣ 自動將約束轉換至標準接合

當這個選項被勾選啟用後，系統會將組合模組中所建立的「約束」轉換為動力學模擬模組中的「標準接頭」，而當此功能被取消後，則系統將會出現下圖所示之對話框，提醒您是否保持從組合約束自動建立的標準接合。

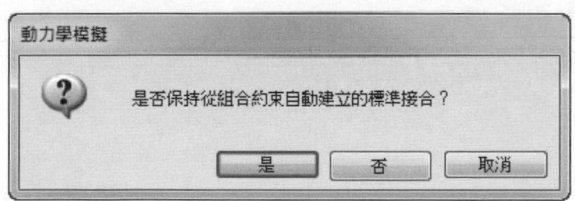

注意

> 若您已啓用「自動將約束轉換至標準接合」，即不可再以手動方式來插入標準接頭，或每次均將「約束 」轉換爲一個標準接頭。啓用或者停用都將會刪除您機構中的全部現有接頭。

➡ 機構受到過度約束時發出警告

當您機構受到過度的約束後，系統將對您發出警告訊息，而若您取消了此選項，則系統將不再顯示過度約束的警告訊息。

➡ 在初始位置的偏移

1. **所有初始位置均位於 0.0 處** ：將所有自由度的初始位置設爲零，但必須在不變更機構位置的狀態下。這有助於檢視輸出圖表產生器中從 0 處開始的可變出圖。

2. **全部重置** ：將所有自由度的初始位置，重設爲在接頭座標系統建構期間所給的初始位置。

➡ AIP 應力分析

匯出動態模擬中所有透過「AIP 應力分析」進行分析的 FEA 資訊。

➡ ANSYS 模擬

匯出動態模擬中所有 FEA 的資訊以及要匯出至 ANSYS 的檔案。

➡ 在 AVI 顯示版權資訊

在您建立的 AVI 檔案上顯示您欲呈現的資訊。

6-4　插入接頭

前言

進行動力學模擬前必需先將零件或次組件組裝於同一組件內，您可以使用組合模組中的「約束 ⬛」指令來將各零件組立，進入動態模擬模組後再自動將約束轉換至標準接合，亦可直接使用動態模擬模組中的「插入接頭 ◿」指令來將零件作組立，本單元將說明如何於動力學模擬模組中插入接頭。

指令位置

工具列圖示：◿

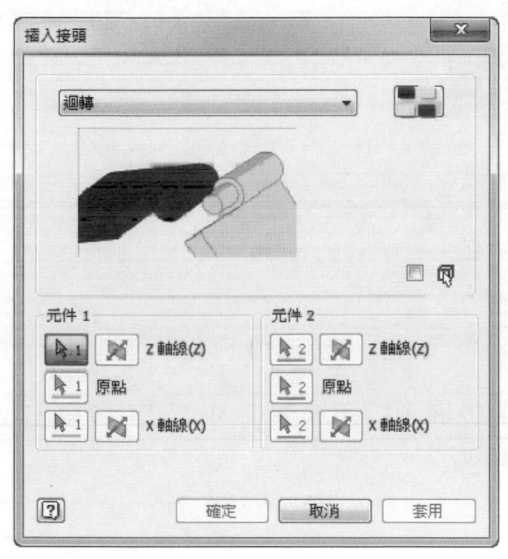

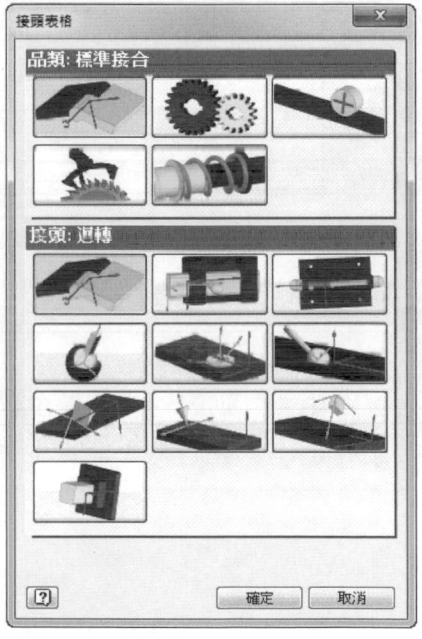

接頭的種類主要可分為五大類，如下所示：

▶ 第一類：標準接頭

說明	標準接頭為最常用的接頭，其組合的基礎是以旋轉自由度和平移自由度的不同來判斷。		
圖示	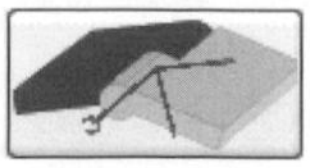	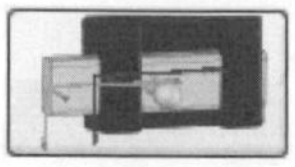	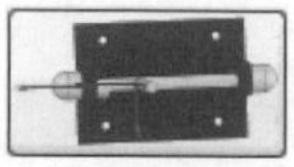
字義	迴轉	柱狀	圓柱
圖示			
字義	圓球	平面	點-線
圖示			
字義	直線-平面	點-平面	空間
圖示			
字義		熔接	

注意

當您已啟用「自動將約束轉換至標準接合」時，於插入接頭的選項內，即不會再出現標準接頭的選項，此時將不能以手動來插入標準接頭。

▶ 第二類：滾動接頭

說明	在滾動接頭中雖然有模擬齒輪機構的接頭，但此齒輪接頭是以齒輪的有效滾動圓（節圓）來滾動，以選取滾動圓上的曲面來確定模擬比率，並非真實的齒輪傳動。		
圖示			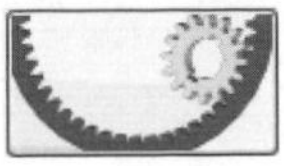
字義	平面上的 R1 圓柱	圓柱上的 R1 圓柱	圓柱中的 R1 圓柱
圖示	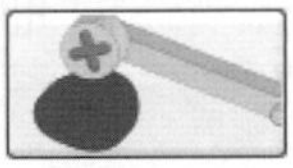		
字義	R1 圓柱曲線	皮帶	平面上的 R1 圓錐
圖示			
字義	圓錐上的 R1 圓錐	圓錐中的 R1 圓錐	螺桿
圖示			
字義	蝸輪		

注意

當您欲建立齒輪模擬時，必須先由節圓處建立曲面，方可提供齒輪接頭可以選取該曲面，以確定比率來進行模擬。

▶ 第三類：滑動接頭

說明	與滾動接頭相同，滑動接頭適用於彼此間具有相對 2D 運動的元件。		
圖示		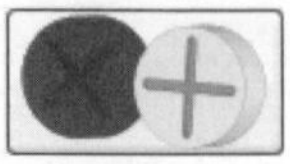	
字義	平面上的 S1 圓柱	圓柱上的 S1 圓柱	圓柱中的 S1 圓柱
圖示			
字義	S1 圓柱曲線		S1 曲線

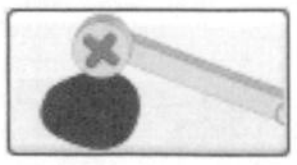

▶ 第四類：2D 接觸接頭

說明	使用 2D 接觸接頭，可以由 2D 幾何圖形精確的進行模擬，當您進行如凸輪、從動輪等機構模擬時，使用此接頭可準確模擬該機構的行為。
圖示	
字義	2D 接觸

▶ 第五類：力接頭

說明	可套用力的接頭。彈簧/阻尼器/千斤頂接頭，是依所選兩點之間的距離的變化的作用力/反作用力建立模型；3D 接觸接頭可應用於如鋼珠的滾動等。	
圖示		
字義	彈簧/阻尼器/千斤頂	3D 接觸

▶ 接頭三向軸

接頭三向軸的作用與「3D 移動/旋轉」以及 3D 指示符號類似，其不同之處是當您以手動加入接頭時，其 X、Y、Z 軸是由所選取的幾何圖形而來，與零件或組合件的座標系統並無關聯。接頭三向軸符號是以箭頭的數量來決定 X、Y、Z 的三個軸向，如下圖所示。

① 單一箭頭代表為 X 軸。
② 雙箭頭代表為 Y 軸。
③ 三個箭頭代表為 Z 軸。

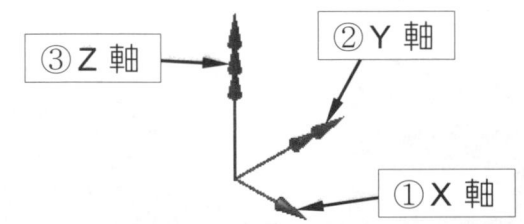

③ Z 軸

② Y 軸

① X 軸

6-5　連桿機構

前　言

連桿機構主要是用於傳遞動力或運動，在本節中，將說明並示範幾種常用連桿的動力學模擬方式。

6-5-1　四連桿機構動力學模擬實例

1. 本範例將以 Ch6\連桿機構\四連桿機構\將資料夾中之零件作組裝。
2. 於動力學模擬模組中以手動方式作接頭組裝，如圖所示。
3. 以主動桿為驅動件，進行機構模擬。

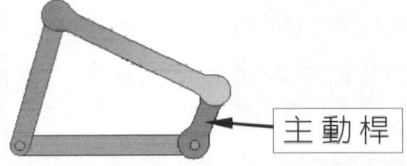

主動桿

操作步驟

STEP 1

①單擊　新建 ⬜。

②單擊　組合 ⬛ →　建立。

③單擊　放置 ⬛ →　Ch6\連桿機構\四連桿機構\固定件.ipt，如圖所示。

④以 ViewCube 🔲，將固定件之等角視圖重新定義至如圖所示之視角。

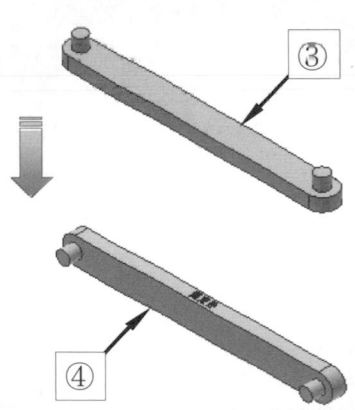

STEP ②

①單擊 放置 📥 → Ch6\連桿機構\四連桿機構\按住

Ctrl 鍵，並同時選取主動桿.ipt，上從動桿.ipt，側從動

桿.ipt，將三件一起載入組立檔，如圖所示。

STEP ③

①單擊 環境。

②單擊 動力學模擬。

③單擊 　否　。

STEP ④

①單擊 模擬設定 📲。

②取消自動將約束轉換至

　標準接合。

③單擊 　否　。

④單擊 　確定　。

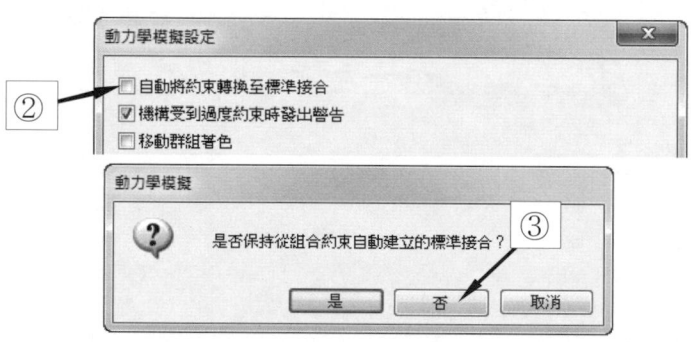

STEP ⑤

①單擊 插入接頭 🔩。

②確認為迴轉接頭。

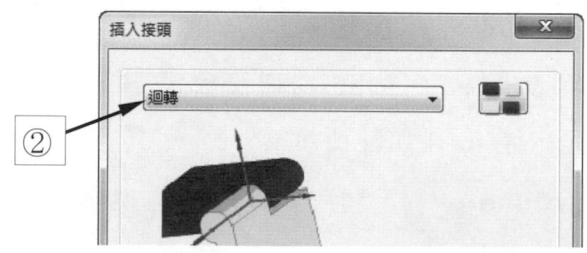

STEP ⑥

①單擊　固定件上的圓，此時將會出現三向軸箭頭，如圖所示。
②單擊　自由環轉 ⊕，將視角轉成如圖所示之視角，再按 Esc 鍵。

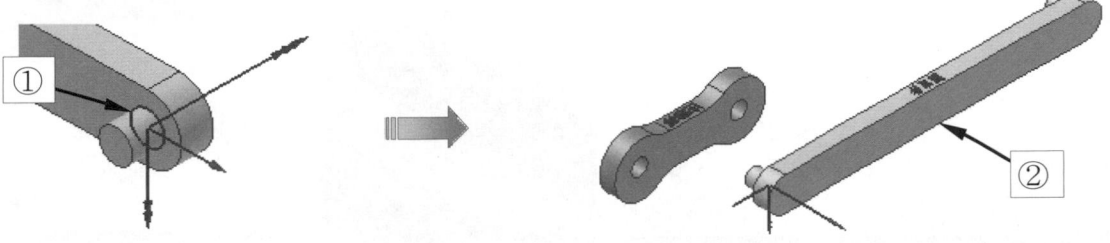

STEP ⑦

①單擊　選取箭頭。
②單擊　主動桿上的圓。
③單擊　翻轉 Z 方向 ⊠，使三向軸的箭頭、方向與固定件相同。
④單擊　套用 。
⑤按 F6 鍵。

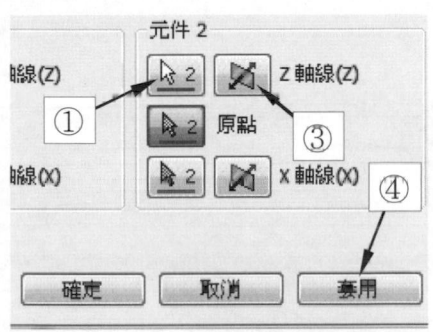

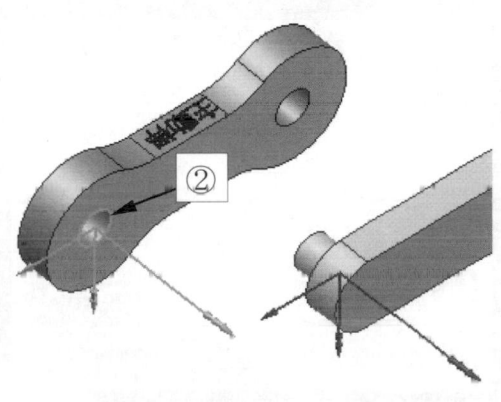

STEP ⑧

①單擊 固定件上的圓，此時將會出現三軸向箭頭，如圖所示。

②單擊 自由環轉 ⊕，將視角轉成如圖所示，再按 Esc 鍵。

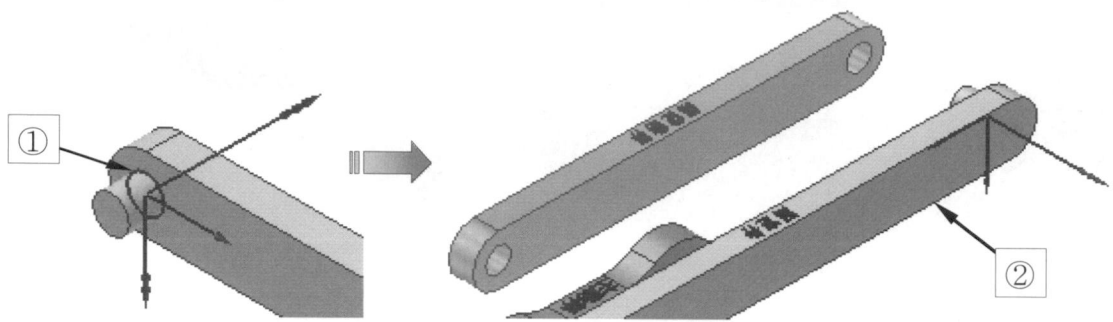

STEP ⑨

①單擊 選取箭頭。

②單擊 側從動桿上的圓。

③單擊 翻轉 Z 方向 ⬚ ，使三軸向的箭頭、方向與固定件相同。

④單擊 ⬚ 確定 。

⑤按 F6 鍵。

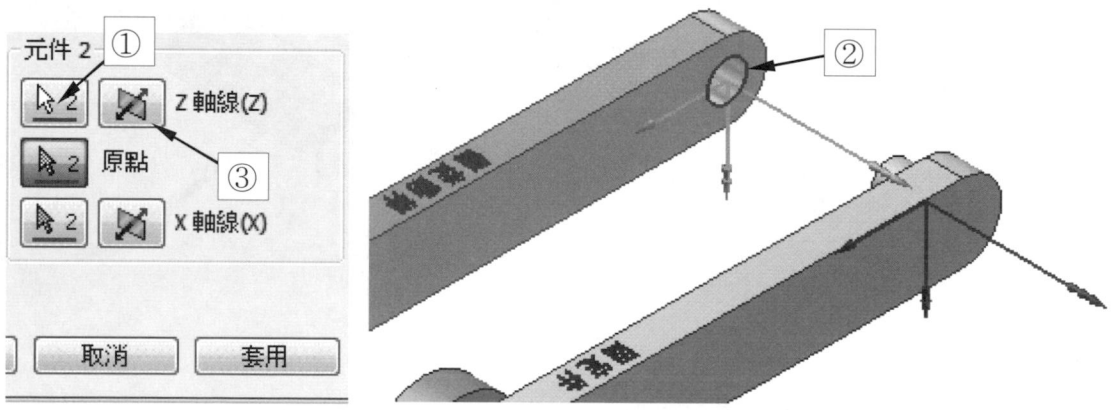

STEP ⑩

①將游標移至側從動桿上。

②在側從動桿上壓住滑鼠左鍵並往上拖
　曳，至適當位置處放開。

③再將主動件往上拖曳至適當位置處，如圖
　所示。

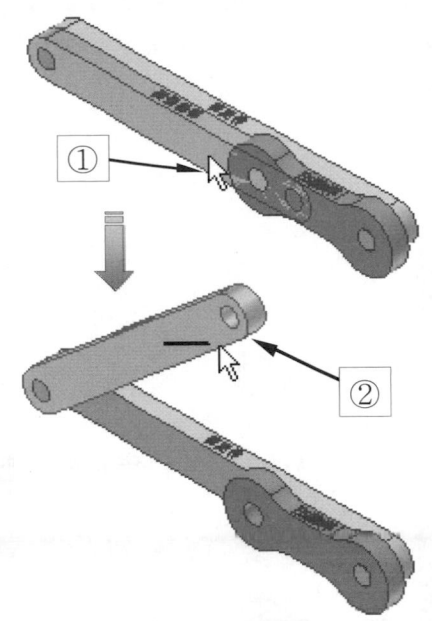

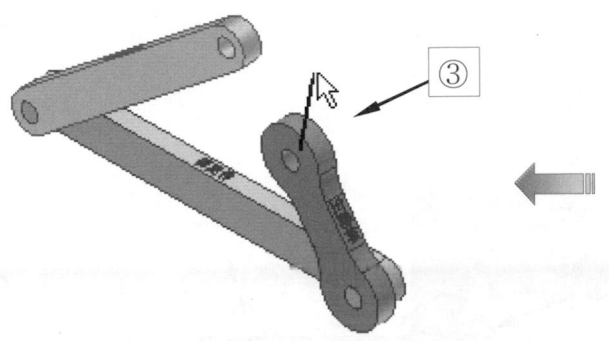

STEP ⑪

①單擊　插入接頭 ⎿⊿ 。

②單擊　主動桿上的圓。

③單擊　選取箭頭。

④單擊　上從動桿的圓。

⑤單擊　翻轉 Z 方向 ⊠ ，使箭頭轉向另一邊。

⑥單擊　⎡　確定　⎤ 。

⑦按 F6 鍵。

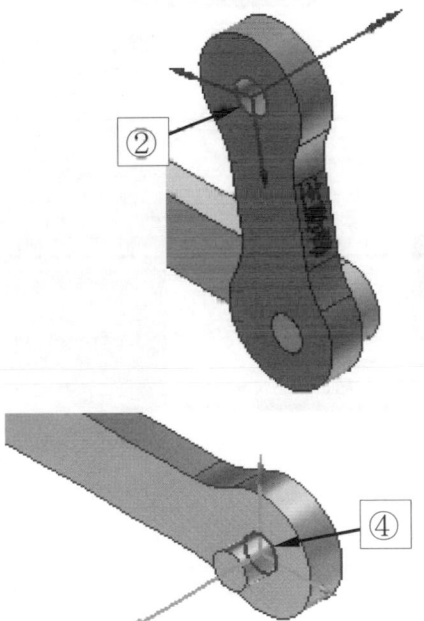

元件 1		元件 2	
⌖ 1　⊠ Z軸線(Z)		⌖ 2　⊠ Z軸線(Z)	
⌖ 1　原點		⌖ 2　原點	
⌖ 1　⊠ X軸線(X)		⌖ 2　⊠ X軸線(X)	

STEP ⑫

① 將側從動桿及上從動桿大約拖曳
　 至如圖所示之位置。

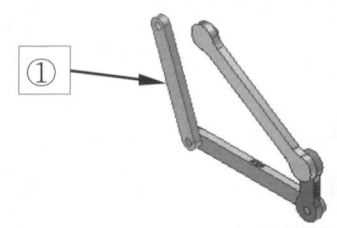

STEP ⑬

① 單擊　插入接頭 ⬛

② 單擊　側從動桿上的圓，如圖所示。

③ 單擊　自由環轉 ⟳，將視角轉成如圖所示之視角，再按 Esc 鍵。

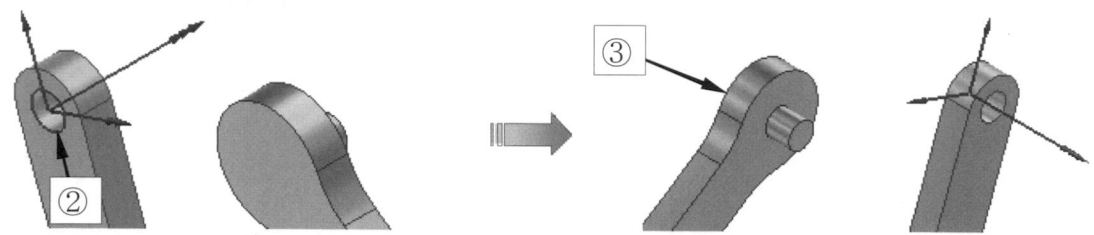

STEP ⑭

① 單擊　選取箭頭。

② 單擊　上從動桿的圓。

③ 單擊翻轉 Z 方向 ⬛，使三軸向

　 的箭頭與側從動桿相同。

④ 單擊　[確定]。

⑤ 單擊　[確定]。

⑥ 按 F6 鍵。

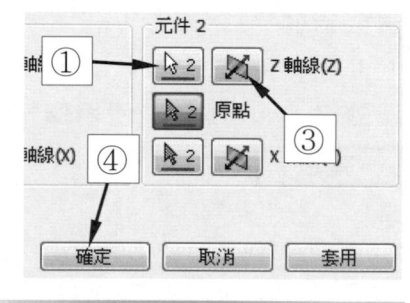

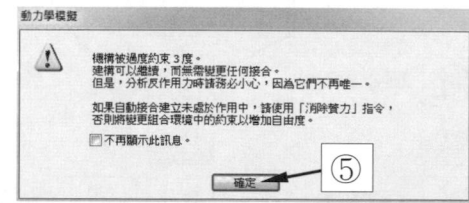

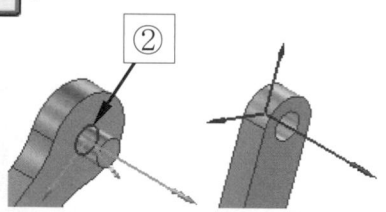

STEP ⑮

① 單擊　機構狀態 ⤴，由瀏覽器及
　　剛開啓的對話框中，可對照過度
　　約束的接頭，如 X 所示。
　　系統已自動將接頭改為「點-線」
　　接頭，如 Y 所示。
② 單擊　| 確定 |。

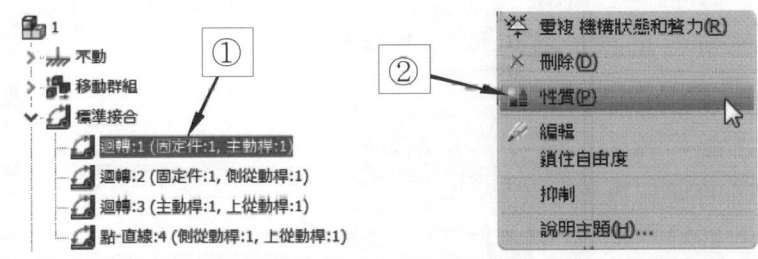

STEP ⑯

① 於接頭上單擊滑
　　鼠右鍵。
② 單擊　性質。

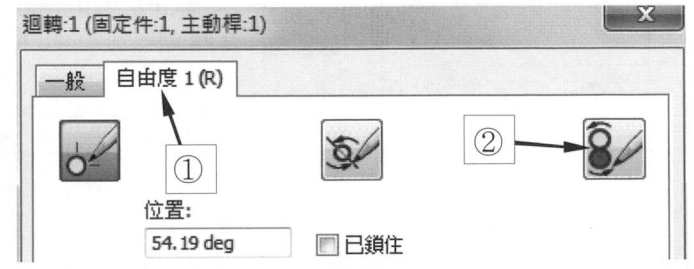

STEP ⑰

① 單擊　自由度 1。
② 單擊　編輯強制運動 🔧。

STEP ⑱

①勾選 啟用強制運動選項。
②單擊 選項箭頭圖示。
③單擊 常數值。

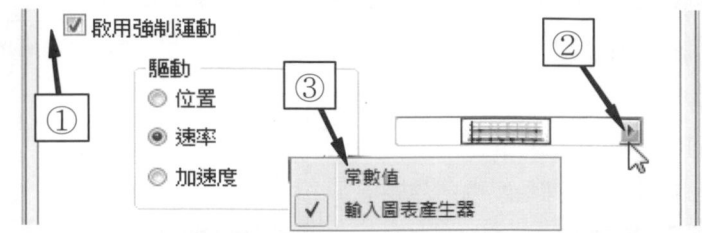

STEP ⑲

①輸入 360。
②單擊 [確定] 。

STEP ⑳

①單擊 執行或重播模擬 ▶，此時主動桿會
　順時針旋轉 360 度。
②單擊 篩選箭頭，將數值變更為 5。
③單擊 循環播放 ⟳。
④單擊 停止目前的模擬 ■。

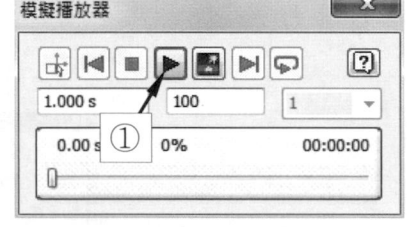

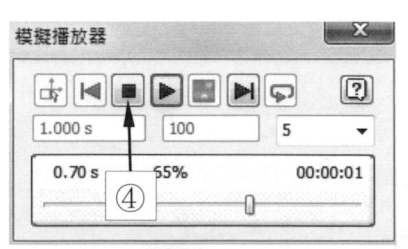

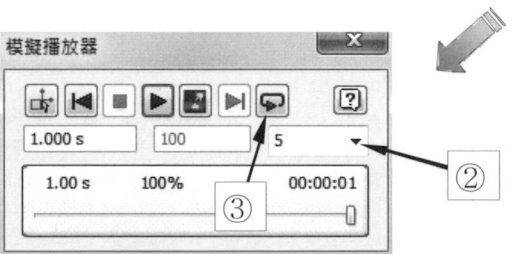

STEP 21

①單擊　篩選箭頭，將數值變更為 1。
②單擊　建構模擬 🔧 。

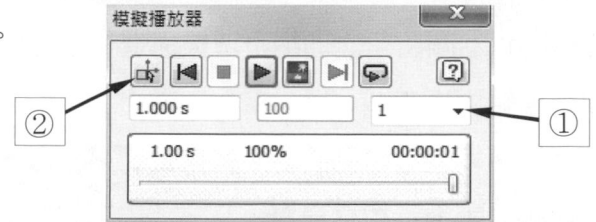

STEP 22

①將最終時間變更為 5。
②單擊　執行或重播模擬 ▶ 。
③單擊　建構模擬 🔧 。
④再將最終時間變更為 1。

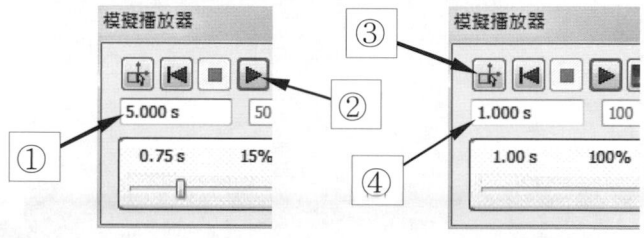

🖉　精選練習範例

1. 請由光碟中 Ch6\連桿機構\四連桿機構\精選練習範例目錄下的檔案作組裝。

2. 請於動力學模擬模組中以手動方式加入接頭，如下圖所示。

3. 以主動桿 360 度旋轉作動態模擬。

欲加入上從動桿與側從動桿之接頭時，應將兩連桿先拖曳至相接近的位置

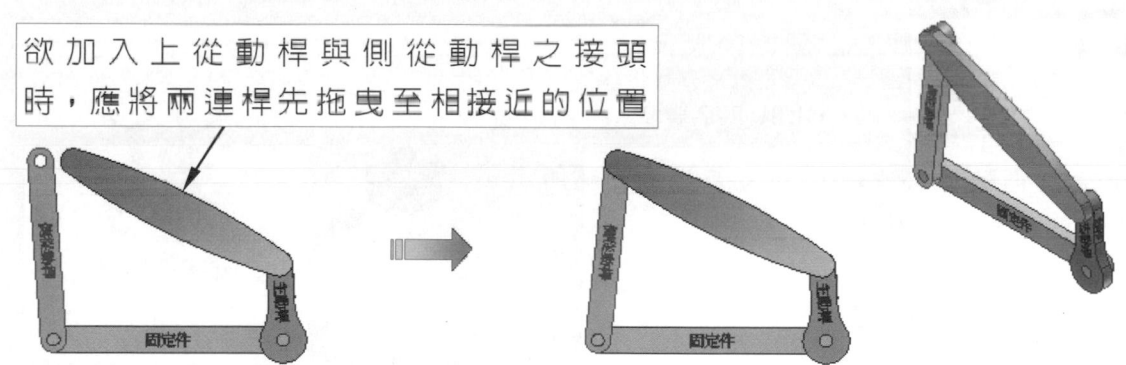

6-5-2 曲柄滑塊機構動力學模擬及應力分析實例

本範例將以右圖所示之曲柄滑塊機構進行動態模擬示範，其主要建構過程如下：

1. 於組合模組中作組裝。

2. 於動態模擬模組中自動將約束轉換至標準接合。

3. 以曲柄軸旋轉進行機構模擬。

4. 於應力分析模組中進行曲柄軸之應力分析。

操作步驟

STEP 1

① 單擊 新建 。

② 單擊 組合 → 建立。

③ 單擊 放置 → Ch6\連桿機構\
曲柄滑塊機構\本體組.iam，將其
載入組立檔如圖所示。

④ 以 ViewCube ，重新定義本體組之
等角視圖至如圖所示視角。

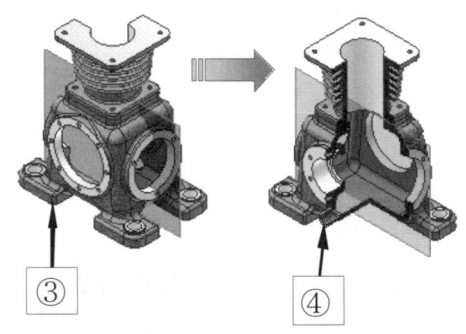

 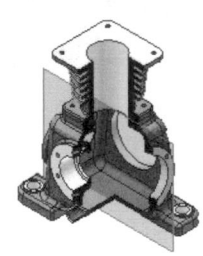

STEP 2

① 單擊 放置 → Ch6\連桿機構\曲柄滑塊
機構\曲柄軸.ipt，將其載入組立檔，如圖所示。

② 將本體組固定不動。

STEP ③

①單擊　約束 ⬜。

②單擊　曲柄軸上的工作平面。

③單擊　本體組上的工作平面。

④單擊　　套用　。

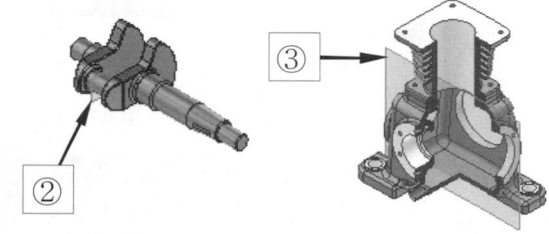

STEP ④

①單擊　曲柄軸上的圓柱面。

②單擊　本體組內孔面。

③單擊　　確定　。

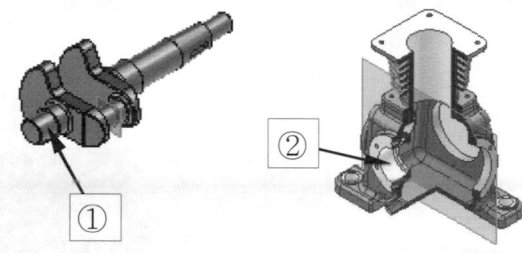

STEP ⑤

①單擊　放置 🗂 → Ch6\連桿機構\曲柄滑塊

機構\按住 Ctrl 鍵，並同時選取活塞組.iam，
連桿組.iam，將兩個組件同時載入組立檔，如
右圖所示。

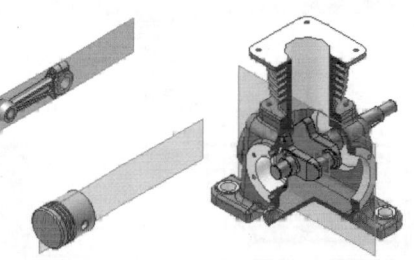

STEP ⑥

①單擊　約束 ⬜。

②單擊　連桿組上的工作平面。

③單擊　本體組上的工作平面。

④單擊　　套用　。

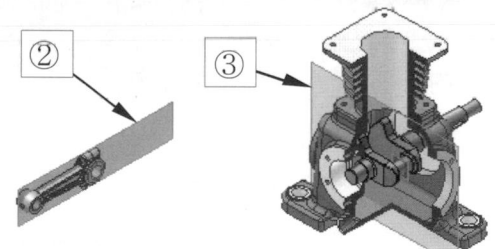

STEP ⑦

① 單擊　曲柄軸上的圓柱面。
② 單擊　連桿組內孔面。
③ 單擊　[確定]。

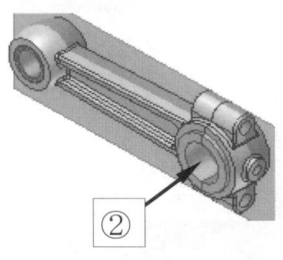

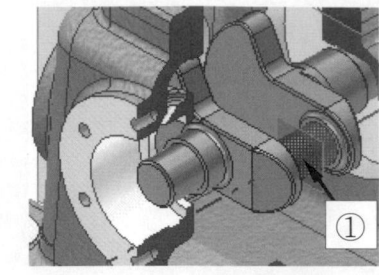

STEP ⑧

① 將連桿組往上拖曳，至如圖
　 所示之位置。

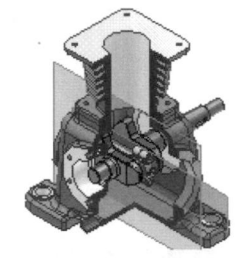

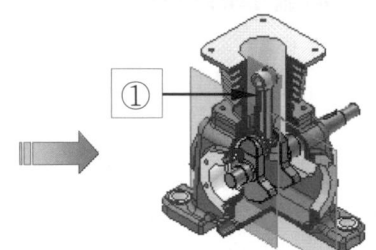

STEP ⑨

① 單擊　約束 ◗。
② 單擊　活塞組上的工作平面。
③ 單擊　本體組上的工作平面。
④ 單擊　[確定]。

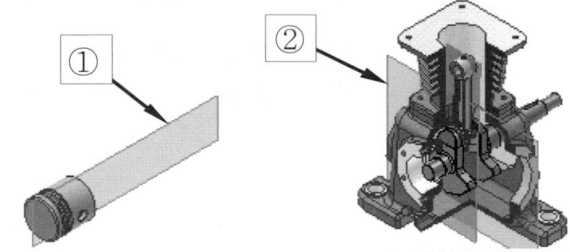

STEP ⑩

① 單擊　自由移動 ✛◻，將活塞組拖
　 曳至外側。
② 單擊　自由旋轉 ↻◻，將活塞組旋
　 轉至如圖所示之位置。
③ 按 Esc 鍵。

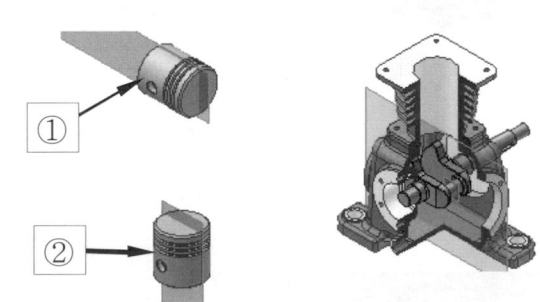

STEP ⑪

①單擊　約束🔲。

②單擊　本體組內孔面。

③單擊　活塞組圓柱面。

④單擊　▭ 確定 ▭。

⑤單擊　自由移動⬚，再次將活塞組拖曳至外側。

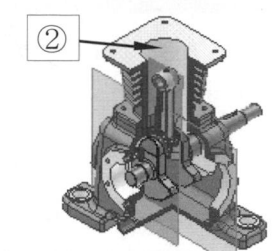

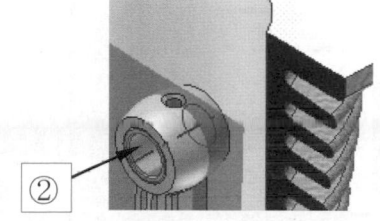

STEP ⑫

①單擊　約束🔲。

②單擊　連桿組內孔面。

③單擊　活塞組內孔面。

④單擊　▭ 確定 ▭。

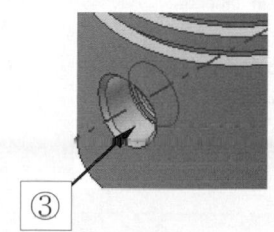

STEP ⑬

①單擊　環境。

②單擊　動力學模擬。

③單擊　▭ 否 ▭。

STEP ⑭

①於接頭上單擊滑鼠右鍵。

②單擊　性質。

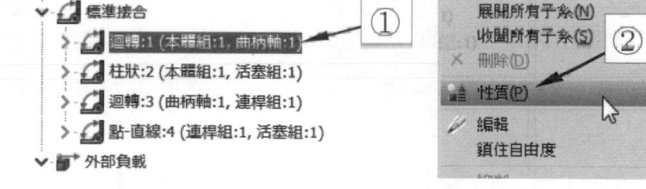

STEP ⑮

①單擊　自由度 1。

②單擊　編輯強制運動⬚。

STEP 16

① 勾選 啟用強制運動選項。
② 單擊 選項箭頭圖示。
③ 單擊 常數值。

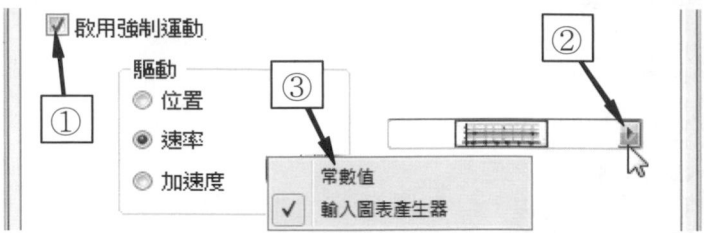

STEP 17

① 輸入 360。
② 單擊 確定 。

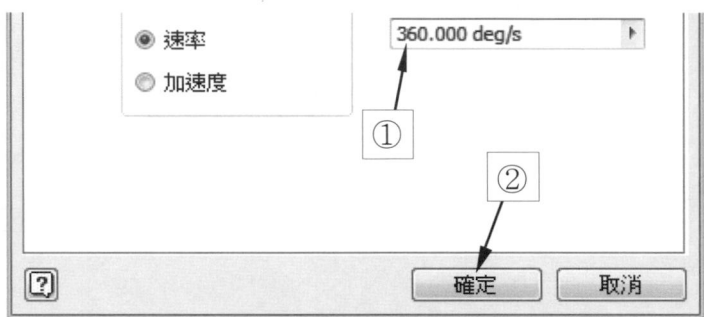

STEP 18

① 單擊 執行或重播模擬 ▶，此時曲柄軸
將順時針旋轉 360 度。

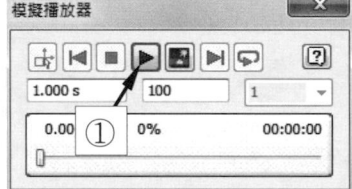

STEP 19

① 單擊 箭頭，將數值變更為 5。
② 單擊 循環播放 ↺。
③ 單擊 停止目前的模擬 ■。

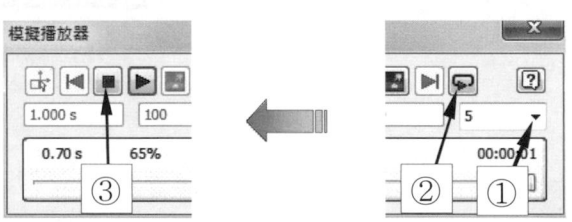

STEP 20

①單擊　篩選箭頭，將數值變
　　更為 1。
②單擊　建構模擬 ⊕。

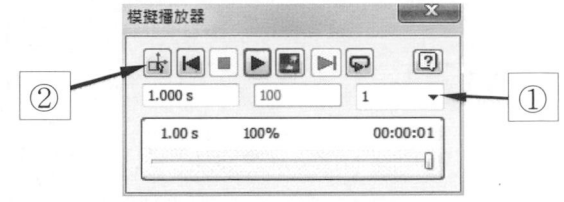

STEP 21

①於重力上單擊滑鼠右鍵。
②單擊　定義重力。

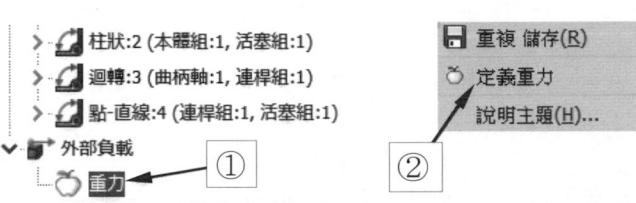

STEP 22

①單擊　垂直線。
②確認箭頭往下，可單擊翻轉方向
　　🔀，以確認箭方向。
③單擊　　確定　　。

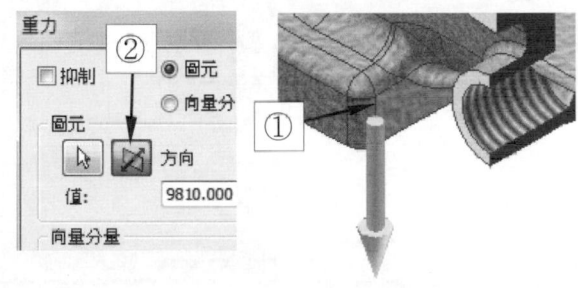

STEP 23

①單擊　力 ⤵。
②單擊　活塞頂圓。
③單擊　垂直邊線，並確認箭頭向下。

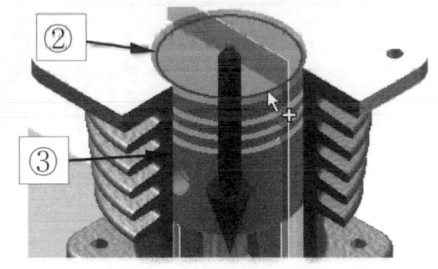

STEP 24

① 設定數值 10。
② 單擊 **確定**。

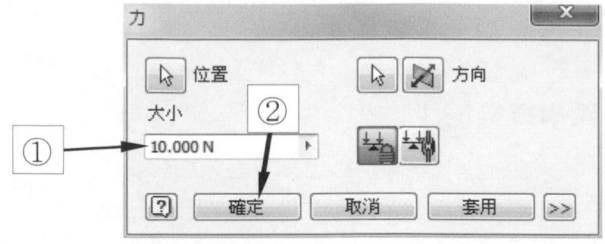

STEP 25

① 單擊 輸出圖表產
　生器 ⩗。
② 單擊 加號 ⊞。
③ 單擊 加號 ⊞。
④ 單擊 加號 ⊞。
⑤ 勾選選項。

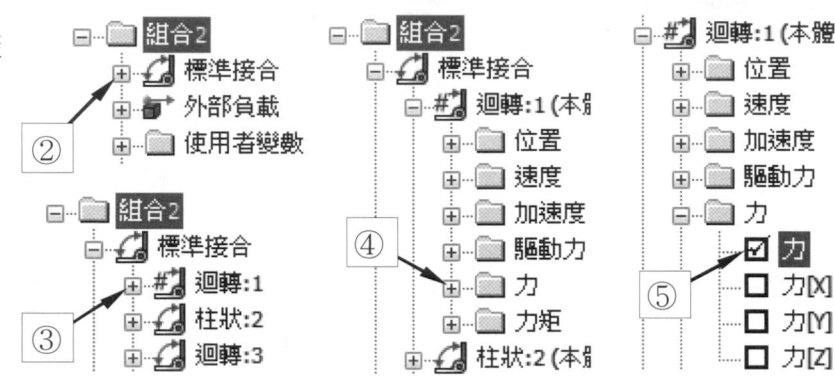

STEP 26

① 拖曳視窗邊界至適當大
　小，如圖所示。
② 拖曳視窗邊界至適當大
　小，如圖所示。

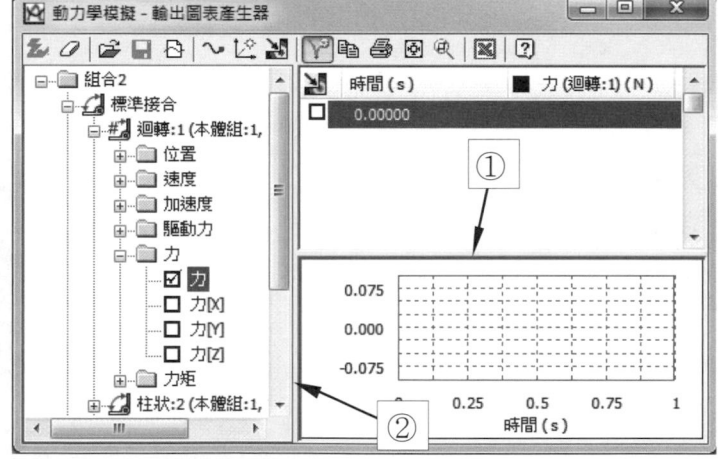

STEP 27

①單擊 執行或重播模擬 ▶，此時
　於圖表產生器中即可看到曲線呈
　現於視窗中。

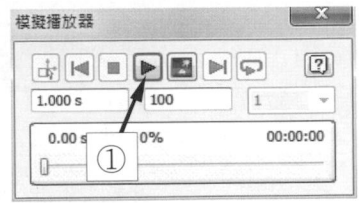

STEP 28

①於數值上單擊滑鼠右鍵。
②單擊 搜尋最大值。
③勾選最大值。

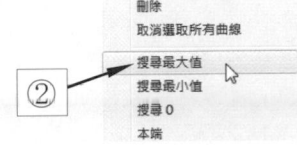

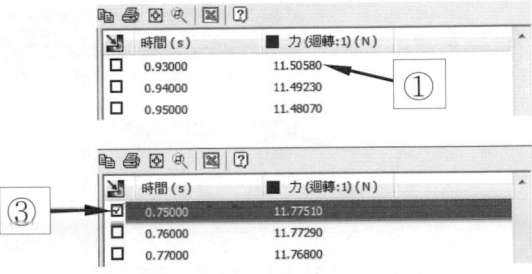

STEP 29

①單擊 匯出至 FEA。
②單擊 曲柄軸。
③單擊 [確定]。

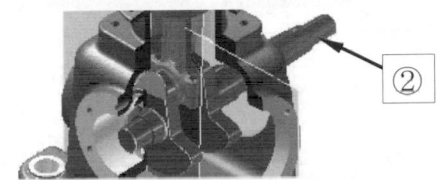

STEP 30

①單擊 曲柄軸之 A、B 兩軸端。
②單擊 承載選項。
③單擊 與連桿連接的軸徑。
④單擊 [確定]。
⑤單擊 完成動力學模擬 ✔。

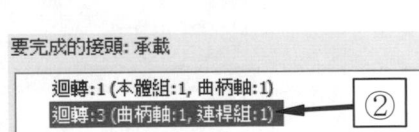

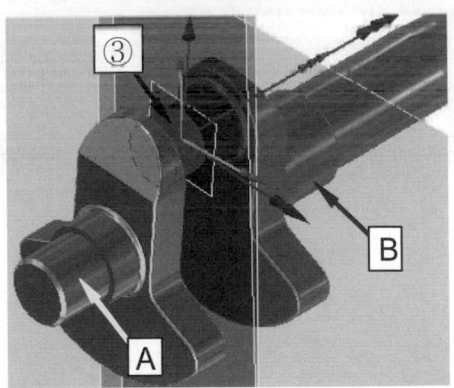

STEP ③

① 單擊　環境。
② 單擊　應力分析。

STEP ②

① 單擊　建立研究。

STEP ③

① 勾選 運動負載分析。
② 單擊　確定　。

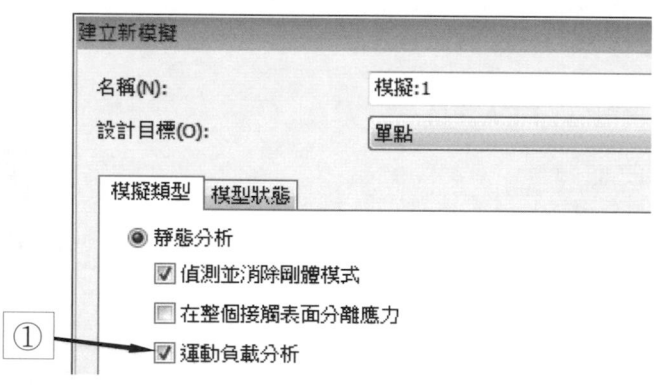

STEP ④

① 在材料上單擊滑鼠右鍵。
② 單擊　指定材料。
③ 於對話框中可發現曲柄軸之原始
　材料為「不銹鋼」，亦可使用取代
　方式將其更換為其它材料。
④ 單擊　確定　。

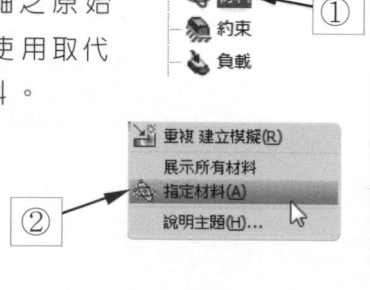

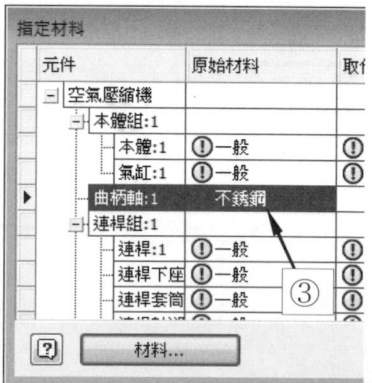

STEP 35

① 單擊　模擬。

② 單擊　執行　。

③ 完成如圖所示之應力分析結果。

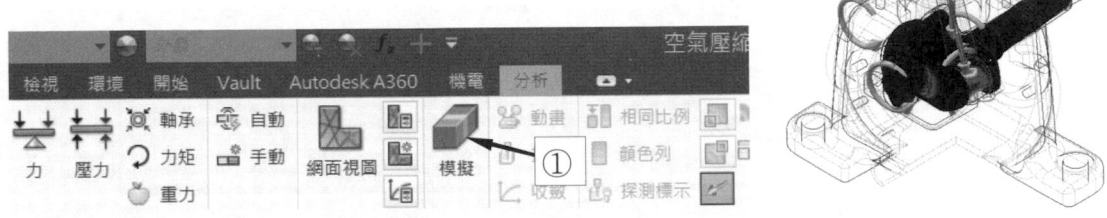

STEP 36

① 單擊　報告。

② 單擊　確定　。

③ 系統即會將應力報告分析以
　 html 格式匯出，並出現如圖
　 所示之報表，拖曳捲軸往下即
　 可查看各項應力分析結果。

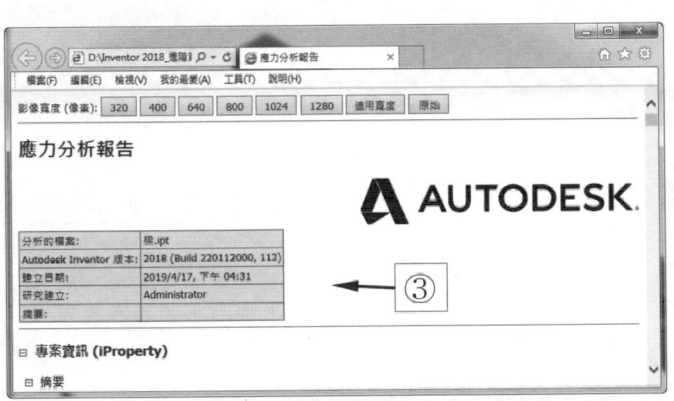

STEP 37

① 單擊　動畫。

② 單擊　播放 ▶，即可觀看

　 曲柄軸承受應力的動態呈現。

③ 單擊　停止 ■。

④ 單擊　錄製 ◉，系統將以 avi 格式，錄製應力分析動畫。

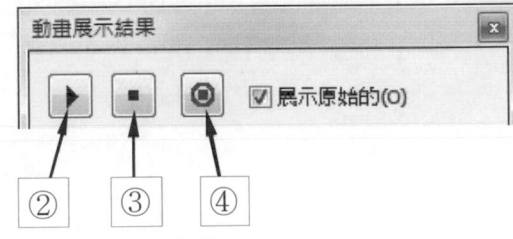

STEP 38

①指定儲存路徑。
②輸入檔名。
③單擊　存檔(S)　。

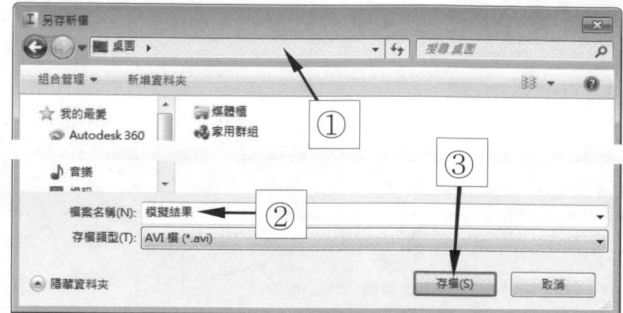

STEP 39

①設定壓縮程式。
②單擊　確定　，以完成
　動畫錄製。

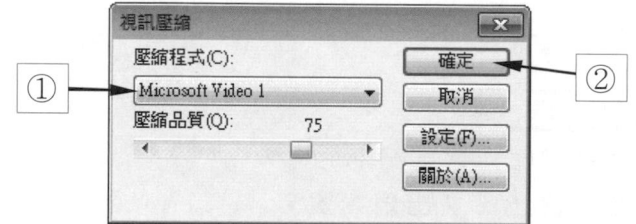

STEP 40

①單擊　確定　，完成應力分析
　動畫檢視。
②單擊　完成應力分析 ✔。

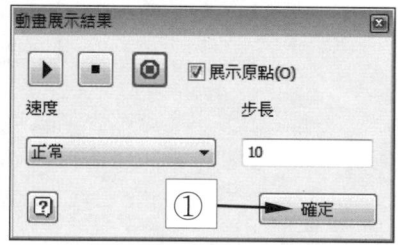

精選練習範例

例題一

1. 請將光碟目錄　Ch6\連桿機構\曲柄滑塊機構\精選練習範例資料夾中的檔案作組裝，如右圖所示。
2. 組裝之零件及次組件有本體.ipt、曲柄軸.ipt 活塞組.iam、連桿組.iam。
3. 由活塞頂面加入外力 20N，並以曲柄軸 360 度旋轉作動力學模擬。
4. 以應力分析模組進行曲柄軸之應力分析，曲柄軸材質設定為鍛鋼。

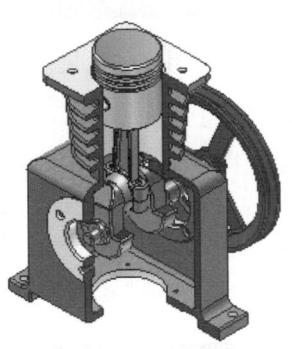

6-5-3　曲柄急回機構動力學模擬及應力分析實例

本範例將以右圖所示之曲柄急回機構進行動力學模擬示範，其主要建構過程如下：

1. 於動力學模擬模組中以手動方式作接頭組裝。
2. 以主動連桿旋轉進行機構模擬。
3. 於應力分析模組進行從動連桿之應分析。

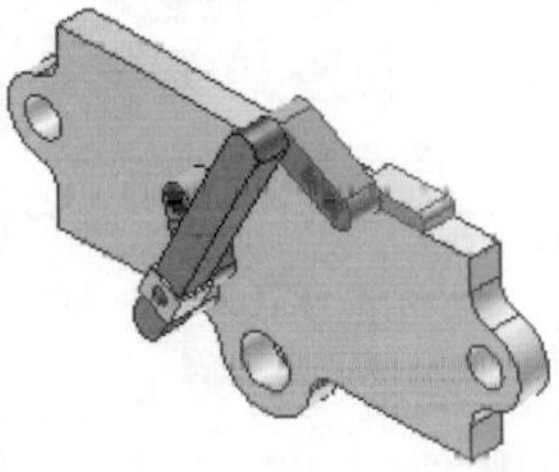

操作步驟

STEP ①

① 單擊　新建。

② 單擊　組合 → 建立。

③ 單擊　放置 → Ch6\連桿機構\曲柄急回機構\底板.ipt，將其載入組立檔中，如圖所示。

④ 以 ViewCube，重新定義底板之等角視圖至如圖所示視角。

⑤ 將底板固定不動。

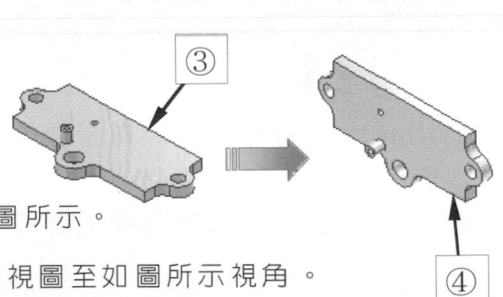

STEP ②

①單擊 放置 → Ch6\連桿機構\曲柄急回
機構\按住 Ctrl 鍵，並同時選取擺動連桿.ipt、主
動連桿.ipt、曲柄用滑塊.ipt、底板用滑塊.ipt、
從動連桿.ipt 將五個零件同時一起載入組立
檔，如圖所示。

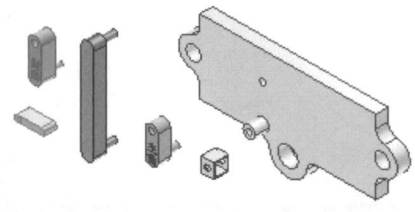

STEP ③

①單擊 環境。
②單擊 動力學模擬。
③單擊 否 。

STEP ④

①單擊 模擬設定。
②取消 自動將約束轉換至
　標準接合。
③單擊 否 。
④單擊 確定 。

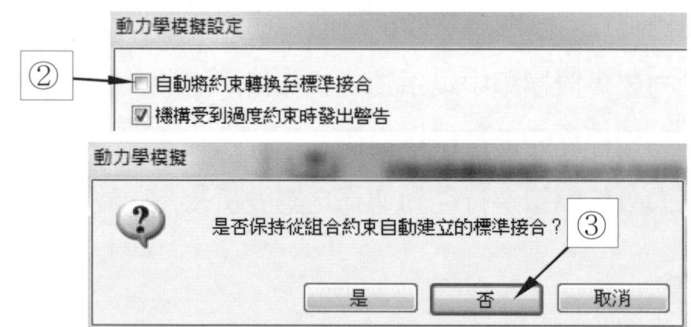

STEP ⑤

①單擊 插入接頭
②單擊 底板上的圓，此時將會出現三軸向
　箭頭，如圖所示。
③單擊 自由環轉，將主動連桿之視角
　轉成如圖所示，再按 Esc 鍵。

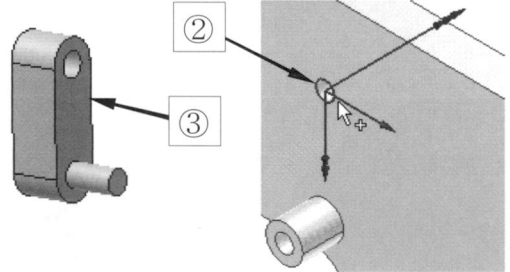

STEP ⑥

①單擊 元件 2 的選取箭頭。
②單擊 主動連桿上的圓。
③單擊 翻轉 Z 方向 🔯 。
④單擊 套用 。
⑤按 F6 鍵。

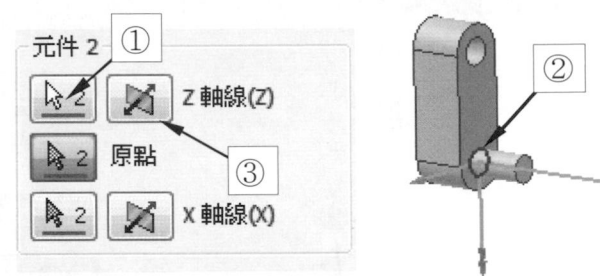

STEP ⑦

①單擊 底板上的圓，此時將會出現三軸向
　箭頭，如圖所示。
②單擊 自由環轉 ⟲，將擺動連桿之視角轉
　成如圖所示，再按 Esc 鍵。

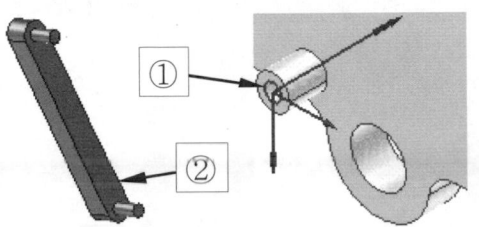

STEP ⑧

①單擊 選取箭頭。
②單擊 擺動連桿上的圓。
③單擊 翻轉 Z 方向 🔯 ，
　使箭頭方向一致。
④單擊 確定 。
⑤按 F6 鍵。

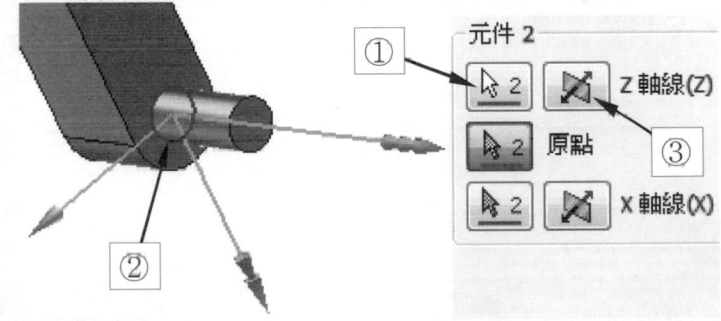

STEP ⑨

①單擊 自由環轉 ⟲，將視角大約調
　整成如圖所示之視角。
②連桿的移動可使用滑鼠左鍵拖曳，
　即可移動。

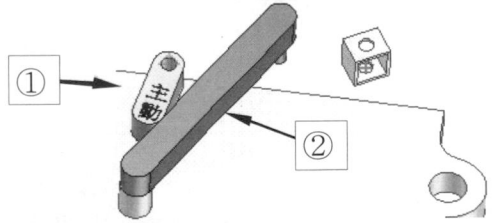

STEP ⑩

① 單擊 插入接頭 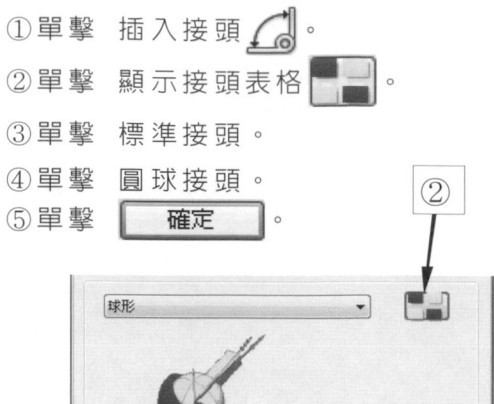。

② 單擊 顯示接頭表格 。

③ 單擊 標準接頭。

④ 單擊 圓球接頭。

⑤ 單擊 確定 。

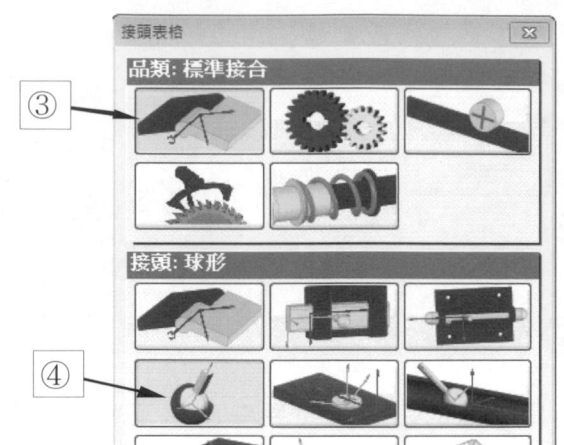

STEP ⑪

① 單擊 主動連桿上的點。

② 單擊 選取指令。

③ 單擊 曲柄用滑塊上的點。

④ 單擊 套用 。

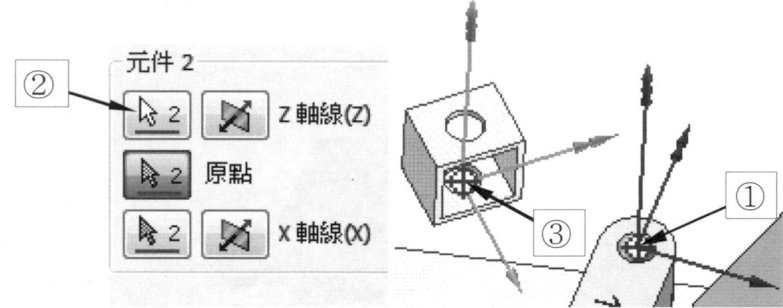

STEP ⑫

① 單擊 顯示接頭表格 。

② 單擊 標準接頭 。

③ 單擊 圓柱接頭 。

④ 單擊 確定 。

STEP ⑬

① 單擊　擺動連桿邊線。
② 單擊　選取箭頭。
③ 單擊　曲柄用滑塊上的邊線。
④ 單擊　翻轉 Z 方向　。
⑤ 單擊　　確定　。

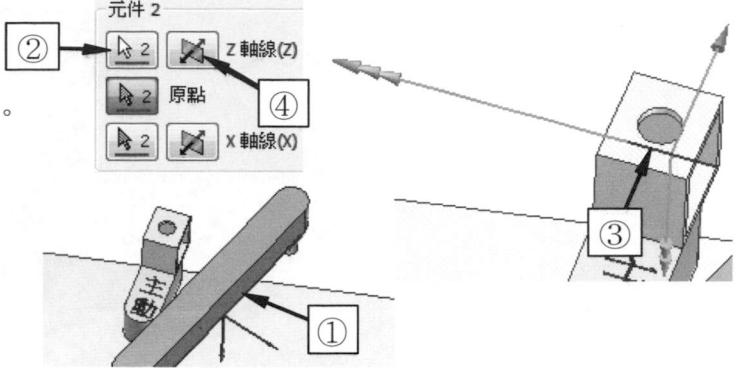

STEP ⑭

① 單擊　插入接頭　。
② 單擊　顯示接頭表格　。
③ 單擊　標準接頭。
④ 單擊　柱狀接頭。
⑤ 單擊　　確定　。

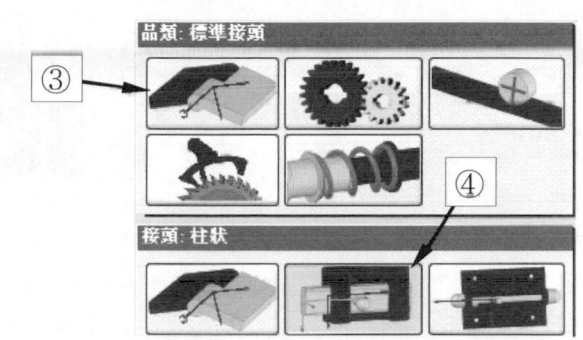

STEP ⑮

① 單擊　底板用滑塊上的邊線。
② 單擊　選取箭頭。
③ 單擊　底板上的邊線。
④ 單擊　　確定　。

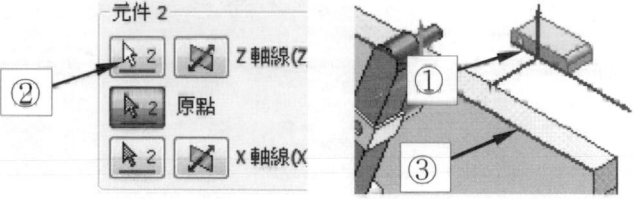

STEP ⑯

① 將從動連桿及底板用滑塊拖曳至
　如圖所示之位置。

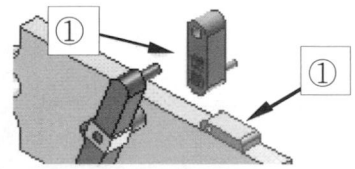

STEP ⑰

①單擊 插入接頭 ⬚。

②單擊 顯示接頭表格 ⬚。

③單擊 標準接頭。

④單擊 迴轉接頭。

⑤單擊 ⬚ 確定 ⬚。

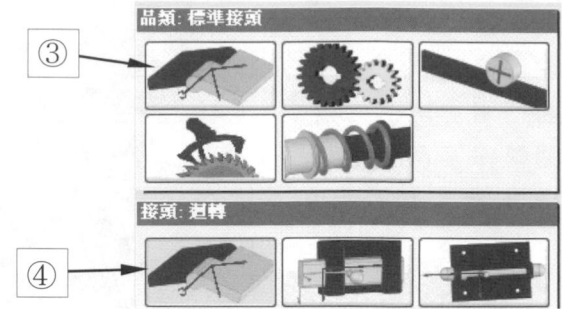

STEP ⑱

①單擊 從動桿上的圓，此時將會出現三軸向箭頭，如圖所示。

②單擊 自由環轉 ⬚，轉動視角成如圖所示，再按 Esc 鍵。

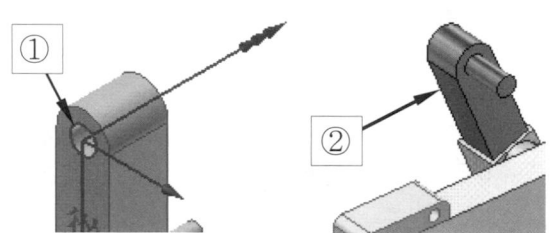

STEP ⑲

①單擊 選取箭頭。

②單擊 擺動連桿上的圓。

③單擊 翻轉 Z 方向 ⬚，使箭頭方向一致。

④單擊 ⬚ 確定 ⬚。

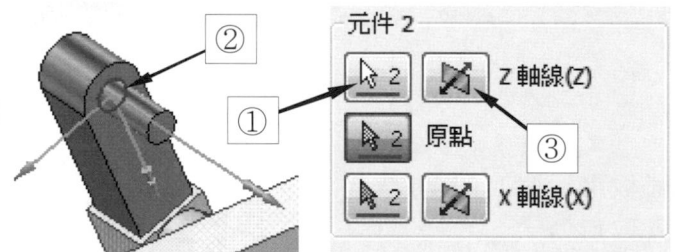

STEP ⑳

①拖曳 從動連桿至如圖所示之位置。

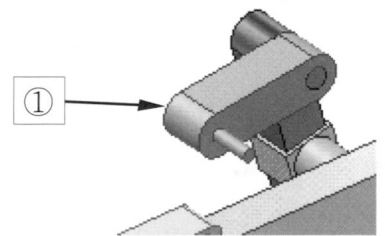

STEP 21

①單擊 插入接頭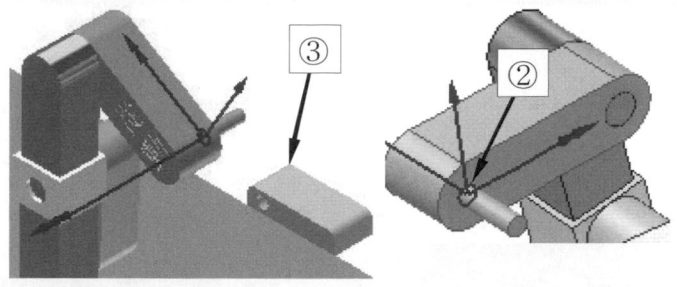
②單擊 從動連桿上的圓。
③單擊 自由環轉 ，轉動視
　角成如圖所示。
④按 F6 鍵。

STEP 22

①單擊 選取箭頭。
②單擊 底板用滑塊上的圓。
③單擊 翻轉 Z 方向 。
④單擊 　確定　。

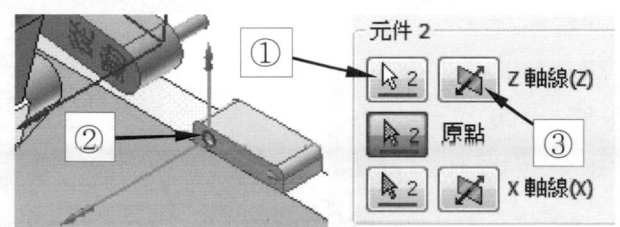

STEP 23

①單擊 機構狀態 。
②單擊 箭頭 << 。
③系統已自動將接頭作適當更
　換，如圖所示。
④單擊 　確定　。

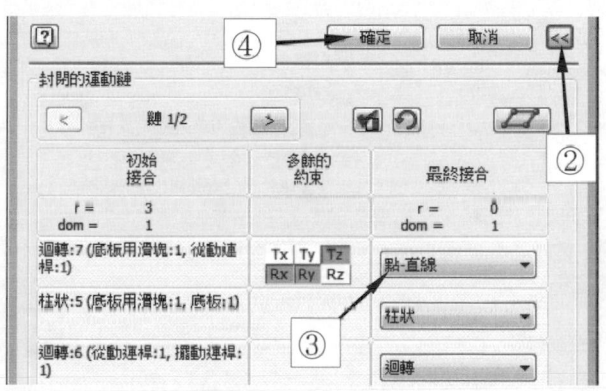

STEP 24

①展開外部負載。
②於重力上單擊滑鼠右鍵。
③單擊 定義重力。

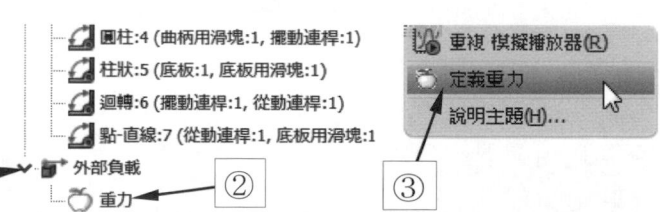

STEP 25

①單擊 底板邊線。

②單擊 確定 。

STEP 26

①單擊 力 。

②單擊 底板用滑塊上的交點。

③單擊 邊線。

④單擊 翻轉方向。

⑤設定數值為 10。

⑥單擊 確定 。

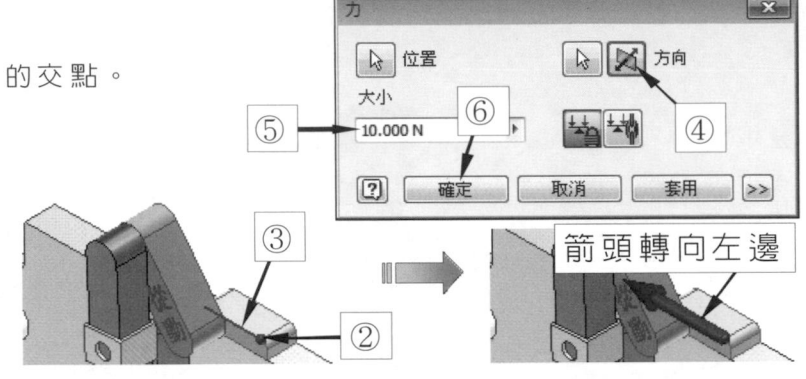

STEP 27

①於迴轉接頭上單擊滑
鼠右鍵。

②單擊 性質。

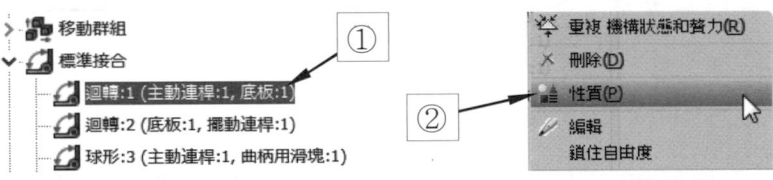

STEP 28

①單擊 自由度 1。

②單擊 編輯強制運動 。

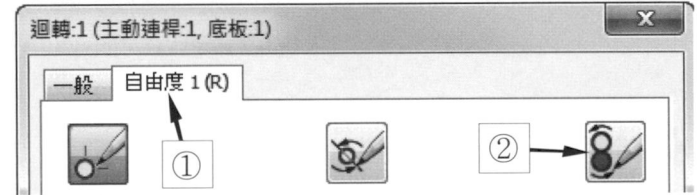

STEP 29

①勾選 啓用強制運動。

②單擊 選項箭頭圖示。

③單擊 常數值。

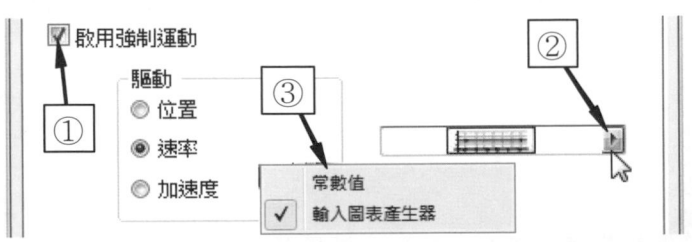

STEP 30

①輸入 360。
②單擊 ┃ 確定 ┃。

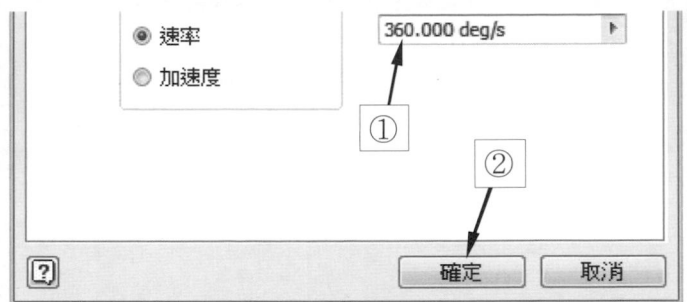

STEP 31

①設定為 10。
②單擊 執行或重播模擬 ▶ ，此時曲柄軸
　將順時針旋轉 360 度。

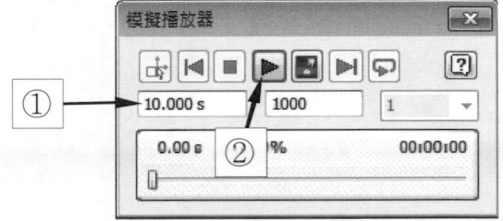

STEP 32

①單擊 建構模擬 ⚒ 。
②單擊 輸出圖表產生器 ⋀ 。

STEP 33

①單擊 加號 ⊞ 。
②單擊 加號 ⊞ 。
③單擊 加號 ⊞ 。
④勾選 選項。

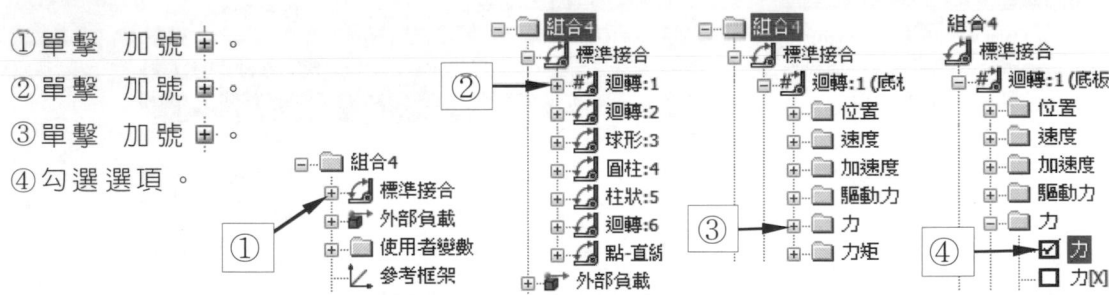

STEP 34

①拖曳視窗邊界至適當大
　小，如圖所示。
②拖曳視窗邊界至適當大
　小，如圖所示。

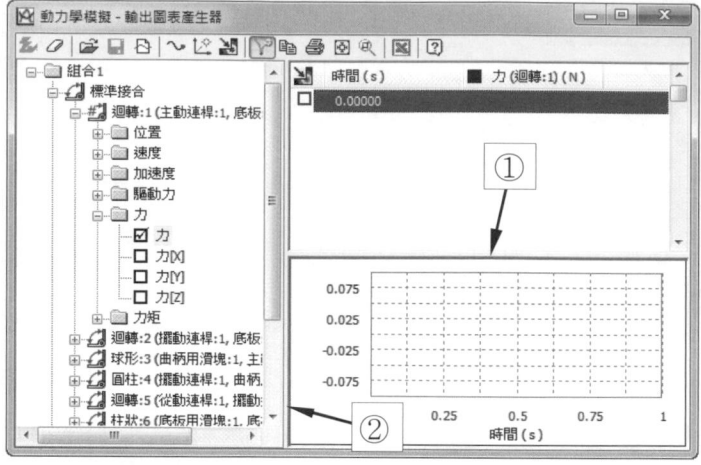

STEP 35

①數值更改為 2。
②單擊　執行或重播模擬 ▶ ，此時於
　圖表產生器中即可看到曲線呈現
　於視窗中。

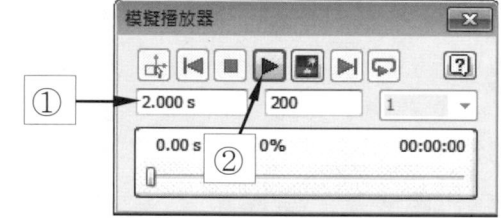

STEP 36

①於數值上單擊滑鼠右鍵。
②單擊　搜尋最大值。
③勾選最大值。

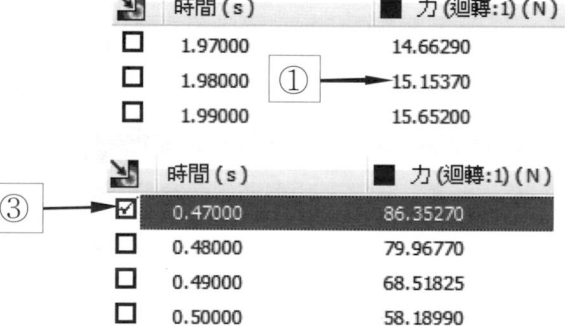

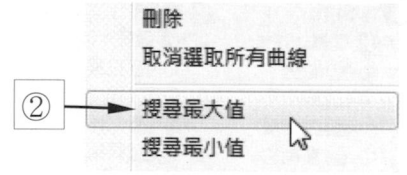

STEP 37

①單擊　匯出至 FEA ⬛ 。
②單擊　從動連桿。
③單擊　　確定　　。

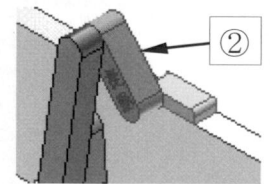

STEP 38

①單擊　從動連桿圓孔面。
②單擊　點-線接頭。
③單擊　從動連桿圓柱曲面。
④單擊　確定。
⑤單擊　完成動力學模擬 ✔ 。

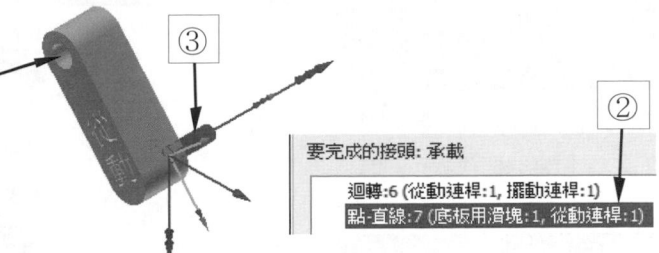

要完成的接頭: 承載

迴轉:6 (從動連桿:1, 擺動連桿:1)
點-直線:7 (底板用滑塊:1, 從動連桿:1)

STEP 39

①單擊　環境。
②單擊　應力分析。

STEP 40

①單擊　建立研究。

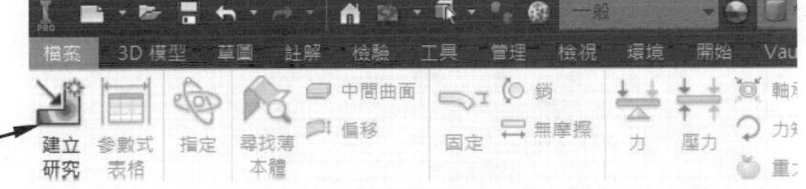

STEP 41

①勾選　運動負載分析。
②單擊　確定。

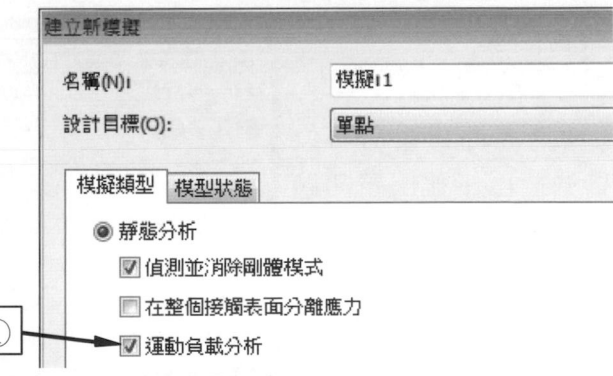

建立新模擬

名稱(N):　　　　模擬:1
設計目標(O):　　單點

模擬類型　模型狀態

◉ 靜態分析
☑ 偵測並消除剛體模式
☐ 在整個接觸表面分離應力
☑ 運動負載分析

STEP 42

①在材料上單擊滑鼠右鍵。
②單擊 指定材料。
③將從動連桿材料取代為「鋼、鍛造」。
④單擊 確定 。

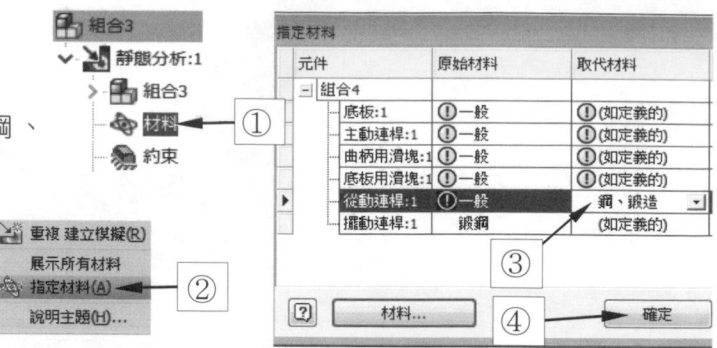

STEP 43

①單擊 模擬。
②單擊 執行 。
③完成如圖所示之應力分析結果。

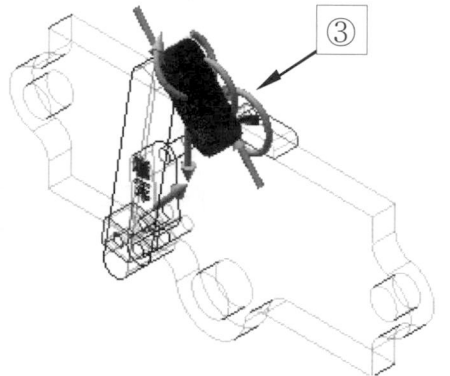

STEP 44

①單擊 報告 。
②單擊 確定 。
③系統即會將應力報告分析以html 格式匯出,並出現如圖所示之報表,拖曳捲軸往下即可查看各項應力分析結果。

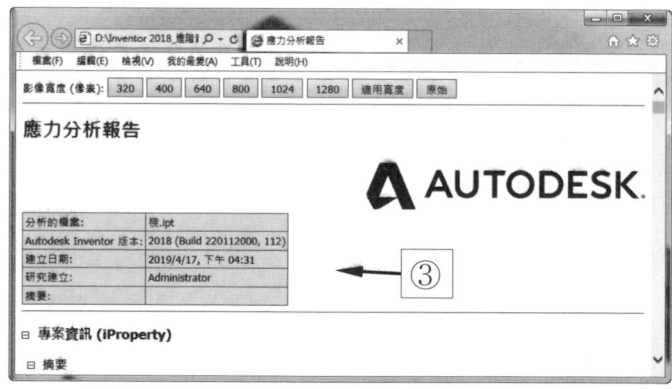

STEP 45

① 單擊　動畫 🎥。

② 單擊　播放 ▶，即可觀看

　　曲柄軸承受應力的動態呈現。

③ 單擊　停止 ■。

④ 單擊　錄製 ◉，系統將以 avi 格式，錄製應力分析動畫。

STEP 46

① 指定儲存路徑。

② 輸入檔名。

③ 單擊　　存檔(S)　。

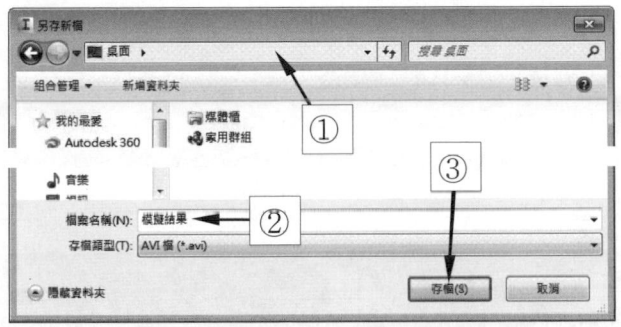

STEP 47

① 設定壓縮程式。

② 單擊　　確定　，以完成

　　動畫錄製。

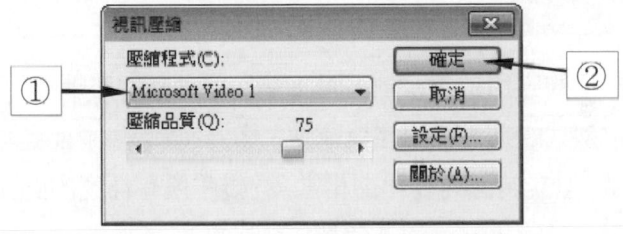

STEP 48

① 單擊　　確定　，完成應力分析

　　動畫檢視。

② 單擊　完成應力分析 ✔。

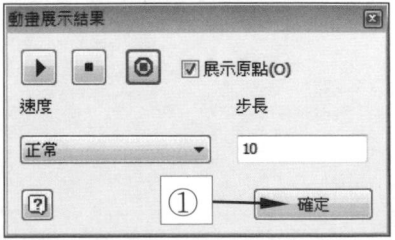

精選練習範例

例題一

1. 請將光碟目錄 Ch6\連桿機構\曲柄急回機構\精選練習範例-1 資料夾中的檔案作組裝，如下圖所示。

2. 組裝之零件有底板、主動連桿、從動連桿、從動滑塊、擺動連桿、驅動滑塊。

3. 由從動連桿加入外力 20N，並主動連桿 360 度旋轉作動態模擬。

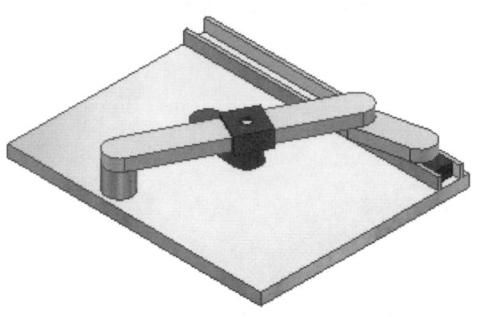

4. 以應力分析模組進行從動連桿之應力分析，從動連桿材質設定為鍛鋼。

5. 參考解答 Ch6\連桿機構\曲柄急回機構\精選練習範例-1\精選練習範例-1_動

6-6　凸輪機構

前言

凸輪機構的應用並不複擁，因此常常被拿來當作驅動件使用，其可將單純的旋轉運動，轉換為其它型式的運動，如往復運動、搖擺運動等，由設計原理來看，凸輪機構不見得比連桿機構容易，但其裝置的變化卻相當多，幾乎所有任意的動作皆可由凸輪機構來產生，在本節中，將說明並示範幾種常用凸輪機構的動態模擬方式。

6-6-1　碟形彈簧凸輪機構動力學模擬實例

1. 本範例將以 Ch6\凸輪機構\凸輪動力學模擬資料夾中的零件作組裝,如圖所示。

2. 組裝之零件共計有本體、凸輪、從動桿、滾輪。

3. 於動力學模擬模組中建立彈簧,並進行機構模擬。

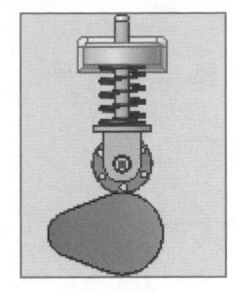

操作步驟

STEP ❶

① 單擊　新建 。

② 單擊　組合 　→　建立。

③ 單擊　放置 　→　Ch6\凸輪機構\

凸輪動力學模擬\本體.ipt,如圖所示。

④ 以 ViewCube ,重新定義本體之等角視圖至如圖所示視角。

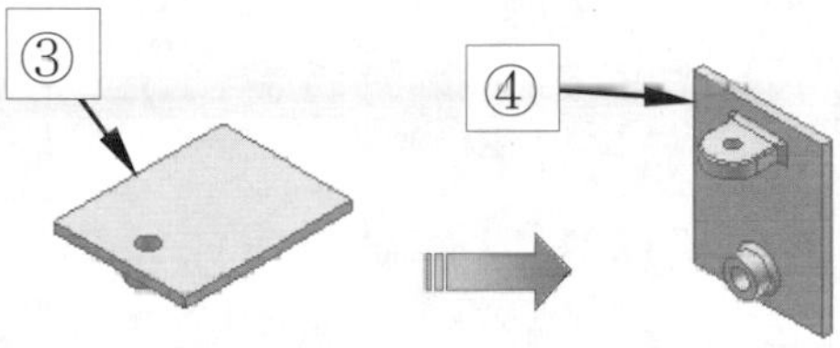

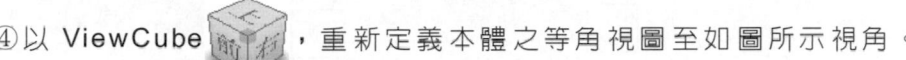

③　　　　　　　　　　　　④

STEP ❷

① 單擊　放置 　→　Ch6\凸輪機構\凸輪動力學模擬\按住

Ctrl 鍵,並同時選取凸輪.ipt、從動桿.ipt、滾輪.ipt 將三個

零件同時一起載入組立檔。

② 將本體固定不動。

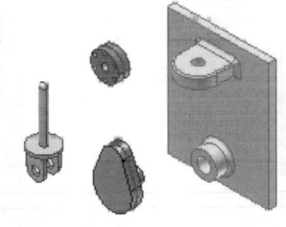

STEP ❸

① 單擊　環境。

② 單擊　動力學模擬。

③ 單擊　否 。

STEP ④

①單擊 模擬設定 ■。

②取消自動將約束轉換至
標準接合。

③單擊 [否]。

④單擊 [確定]。

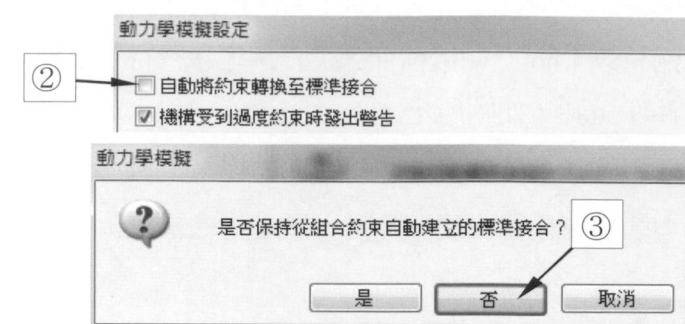

STEP ⑤

①單擊 插入接頭 。

②單擊 本體上的圓，此時將會出現三
軸向箭頭，如圖所示。

③單擊 自由環轉 ，轉動視角成如圖
所示，再按 Esc 鍵。

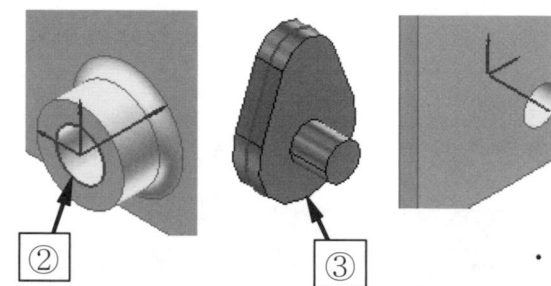

STEP ⑥

①單擊 元件 2 的選取箭頭。

②單擊 凸輪上的圓。

③單擊 [確定]。

④按 F6 鍵。

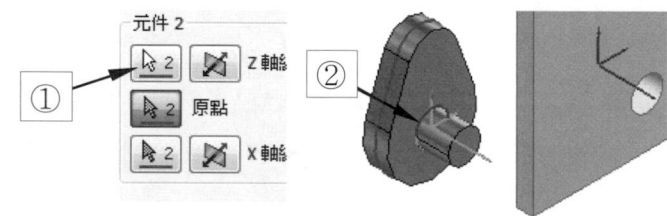

STEP ⑦

①於凸輪上壓往滑鼠左鍵。

②將凸輪拖曳至如圖所示大約水
平位置。

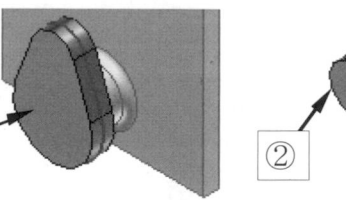
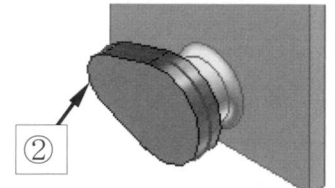

STEP ⑧

① 單擊　插入接頭 ⬚ 。
② 單擊　顯示接頭表格 ⬚ 。
③ 單擊　標準接頭 ⬚ 。
④ 單擊　柱狀接頭 ⬚ 。
⑤ 單擊　 確定 　。

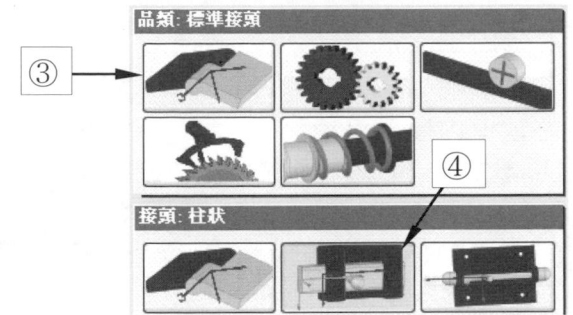

STEP ⑨

① 單擊　本體上的內孔面。
② 單擊　選取箭頭。
③ 單擊　從動桿圓柱面。
④ 單擊　切換 Z 軸，使三軸向的
　　　　箭頭方向一致。
⑤ 單擊　 套用 　。

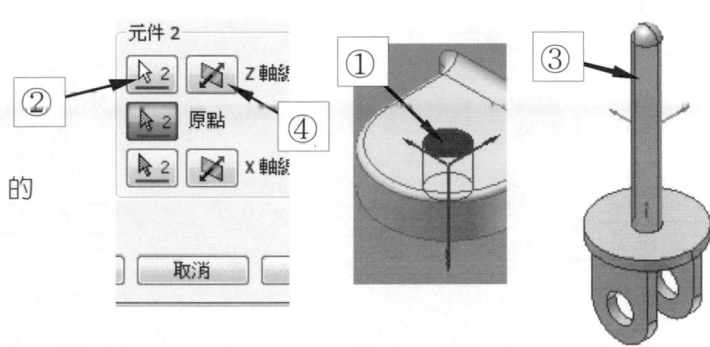

STEP ⑩

① 單擊　顯示接頭表格 ⬚ 。
② 單擊　標準接頭 ⬚ 。
③ 單擊　迴轉接頭 ⬚ 。
④ 單擊　 確定 　。

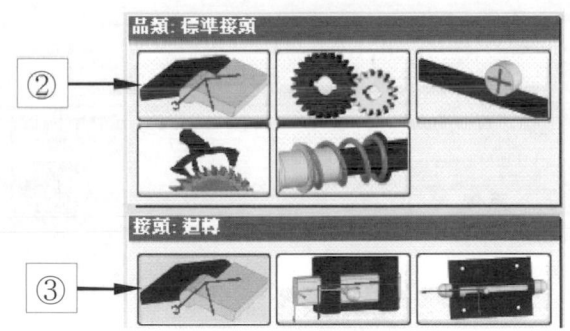

STEP 11

①單擊 滾輪內圓孔邊線。

②單擊 選取箭頭。

③單擊 從動桿內圓孔邊線。

④單擊 翻轉 Z 方向 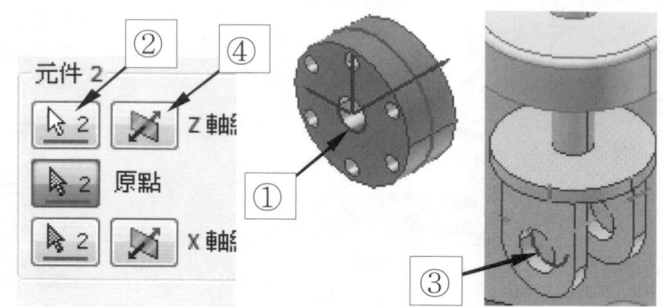，使箭頭

　方向一致。

⑤單擊 套用。

STEP 12

①單擊 顯示接頭表格。

②單擊 滾動接頭。

③單擊 RI 圓柱曲線。

④單擊 確定。

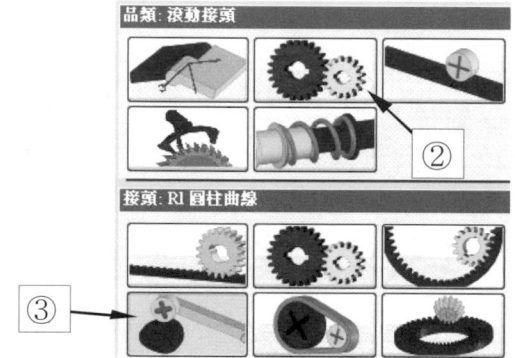

STEP 13

①單擊 凸輪上的迴路曲線。

②單擊 選取箭頭。

③單擊 滾輪上的圓柱曲線。

④單擊 套用

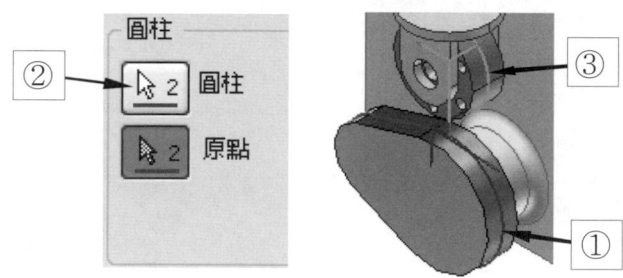

STEP ⑭

①單擊　顯示接頭表格 。

②單擊　力接頭 。

③單擊　彈簧/阻尼器 。

④單擊　[確定]。

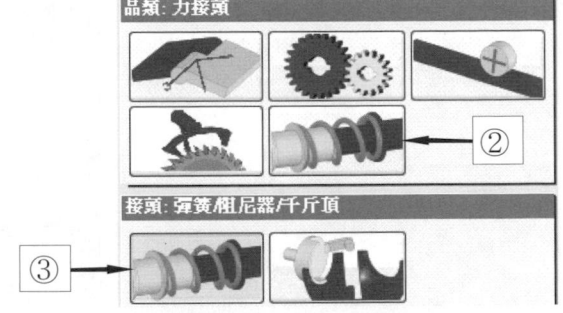

STEP ⑮

①單擊　本體圓弧邊線。

②單擊　從動桿圓弧邊線。

③單擊　[確定]。

④按 F6 鍵。

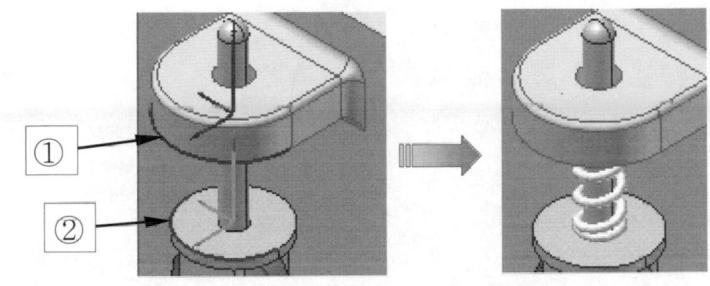

STEP ⑯

①於瀏覽器中展開力接頭，並於彈簧接頭上單擊滑鼠右鍵。

②單擊　性質。

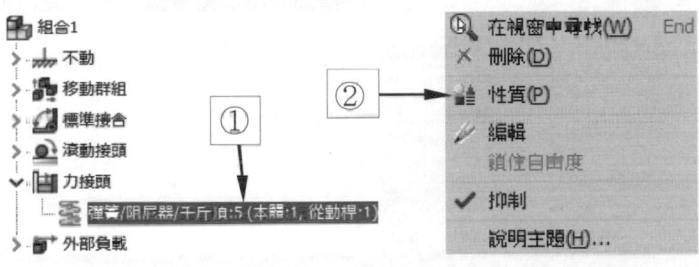

STEP ⑰

①勁度設定為 1。

②自由長度設為 50。

③單擊　展開下頁。

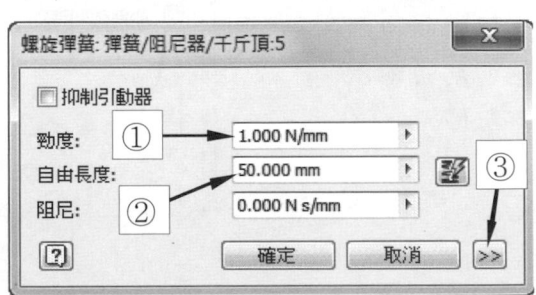

④半徑設為 15。

⑤刻面設為 10。

⑥線材半徑設為 1.5。

⑦單擊 色塊，將彈簧顏色變更
　為藍色。

⑧將顯示勾選。

⑨單擊 　確定　 。

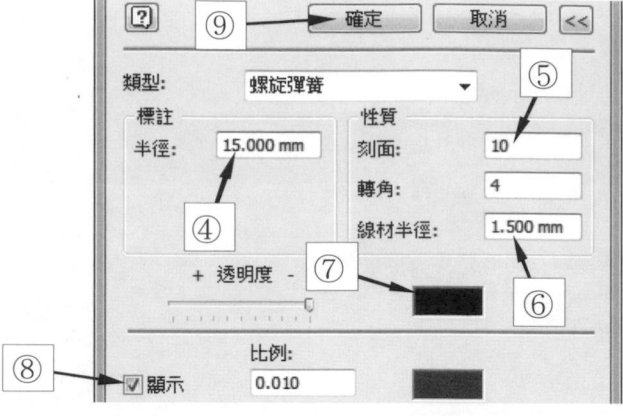

STEP ⑱

①於瀏覽器中展開標準接合，
　並於迴轉接頭上單擊滑鼠右
　鍵。

②單擊 性質。

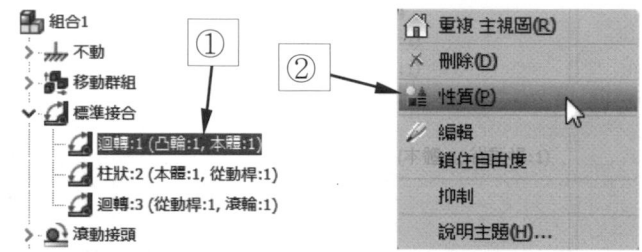

STEP ⑲

①單擊 自由度 1。

②設定為-90。

③單擊 編輯強制運動 。

STEP ⑳

①勾選 啟用強制運動。

②單擊 選項箭頭圖示。

③單擊 常數值。

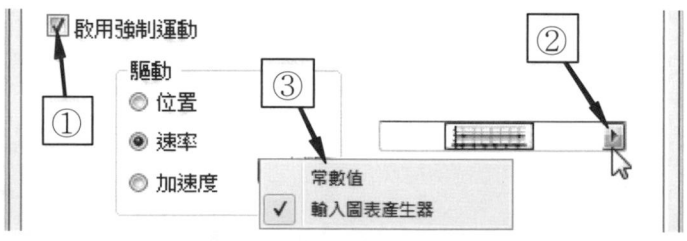

STEP 21

①輸入 360。
②單擊　確定。

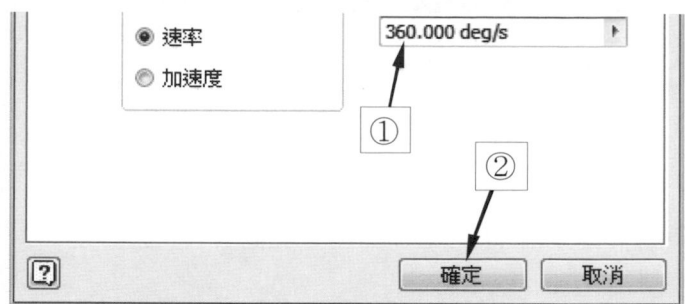

STEP 22

①單擊　執行或重播模擬 ▶ ，此時凸輪
　即會順時針旋轉 360 度。
②單擊　建構模擬 ⏏ 。

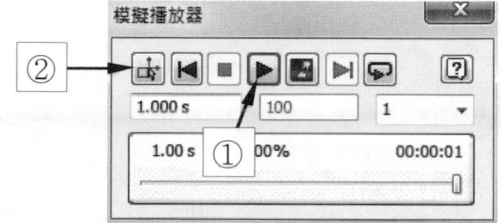

精選練習範例

例題一

1.請將光碟目錄 Ch6\凸輪機構\凸輪動力學模
　擬\精選練習範例資料夾中的檔案作組裝，
　如右圖所示。
2.組裝之零件共計有本體、凸輪、從動桿、滾
　輪。
3.以凸輪為主動旋轉，並作機構模擬。

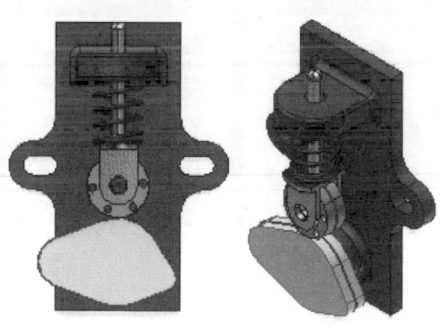

6-6-2 由動力學模擬建立凸輪應用實例

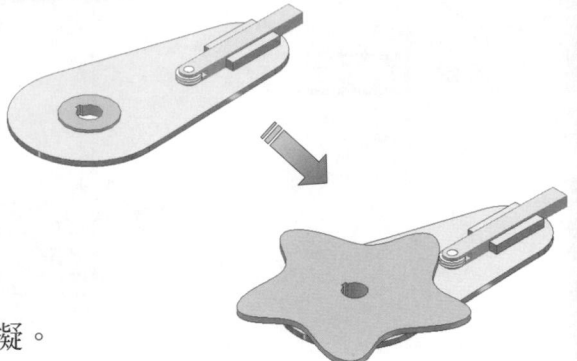

1. 本範例將以 Ch6\凸輪機構\動力學模擬
   建立凸輪資料夾中的零件作組裝，如圖
   所示。

2. 組裝之零件共計有本體、凸輪、從動桿、
   滾輪。

3. 於動力學模擬模組中建立凸輪，並進行機構模擬。

操作步驟

STEP 1

① 單擊 新建。

② 單擊 組合 → 建立。

③ 單擊 放置 → Ch6\凸輪機構\動力學模擬
   建立凸輪\本體.ipt。

④ 將本體固定不動。

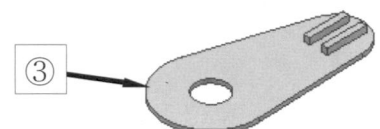

③

STEP 2

① 單擊 放置 → Ch6\凸輪機構\動
   力學模擬建立凸輪\按住 Ctrl 鍵，並同時
   選取凸輪.ipt、從動件.ipt、滾輪.ipt 將
   三個零件同時一起載入組立檔，如圖所
   示。

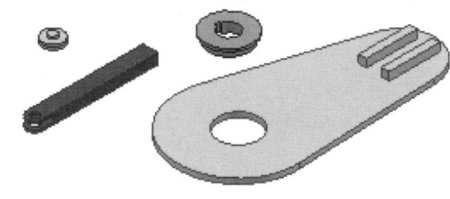

STEP 3

① 單擊 環境。

② 單擊 動力學模擬。

③ 單擊 否 。

② ①

STEP ④

① 單擊　模擬設定 📊 。

② 取消自動將約束轉換至
　標準接合。

③ 單擊　 否 　。

④ 單擊　 確定 　。

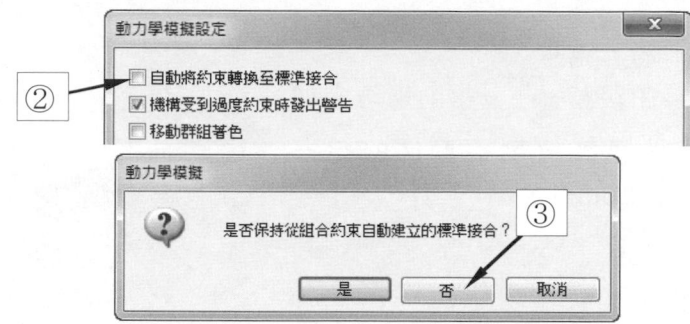

STEP ⑤

① 單擊　自由環轉 ⟳ ，將視角轉成如圖

　所示之視角 → 按 Esc 鍵。

② 單擊　插入接頭 📐

③ 單擊　本體上的圓，如圖所示。

STEP ⑥

① 單擊　元件 2 的選取箭頭。

② 單擊　凸輪上的圓。

③ 單擊　 套用 　。

④ 按 F6 鍵。

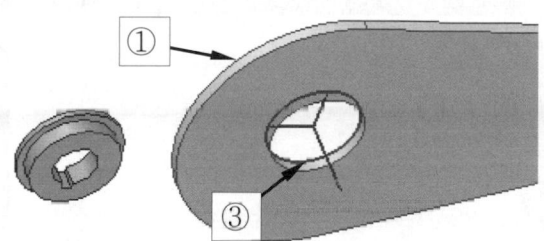

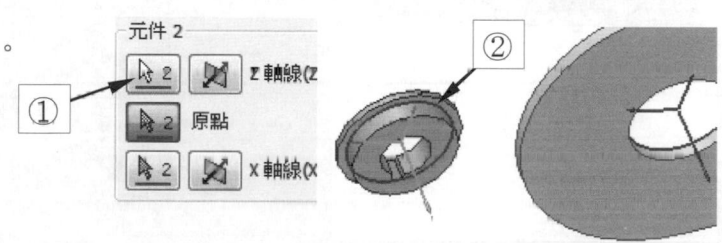

STEP ⑦

① 單擊　顯示接頭表格 📊 。

② 單擊　柱狀接頭 🔧 。

③ 單擊　 確定 　。

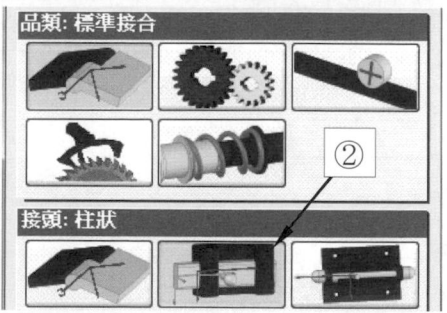

STEP ⑧

① 單擊 本體上邊線。

② 單擊 自由環轉 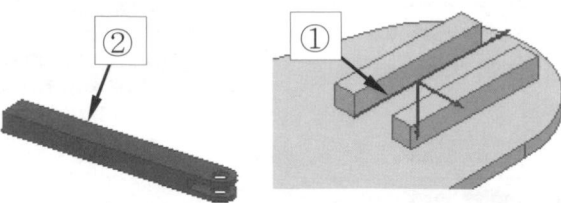，轉動視角成如
　圖所示，可觀看到從動件的另一
　面，再按 Esc 鍵。

STEP ⑨

① 單擊 選取箭頭。

② 單擊 從動件之邊線。

③ 單擊 套用 。

④ 按 F6 鍵。

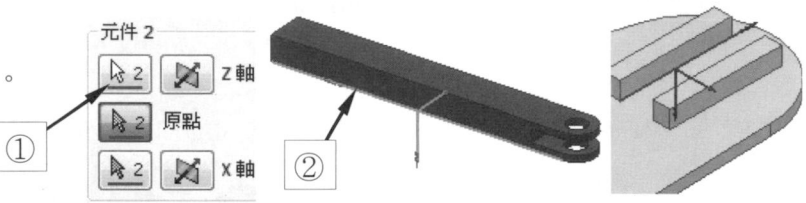

STEP ⑩

① 單擊 顯示接頭表格 。

② 單擊 迴轉接頭 。

③ 單擊 確定 。

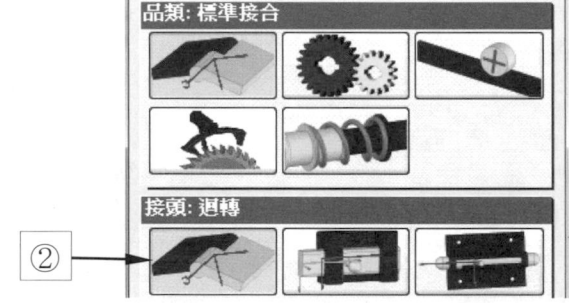

STEP ⑪

① 單擊 從動件上的圓。

② 單擊 選取箭頭。

③ 單擊 滾輪上的圓。

④ 單擊 確定 。

⑤ 按 F6 鍵。

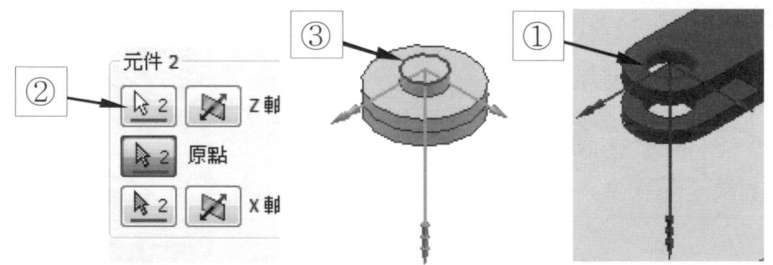

STEP ⑫

① 於 瀏 覽 器 中 展 開 標 準 接
　 合，並 於 迴 轉 接 頭 上 單 擊 滑
　 鼠 右 鍵。
② 單 擊　性 質。

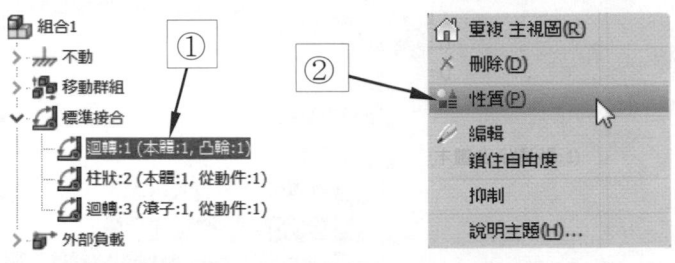

STEP ⑬

① 單 擊　自 由 度 1。
② 設 定 為 0。
③ 單 擊　編 輯 強 制 運 動 ⑧。

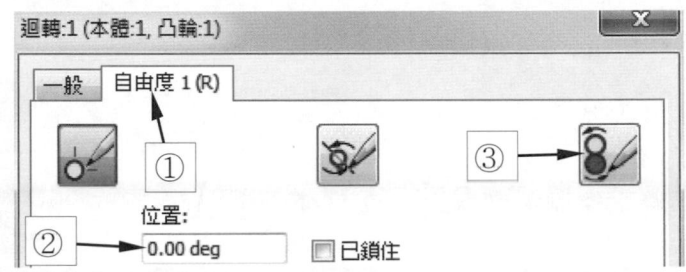

STEP ⑭

① 勾 選　啟 用 強 制 運 動　選 項。
② 單 擊　選 項 箭 頭 圖 示。
③ 單 擊　常 數 值。

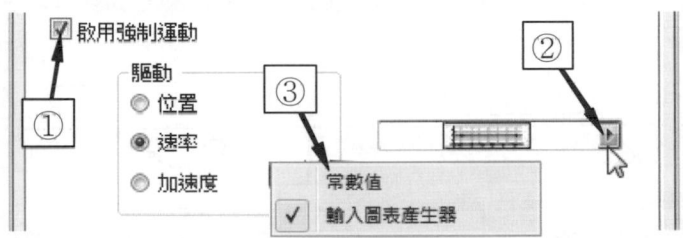

STEP ⑮

① 輸 入　360。
② 單 擊　[確 定]。

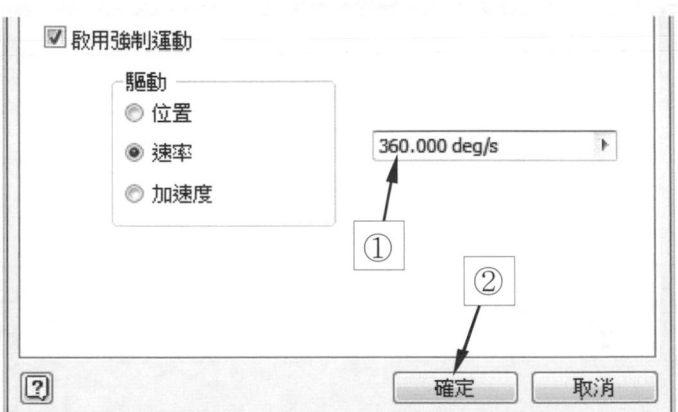

STEP 16

① 於柱狀接頭上單擊
   滑鼠右鍵。
② 單擊 性質。

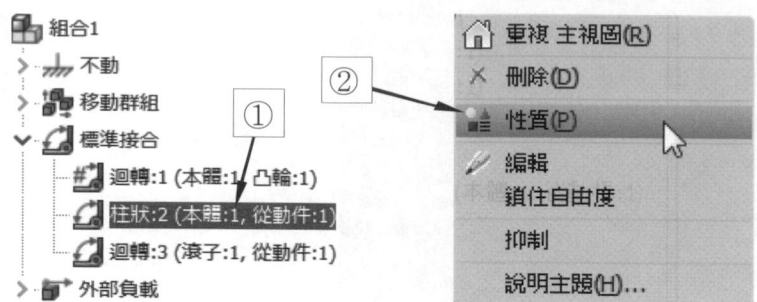

STEP 17

① 單擊 自由度 1。
② 確認為 0。
③ 單擊 編輯強制運動 。

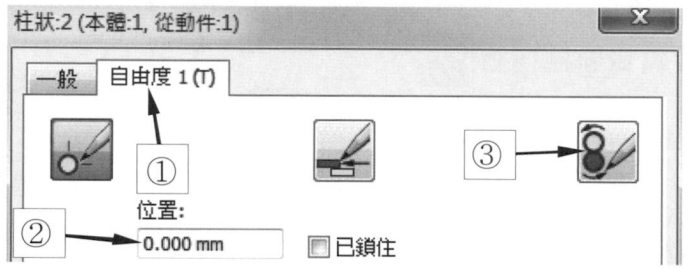

STEP 18

① 勾選 啟用強制運動。
② 單擊 位置選項。
③ 單擊 輸入圖表產生器。

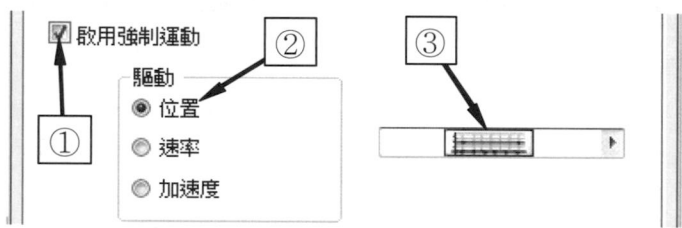

STEP 19

① 將選項改為正弦。
② 單擊 加入規則 ➕。
③ 幅度設定為 25。
④ 頻率設定為 5。
⑤ 單擊 確定 。
⑥ 單擊 確定 。

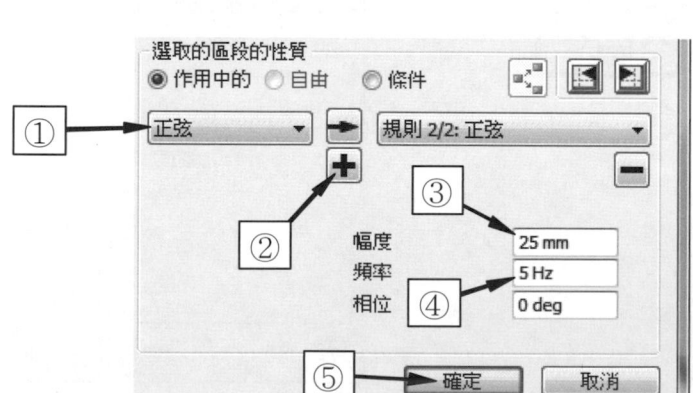

STEP 20

① 單擊　軌跡 〜。
② 單擊　滾輪圓柱邊線。
③ 將選項改為凸輪。
④ 勾選　軌線　選項。
⑤ 單擊　確定　。

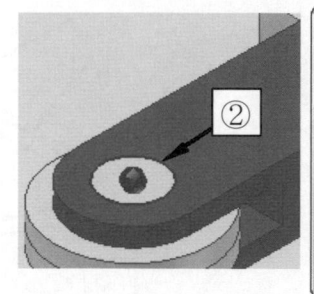
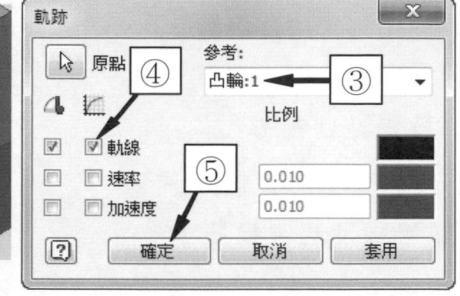

STEP 21

① 單擊　執行或重播
　模擬 ▶。
② 產生如圖所示之
　軌跡線。

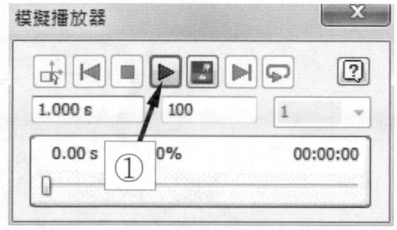
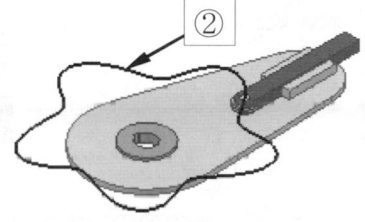

STEP 22

① 單擊　輸出圖表產生器 〜。
② 展開　軌跡。
③ 於軌跡 1 上單擊滑鼠右鍵。
④ 單擊　匯出至草圖。

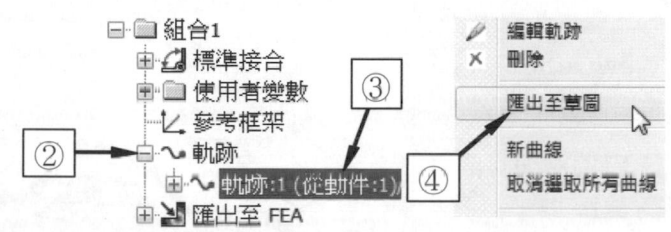

STEP 23

① 單擊　凸輪。
② 於凸輪上單擊滑鼠右鍵。
③ 單擊　編輯。

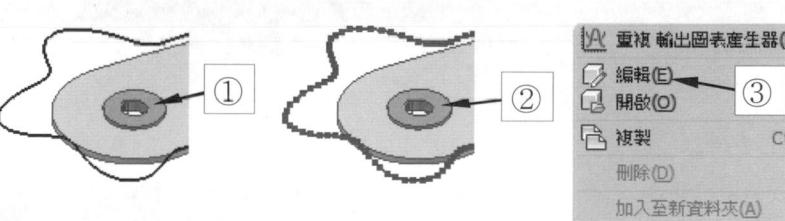

STEP 24

① 單擊 開始繪製 2D 草圖 。
② 單擊凸輪頂面，再按 F6 鍵。
③ 單擊 投影幾何圖形 。
④ 單擊 A 軌跡線，B 圓頂。
⑤ 完成軌跡線及圓之投影。

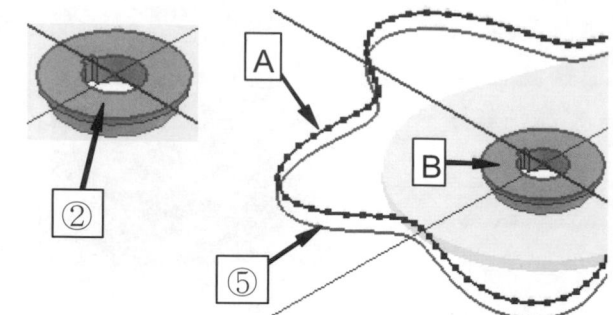

STEP 25

① 單擊 偏移 。
② 單擊投影出的曲線，建立往
　內偏移 15 的曲線。
③ 單擊 完成草圖 。

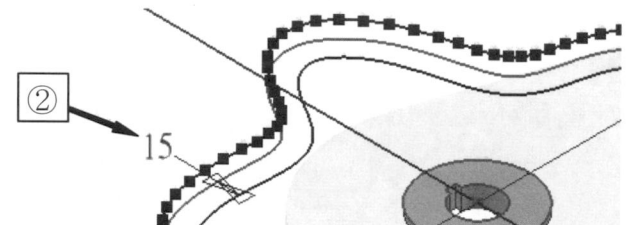

STEP 26

① 單擊 ViewCube 下方。
② 單擊 擠出 。
③ 單擊 往內偏移 15 的區域。
④ 單擊 凸輪區域。
⑤ 輸入 厚度 7.5。
⑥ 單擊 確定 。

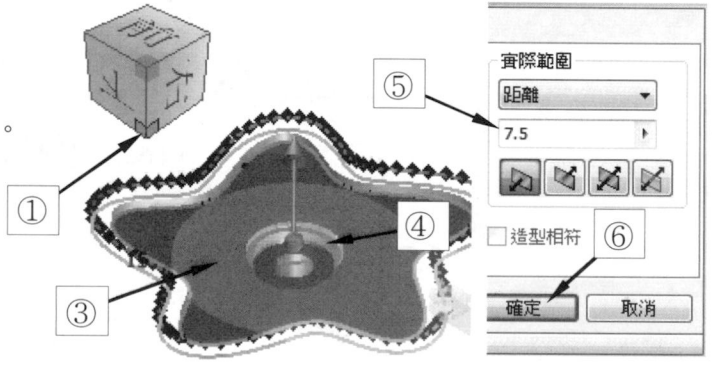

STEP 27

① 按 F6 鍵。
② 於凸輪的草圖上單擊滑鼠右鍵。
③ 單擊 可見性，將草圖之可見性取消。
④ 完成如圖所示之平板凸輪。

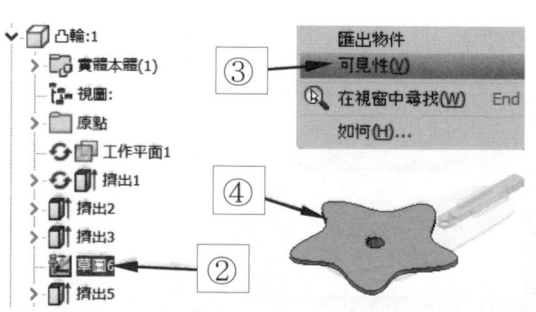

STEP 28

① 單擊　返回，再單擊完成編輯 ◀●。

② 單擊　建構模擬 ．

③ 單擊　執行或重播模擬 ▶，即可檢視建構完成
之凸輪的作動狀態。

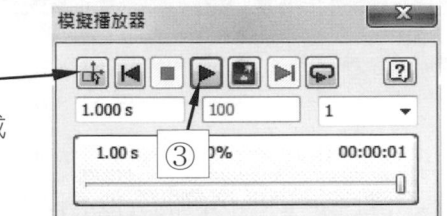

🖉 精選練習範例

例題一

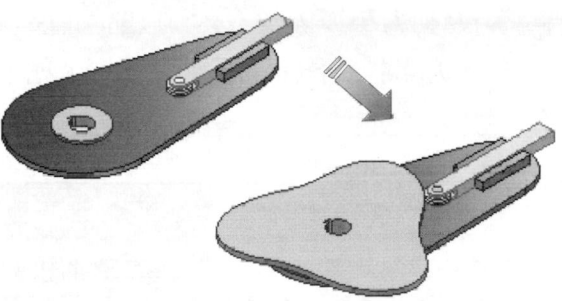

1. 請將光碟目錄 Ch6\凸輪機構\動力
學模擬建立凸輪\精選練習範例 1，
資料夾中的檔案作組裝，如右圖所
示。

2. 建立規則的正弦曲線，幅度
35mm，頻率 3Hz。

例題二

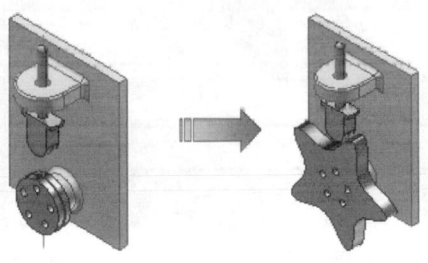

1. 請將光碟目錄 Ch6\凸輪機構\動力學模擬
建立凸輪\精選練習範例 2，資料夾中的檔
案作組裝，如右圖所示。

2. 建立規則的正弦曲線，幅度 10mm，頻率
5Hz。

6-7 齒輪機構

前言

在 Autodesk Inventor 中的齒輪機構動力學模擬，尚未使用真實的齒輪接觸轉動，而其模擬過程所顯示的仍為仿真的近似過程，因此，當齒輪模擬轉動一段時間後，會發現齒輪會有錯齒的情況，非原先的正確嚙合。

注意

齒輪的嚙合輪動是以節圓直徑作滾動接觸，因此欲進行齒輪系列(如正齒輪、斜齒輪、蝸桿蝸輪等)之動力學模擬時，必須以節圓直徑為草圖，並將此草圖擠出為曲面，於動力學模擬時，方可指定兩曲面為滾動接觸，如下表所示。

正齒輪		
以節圓直徑為草圖	將草圖擠出為曲面	兩正齒輪嚙合狀態

斜齒輪		
由節圓錐角繪製草圖	將草圖旋轉為曲面	兩斜齒輪嚙合狀態

蝸桿蝸輪		
蝸桿		蝸桿蝸輪囓合狀態
由節圓直徑繪製草圖	將草圖擠出為曲面	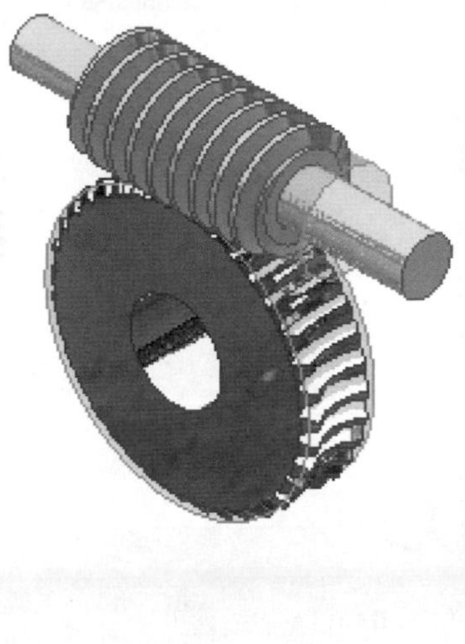
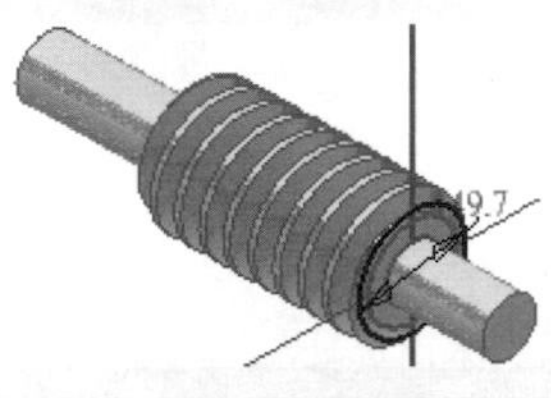		
蝸輪		
由節圓直徑繪製草圖	將草圖旋轉出為曲面	
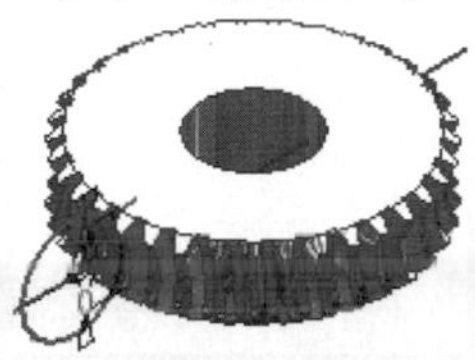	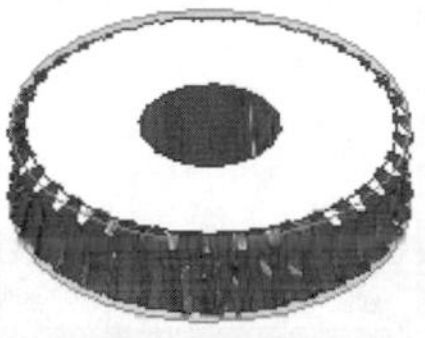	

6-7-1　正齒輪機構動力學模擬實例

1. 本範例如右圖所示，將以 Ch6\正齒輪\齒輪泵機構資料夾中之零件作組裝。
2. 於動力學模擬模組中以手動方式作接頭組裝。
3. 進行機構模擬。

操作步驟

STEP ①

① 單擊　新建 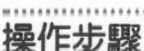。

② 單擊　組合 → 建立。

③ 單擊　放置 → Ch6\正齒輪\

　　齒輪泵機構\齒輪泵本體.ipt，如圖所示。

④ 以 ViewCube，重新定義齒輪泵本體之等角視圖。

③

④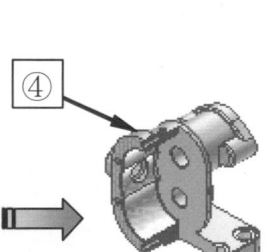

STEP ②

①單擊 放置 → Ch6\正齒輪\齒輪泵機構\按住 Ctrl 鍵，
並同時選取大齒輪.ipt(黃色)，小齒輪.ipt(藍色)，將兩齒輪
一起載入組立檔，如圖所示。

STEP ③

①單擊 環境。
②單擊 動力學模擬。
③單擊 否 。

STEP ④

①單擊 模擬設定 。
②取消自動將約束轉換至
標準接合。
③單擊 否 。
④單擊 確定 。

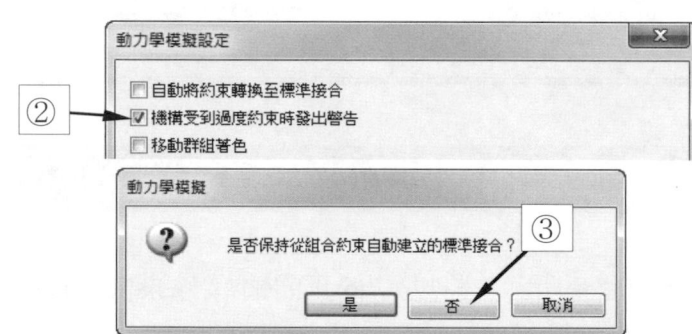

STEP ⑤

①單擊 插入接頭 。
②單擊 齒輪泵本體上的圓，此時將會出現
三軸向箭頭，如圖所示。
③單擊 自由環轉 ，將大齒輪之視角轉
成如圖所示 → 按 Esc 鍵。

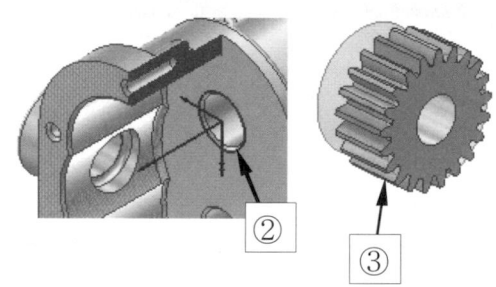

STEP 6

① 單擊　選取箭頭。

② 單擊　大齒輪上的圓。

③ 單擊　套用。

④ 按 F6 鍵。

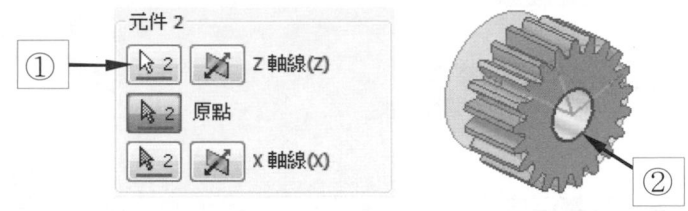

STEP 7

① 單擊　齒輪泵本體上的圓,此時將會出現三軸向箭頭,如圖所示。

② 單擊　自由環轉 ,轉動視角成如圖所示,再按 Esc 鍵。

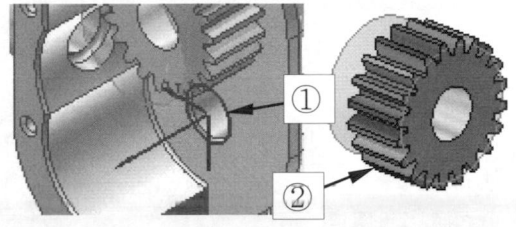

STEP 8

① 單擊　選取箭頭。

② 單擊　小齒輪上的圓。

③ 單擊　確定。

④ 按 F6 鍵。

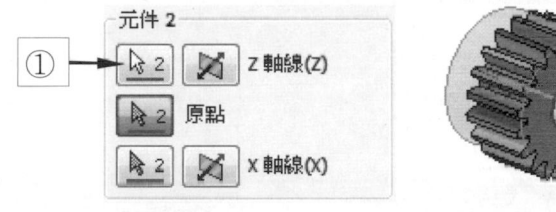

STEP 9

① 拖曳小齒輪,使兩齒輪之齒形在正確囓合狀態(大約即可)。

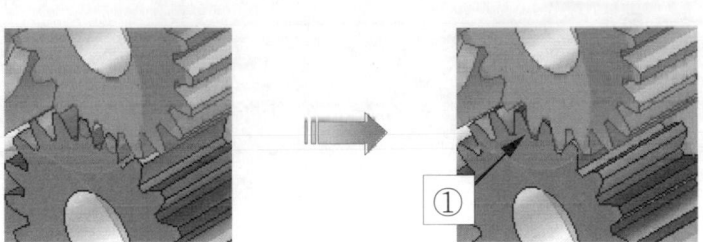

STEP ⑩

① 單擊 插入接頭 。
② 單擊 顯示接頭表格 。
③ 單擊 滾動接頭。
④ 單擊 圓柱上的圓柱。
⑤ 單擊 確定 。

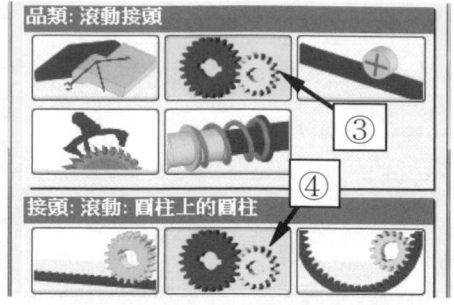

STEP ⑪

① 單擊 大齒輪節圓曲面。
② 單擊 選取箭頭。
③ 單擊 小齒輪節圓曲面。
④ 單擊 確定 。
⑤ 單擊 確定 。

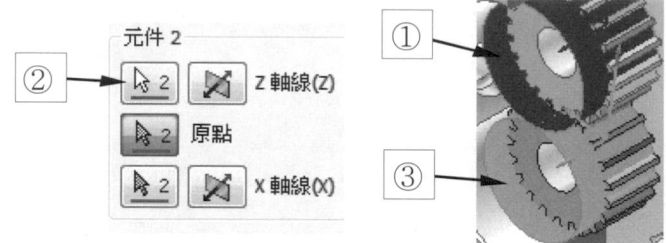

STEP ⑫

① 單擊 機構狀態 。
② 系統已自動轉換為合理的約束條件。
③ 單擊 確定 。

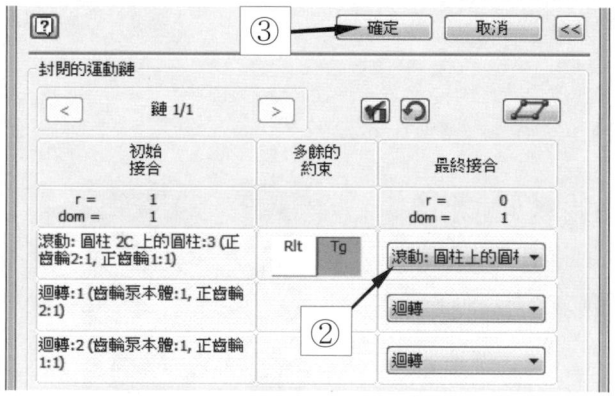

STEP ⑬

① 展開標準接合。
② 於迴轉接頭上單擊滑鼠右鍵。
③ 單擊 性質。

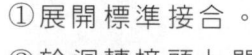
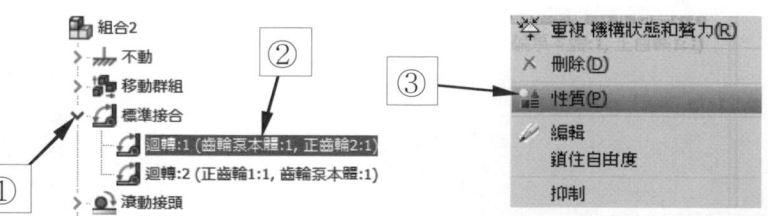

STEP 14

① 單擊 自由度 1。
② 單擊 編輯強制運動 。

STEP 15

① 勾選 啓用強制運動。
② 單擊 選項箭頭圖示。
③ 單擊 常數值。

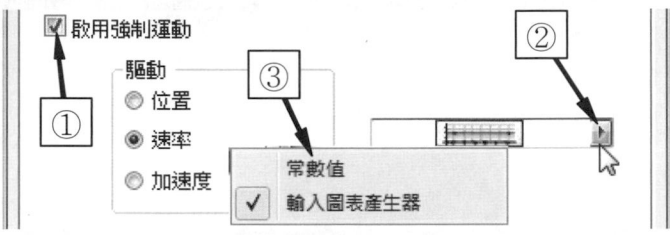

STEP 16

① 輸入 60。
② 單擊 確定。

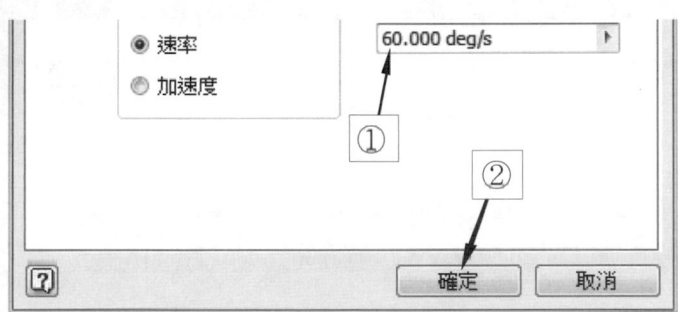

STEP 17

① 設定為 2。
② 單擊 執行或重播模擬 ▶，即可模擬以大
　齒輪為主動，驅動小齒輪。

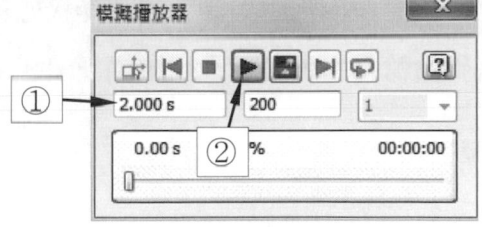

STEP 18

① 單擊 建構模擬 ，完成正齒輪機
　構模擬。

精選練習範例

例題一

1. 以 Ch6\正齒輪\正齒輪練習
   資料夾中之零件作組裝。
2. 於動力學模擬模組中以手動
   方式作接頭組裝。
3. 以小正齒輪為主動件進行機構模擬。

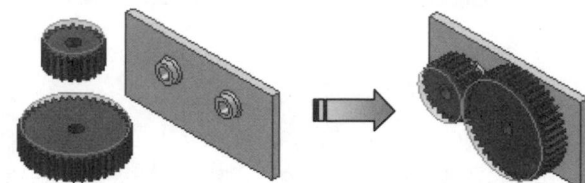

例題二

1. 以 Ch6\正齒輪\手搖砂輪機構資料夾中之零
   件作組裝。
2. 於動力學模擬模組中以手動方式作接頭組
   裝。
3. 以小正齒輪為主動件進行機構模擬。

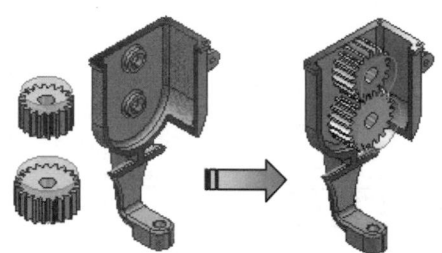

6-7-2　斜齒輪機構動力學模擬實例

1. 本範例如右圖所示，將以 Ch6\斜齒輪\斜齒輪減速機資料夾中之
   零件作組裝。

2. 於動力學模擬模組中以手動方式作接頭組裝。

3. 以小斜齒輪為主動輪，進行機構模擬。

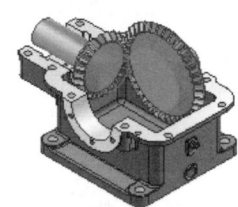

操作步驟

STEP 1

① 單擊　新建。

② 單擊　組合 → 建立。

③ 單擊　放置 → Ch6\斜齒輪\斜齒輪減速

　　機\底座.ipt，如圖所示。

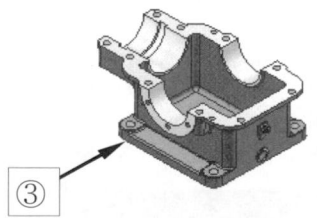

③

STEP 2

①單擊 放置 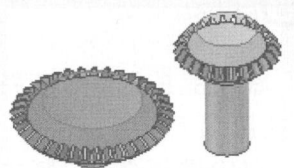 → Ch6\斜齒輪\斜齒輪減速機\按住 Ctrl

鍵，並同時選取大斜齒輪.ipt，小斜齒輪.ipt，將兩斜齒輪
一起載入組立檔，如圖所示。

STEP 3

①單擊 環境。
②單擊 動力學模擬。
③單擊 否 。

STEP 4

①單擊 模擬設定 。
②取消 自動將約束轉換至
　標準接合。
③單擊 否 。
④單擊 確定 。

STEP 5

①單擊 插入接頭 。
②單擊 顯示接頭表格 。
③單擊 標準接頭。
④單擊 迴轉接頭。
⑤單擊 確定 。

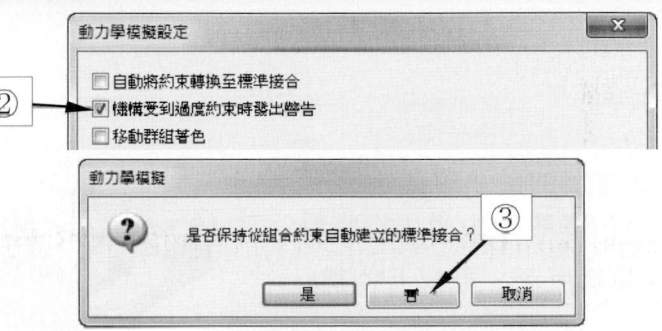

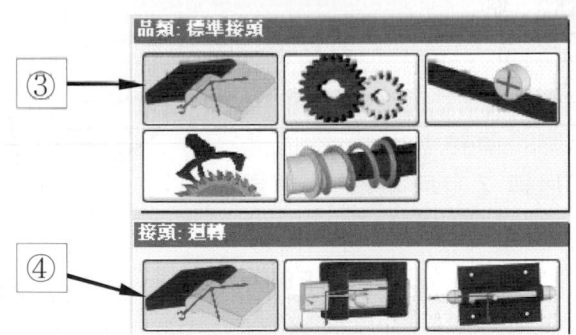

STEP ⑥

①單擊 底座上的圓,此時將會出現三軸向箭
　頭,如圖所示。
②單擊 自由環轉 ⟨⁺⟩,將大斜齒輪之視角轉
　成如圖所示,再按 Esc 鍵。

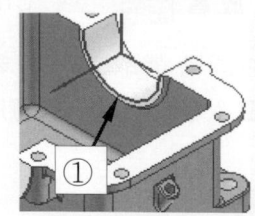

STEP ⑦

①單擊 選取指令。
②單擊 大斜齒輪上的圓。
③單擊 套用 。
④按 F6 鍵。

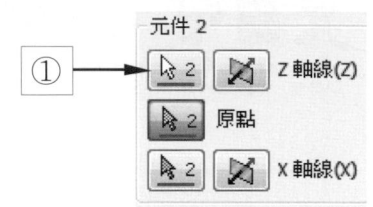
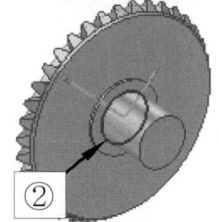

STEP ⑧

①單擊 底座上的圓,如圖所示。
②單擊 自由環轉 ⟨⁺⟩,將小斜齒輪之視
　角轉成如圖所示,再按 Esc 鍵。

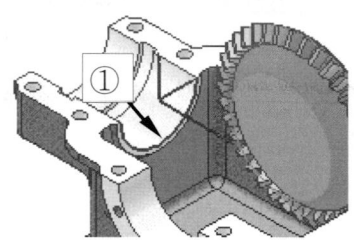
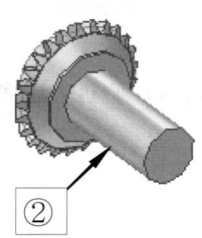

STEP ⑨

①單擊 選取。
②單擊 小斜齒輪上的圓。
③單擊 翻轉 Z 方向 ,使箭頭方
　向與底座相同。
④單擊 確定 ,並按 F6 鍵。

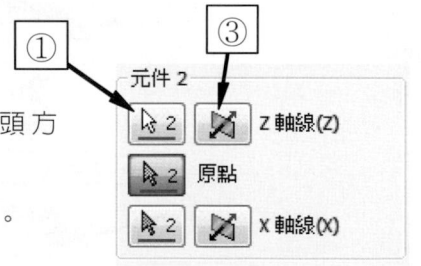
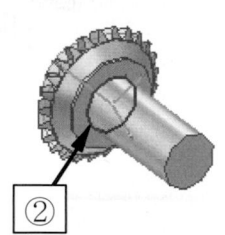

STEP 10

①拖曳大斜齒輪，使
　兩齒輪之齒形在正
　確嚙合狀態(大約即
　可)。

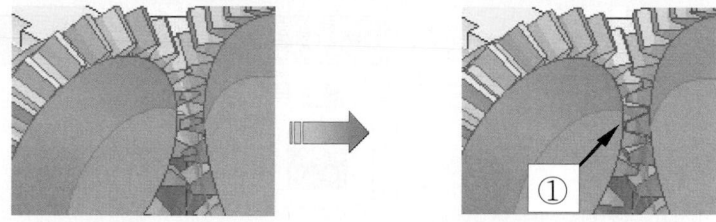

STEP 11

①單擊 插入接頭 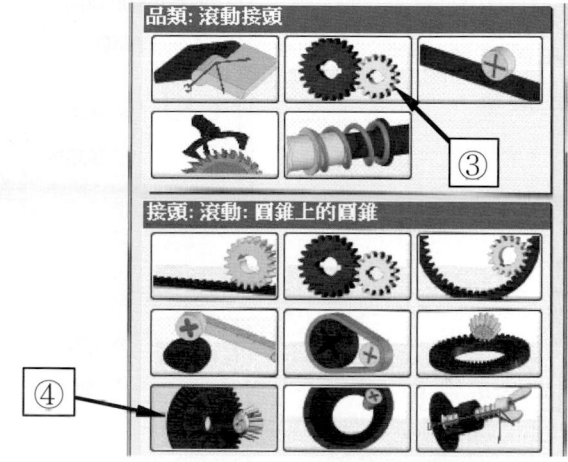。
②單擊 顯示接頭表格 。
③單擊 滾動接頭。
④單擊 圓錐上的圓錐。
⑤單擊 確定 。

STEP 12

①單擊 大斜齒輪圓錐曲面。
②單擊 選取箭頭。
③單擊 小斜齒輪圓錐曲面。
④單擊 確定 。

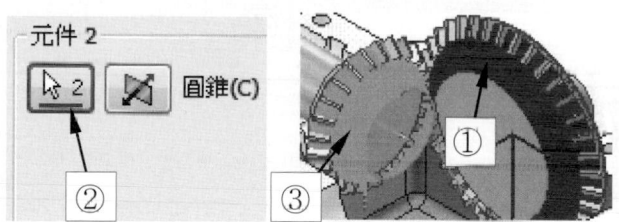

STEP 13

①展開標準接合。
②於迴轉接頭上單擊滑
　鼠右鍵。
③單擊 性質。

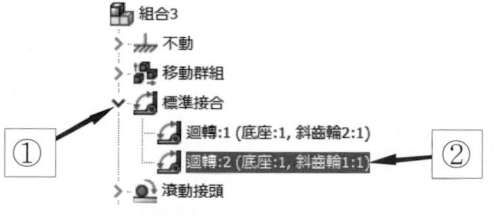

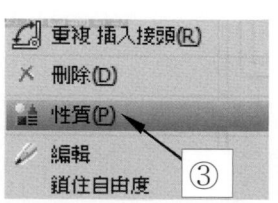

STEP ⑭

① 單擊 自由度 1 標籤。
② 單擊 編輯強制運動 。

STEP ⑮

① 勾選 啟用強制運動。
② 單擊 選項箭頭圖示。
③ 單擊 常數值。

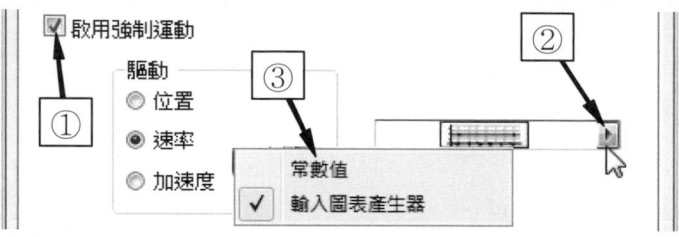

STEP ⑯

① 輸入 100。
② 單擊 [確定]。

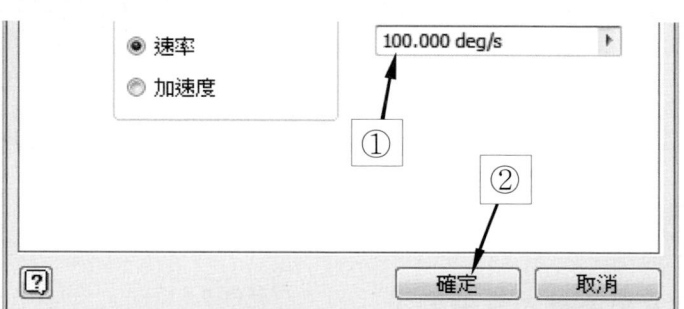

STEP ⑰

① 設定為 2。
② 單擊 執行或重播模擬 ，即可模擬以小齒輪為主動，驅動大齒輪。

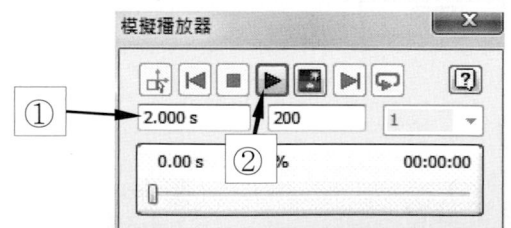

STEP ⑱

① 單擊　建構模擬 ，完成斜齒輪之機構模擬。

精選練習範例

例題一

1. 以 Ch6\斜齒輪\栓槽軸斜齒輪減速機資料夾中之零件作組裝。
2. 於動力學模擬模組中以手動方式作接頭組裝。
3. 以小斜齒輪為主動件進行機構模擬。

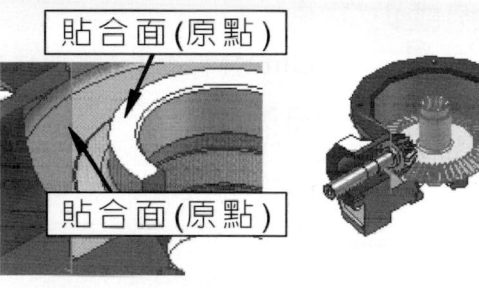

貼合面(原點)

貼合面(原點)

例題二

1. 以 Ch6\斜齒輪\千斤頂機構資料夾中之零件作組裝。
2. 於動力學模擬模組中以手動方式作接頭組裝。
3. 以小斜齒輪為主動件進行機構模擬。

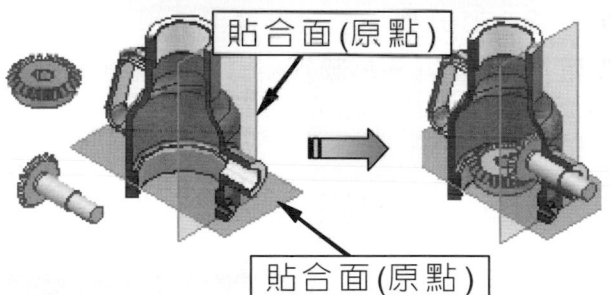

貼合面(原點)

貼合面(原點)

6-7-3　蝸桿蝸輪機構動力學模擬實例

1. 本範例如右圖所示，將以 Ch6\蝸桿蝸輪\蝸桿蝸輪減速機-1\將資料夾中之零件作組裝，完成如圖所示。

2. 於動力學模擬模組中以手動方式作接頭組裝。

3. 以蝸桿為主動件，進行機構模擬。

操作步驟

STEP 1

①單擊　新建 。

②單擊　組合 → 建立。

③單擊　放置 → Ch6\蝸桿蝸輪\蝸桿蝸輪減速機-1\本體.ipt，如圖所示。

④將本體設定為不動。

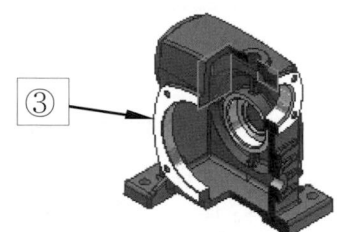

STEP 2

①單擊　放置 → Ch6\蝸桿蝸輪\蝸桿蝸輪減速機-1\按住 Ctrl 鍵，並同時選取蝸桿.ipt，蝸輪.ipt，將兩齒輪一起載入組立檔，如圖所示。

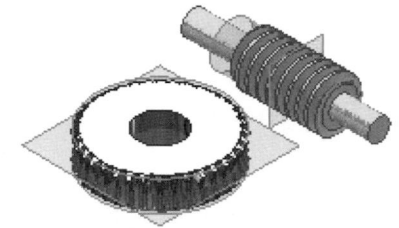

STEP 3

①單擊　環境。

②單擊　動力學模擬。

③單擊 否 。

STEP ④

① 單擊　模擬設定 ⊞。

② 取消　自動將約束轉換至
　　標準接合。

③ 單擊　[否]。

④ 單擊　[確定]。

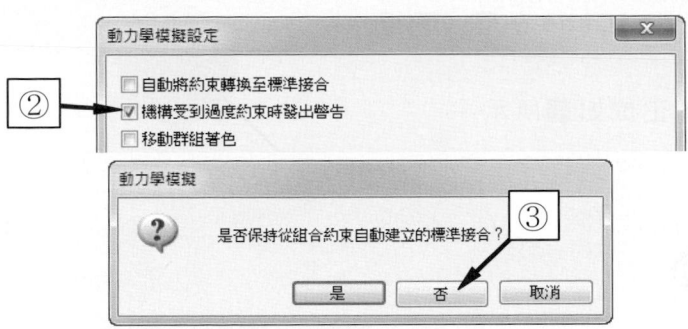

STEP ⑤

① 單擊　插入接頭 ⬠。

② 單擊　蝸桿之圓柱表面。

③ 單擊　基準平面，作為蝸桿之原點。

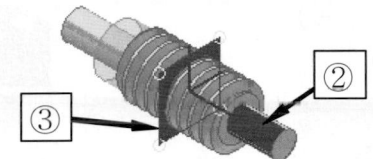

STEP ⑥

① 單擊　選取箭頭。

② 單擊　本體上的圓孔。

③ 單擊　工作平面。

④ 單擊　[套用]。

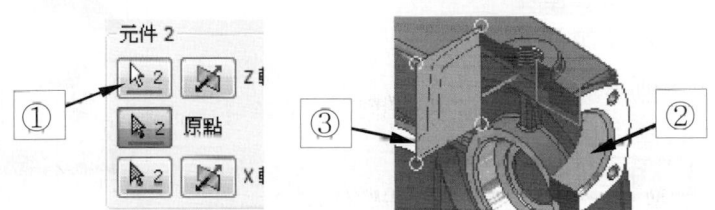

STEP ⑦

① 單擊　本體之內圓孔面。

② 單擊　工作平面，作為本體之原點。

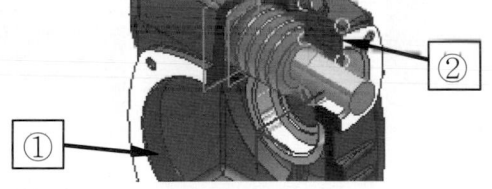

STEP ⑧

① 單擊　選取箭頭。

② 單擊　蝸輪上的圓孔。

③ 單擊　基準平面。

④ 單擊　[確定]。

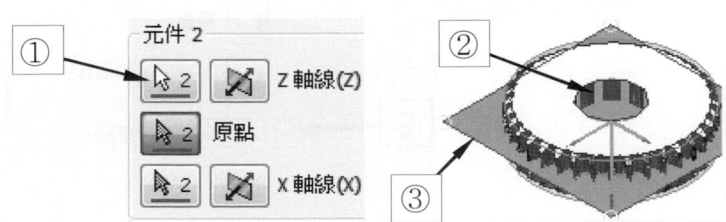

STEP ⑨

①單擊 ViewCube 左面（下視圖）。

②視角轉正成如圖所示。

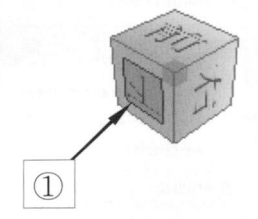

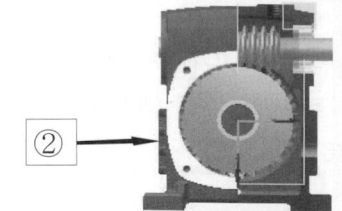

STEP ⑩

①拖曳蝸輪，使蝸桿與蝸輪之齒形在正確囓合狀態(大約即可)。

②按 F6 鍵。

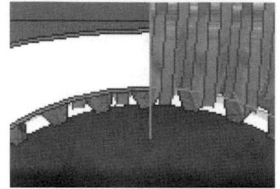

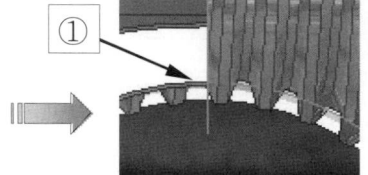

STEP ⑪

①單擊 插入接頭 。

②單擊 顯示接頭表格 。

③單擊 滾動接頭。

④單擊 蝸輪接頭。

⑤單擊 確定 。

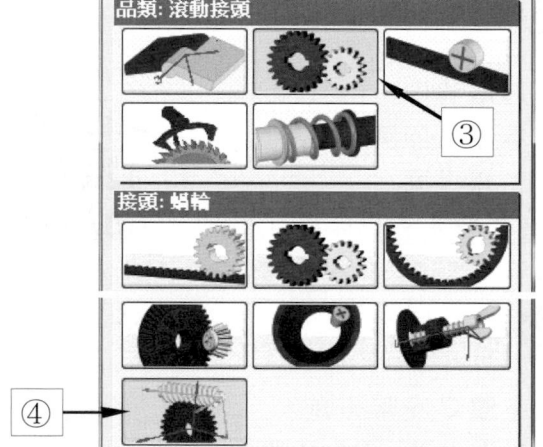

STEP ⑫

①單擊 蝸輪上的節圓曲面。

②輸入 -11.153。

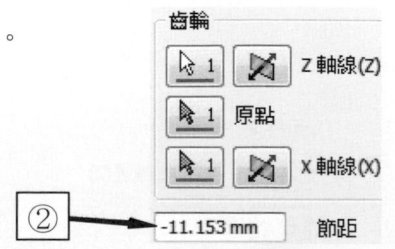

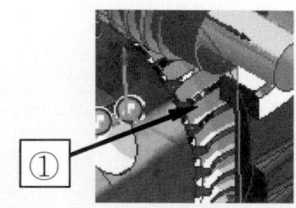

STEP ⑬

①單擊 選取箭頭。

②單擊 蝸桿上的節圓曲面。

③單擊 確定 。

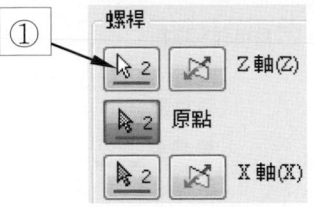

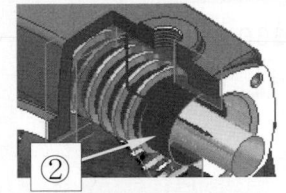

STEP ⑭

①展開標準接合。

②於迴轉接頭上單擊滑
　鼠右鍵。

③單擊 性質。

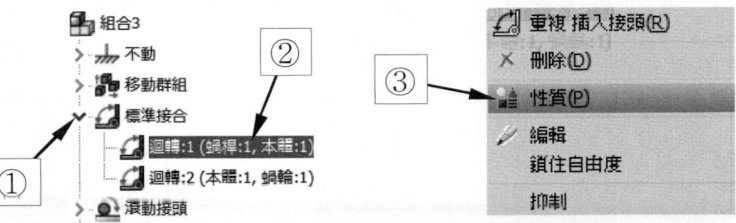

STEP ⑮

①單擊 自由度 1。

②單擊 編輯強制運動 。

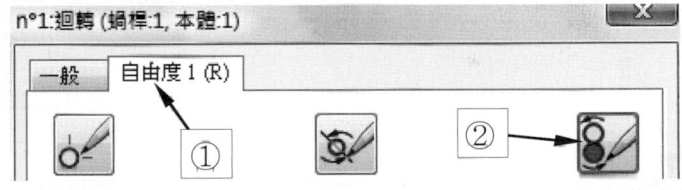

STEP ⑯

①勾選 啟用強制運動。

②單擊 選項箭頭圖示。

③單擊 常數值。

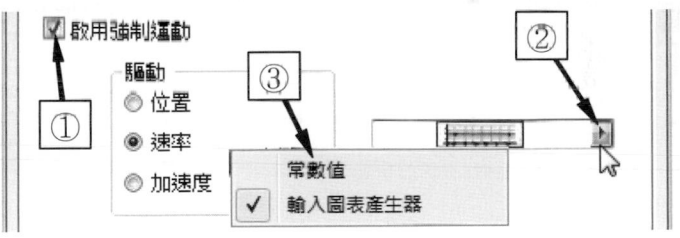

STEP ⑰

①輸入 360。
②單擊 確定 。

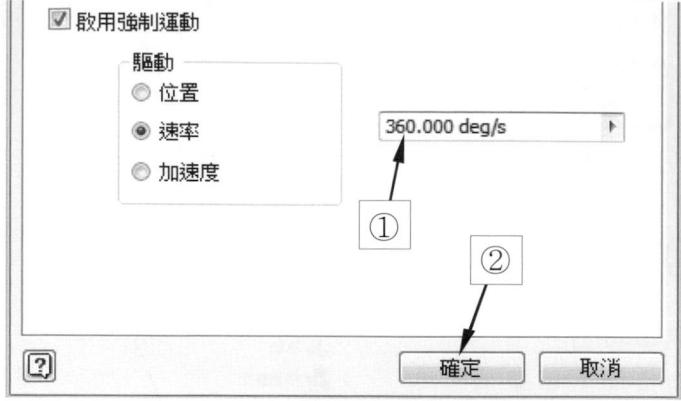

STEP ⑱

①設定為 2。
②單擊 執行或重播模擬 ▶，即可
模擬以蝸桿為主動，驅動蝸輪。

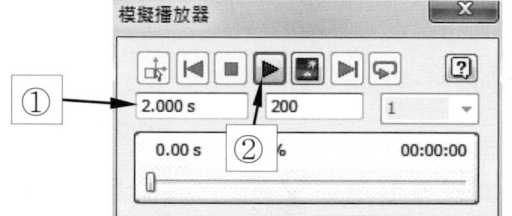

STEP ⑲

①單擊 建構模擬 ，完成斜齒輪之
機構模擬。

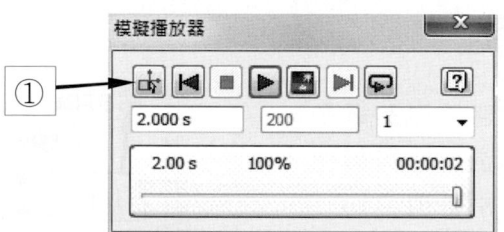

精選練習範例

例題一

1. 以 Ch6\蝸桿蝸輪\蝸桿蝸輪減速機 -2\將資料夾中之零件作組裝，完成如圖所示。
2. 於動力學模擬模組中以手動方式作接頭組裝。
3. 以蝸桿為主動件進行機構模擬。

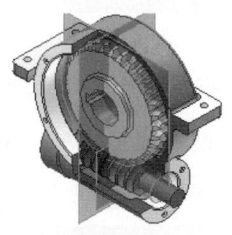

例題二

1. 以 Ch6\蝸桿蝸輪\蝸桿蝸輪減速機 -3\將資料夾中之零件作組裝，完成如圖所示。
2. 於動力學模擬模組中以手動方式作接頭組裝。
3. 以蝸桿為主動件進行機構模擬。

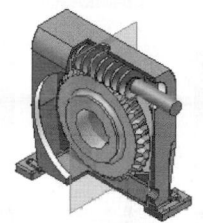

6-8　其它常見機構

6-8-1　日內瓦機構動力學模擬實例

1. 本範例所在目錄 Ch6\日內瓦機構\。
2. 於動力學模擬模組中以手動方式作接頭組裝，如圖所示。
3. 以主動件為驅動件，進行機構模擬。

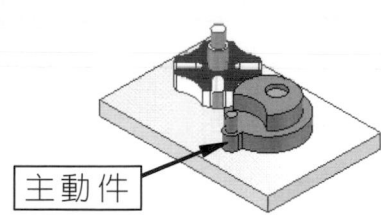

主動件

操作步驟

STEP ❶

① 單擊 新建 。

② 單擊 組合 → 建立。

③ 單擊 放置 → Ch6\日內瓦機構\

底板.ipt，如圖所示。

④ 以 ViewCube ，將底板之等角視圖重新定義如圖所示。

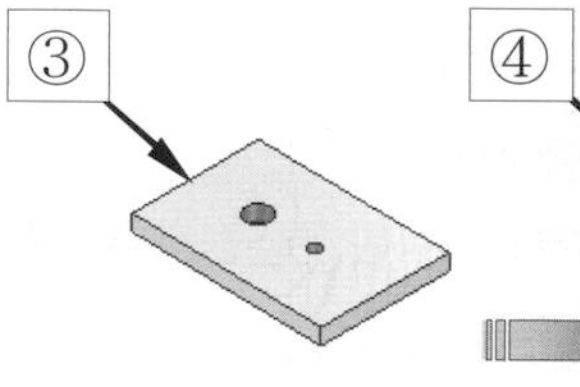

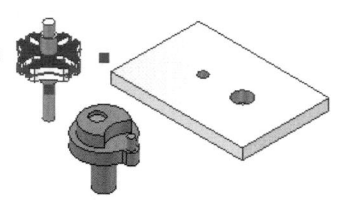

③ ④

STEP ❷

① 單擊 放置 → Ch6\日內瓦機構\按住 Ctrl

鍵，並同時選取主動件.ipt，從動件.ipt，將兩件一

起載入組立檔，如圖所示。

STEP ❸

① 單擊 環境。

② 單擊 動力學模擬。

③ 單擊 否 。

檔案　組合　設計　3D 模型　草圖　檢驗　工具　管理　檢視　環境

②　動力　應力　框架　Inventor　電纜與　粗細　Eco Materials Adviser　BIM
　　學模擬　分析　分析　Studio　線束　管　　　　　　　　　　內容　①

STEP ❹

① 單擊 模擬設定 。

② 取消自動將約束轉換至
標準接合。

③ 單擊 否 。

④ 單擊 確定 。

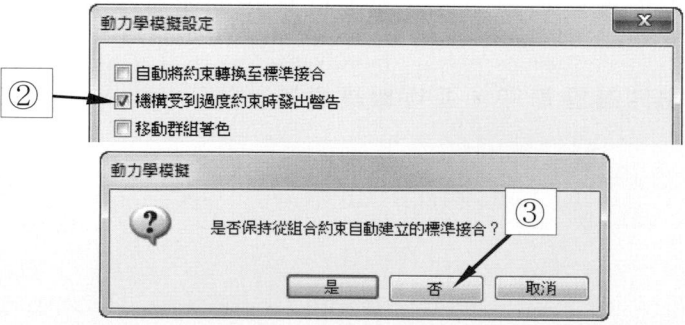

動力學模擬設定

□ 自動將約束轉換至標準接合
☑ 機構受到過度約束時發出警告
□ 移動群組著色

動力學模擬

②

? 是否保持從組合約束自動建立的標準接合？ ③

是　否　取消

STEP ⑤

①單擊　插入接頭 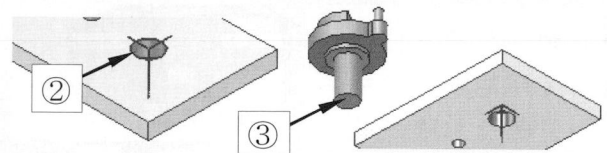。

②單擊　底板上的圓，此時將會
　出現三軸向箭頭，如圖所示。

③單擊　自由環轉，將視角轉成
　如圖所示之視角，再按 Esc 鍵。

STEP ⑥

①單擊　選取箭頭。

②單擊　主動件上的圓。

③單擊　翻轉 Z 方向 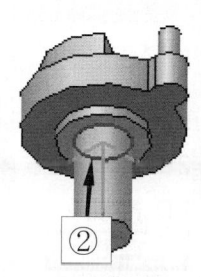，使箭頭
　方向與底板相同。

④單擊　套用，並按 F6 鍵。

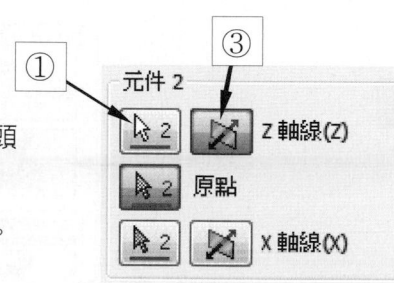

STEP ⑦

①單擊　底板上的圓，此時將會出現三
　軸向箭頭，如圖所示。

②單擊　自由環轉，轉動視角成如
　圖所示，再按 Esc 鍵。

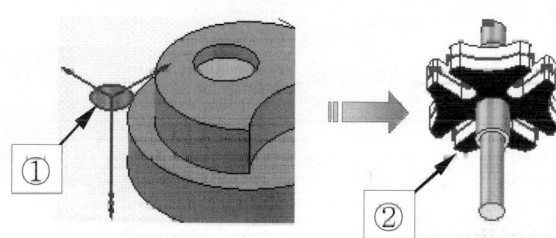

STEP ⑧

①單擊　選取箭頭。

②單擊　主動件上的圓。

③單擊　翻轉 Z 方向，使箭頭方
　向與底板相同。

④單擊　確定，並按 F6 鍵。

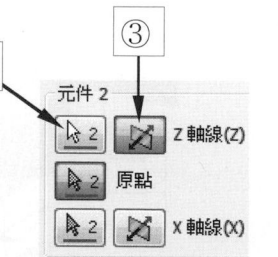

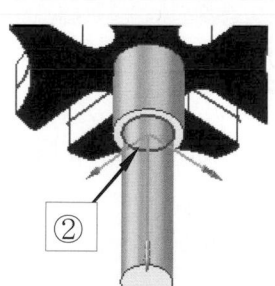

STEP 9

① 拖曳從動件至適當位置
　 處放開，使從動件與主
　 動件不重疊為原則。

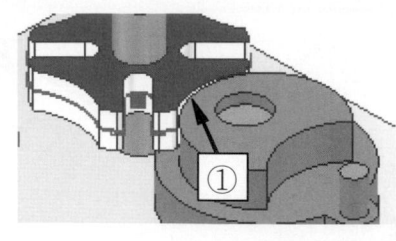
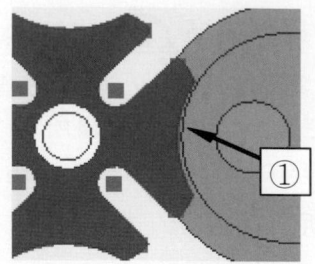

STEP 10

① 單擊　插入接頭　。
② 單擊　顯示接頭表格　。
③ 單擊　2D 接觸接合。
④ 單擊　2D 接觸。
⑤ 單擊　確定　。

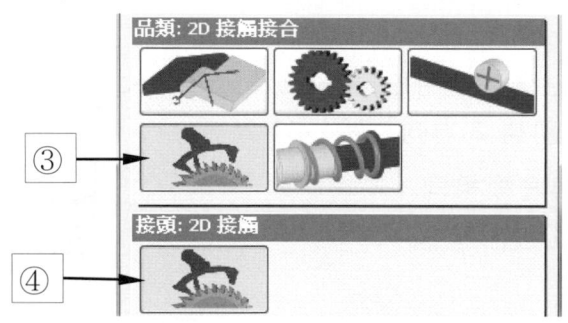

STEP 11

① 單擊　從動件上的草圖
　 直線。
② 單擊　主動件上之小圓
　 柱底圓。
③ 單擊　套用　。

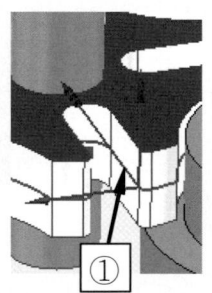
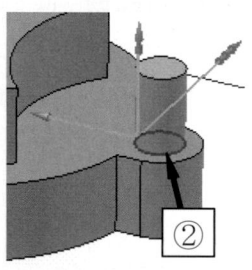

STEP 12

① 單擊　從動件上的草圖曲
　 線
② 單擊　主動件上之頂圓曲
　 線。
③ 單擊　確定　。

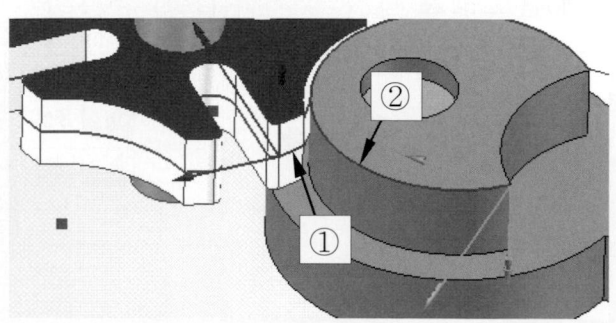

STEP ⑬

①展開 接觸 接合。
②於接觸接頭上單擊滑
　鼠右鍵。
③單擊　性質。

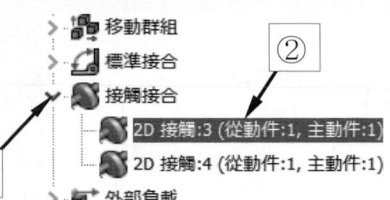

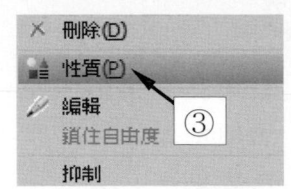

STEP ⑭

①單擊　反轉法線，使 Z 軸朝向物體外側，如圖 A 所示。
②單擊　確定　。

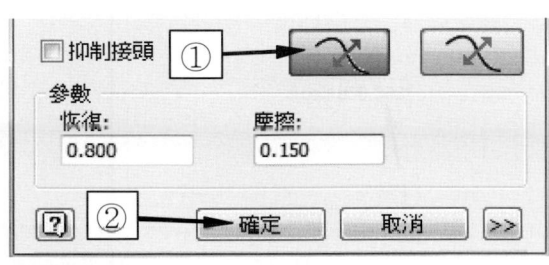

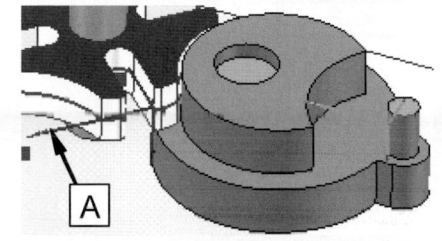

STEP ⑮

①展開 標準 接合。
②於迴轉接頭上單擊滑
　鼠右鍵。
③單擊　性質。

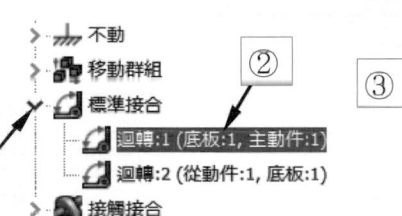

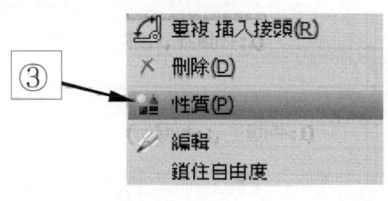

STEP ⑯

①單擊　自由度 1。
②單擊　編輯強制運動 🔘。

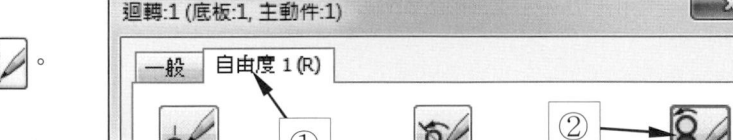

STEP ⑰

① 勾選 啟用強制運動。
② 單擊 選項箭頭圖示。
③ 單擊 常數值。

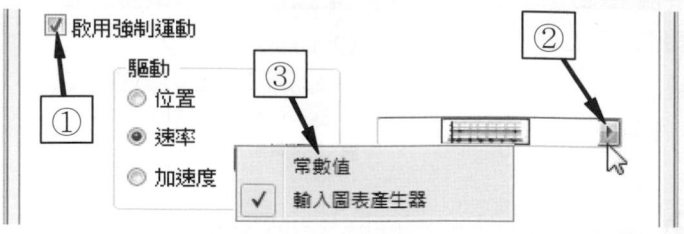

STEP ⑱

① 輸入 360。
② 單擊 確定。

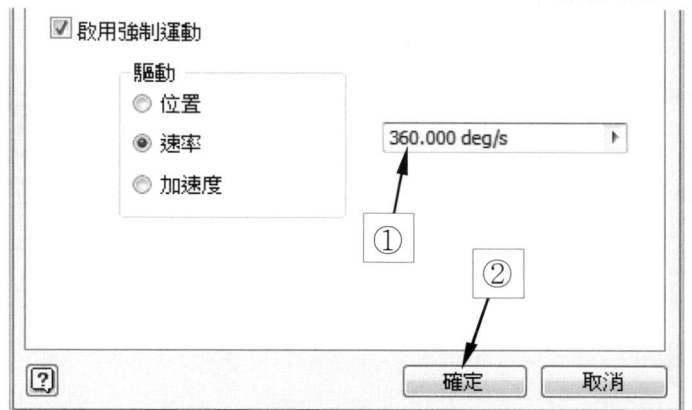

STEP ⑲

① 設定為 2。
② 單擊 執行或重播模擬 ▶，即可
　模擬以蝸桿為主動，驅動蝸輪。

STEP ⑳

① 單擊 建構模擬 ，完成斜齒輪之
　機構模擬。

精選練習範例

例題一

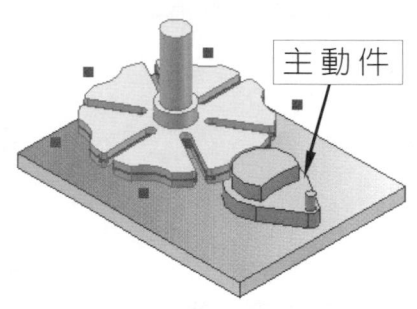

主動件

1. 請由光碟中　Ch6\日內瓦機構\精選練習範例-1 目錄下的檔案作組裝,如右圖所示。

2. 組裝之零組件共計有底板、主動件、從動件。

3. 以主動件旋轉,進行機構模擬。

3D 列印

7-1　　3D 列印的原則

近年全球熱炒的 3D 列印技術，將大大的改變你我的生活方式，例如你可能上網買一個檔案或是自行設計零件，再利用 3D 印表機即可列印出你想要的東西，其實這項技術早在 30 多年前就已經被開發出來並商品化，當時稱之為立體印刷術(Stereo Lithography)。在專利的保護下至使投入的廠商並不多，使得 3D 列印的設備及耗材皆非常昂貴，但隨著專利技術的解禁，投入的廠商及使用者亦愈來愈多。

7-1-1　　3D 列印的運行模式

在使用 3D 列印機器輸出物件之前，使用者必須要先有該物件的 3D 電腦模型才可列印。目前市面上有相當多的程式皆可做出適當的 3D 電腦模型，例如 Autodesk(歐特克)所開發的 AutoCAD 與 Inventor，達梭系統的 SolidWorks，西門子系統的 Solid Edge 等等，在學習過作者所編寫的 Autodesk Inventor 2018 特訓教材基礎篇及 Autodesk Inventor 2018 特訓教材進階篇後，使用者即可自行設計並建構出想要的 3D 電腦模型。

以增量或積層製造的 3D 印表機而言，當印表機軟體讀取你的 3D 電腦模型後，即可在機器的底板上(由下往上)堆出一層層的橫載面，其堆疊方式類似鉋刀的運行模式，只是鉋刀往覆來回是切削工件，而 3D 印表機是由噴頭噴出如頭髮寬度的材料，當然，3D 印表機的噴頭運行路徑是可以曲線移動的，如下圖所示。

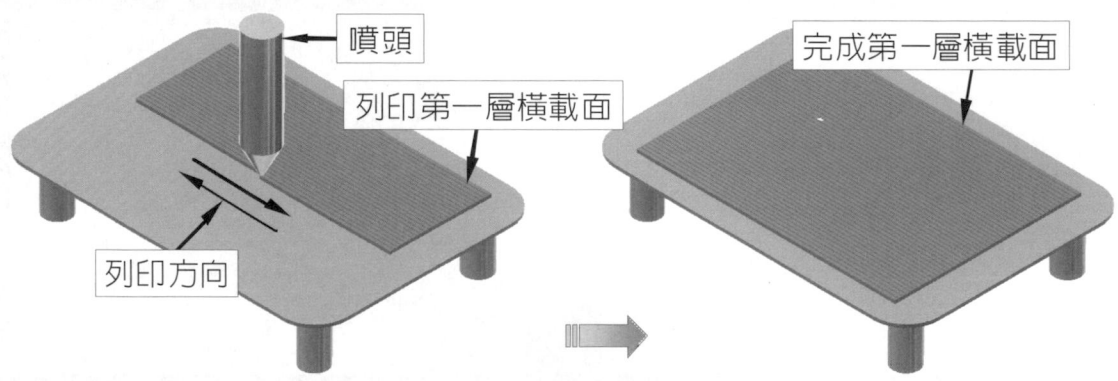

噴頭
列印第一層橫載面
列印方向
完成第一層橫載面

7-1-2　3D 列印相關注意事項

1. 列印所需時間：列印時間與零件大小、零件放置方向、支撐材的使用皆有相關，應調整到最適合狀態。

2. 了解欲列印之印表機的極限了解 3D 電腦模型的細節，是否有一些微小的凸出特徵或是零件因太小而無法使用桌上型 3D 印表機的呢?因為在 3D 印表機中有一個很重要但常常被忽略的變數，那就是線寬。

   印表機噴頭的直徑即是線寬，大多數的印表機的噴頭直徑為 0.4mm～0.5mm，因此，3D 印表機畫出來的圓應都會是線寬的兩倍，例如 0.4mm 的噴頭列印出的最小直徑是 0.8mm，而 0.4mm 的噴頭列印出的最小直徑是 1mm，所以 3D 電腦模型的最小特徵應以不小於線寬的兩倍為原則。

3. 因印表機的規格限制關系，若欲列印大型物件，可將大型物件設計成可分段列印，待列印後再行組合。

4. 為使 3D 印表機能正確判讀溫度，應避免機器直接受風，以使噴頭加熱及列印過程能順暢，不影響列印品質。

5. 設定配合件的適當容許差，要設定正確的公差並不容易，筆者建議在緊配合處(手動使力壓合)，預留 0.2mm 的寬度，鬆配合處預留 0.4mm 的寬度，但每台機器可能不盡相同，建議必須自行測試後，才能創造真正適合的公差。

6. 零件的放置面向相當重要，因放置得好，除了可節省列印材料外，亦可縮短列印時間。

7-2　匯出及匯入檔案

　　將 3D 電腦模型匯出至 3D 印表機，在本書中僅討論由 Inventor 2018 將 3D 電腦模型匯出至 STL 檔案格式，再使用 Ultimaker 公司設計的 3D 列印軟體 Cura 讀取 STL 檔案，最後再由 Cura 將檔案轉至 G-Code 進行列印。

Ultimaker 公司網址及首頁如下(可免費下載)：

https://ultimaker.com/en/resources/manuals/software

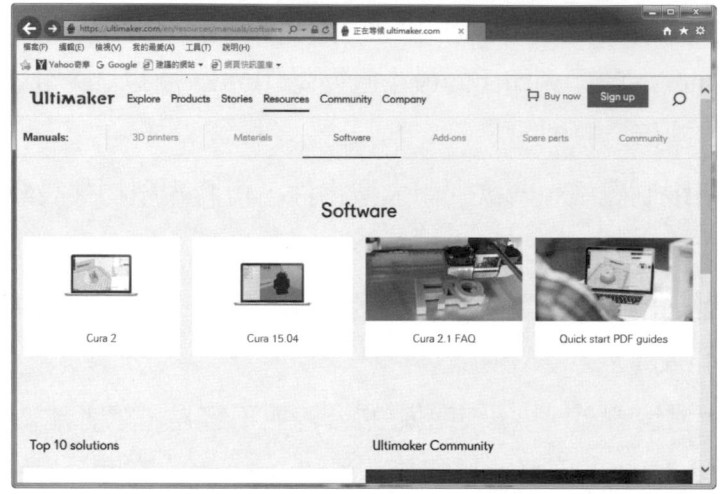

7-2-1　匯出 STL 檔案

　　大多數的 3D 電腦輔助設計軟體之匯出功能皆很類似，即是將檔案儲存成另一種檔案格式，其作法如下所示：

操作步驟(路徑一)

STEP 1

①單擊　開啟　開啟練習檔案　→　Ch7\ipt 檔\底板_
　導出件.ipt，如右圖所示。

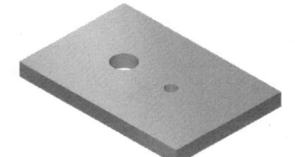

STEP ②

①單擊 應用程式 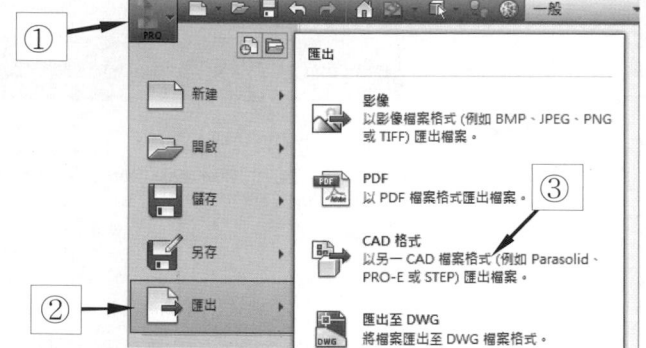。

②單擊 匯出 。

③單擊 CAD 格式 。

STEP ③

①選取儲存路徑。

②設定檔案名稱。

③單擊 選項(P)... 。

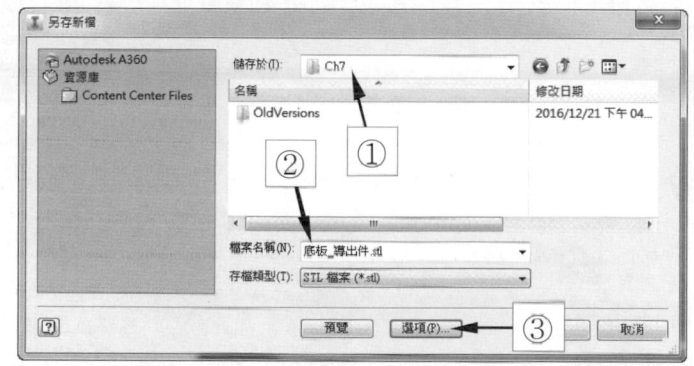

STEP ④

①變更為 公釐。

②單擊 確定 。

③單擊 儲存 。

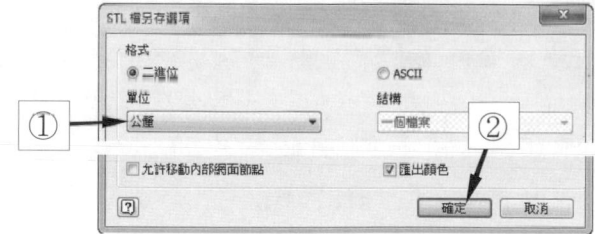

操作步驟(路徑二)

STEP ①

①單擊 開啓 開啓練習檔案 → Ch7\ipt 檔\底板_

導出件.ipt，如右圖所示。

STEP ②

① 單擊 環境 。
② 單擊 3D 列印 。

STEP ③

① 單擊 列印選項 。
② 變更為公釐。
③ 單擊 確定 。

STEP ④

① 單擊 STL 。
② 選取儲存路徑。
③ 設定檔案名稱。
④ 單擊 儲存 。

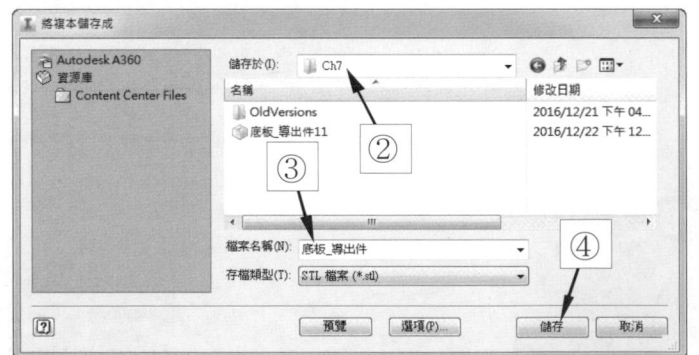

請以上述步驟，將右側兩個零件亦
分別匯出並產生「*.stl」檔。

7-2-2 Cura 轉 G-code

G-code 是一種工業標準程式語言，可以用來控制數控工具機如車床、銑床、沖床等，而 3D 印表機亦可以使用 G-code 來控制噴頭。在 3D 列印軟體及機器使用方面，本書將以 Ultimaker 公司所提供之 Cura 軟體(使用者可至前述提到的官方網站下載)及創志以司的 3D 列印機器作為範例說明。

操作步驟

STEP ①

① 開啟 Cura 程式。
② 單擊 Machine。
③ 單擊 Machine settings...。

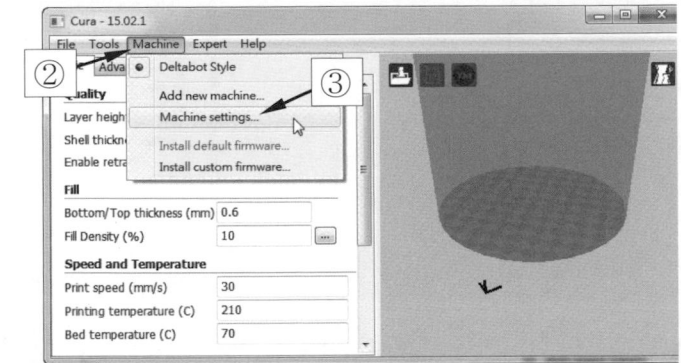

STEP ②

① 變更為 200(寬度)。
② 變更為 200(深度)。
③ 變更為 280(高度)。
④ 變更為 Square。
⑤ 單擊 Ok 。

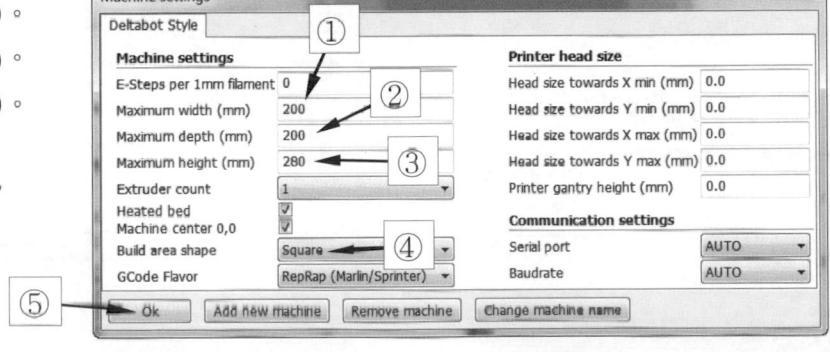

STEP ③

① 單擊 File。
② 單擊 Open Profile。

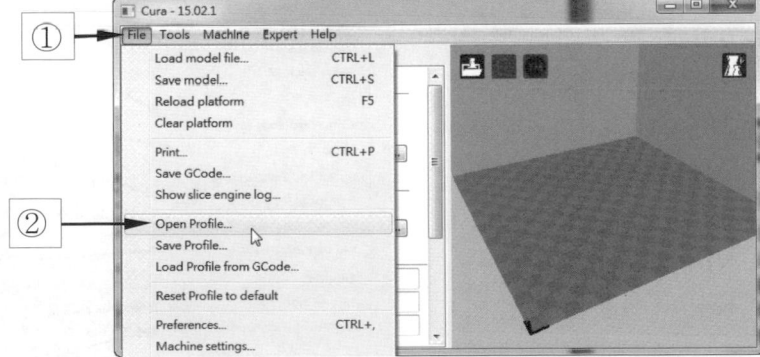

STEP ④

①開啟 PLA 參數設定檔，(此設定檔
　為創志公司提供)。
②單擊　開啟舊檔(O)　。

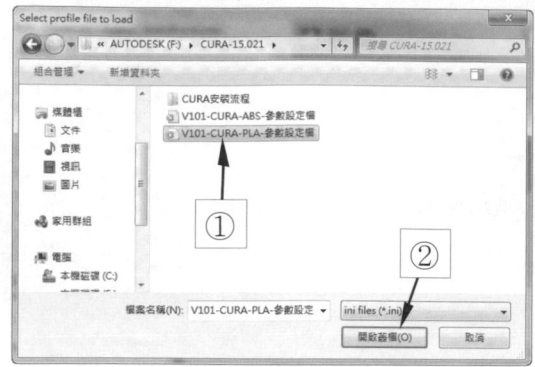

STEP ⑤

①單擊　Load　。
②選取 Ch7\stl 檔\bottom plate。
③單擊　開啟舊檔(O)　。

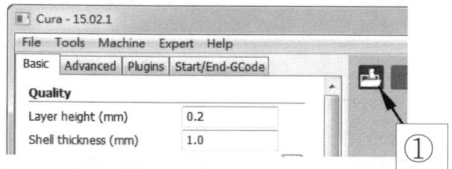

STEP ⑥

①設定為 0.2(每層列印高度)。
②設定為 1.2(設定殼厚度)。
③設定為 0.8(底板及頂面厚)。
④設定為 20(填充率 20%)。
⑤設定為 70(列印速度)。
⑥設定為 210(列印溫度)。
⑦設定為 70(底板溫度)。
⑧設定為 None(支撐材型式)。
⑨設定為 None(底板黏著型式)。

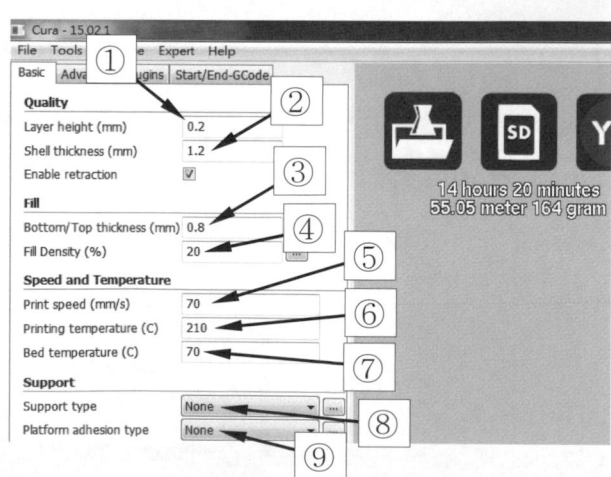

⑩ 設定完成系統顯示資訊。
　列印時間 14 小時 20 分。
　列印長度 55.05 公尺。
　列印材料 164 公克。

於列印區　　滑鼠中鍵 = 縮放
　　　　　　滑鼠右鍵 = 旋轉

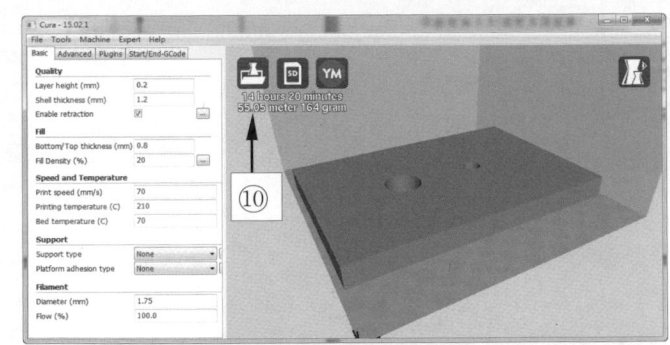

STEP 7

① 單擊　File。
② 單擊　Save GCode。
③ 輸入名稱，建議以英文或數
　字命名，因目前機器無法辨
　識中文。
④ 單擊　存檔(S)　，即可由
　3D 印表機列印。

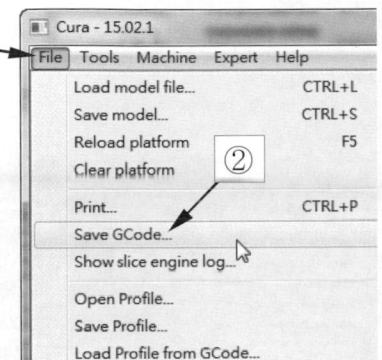

STEP 8

① 在工件上單擊滑鼠右鍵。
② 單擊　Delete object。

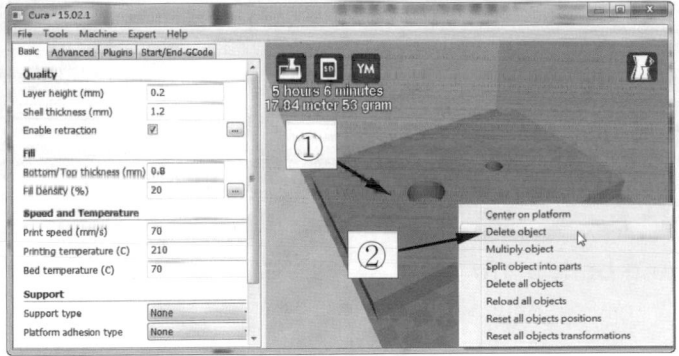

STEP ❾

①單擊 Load 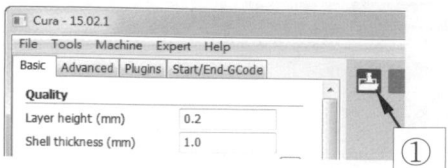。

②選取 Ch7\stl 檔\drive shaft。

③單擊 開啟舊檔(O)。

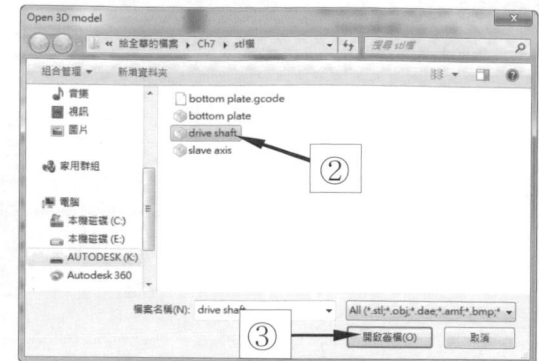

STEP ❿

①單擊 零件。

②單擊 Rotate。

③以游標壓著圓弧並往上移動
至零件左側，使數字出現
180 再放開。

④於列印區按滑鼠左鍵。

⑤變更為
Touching buildplate。

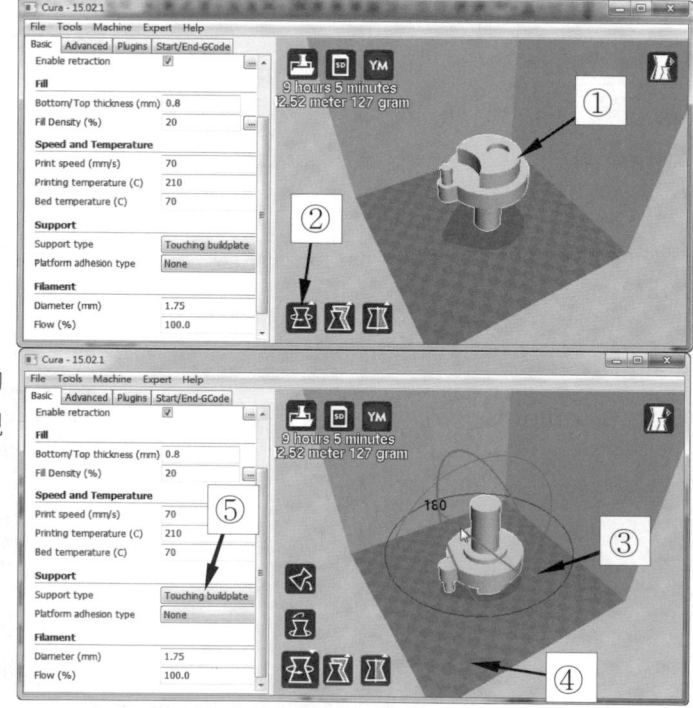

STEP ⑪

① 單擊 View mode ▨。

② 單擊 Layers ▨。

③ 拖曳捲軸往下，可看到各層狀態。

④ 單擊 View mode ▨。

⑤ 單擊 Normal ▨。

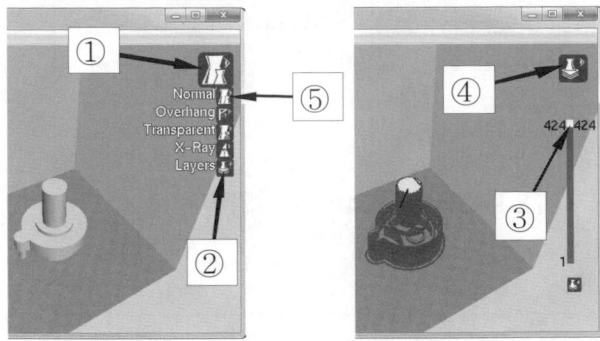

STEP ⑫

① 單擊 File。

② 單擊 Save GCode。

③ 輸入名稱，建議以英文或數字命名，因目前機器無法辨識中文。

④ 單擊 存檔(S)，即可由 3D 印表機列印。

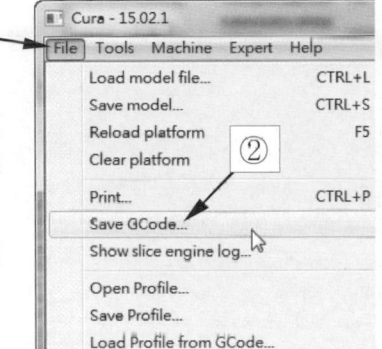
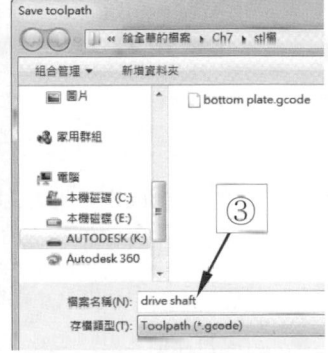

STEP ⑬

① 請依上述步驟將 slave axis 亦轉為 GCode。

② 進行 3D 印表機列印。

③ 完成如右圖所示。

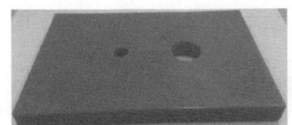

國家圖書館出版品預行編目資料

Autodesk Inventor 2018 特訓教材. 進階篇 / 黃穎
豐, 陳明鈺編著. -- 初版. -- 新北市 : 全華圖
書, 2018.12
　　面 ; 　公分
　ISBN 978-986-503-004-9(平裝附光碟片)
　1.工程圖學　2.電腦軟體
440.8029　　　　　　　　　　107021382

Autodesk Inventor 2018　特訓教材－進階篇

作者 / 黃穎豐、陳明鈺

發行人 / 陳本源

執行編輯 / 蘇千寶

封面設計 / 曾霈宗

出版者 / 全華圖書股份有限公司

郵政帳號 / 0100836-1 號

印刷者 / 宏懋打字印刷股份有限公司

圖書編號 / 06410007

初版一刷 / 2019 年 5 月

定價 / 新台幣 550 元

ISBN / 978-986-503-004-9 (平裝附光碟片)

全華圖書 / www.chwa.com.tw

全華網路書店 Open Tech / www.opentech.com.tw

若您對書籍內容、排版印刷有任何問題，歡迎來信指導 book@chwa.com.tw

臺北總公司(北區營業處)
地址：23671 新北市土城區忠義路 21 號
電話：(02) 2262-5666
傳真：(02) 6637-3695、6637-3696

中區營業處
地址：40256 臺中市南區樹義一巷 26 號
電話：(04) 2261-8485
傳真：(04) 3600-9806

南區營業處
地址：80769 高雄市三民區應安街 12 號
電話：(07) 381-1377
傳真：(07) 862-5562

（請由此線剪下）

歡迎加入 全華會員

● 會員獨享
　會員享購書折扣、紅利積點、生日禮金、不定期優惠活動…等。

● 如何加入會員
　填妥讀者回函卡直接傳真 (02) 2262-0900 或寄回，將由專人協助登入會員資料，待收到
　E-MAIL 通知後即可成為會員。

如何購買 全華書籍

1. 網路購書
　全華網路書店「http://www.opentech.com.tw」，加入會員購書更便利，並享有紅利積點
　回饋等各式優惠。

2. 全華門市、全省書局
　歡迎至全華門市（新北市土城區忠義路 21 號）或全省各大書局、連鎖書店選購。

3. 來電訂購
　(1) 訂購專線：(02) 2262-5666 轉 321-324
　(2) 傳真專線：(02) 6637-3696
　(3) 郵局劃撥（帳號：0100836-1　戶名：全華圖書股份有限公司）
　※ 購書未滿一千元者，酌收運費 70 元。

全華網路書店 www.opentech.com.tw
E-mail: service@chwa.com.tw

※ 本會員制如有變更則以最新修訂制度為準，造成不便請見諒。

09.04.14 #550 <x

（請由此處撕下）

讀者回函卡

填寫日期：

姓名：　　　　　　　　　　生日：西元　　　年　　　月　　　日　性別：□男 □女

電話：（　　）　　　　　　傳真：（　　）　　　　　　手機：

e-mail：（必填）

註：數字零，請用 Φ 表示，數字 1 與英文 L 請另註明並書寫端正，謝謝。

通訊處：□□□□□

學歷：□博士 □碩士 □大學 □專科 □高中・職

職業：□工程師 □教師 □學生 □軍・公 □其他

學校/公司：　　　　　　　　　　　　科系/部門：

需求書類：

□ A. 電子 □ B. 電機 □ C. 計算機工程 □ D. 資訊 □ E. 機械 □ F. 汽車 □ I. 工管 □ J. 土木
□ K. 化工 □ L. 設計 □ M. 商管 □ N. 日文 □ O. 美容 □ P. 休閒 □ Q. 餐飲 □ B. 其他

本次購買圖書為：　　　　　　　　　　　　　書號：

您對本書的評價：

封面設計：□非常滿意 □滿意 □尚可 □需改善，請說明
內容表達：□非常滿意 □滿意 □尚可 □需改善，請說明
版面編排：□非常滿意 □滿意 □尚可 □需改善，請說明
印刷品質：□非常滿意 □滿意 □尚可 □需改善，請說明
書籍定價：□非常滿意 □滿意 □尚可 □需改善，請說明
整體評價：請說明

您在何處購買本書？

□書局 □網路書店 □書展 □團購 □其他

您購買本書的原因？（可複選）

□個人需要 □幫公司採購 □親友推薦 □老師指定之課本 □其他

您希望全華以何種方式提供出版訊息及特惠活動？

□電子報 □DM □廣告（媒體名稱　　　　　　　　　）

您是否上過全華網路書店？（www.opentech.com.tw）

□是 □否　您的建議

您希望全華出版那方面書籍？

您希望全華加強那些服務？

~感謝您提供寶貴意見，全華將秉持服務的熱忱，出版更多好書，以饗讀者。

全華網路書店 http://www.opentech.com.tw　　客服信箱 service@chwa.com.tw

2011.03 修訂

（萌由此處撕下）

親愛的讀者：

感謝您對全華圖書的支持與愛護，雖然我們很慎重的處理每一本書，但恐仍有疏漏之處，若您發現本書有任何錯誤，請填寫於勘誤表內寄回，我們將於再版時修正，您的批評與指教是我們進步的原動力，謝謝！

全華圖書　敬上

勘　誤　表

書　號	頁　數	行　數	書　名	作　者
			錯誤或不當之詞句	建議修改之詞句

我有話要說：（其它之批評與建議，如封面、編排、內容、印刷品質等・・・）